Hansjörg Kielhöfer

Variationsrechnung

Vektoranalysis
von Ilka Agricola und Thomas Friedrich

Analysis Band 1 und 2
von Ehrhard Behrends

Einführung in die Komplexe Analysis
von Wolfgang Fischer und Ingo Lieb

Analysis 1 bis 3
von Otto Forster

Übungsbuch Analysis 1 und 2
von Otto Forster

Gewöhnliche Differentialgleichungen
von Lars Grüne und Oliver Junge

Lehrbuch der Analysis Teil 1 und 2
von Harro Heuser

Variationsrechnung
von Hansjörg Kielhöfer

Differentialgeometrie
von Wolfgang Kühnel

Hansjörg Kielhöfer

Variationsrechnung

Eine Einführung in die Theorie einer unabhängigen Variablen
mit Beispielen und Aufgaben

STUDIUM

**VIEWEG+
TEUBNER**

Bibliografische Information der Deutschen Nationalbibliothek
Die Deutsche Nationalbibliothek verzeichnet diese Publikation in der
Deutschen Nationalbibliografie; detaillierte bibliografische Daten sind im Internet über
<http://dnb.d-nb.de> abrufbar.

Prof. Dr. Hansjörg Kielhöfer
Universität Augsburg
Mathematisch-Naturwissenschaftliche Fakultät
Institut für Mathematik
Universitätsstraße 14
86135 Augsburg

E-Mail: kielhoefer@math.uni-augsburg.de

1. Auflage 2010

Alle Rechte vorbehalten
© Vieweg+Teubner Verlag | Springer Fachmedien Wiesbaden GmbH 2010

Lektorat: Ulrike Schmickler-Hirzebruch | Nastassja Vanselow

Vieweg+Teubner Verlag ist eine Marke von Springer Fachmedien.
Springer Fachmedien ist Teil der Fachverlagsgruppe Springer Science+Business Media.
www.viewegteubner.de

Umschlaggestaltung: KünkelLopka Medienentwicklung, Heidelberg

Gedruckt auf säurefreiem und chlorfrei gebleichtem Papier.

ISBN 978-3-8348-0965-0

Vorwort

Dieses Buch über Variationsrechnung entstand aus einer Vorlesung, die ich wiederholt für Studierende der Mathematik oder Physik an der Universität Augsburg gehalten habe. Das Konzept war, die Vorlesung für Studentinnen und Studenten anzubieten, die erst im dritten Semester sind, um sie nach den Grundvorlesungen in ein faszinierendes und anwendungsorientiertes Gebiet der Mathematik einzuführen. Aus diesem Grund habe ich die Theorie auf eine unabhängige Variable beschränkt, und es hat sich gezeigt, dass für einen Einstieg in die sogenannte „Eindimensionale Variationsrechnung" Kenntnisse aus den Vorlesungen der ersten beiden Semester ausreichen. Um die historisch interessanten Fragestellungen wie z.B. das Brachystochronenproblem des Johann Bernoulli, das Problem der Dido, das Problem der hängenden Kette oder die Berechnung von Geodätischen nachvollziehen zu können, bin ich der Geschichte der Variationsrechnung gefolgt und habe zu Beginn die Euler-Lagrange-Gleichung, zunächst ohne, dann mit Nebenbedingungen, hergeleitet. Dabei wird die Existenz eines Minimierers als selbstverständlich angenommen und es geht darum, ihn zu berechnen. Mit zunehmender Kenntnis von Beispielen, insbesondere des dem Dirichlet-Integral nachempfundenen von Weierstraß, die keine zulässigen Minimierer besitzen, ist bei den Studierenden das Bedürfnis nach einer Existenztheorie gewachsen und der Boden für die Direkten Methoden der Variationsrechnung war bereitet. Auch für diese Theorie ist nur eine unabhängige Variable von Vorteil, da die Sobolevräume über einem Intervall und die funktionalanalytischen Hilfsmittel ohne große technische Schwierigkeiten bereitgestellt werden können.

Die Übungsaufgaben, die ich begleitend zur Vorlesung gestellt habe, sind den Paragraphen angehängt, zu denen sie thematisch gehören, und am Ende des Buches findet man deren Lösungen. Zahlreiche Abbildungen sollen das Verständnis erleichtern.

Frau Rita Moeller und Herrn Ingo Blechschmidt sei an dieser Stelle für die Erstellung des Manuskripts bzw. der Abbildungen herzlich gedankt.

März 2010   Hansjörg Kielhöfer

Inhalt

Einleitung   **1**

1   **Die Euler-Lagrange-Gleichung**   **11**

1.1   Funktionenräume   11

1.2   Die erste Variation   15

1.3   Das Fundamental-Lemma der Variationsrechnung   20

1.4   Die Euler-Lagrange-Gleichung   23

1.5   Beispiele zur Lösung der Euler-Lagrange-Gleichung   30

1.6   Minimalflächen vom Rotationstyp   40

1.7   Das Problem der Dido   43

1.8   Das Problem des Johann Bernoulli   46

1.9   Natürliche Randbedingungen   54

1.10 Funktionale in parametrischer Form   58

1.11 Die Weierstraß-Erdmannschen Eckenbedingungen   69

2   **Variationsprobleme mit Nebenbedingungen**   **79**

2.1   Isoperimetrische Nebenbedingungen   79

2.2   Das Problem der Dido als Variationsproblem
      mit isoperimetrischer Nebenbedingung   90

2.3   Die hängende Kette   93

2.4   Die Weierstraß–Erdmannschen Eckenbedingungen
      unter isoperimetrischen Nebenbedingungen   95

2.5   Holonome Nebenbedingungen 105

2.6   Geodätische 126

2.7   Nichtholonome Nebenbedingungen 135

2.8   Transversalität 145

2.9   Der Satz von Emmy Noether 160

2.10 Das Zweikörperproblem 167

3   **Direkte Methoden der Variationsrechnung**   **177**

3.1   Die Methode 177

3.2   Eine Ausführung der Direkten Methode im Hilbertraum 195

3.3   Anwendung der Direkten Methode 211

Anhang   **227**

Lösungen der Aufgaben   **239**

Index   **273**

Literaturverzeichnis   **276**

Einleitung

Das Ziel der Variationsrechnung ist, gewisse mathematisch fassbare Größen zu minimieren oder zu maximieren. Das setzt voraus, dass diese Größen Werte in einem geordneten Zahlbereich haben, üblicherweise in der Menge der reellen Zahlen.

Historisch entstand die Variationsrechnung aus konkreten Fragestellungen der Geometrie und Physik, von denen wir einige in diesem Buch behandeln. Im 18. Jahrhundert formulierten Mathematiker, die auch Physiker waren, in erster Linie Maupertuis, d'Alembert, Euler und Lagrange, sogenannte „Variationsprinzipien", wonach die Natur ein Ziel mit minimalem Aufwand zu erreichen sucht („Prinzip der kleinsten Wirkung"). Die mathematische Umsetzung führte zur Entwicklung der Variationsrechnung, der wir in diesem Buch in moderner Sprache folgen.

Die Bezeichnung „Variationsrechnung" wurde 1744 von Euler eingeführt und dies hatte folgenden Grund: Zur Bestimmung der Extremalstellen muss bekanntlich die Ableitung berechnet und gleich Null gesetzt werden, und im 18. Jahrhundert wurde diese Ableitung die „erste Variation" genannt. Was unterscheidet die Variationsrechnung von einer Kurvendiskussion, wie sie schon im Gymnasium gelehrt wird?

Die in diesem Buch zu untersuchenden „mathematischen Größen" liegen zwar im reellen Zahlbereich, sie stellen im Allgemeinen aber keine Abbildungen von $\mathbb{R}^n$ in $\mathbb{R}$ dar, d.h. sie sind keine Abbildungen oder Funktionen endlich vieler reeller Variablen. In dieser Hinsicht unterscheidet sich die Variationsrechnung von einem weiten Teil der Optimierung, die die gleiche Zielsetzung hat. Wie schon die einfachsten Beispiele zeigen, ist der Definitionsbereich der Funktionen allgemeiner zu fassen, wobei ganz wesentlich ist, dass er „unendlich-dimensional" ist oder, anders ausgedrückt, dass es sich um reellwertige Abbildungen „unendlich vieler reeller Variabler" handelt, wie Hilbert formulierte. Solche Abbildungen heißen traditionsgemäß „Funktionale", eine Bezeichnung, die nicht zufällig in der „Funktionalanalyis" auftaucht. Diese Disziplin ist eng mit der Geschichte der

Variationsrechnung verbunden, und der Gegenstand ihrer Untersuchungen entsprach in großen Teilen den Bedürfnissen der Variationsrechnung. Ein wesentlicher Schritt ist die Ausweitung des linearen Raumes $\mathbb{R}^n$ zu einem unendlich-dimensionalen Funktionenraum. Da die Methoden der Linearen Algebra in unendlich-dimensionalen Räumen nicht die gewünschten Ergebnisse liefern, wurden sie durch „topologische Methoden" ergänzt.

Wenden wir uns nun einigen klassischen Beispielen zu.

1. Welche ist **die kürzeste Verbindung** zweier Punkte? Um diese Frage beantworten zu können, muss zuerst definiert werden, was eine „zulässige" Verbindung ist. Offensichtlich muss dies eine stetige Kurve sein, die eine definierte Länge besitzt. Darüber hinaus muss festgelegt werden, wo diese Kurve verläuft: Liegt sie in der Ebene, im Raum, auf einer Kugeloberfläche (Sphäre), auf einer Mannigfaltigkeit? Die Variablen sind also zulässige Kurven, die zwei Punkte verbinden, die zu minimierende reelle Größe ist deren Länge. Zulässige Kurven sind nicht durch endlich viele reelle Variable zu beschreiben, sie bilden eine Teilmenge eines unendlich-dimensionalen Funktionenraumes.

Wir nehmen an, die zulässigen Kurven verbinden zwei Punkte in der Ebene oder im Raum, was keinen wesentlichen Unterschied in der mathematischen Behandlung macht. Zur Bestimmung deren Länge verwenden wir den Euklidischen Abstand zweier Punkte, was auch als die Länge der sie verbindenden geraden Strecke definiert wird:

$$x = (x_1, x_2 \ldots, x_n), \quad y = (y_1, \ldots, y_n),$$
$$\|x - y\| = \Big(\sum_{k=1}^{n} (x_k - y_k)^2 \Big)^{1/2}, \, n \in \mathbb{N}. \tag{1}$$

Eine zulässige Kurve k zwischen zwei Punkten A und B besitzt eine Länge $L(k)$, die als das Supremum der Längen aller einbeschriebenen Polygonzüge definiert wird, wobei die Länge eines Polygonzugs natürlicherweise die Summe der Längen der ihn bildenden Strecken ist.

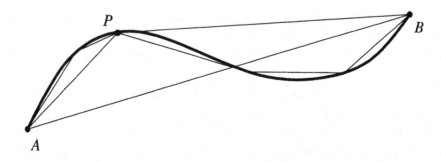

Abbildung 1

Eine stetige Kurve mit einer wohldefinierten Länge heißt rektifizierbar. Sei nun k eine rektifizierbare Kurve, die A mit B verbindet, und P ein beliebiger von A und B verschiedener Punkt auf k. Identifizieren wir die Punkte mit ihren Ortsvektoren, so folgt aus der Dreiecksungleichung für den Euklidischen Abstand

$$\|B - A\| \leq \|P - A\| + \|B - P\|, \tag{2}$$

wobei Gleichheit genau dann vorliegt, wenn P auf der Verbindungsgeraden zwischen A und B liegt. Das bedeutet nach Definition von $L(k)$

$$\|B - A\| \leq \|P - A\| + \|B - P\| \leq L(k) \tag{3}$$

und

$$\|B - A\| < \|P - A\| + \|B - P\| \leq L(k), \tag{4}$$

falls P nicht auf der Geraden zwischen A und B liegt. Das zeigt, dass jede rektifizierbare Kurve, die einen Punkt außerhalb der A und B verbindenden Geraden besitzt, echt länger als $\|B - A\|$ ist, und dass die kürzeste Verbindung somit die Gerade der Länge $\|B - A\|$ ist.

2. Das Heronsche Lichtstrahlproblem oder **das Reflexionsgesetz** (1. Jhdt. v. Chr.): Gegeben seien zwei Punkte A und B der Ebene, die auf einer Seite einer Geraden g liegen. Für welchen Punkt P auf der Geraden g ist $\|P - A\| + \|B - P\|$ minimal?

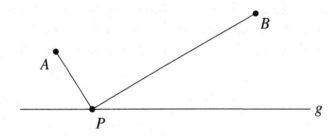

Abbildung 2

Wie spiegeln A an der Geraden g und erhalten A'. Offensichtlich gilt $\|P - A\| = \|P - A'\|$ und $\|P - A'\| + \|B - P\|$ ist nach Problem 1 minimal, falls A', P und B auf einer Geraden liegen.

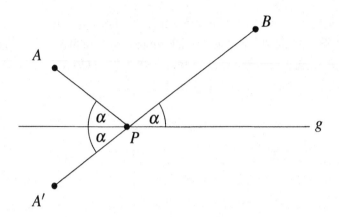

Abbildung 3

Die drei Winkel in Abbildung 3 sind gleich, was das Reflexionsgesetz beweist: Der reflektierte Strahl APB ist am kürzesten, wenn der Einfalls- gleich dem Ausfallswinkel ist, was in einem homogenen Medium gleichzeitig bedeutet, dass das Licht auf dem Weg APB die kürzeste Zeit benötigt.

Das „Fermatsche Prinzip" (Fermat 1601-1665) der geometrischen Optik besagt nämlich, dass das Licht den Weg wählt, für den die minimale Zeit erforderlich ist. Das führt zum

3. Snelliusschen Brechungsgesetz: Gegeben seien zwei Punkte A und B der Ebene, die auf verschiedenen Seiten einer Geraden g liegen, die die Ebene in zwei Halbebenen aufteilt, in denen das Licht verschiedene Geschwindigkeiten v_1 und v_2 besitzt. Über welchen Punkt P auf g kommt das Licht in kürzester Zeit von A nach B?

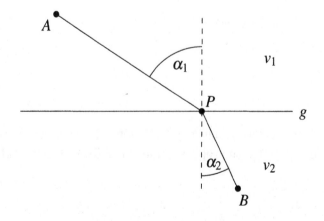

Abbildung 4

Das Snelliussche Brechungsgesetz (Snellius 1580-1626) besagt

$$\frac{\sin \alpha_1}{\sin \alpha_2} = \frac{v_1}{v_2},$$
(5)

wobei die Winkel α_1 und α_2 in Abbildung 4 dargestellt sind.

Die Fragestellung kann auch wie folgt eingekleidet werden: Die Gerade g markiert ein Ufer zwischen Land (obere Halbebene) und Wasser (untere Halbebene). Ein Beobachter in der Position A sieht einen Schwimmer, der in Position B in Not gerät. Wie kommt er am schnellsten zu ihm, um ihm zu helfen? Seine Laufgeschwindigkeit v_1 ist größer als die Geschwindigkeit v_2 im Wasser, weshalb er einen Weg wie in Abbildung 4 wählt. Bei konstanten Geschwindigkeiten v_1 und v_2 sind die Zeiten zwischen A und P bzw. zwischen P und B am kürzesten, wenn die Wege die kürzesten sind. Diese sind nach Problem 1 Geraden. Zu bestimmen ist also der Punkt P, wo der Helfer ins Wasser springt.

Nach Einführung geeigneter Koordinaten sind die Längen der Strecken von A nach P und von P nach B in Abhängigkeit von der Lage von P zu bestimmen. Mithilfe der Geschwindigkeiten v_1 und v_2 berechnen sich leicht die Zeiten T_1 und T_2, die man benötigt, um sie zurückzulegen. Die Summe $T_1 + T_2$ ist zu minimieren, was dadurch geschieht, indem man die Ableitung von $T_1 + T_2$ nach der Lage von P gleich Null setzt. Nach elementarer Rechnung erhält man das Gesetz (5), s. dazu Aufgabe 2.

4. Das isoperimetrische Problem der Dido (9. Jhdt. v. Chr.): Welche geschlossene Kurve vorgeschriebener Länge schließt den größten Flächeninhalt ein? Die phönizische Prinzessin Dido erhielt laut Überlieferung zur Gründung des späteren Karthago von den ansässigen Berbern so viel Land, wie sie mit einer Kuhhaut umspannen konnte. Dido schnitt die Kuhhaut in einen sehr dünnen Streifen und schloss damit ein Gebiet ein, auf dem sie die Festung Byrsa, die Keimzelle des späteren Karthago, errichtete. Welche Form hatte dieses Gebiet?

Wir folgen der Argumentation des Mathematikers J. Steiner (1796-1863). Sei k die geschlossene Kurve mit maximalem Flächeninhalt $F(k)$. Dann ist k konvex, wie durch Spiegelung ersichtlich ist:

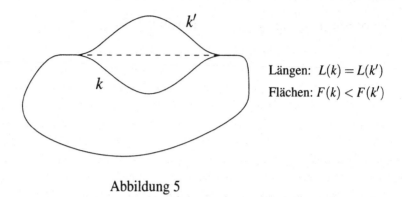

Längen: $L(k) = L(k')$
Flächen: $F(k) < F(k')$

Abbildung 5

Wählt man Punkte A und B auf k, welche k in zwei gleich lange Bögen k_1 und k_2 unterteilt, und ist g die Verbindungsgerade zwischen A und B, so sind die Flächen F_1 und F_2 gleich groß:

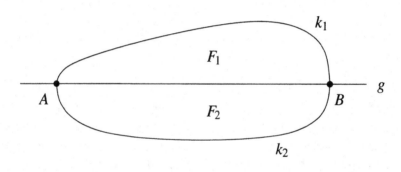

Abbildung 6

Bei unterschiedlicher Größe spiegele man die größere an g. Damit ist das Problem reduziert: Man bestimme den Bogen k_1 vorgeschriebener Länge, dessen Endpunkte A und B auf der Geraden g liegen, und der mit g einen maximalen Flächeninhalt einschließt. Wie schon gesehen, ist diese Figur konvex. Wähle einen beliebigen Punkt P auf k_1 und betrachte den Winkel α im Dreieck APB:

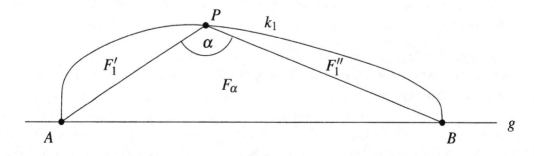

Abbildung 7

Im Punkt P sei ein Scharnier angebracht, so dass wir die Schenkel AP und BP bewegen können, wobei sich der Winkel α vergrößert oder verkleinert. Die Flächen F_1' und F_1'' werden mitbewegt und ändern sich nicht, ebenso wenig die Länge des Bogens k_1. Es ändert sich nur die Dreiecksfläche F_α, welche bei gleich bleibenden Schenkeln für $\alpha_0 = 90°$ maximal ist. Mithin ist auch $F_1 = F_1' + F_1'' + F_{\alpha_0}$ maximal.

Wir haben gezeigt, dass bei beliebiger Wahl des Punktes P auf k_1 das einbeschriebene Dreieck APB ein rechtwinkliges Dreieck sein muss. Nach der Umkehrung des Satzes von Thales ist der Bogen k_1 ein Halbkreis.

Die Prinzessin Dido hat klugerweise mit der Kuhhaut einen Kreis gebildet. In den Paragraphen 1.7 und 2.2 werden wir ihr Problem wieder aufgreifen.

5. Das Problem der Brachystochrone des Johann Bernoulli (1667-1748): In den Acta Eruditorum Lipsiae erschien im Juni 1696 ein „Problema novum ad cuius solutionem mathematici invitantur": Wenn in einer vertikalen Ebene zwei Punkte A und B gegeben sind, soll man dem beweglichen Punkt M eine Bahn AMB anweisen, auf welcher er von A ausgehend vermöge seiner eigenen Schwere in kürzester Zeit nach B gelangt.

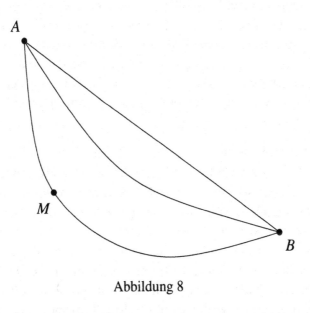

Abbildung 8

Da keine Lösung eingegangen war, wiederholte J. Bernoulli im Januar 1697 die Aufgabe mit dem einleitenden Satz: „Die scharfsinnigsten Mathematiker des ganzen Erdkreises grüßt Johann Bernoulli, öffentlicher Professor der Mathematik".

Bernoulli hat dann 1697 seine Lösung publiziert: Die Bahn ist eine Zykloide, s. Paragraph 1.8. Man ist sich einig, dass 1696 das Geburtsjahr der modernen Variationsrechnung ist.

Ohne die Argumentation von Bernoulli vorläufig zu kennen (s. dazu 1.8), ist angesichts der anderen historischen Beispiele festzustellen, dass die Lösungsmethoden bunt gemischt sind. Es lag auf der Hand, eine systematische Vorgehensweise entwickeln zu müssen. Dies gelang Euler (1707-1783) und Lagrange (1736-1813) um das Jahr 1755, als sie unabhängig voneinander die heute sogenannte Euler-Lagrange-Gleichung für Extremale postulierten. Dabei war das Bewusstsein für das Problem der Existenz von Extremalen noch nicht entwickelt, da die Existenz evident erschien. Die Vorgehensweise über die erste Variation (Euler, Lagrange) und die zweite Variation (Legendre, 1752-1833) erschloss zunächst notwendige Bedingungen für eine als existent angenommene Extremale. Im Rahmen dieses Kalküls kann durch hinreichende Bedingungen dann auch die Existenz von Extremalen bewiesen werden.

Die Erschütterung der Variationsrechnung wurde um 1860 durch Weierstraß (1815-1897) ausgelöst. Sein Gegenbeispiel, das er 1869 publizierte, sollte die Argumentation von Dirichlet (1805-1859) ad absurdum führen: Die elegante Lösung der Potentialaufgabe durch ein Variationsproblem (sein „Dirichletsches Prinzip") ist ohne eine zusätzliche Existenztheorie nicht haltbar. Diese Existenztheorie ist heute unter der Bezeichnung „Direkte Methoden der Variationsrechnung" bekannt und wurde wesentlich von Hilbert (1862-1943) geprägt. Deren Entwicklung verlief parallel mit der der Funktionalanalysis und setzt logischerweise zum Verständnis wesentliche Erkenntnisse derselben voraus. Aus diesem Grunde eignen sich die „Direkten Methoden" weniger als der „Euler-Lagrange-Kalkül", einen Einstieg in die Variationsrechnung zu finden. Dennoch werden wir in Kapitel 3 darauf eingehen.

Vor einer systematischen Methode, wie sie der Euler-Lagrange-Kalkül darstellt, steht allerdings die Aufgabe, die zunächst in Worte gefasste Extremwertaufgabe in eine mathematische Sprache zu übersetzen. Am Beispiel des Brachystochronenproblems bedeutet das, die zu minimierende Laufzeit in Abhängigkeit von der zu durchlaufenen Kurve darzustellen. Der Definitionsbereich dieses sogenannten „Zeitfunktionals" ist die Menge aller Kurven von A nach B, die, wie eingangs festgestellt wurde, nicht durch endlich viele reelle Variable dargestellt werden kann. Das zu minimierende Funktional hat in der Variationsrechnung einen unendlich-dimensionalen Definitionsbereich, wobei eine Schwierigkeit nicht geleugnet werden darf, nämlich die mathematisch genaue Beschreibung desselben. Konkret heißt das für das Problem des Bernoulli, ob die Kurve nur stetig oder als (stetig) differenzierbar vorausgesetzt werden darf, ob sie in der vertikalen (x,y)-Ebene eine Funktion von x oder von allgemeiner Gestalt ist. Die Menge der „zuläs-

sigen Funktionen" wird entweder „evidenten" Einsichten in das Problem angepasst oder
resultiert aus Mindestanforderungen an die Definition des zu minimierenden Funktionals.
Für die kürzeste Verbindung zwischen zwei Punkten sind beispielsweise die zulässigen
Verbindungen stetige Kurven mit einer definierten Länge, s. Beispiel 1.

Nach Charakterisierung der zulässigen Funktionen ist das Funktional darzustellen, für welches eine Extremale gesucht wird. Diese Aufgabe verlangt oft physikalische Einsichten
und Kenntnisse, wie dies für das Brachystochronenproblem der Fall ist. Die mathematische Formulierung eines zunächst in Worte gefassten Problems ist oft nicht einfach
und wird heute als „Mathematische Modellierung" bezeichnet. Für angewandte Probleme
verlangt diese meist eine interdisziplinäre Zusammenarbeit, die vor der eigentlichen
mathematischen Lösung steht. Letztere bedient sich dann einer von der Mathematik bereit
gestellten Methode, eines Kalküls, der dann, oft numerisch unterstützt, zur befriedigenden
Lösung führt.

In diesem Buch zeigen wir die mathematische Modellierung an einigen ausgewählten
Beispielen. Interessanterweise lassen sich die zu minimierenden oder zu maximierenden
Funktionale als Integrale der Form

$$J(y) = \int_a^b F(x,y,y')dx \tag{6}$$

oder in parametrischer Form

$$J(x,y) = \int_{t_a}^{t_b} \Phi(x,y,\dot{x},\dot{y})dt \tag{7}$$

darstellen, welche für reelle Funktionen $y = y(x)$ mit $x \in [a,b] \subset \mathbb{R}$ als

$$J(y) = \int_a^b F(x,y(x),y'(x))dx \tag{8}$$

oder für Kurven $(x,y) = (x(t),y(t))$ als

$$J(x,y) = \int_{t_a}^{t_b} \Phi(x(t),y(t),\dot{x}(t),\dot{y}(t))dt \tag{9}$$

zu lesen sind. Die ebene Kurve ist über einem Parameterintervall $[t_a,t_b]$ definiert und einer
langen Tradition folgend, die auf Newton (1643-1727) zurückgeht, bezeichnet der Punkt
die Ableitung nach t. Offensichtlich müssen für zulässige Funktionen oder Kurven die
Ableitungen nach x oder nach t existieren. Die Funktion F und die Funktion Φ, die von
drei bzw. vier reellen Variablen abhängt, heißen Lagrange-Funktionen.

Verallgemeinerungen für Kurven im Raum oder im $\mathbb{R}^n$ liegen auf der Hand. Entscheidend ist, dass alle für die Funktionale zulässigen Funktionen oder Kurven von nur einer unabhängigen Variablen abhängen und die Funktionale deswegen Integrale über einem Intervall sind. Für deren Theorie ist auch die Bezeichnung „Eindimensionale Variationsrechnung" gebräuchlich.

Wie schon angedeutet, behandelt dieses Buch im Wesentlichen den Euler-Lagrange-Kalkül und die Direkten Methoden nur exemplarisch. Dem einführenden Charakter des Buches entsprechend werden einige Gebiete wie z.B. die Feldtheorien von Jacobi (1804-1851) und Weierstraß nicht angesprochen. Da wir keine Kenntnisse der Funktionalanalysis oder über Differentialgleichungen voraussetzen – die benötigten Hilfsmittel werden im Text oder im Anhang bereit gestellt –, kann das Buch mit Grundkenntnissen der Analysis und Linearer Algebra verstanden werden. Es kann also eine Vorlesung für Studierende ab dem dritten Semester begleiten. Die Fragestellungen der Variationsrechnung erschienen Mathematikern und Physikern stets so bedeutsam, dass diese die Analysis der letzten drei Jahrhunderte entscheidend geprägt haben. Es ist von daher wünschenswert, dieser Tradition in Mathematik- und Physik-Studiengängen weiterhin Raum zu geben.

Aufgaben

1 Es seien $A, B \in \mathbb{R}^n$ zwei vorgegebene Punkte und $x(t) = (x_1(t), \ldots, x_n(t)), t \in [t_a, t_b]$, eine stetig differenzierbare Kurve, die A und B verbindet, d.h. $x(t_a) = A$ und $x(t_b) = B$. Man zeige

$$\|B - A\| \leq \int_{t_a}^{t_b} \|\dot{x}(t)\| dt = \text{Länge der Kurve.} \tag{10}$$

Dabei ist $\|\dot{x}(t)\| = \left(\sum_{k=1}^n \left(\dot{x}_k(t)\right)^2\right)^{1/2}$ die Länge des Tangentenvektors $\dot{x}(t) = (\dot{x}_1(t), \ldots, \dot{x}_n(t))$ und die Ungleichung (10) besagt, dass die Länge aller A und B verbindenden stetig differenzierbaren Kurven mindestens so groß ist wie $\|B - A\|$, was die Länge der A und B verbindenden Geraden $x(t) = A + t(B - A), t \in [0, 1]$, ist. Mithin ist die Gerade die kürzeste Verbindung unter allen stetig differenzierbaren Verbindungen.

Hinweis: Man zeige (10) mithilfe einer Ungleichung für Integrale, die aus der Dreiecksungleichung für die approximierenden Riemannschen Summen folgt, und die in der Vorlesung über Analysis gelehrt wird.

2 Man beweise das Snelliussche Brechungsgesetz (5).

Kapitel 1

Die Euler-Lagrange-Gleichung

1.1 Funktionenräume

Um die Definitionsbereiche eines Funktionals der Form

$$J(y) = \int_a^b F(x,y,y')dx \qquad (1.1.1)$$

zu charakterisieren, führen wir geeignete Funktionenräume ein. Zunächst setzen wir voraus: Die Lagrange-Funktion

$$F : [a,b] \times \mathbb{R} \times \mathbb{R} \to \mathbb{R} \qquad \text{ist stetig.} \qquad (1.1.2)$$

Dabei ist $[a,b] = \{x|a \leq x \leq b\}$ ein kompaktes Intervall in $\mathbb{R}$.

Definition 1.1.1 $C[a,b] = \{y|y : [a,b] \to \mathbb{R} \text{ ist stetig}\}$,

$C^1[a,b] = \{y|y \in C[a,b], y \text{ ist auf } [a,b] \text{ differenzierbar}, y' \in C[a,b]\}$,
wobei in den Randpunkten die einseitigen Ableitungen zu nehmen sind. Eine Funktion $y \in C^1[a,b]$ *heißt auf* $[a,b]$ *stetig differenzierbar.*

$C^{1,stw}[a,b] = \{y|y \in C[a,b], y \in C^1[x_{i-1},x_i], i = 1,\ldots,m\}$,
wobei $a = x_0 < x_1 < \cdots < x_m = b$ *eine von y abhängige Unterteilung von* $[a,b]$ *ist. Eine Funktion* $y \in C^{1,stw}[a,b]$ *heißt auf* $[a,b]$ *stückweise stetig differenzierbar.*

Offensichtlich gilt $C^1[a,b] \subset C^{1,stw}[a,b] \subset C[a,b]$ und alle drei Mengen sind unendlich-dimensionale Vektorräume über $\mathbb{R}$, wenn man die natürliche Addition von Funktionen $(y_1 + y_2)(x) = y_1(x) + y_2(x)$ und die Multiplikation mit reellen Zahlen $(\alpha y)(x) = \alpha y(x)$ einführt.

Eine typische Funktion $y \in C^{1,stw}[a,b]$ sieht wie folgt aus:

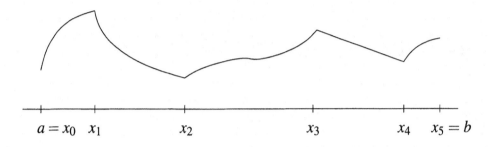

$$a = x_0 \quad x_1 \qquad\qquad x_2 \qquad\qquad\qquad x_3 \qquad\qquad\qquad x_4 \quad x_5 = b$$

Abbildung 1.1.1

Definiert man für $y \in C^{1,stw}[a,b]$

$$J(y) = \int_a^b F(x,y,y')dx = \sum_{i=1}^{m} \int_{x_{i-1}}^{x_i} F(x,y(x),y'(x))dx, \qquad (1.1.3)$$

ist $J : C^{1,stw}[a,b] \to \mathbb{R}$ ein Funktional. Die Integrale in der Summe von (1.1.3) existieren, da wegen (1.1.2) der Integrand auf jedem Intervall $[x_{i-1},x_i]$, $i = 1,\ldots,m$, stetig ist.

Die reellen Vektorräume aus Definition 1.1.1 werden wie folgt normiert:

Definition 1.1.2 *Für $y \in C[a,b]$ sei $\|y\|_0 = \|y\|_{0,[a,b]} = \max\limits_{x\in[a,b]} |y(x)|$,*

für $y \in C^1[a,b]$ sei $\|y\|_1 = \|y\|_{1,[a,b]} = \|y\|_{0,[a,b]} + \|y'\|_{0,[a,b]}$,

für $y \in C^{1,stw}[a,b]$ sei $\|y\|_{1,stw} = \|y\|_{1,stw,[a,b]} = \|y\|_{0,[a,b]} + \max\limits_{i\in\{1,\ldots,m\}} \{\|y'\|_{0,[x_{i-1},x_i]}\}$.

Für zwei Funktionen $y_1, y_2 \in X = C[a,b]$, $C^1[a,b]$, $C^{1,stw}[a,b]$ heißt $\|y_1 - y_2\|$ der Abstand von y_1 und y_2 bezüglich der jeweiligen Norm in X.

Es ist offensichtlich, dass man zu der Unterteilung einer Funktion $y \in C^{1,stw}[a,b]$ beliebig (endlich) viele weitere Unterteilungspunkte hinzufügen kann, wobei sowohl die

Eigenschaften von Definition 1.1.1 als auch die Norm $\|y\|_{1,stw}$ in Definition 1.1.2 erhalten bleiben. Für zwei Funktionen $y_1, y_2 \in C^{1,stw}[a,b]$ nehme man zur Definition des Abstands die Vereinigung der Unterteilungen von y_1 und y_2, die dann für beide Funktionen zulässig ist.

Die Eigenschaften einer Norm $\|\ \|$ auf einem reellen Vektorraum X sind:

Definition 1.1.3 *Eine Abbildung* $\|\ \| : X \to \mathbb{R}$ *heißt Norm, falls gilt:*

1. $\|y\| \geq 0$ *für alle* $y \in X$, $\|y\| = 0 \Leftrightarrow y = 0$,

2. $\|\alpha y\| = |\alpha| \|y\|$ *für alle* $\alpha \in \mathbb{R}$, $y \in X$,

3. $\|y_1 + y_2\| \leq \|y_1\| + \|y_2\|$ *für alle* $y_1, y_2 \in X$.

Die letzte Ungleichung heißt Dreiecksungleichung.

Man prüfe nach, dass die in Definition 1.1.2 angegebenen Größen in der Tat Normen auf dem jeweiligen Vektorraum sind. In einem normierten Vektorraum können Konvergenz und Stetigkeit erklärt werden, was in einem Vektorraum ohne Norm nicht möglich ist.

Definition 1.1.4 $(y_n)_{n \in \mathbb{N}} \subset X$ *sei eine Folge. Dann gilt:*

$\lim\limits_{n \to \infty} y_n = y_0 \Leftrightarrow$ *Zu jedem* $\varepsilon > 0$ *existiert ein* $n_0(\varepsilon)$, *so dass* $\|y_n - y_0\| < \varepsilon$ *für alle* $n \geq n_0(\varepsilon)$ *gilt.*

$J : D \to \mathbb{R}$ *sei ein Funktional, welches auf einer Teilmenge* $D \subset X$ *definiert ist.*

J *ist stetig in* $y_0 \in D.$ $\Leftrightarrow$ *Zu jedem* $\varepsilon > 0$ *existiert ein* $\delta(\varepsilon) > 0$, *so dass* $|J(y) - J(y_0)| < \varepsilon$ *für alle* $y \in D$ *mit* $\|y - y_0\| < \delta(\varepsilon)$ *gilt.*

$\Leftrightarrow$ *Für jede Folge* $(y_n)_{n \in \mathbb{N}} \subset D \subset X$ *mit* $\lim\limits_{n \to \infty} y_n = y_0$ *gilt* $\lim_{n \to \infty} J(y_n) = J(y_0)$.

J *ist stetig auf* D, *falls* J *in jedem* $y_0 \in D$ *stetig ist.*

Die letzte Äquivalenz bedeutet, dass die Stetigkeit in einem Punkt auch durch die „Folgenstetigkeit" definiert werden kann. Dies wird in der Analysis für Funktionen auf Teilmengen von $\mathbb{R}$ oder $\mathbb{R}^n$ bewiesen. Der Beweis für normierte Vektorräume X ist der gleiche.

Zur Konvergenz in den Räumen $C[a,b]$ und $C^1[a,b]$ ist zu sagen, dass gemäß Definitionen 1.1.2 und 1.1.4 $\lim_{n\to\infty} y_n = y_0$ genau dann gilt, falls y_n gleichmäßig gegen y_0 bzw. y_n und y_n' jeweils gleichmäßig gegen y_0 und y_0' konvergieren. Dies ist für diese Räume eine natürliche Konvergenz, da sie die Stetigkeit der Grenzfunktion bzw. die Stetigkeit der Grenzfunktion als auch ihrer Ableitung erhält. Mit anderen Worten: „Die Konvergenz kann nicht aus den Räumen herausführen." Das verhält sich in $C^{1,stw}[a,b]$ anders: Für eine Folge $(y_n)_{n\in\mathbb{N}} \subset C^{1,stw}[a,b]$ kann die Zahl der Unterteilungspunkte mit dem Folgenindex unbeschränkt anwachsen, so dass eine mögliche Grenzfunktion nicht mehr Definition 1.1.1 für $C^{1,stw}[a,b]$ erfüllen würde, s. dazu Aufgabe 1.1.1. Deshalb gilt $\lim_{n\to\infty} y_n = y_0$ in $C^{1,stw}[a,b]$ nur dann, wenn es für y_0 und für alle y_n eine feste Unterteilung von $[a,b]$ gibt, für die $\|y_n - y_0\|_{1,stw,[a,b]}$ für alle $n \in \mathbb{N}$ definiert und $< \varepsilon$ für alle $n \geq n_0(\varepsilon)$ ist. Ohne diese Tatsache später zu verwenden, merken wir hier nur an, dass $C[a,b]$ und $C^1[a,b]$ mit ihren Normen „vollständig" oder Banachräume sind, während dies für $C^{1,stw}[a,b]$ nicht gilt.

Bemerkung *Die Einführung des Raumes $C^{1,stw}[a,b]$ ist dadurch gerechtfertigt, als „gebrochene Extremale" in natürlicher Weise Elemente dieses Raumes sind. Wie wir an verschiedenen Beispielen sehen werden, treten gebrochene Extremale bei „nichtkonvexen Variationsproblemen" auf, für die die Lagrange-Funktion als Funktion von y' nicht konvex, sondern typischerweise zwei Minima besitzt. Funktionale mit solchen „W-Potentialen" sind interessant, da sie Phasenübergänge, kristalline Mikrostrukturen und die Entmischung zweikomponentiger Legierungen modellieren. Aus mathematischer Sicht sind gebrochene Extremale insofern interessant, als nicht beliebige, sondern nur bestimmte durch das Problem definierte „Ecken" vorkommen können, s. dazu die Paragraphen 1.11 und 2.4.*

Aufgaben

1.1.1 Eine Folge $(y_n)_{n\in\mathbb{N}} \subset X$ eines normierten Vektorraumes heißt Cauchy-Folge, falls zu jedem $\varepsilon > 0$ ein $n_0(\varepsilon)$ existiert, so dass $\|y_m - y_n\| < \varepsilon$ für alle $m, n \geq n_0(\varepsilon)$ gilt. Es sei

$$y(x) = \begin{cases} \dfrac{k(k+1)}{k^3}\left(x - \dfrac{1}{k+1}\right) & \text{für} \quad x \in \left[\dfrac{1}{k+1}, \dfrac{1}{k}\right], \\[3mm] \dfrac{1}{k^3} - \dfrac{(k-1)k}{k^3}\left(x - \dfrac{1}{k}\right) & \text{für} \quad x \in \left[\dfrac{1}{k}, \dfrac{1}{k-1}\right], \end{cases}$$

für $k = 2n$, $n \in \mathbb{N}$. Man skizziere y und bestätige, dass $y \in C[0,1]$, aber $y \notin C^{1,stw}[0,1]$ gilt.

Es sei

$$y_n(x) = \begin{cases} y(x) & \text{für} \quad x \in \left[\dfrac{1}{2n+1}, 1\right], \\ 0 & \text{für} \quad x \in \left[0, \dfrac{1}{2n+1}\right], \end{cases}$$

für $n \in \mathbb{N}$. Man zeige, dass $(y_n)_{n \in \mathbb{N}} \subset C^{1,stw}[0,1]$ eine Cauchy-Folge bezüglich der Norm $\| \ \|_{1,stw,[0,1]}$ ist, es aber kein $y_0 \in C^{1,stw}[0,1]$ mit $\lim_{n \to \infty} y_n = y_0$ in $C^{1,stw}[0,1]$ gemäß Definition 1.1.4 gibt.

Hinweis: $\lim_{n \to \infty} y_n = y$ in $C[0,1]$, also $y_0 = y \notin C^{1,stw}[0,1]$.

1.1.2 Es gelte (1.1.2). Man zeige, dass $J : C^{1,stw}[a,b] \to \mathbb{R}$, definiert durch

$$J(y) = \int_a^b F(x,y,y') dx \quad \text{wie in (1.1.3)},$$

ein stetiges Funktional ist.

1.2 Die erste Variation

Ein Funktional $J : D \subset X \to \mathbb{R}$ sei auf einer Teilmenge D eines normierten Vektorraumes X definiert. Wir setzen voraus, dass mit $y \in D$ auch $y + th \in D$ ist, wobei $h \in X$ fest gewählt und $t \in (-\varepsilon, \varepsilon) \subset \mathbb{R}$ ist. Dann ist die Funktion $g : (-\varepsilon, \varepsilon) \subset \mathbb{R} \to \mathbb{R}$ durch $g(t) = J(y + th)$ definiert. Die Abhängigkeit von y und h lassen wir natürlich nicht außer Acht.

Definition 1.2.1 *Existiert*

$$g'(0) = \lim_{t \to 0} \frac{J(y+th) - J(y)}{t} \quad \textit{in } \mathbb{R}, \tag{1.2.1}$$

so ist J in y in Richtung h Gâteaux-differenzierbar und die Ableitung $g'(0)$ wird als $dJ(y,h)$ bezeichnet.

Das Gâteaux-Differential $dJ(y,h)$ (R. Gâteaux, 1889-1914) ist zwar homogen, d.h. $dJ(y, \alpha h) = \alpha dJ(y,h)$ für $\alpha \in \mathbb{R}$, muss aber weder linear noch stetig in h sein, wie folgendes Beispiel zeigt: $X = \mathbb{R}^2$, $y = (y_1, y_2) \in D = \mathbb{R}^2$,

$$J(y) = \begin{cases} y_1^2 \left(1 + \dfrac{1}{y_2}\right) & \text{für} \quad y_2 \neq 0, \\ 0 & \text{für} \quad y_2 = 0. \end{cases} \tag{1.2.2}$$

Dann folgt für $y = (0,0)$ und $h = (h_1, h_2)$ mit $h_2 \neq 0$

$$\lim_{t \to 0} \frac{J(y + th) - J(y)}{t} = \lim_{t \to 0} \left(t h_1^2 + \frac{h_1^2}{h_2}\right) = \frac{h_1^2}{h_2} \tag{1.2.3}$$

und $dJ(0,h) = \dfrac{h_1^2}{h_2}$ für $h_2 \neq 0$, $dJ(0,h) = 0$ für $h_2 = 0$.

Für ein total differenzierbares Funktional $J : \mathbb{R}^n \to \mathbb{R}$ ist das Gâteaux-Differential $dJ(y,h)$ linear in $h = (h_1, ..., h_n) \in \mathbb{R}^n$:

$$\frac{d}{dt} J(y + th)|_{t=0} = \sum_{k=1}^{n} \frac{\partial J}{\partial y_k}(y) h_k = (\nabla J(y), h), \tag{1.2.4}$$

wobei wir die Kettenregel angewandt haben. Der Gradient $\nabla J(y)$ von J in y ist der Vektor $\left(\frac{\partial J}{\partial y_1}(y), ..., \frac{\partial J}{\partial y_n}(y)\right)$ und $(\quad , \quad)$ bezeichnet das Euklidische Skalarprodukt in $\mathbb{R}^n$.

Definition 1.2.2 *Existiert $dJ(y,h)$ in $y \in D \subset X$ für $h \in X$ und ist $dJ(y,h)$ linear in h, so heißt $dJ(y,h)$ die erste Variation von J in y in Richtung h und wird*

$$dJ(y,h) = \delta J(y)h \tag{1.2.5}$$

bezeichnet. Ist dies für alle $h \in X_0 \subset X$ richtig, wobei X_0 ein Unterraum von X ist, so ist

$$\delta J(y) : X_0 \to \mathbb{R} \tag{1.2.6}$$

ein lineares Funktional.

Für $X_0 = X = \mathbb{R}^n$ und total differenzierbares $J : \mathbb{R}^n \to \mathbb{R}$ gilt $\delta J(y)h = (\nabla J(y), h)$, da das Skalarprodukt linear in h ist. In diesem Fall ist $\delta J(y) : X_0 \to \mathbb{R}$ auch stetig.

Bemerkung *Ist $\dim X < \infty$, so ist jedes lineare Funktional $T : X \to \mathbb{R}$ stetig, was die Darstellung durch eine Matrix bzw. durch das Skalarprodukt zeigt. Für einen unendlich-dimensionalen normierten Vektorraum ist das nicht notwendig der Fall: Sei $X = C^1[0,1] \subset C[0,1]$ normiert wie $C[0,1]$ in Definition 1.1.2 und $Ty = y'(1)$ für $y \in X$. Für $y_n(x) = \frac{1}{n} x^n$*

gilt dann $\|y_n\|_{0,[0,1]} = \frac{1}{n}$, $Ty_n = 1$, *weshalb* $\lim_{n\to\infty} y_n = 0$, $\lim_{n\to\infty} Ty_n = 1 \neq T0 = 0$
und T nicht (folgen)stetig ist.

Wir berechnen jetzt das Gâteaux-Differential des Funktionals (1.1.3) und wir werden
sehen, dass dieses unter natürlichen Voraussetzungen sowohl linear als auch stetig in h
ist.

Satz 1.2.3 *Das Funktional*

$$J(y) = \int_a^b F(x,y,y')dx \tag{1.2.7}$$

sei auf $D \subset C^{1,stw}[a,b]$ *definiert. Die Lagrange-Funktion* $F : [a,b] \times \mathbb{R} \times \mathbb{R} \to \mathbb{R}$ *sei
stetig und bezüglich der letzten beiden Variablen stetig partiell differenzierbar. Für jedes*
$h \in C_0^{1,stw}[a,b] = C^{1,stw}[a,b] \cap \{y(a) = 0, y(b) = 0\}$ *sei mit* $y \in D$ *auch* $y + th \in D$, *und
zwar für alle* $t \in (-\varepsilon, \varepsilon)$ *mit einem möglicherweise von h abhängigen* $\varepsilon > 0$. *Dann
existiert für alle* $y \in D$ *und alle* $h \in C_0^{1,stw}[a,b]$ *das Gâteaux-Differential und ist wie folgt
dargestellt:*

$$\delta J(y)h = \int_a^b F_y(x,y,y')h + F_{y'}(x,y,y')h'dx. \tag{1.2.8}$$

Dabei bezeichnet F_y *bzw.* $F_{y'}$ *die partielle Ableitung von F nach der 2. bzw. 3. Variablen.*

Beweis: Wir fixieren y und h und können annehmen, dass für beide die gleiche Unterteilung $a = x_0 < x_1 < \cdots < x_m = b$ gilt. Für ein $x \in [x_{i-1}, x_i] \subset [a,b]$ gilt:

$$\frac{1}{t}\left(F(x,y(x)+th(x),\, y'(x)+th'(x)) - F(x,y(x),\, y'(x))\right)$$

$$= \frac{1}{t}\int_0^t \frac{d}{ds}F(x,y(x)+sh(x),\, y'(x)+sh'(x))ds \quad \text{für alle } t \in (-\varepsilon,\varepsilon)\setminus\{0\}$$

$$= F_y(x,y(x),\, y'(x))h(x) + F_{y'}(x,y(x),\, y'(x))h'(x) \tag{1.2.9}$$

$$+\frac{1}{t}\int_0^t F_y(x,y(x)+sh(x),\, y'(x)+sh'(x)) - F_y(x,y(x),\, y'(x))ds h(x)$$

$$+\frac{1}{t}\int_0^t F_{y'}(x,y(x)+sh(x),\, y'(x)+sh'(x)) - F_{y'}(x,y(x),\, y'(x))ds h'(x).$$

Da wir am Grenzwert $t \to 0$ interessiert sind, schränken wir t und damit s auf das Intervall
$[-\frac{\varepsilon}{2}, \frac{\varepsilon}{2}]$ ein. Da sowohl y als auch h in $C^1[x_{i-1},x_i]$ liegen, gilt

$$\{(x,y(x)+sh(x),\, y'(x)+sh'(x))|x \in [x_{i-1},x_i], |s| \leq \frac{\varepsilon}{2}\}$$

$$\subset [x_{i-1},x_i] \times [-c,c] \times [-c',c'] \subset [a,b] \times \mathbb{R} \times \mathbb{R} \tag{1.2.10}$$

für positive Konstanten c und c'. Da F_y auf dem Kompaktum in (1.2.10) gleichmäßig stetig ist, gilt für alle $x \in [x_{i-1}, x_i]$ bei gegebenem $\tilde{\varepsilon} > 0$

$$|F_y(x, y(x) + sh(x), y'(x) + sh'(x)) - F_y(x, y(x), y'(x))| < \tilde{\varepsilon}$$
$$\text{sofern } |s|(|h(x)| + |h'(x)|) < \delta(\tilde{\varepsilon}) \quad \text{und } |s| \leq \frac{\varepsilon}{2} \text{ ist.} \tag{1.2.11}$$

Wegen $|h(x)| + |h'(x)| \leq \|h\|_{0,[x_{i-1},x_i]} + \|h'\|_{0,[x_{i-1},x_i]} \leq \|h\|_{1,stw,[a,b]}$ ist (1.2.11) für

$$|s| < \min\left\{\frac{\varepsilon}{2}, \frac{\delta(\tilde{\varepsilon})}{\|h\|_{1,stw}}\right\} \tag{1.2.12}$$

erfüllt. Die analoge Abschätzung gilt auch für $F_{y'}$. Damit folgt aus (1.2.9) für alle $x \in [x_{i-1}, x_i]$ für gegebenes $\hat{\varepsilon} > 0$

$$\left|\frac{1}{t}(F(x, y(x) + th(x), y'(x) + th'(x)) - F(x, y(x), y'(x)))\right.$$
$$\left. - (F_y(x, y(x), y'(x))h(x) + F_{y'}(x, y(x), y'(x))h'(x))\right|$$
$$\leq \frac{1}{|t|}|t|\tilde{\varepsilon}(|h(x)| + |h'(x)|) \leq \tilde{\varepsilon}\|h\|_{1,stw} < \hat{\varepsilon} \tag{1.2.13}$$
$$\text{sofern} \quad 0 < |t| < \min\left\{\frac{\varepsilon}{2}, \frac{\delta(\tilde{\varepsilon})}{\|h\|_{1,stw}}\right\} \quad \text{und } 0 < \tilde{\varepsilon} < \frac{\hat{\varepsilon}}{\|h\|_{1,stw}} \text{ ist.}$$

Das bedeutet, dass

$$\lim_{t \to 0}\left(\frac{1}{t}(F(x, y(x) + th(x), y'(x) + th'(x)) - F(x, y(x), y'(x)))\right)$$
$$= F_y(x, y(x), y'(x))h(x) + F_{y'}(x, y(x), y'(x))h'(x) \tag{1.2.14}$$
$$\text{gleichmäßig für} \quad x \in [x_{i-1}, x_i], \ i = 1, \dots, m,$$

gilt. Da bei gleichmäßiger Konvergenz der Grenzübergang mit der Integration vertauscht werden kann, erhält man

$$\lim_{t \to 0}\frac{J(y+th) - J(y)}{t} =$$
$$\lim_{t \to 0}\sum_{i=1}^{m}\int_{x_{i-1}}^{x_i}\frac{1}{t}(F(x, y(x) + th(x), y'(x) + th'(x)) - F(x, y(x), y'(x)))dx$$
$$= \sum_{i=1}^{m}\int_{x_{i-1}}^{x_i}F_y(x, y(x), y'(x))h(x) + F_{y'}(x, y(x), y'(x))h'(x)dx \tag{1.2.15}$$
$$= \int_a^b F_y(x, y, y')h + F_{y'}(x, y, y')h'dx = dJ(y, h) = \delta J(y)h,$$

da $dJ(y, h)$ linear in h ist. $\hspace{1cm} \square$

Satz 1.2.4 *Unter den gleichen Voraussetzungen wie für Satz 1.2.3 ist*

$$\delta J(y) : C_0^{1,stw}[a,b] \to \mathbb{R} \tag{1.2.16}$$

linear und stetig für jedes $y \in D$. Insbesondere gilt

$$|\delta J(y)h| \le C(y)\|h\|_{1,stw} \quad \text{für alle } h \in C_0^{1,stw}[a,b] \tag{1.2.17}$$

mit einer von $y \in D$ abhängigen positiven Konstanten $C(y)$.

Ist das Funktional (1.2.7) auf ganz $C^{1,stw}[a,b]$ definiert, kann auch h in $C^{1,stw}[a,b]$ gewählt werden und der Beweis von Satz 1.2.3 liefert

$$\delta J(y)h = \int_a^b F_y(x,y,y')h + F_{y'}(x,y,y')h'\,dx,$$

$$\delta J(y) : C^{1,stw}[a,b] \to \mathbb{R} \quad \text{ist linear und stetig und} \tag{1.2.18}$$

$$|\delta J(y)h| \le C(y)\|h\|_{1,stw} \quad \text{für alle} \quad y,h \in C^{1,stw}[a,b].$$

Die Nullrandbedingungen für h gehen weder beim Beweis von Satz 1.2.3 noch von Satz 1.2.4 ein.

Aufgaben

1.2.1 Man beweise Satz 1.2.4.

1.2.2 Mit den Bezeichnungen von Satz 1.2.3 sei die Lagrange-Funktion F zweimal bezüglich der letzten beiden Variablen stetig partiell differenzierbar. Ist für $y \in D \subset C^{1,stw}[a,b]$ und $h \in C_0^{1,stw}[a,b]$ die Funktion $g(t) = J(y+th)$ für alle $t \in (-\varepsilon, \varepsilon)$ definiert, dann heißt

$$g''(0) = \delta^2 J(y)(h,h)$$

die zweite Variation von J in y in Richtung h. Man zeige die Darstellung

$$\delta^2 J(y)(h,h) = \int_a^b F_{yy}h^2 + 2F_{yy'}hh' + F_{y'y'}(h')^2\,dx,$$

wobei $F_{yy} = F_{yy}(x,y(x),y'(x))$ und analog $F_{yy'}, F_{y'y'}$ die zweiten partiellen Ableitungen von F nach den letzten beiden Variablen mit den angegebenen Argumenten sind.

1.2.3 Unter den gleichen Voraussetzungen wie für Aufgabe 1.2.2 ist

$$\delta^2 J(y) : C^{1,stw}[a,b] \times C^{1,stw}[a,b] \to \mathbb{R} \quad \text{definiert durch}$$

$$\delta^2 J(y)(h_1,h_2) = \int_a^b F_{yy}h_1 h_2 + F_{yy'}(h_1 h_2' + h_1' h_2) + F_{y'y'}h_1' h_2' dx$$

bilinear und stetig für jedes $y \in D$. Insbesondere gilt

$$|\delta^2 J(y)(h_1,h_2)| \leq C(y)\|h_1\|_{1,stw}\|h_2\|_{1,stw}$$

$$\text{für alle } h_1,h_2 \in C^{1,stw}[a,b].$$

1.3   Das Fundamental-Lemma der Variationsrechnung

Die Ableitung einer stückweise stetig differenzierbaren Funktion ist stückweise stetig. Deshalb führen wir ein:

Definition 1.3.1 $C^{stw}[a,b] = \{y | y : [a,b] \to \mathbb{R}, y \in C[x_{i-1},x_i], i = 1,\dots,m\}$ *für eine von* y *abhängige Unterteilung* $a = x_0 < x_1 < \cdots < x_m = b$.

Macht y in den inneren Unterteilungspunkten einen Sprung, so ist y in diesen Punkten doppelt zu definieren, damit $y \in C[x_{i-1},x_i]$ gilt. Wir leisten uns diese kleine Unkorrektheit in der Definition 1.3.1, da eine saubere Definition zu umständlich wäre.

Lemma 1.3.2 *Ist* $f \in C^{stw}[a,b]$ *und gilt*

$$\int_a^b fh dx = 0 \quad \text{für alle } h \in C_0^\infty(a,b), \tag{1.3.1}$$

so folgt $f(x) = 0$ *für alle* $x \in [a,b]$.

Der Raum $C_0^\infty(a,b)$ heißt der Raum der „Testfunktionen" und besteht aus allen beliebig oft differenzierbaren Funktionen mit kompaktem Träger in dem offenen Intervall (a,b). Der Träger von h ist der Abschluss von $\{x | h(x) \neq 0\}$. Offensichtlich gilt $h(a) = 0$ und $h(b) = 0$ und $C_0^\infty(a,b) \subset C_0^{1,stw}[a,b]$.

Beweis: Angenommen $f(x) \neq 0$ für ein $x \in [x_{i-1}, x_i] \subset [a,b]$. Wegen der Stetigkeit von f auf $[x_{i-1}, x_i]$ gibt es ein offenes Intervall I in $[x_{i-1}, x_i]$, so dass $f(x) \neq 0$ für alle $x \in I$ gilt. Offensichtlich hat f ein Vorzeichen auf I. Wähle eine Funktion $h \in C_0^\infty(a,b)$, die ihren Träger in I hat und das gleiche konstante Vorzeichen wie f im Innern ihres Trägers besitzt. (Eine solche Funktion gibt es.) Dann ist $fh \geq 0$ in $[a,b]$ und stetig, weshalb (1.3.1) $(fh)(x) = 0$ für alle $x \in [a,b]$ impliziert. Das widerspricht aber der Annahme über f und der Wahl von h. $\qquad\square$

Bemerkung *Eine k-mal stetig differenzierbare Funktion h, die die im Beweis von Lemma 1.3.2 geforderten Eigenschaften hat, ist die folgende: Ist $[c,d] \subset I$, wähle man $h(x) = \pm(x-c)^{k+1}(d-x)^{k+1}$ für $x \in [c,d]$ und $h(x) = 0$ außerhalb von $[c,d]$. Das Vorzeichen passe man dem von f auf $[c,d]$ an. Eine Funktion $h \in C_0^\infty(a,b)$ mit Träger in $[c,d]$ kann mit der Exponentialfunktion angegeben werden: Die Funktion $g(x) = \pm exp(-(1-x^2)^{-1})$ für $|x| < 1$ und $g(x) = 0$ für $|x| \geq 1$ ist in $C_0^\infty(\mathbb{R})$ und hat den Träger $[-1,1]$. Dann hat $h(x) = g((x-x_0)/r)$ den Träger $[x_0 - r, x_0 + r]$ für $x_0 \in \mathbb{R}$, $r > 0$ und auf $(x_0 - r, x_0 + r)$ hat h ein konstantes Vorzeichen.*

Lemma 1.3.3 *Ist $f \in C^{stw}[a,b]$ und gilt*

$$\int_a^b fh'dx = 0 \quad \text{für alle } h \in C_0^{1,stw}[a,b], \tag{1.3.2}$$

so folgt $f(x) = c$ für alle $x \in [a,b]$.

Beweis: Man wähle $c = \frac{1}{b-a} \int_a^b f(x)dx = \frac{1}{b-a} \sum_{i=1}^m \int_{x_{i-1}}^{x_i} f(x)dx$ und $h(x) = \int_a^x (f(s) - c)ds$. Dann gilt $h \in C[a,b]$, $h(a) = 0$, $h(b) = 0$ und für $x \in [x_{i-1}, x_i]$ ist $h'(x) = f(x) - c$, wobei in den Randpunkten die einseitigen Ableitungen zu nehmen sind. Folglich ist $h \in C_0^{1,stw}[a,b]$ und wegen (1.3.2) gilt

$$\int_a^b (f-c)h'dx = \int_a^b fh'dx - c\int_a^b h'dx = 0 \tag{1.3.3}$$

nach Wahl von c. Andererseits ist das Integral in (1.3.3) auch

$$\int_a^b (f-c)h'dx = \int_a^b (f-c)^2 dx = \sum_{i=1}^m \int_{x_{i-1}}^{x_i} (f(x)-c)^2 dx = 0, \tag{1.3.4}$$

woraus wegen der Stetigkeit von f auf $[x_{i-1}, x_i]$ die Behauptung $f(x) = c$ für alle $x \in [a,b]$ folgt. $\qquad\square$

Lemma 1.3.4   *Es gilt die Formel der partiellen Integration*

$$\int_a^b fh'dx = -\int_a^b f'hdx + fh\Big|_a^b \quad \text{für } f,h \in C^{1,stw}[a,b].\tag{1.3.5}$$

Für $h \equiv 1$ reduziert sich (1.3.5) auf den Fundamentalsatz der Differential- und Integralrechnung, der mithin auch für stückweise stetig differenzierbare Funktionen gilt.

Beweis: Es ist o.B.d.A. anzunehmen, dass für f und h die gleichen Unterteilungspunkte gelten und (1.3.5) lautet

$$\sum_{i=1}^m \int_{x_{i-1}}^{x_i} fh'dx = -\sum_{i=1}^m \int_{x_{i-1}}^{x_i} f'hdx + fh\Big|_a^b.\tag{1.3.6}$$

Da $f,h \in C^1[x_{i-1},x_i]$ gilt, ist auf den Intervallen $[x_{i-1},x_i]$ die übliche Formel der partiellen Integration gültig, alle Randterme in $x_i, i = 1,\ldots,m-1$, heben sich auf, und es bleiben nur die Randterme in $x_0 = a$ und $x_m = b$ übrig. $\qquad\square$

Als nächstes formulieren und beweisen wir das **Fundamental-Lemma der Variationsrechnung** von DuBois-Reymond (1831-1889):

Lemma 1.3.5   *Gilt für $f,g \in C^{stw}[a,b]$*

$$\int_a^b fh + gh'dx = 0 \quad \text{für alle } h \in C_0^{1,stw}[a,b],\tag{1.3.7}$$

so folgt $g \in C^{1,stw}[a,b] \subset C[a,b]$ und $g' = f$ stückweise auf $[a,b]$, d.h. gilt $f \in C[x_{i-1},x_i]$ für $[x_{i-1},x_i] \subset [a,b]$, ist $g'(x) = f(x)$ für $x \in [x_{i-1},x_i]$.

Beweis: Mit $F(x) = \int_a^x f(s)ds$ erhält man eine Funktion $F \in C[a,b]$ und für $x \in [x_{i-1},x_i]$ gilt $F'(x) = f(x)$, wobei in den Randpunkten die einseitigen Ableitungen zu nehmen sind. Folglich ist $F \in C^{1,stw}[a,b]$ und wegen Lemma 1.3.4 gilt

$$\int_a^b fhdx = \int_a^b F'hdx = -\int_a^b Fh'dx \quad \text{für alle } h \in C_0^{1,stw}[a,b].\tag{1.3.8}$$

Mit (1.3.7) folgt daraus

$$\int_a^b fh + gh'dx = \int_a^b (-F+g)h'dx = 0 \quad \text{für alle } h \in C_0^{1,stw}[a,b].\tag{1.3.9}$$

Da $g \in C^{stw}[a,b]$ vorausgesetzt ist, kann man Lemma 1.3.3 anwenden und man erhält $-F(x) + g(x) = c$ oder $g(x) = c + F(x)$ für alle $x \in [a,b]$. Das bedeutet $g \in C^{1,stw}[a,b]$ und $g' = F' = f$ stückweise im oben definierten Sinne. $\qquad\square$

Lemma 1.3.5 ist ein „Regularitätssatz", d.h. erfüllt g (1.3.7), ist g „regulärer" als vorausgesetzt. Insbesondere ist g auf $[a,b]$ stetig. Ein Spezialfall ist:

> Gilt für $f,g \in C[a,b]$ die Beziehung (1.3.7),
>
> so folgt $g \in C^1[a,b]$ und $g' = f$ auf $[a,b]$. $\hspace{2cm}$ (1.3.10)

1.4 Die Euler-Lagrange-Gleichung

Für das Funktional

$$J(y) = \int_a^b F(x,y,y')dx, \hspace{2cm} (1.4.1)$$

welches auf $D \subset C^{1,stw}[a,b]$ definiert ist, leiten wir die wichtigste notwendige Bedingung her, die eine minimierende oder maximierende Funktion $y \in D$ erfüllen muss.

Definition 1.4.1 *Eine Funktion $y \in D$ heißt lokaler Minimierer für das Funktional J, falls*

$$J(y) \leq J(\tilde{y}) \quad \text{für alle } \tilde{y} \in D \text{ mit} \quad \|y - \tilde{y}\|_{1,stw} < d \hspace{1.5cm} (1.4.2)$$

mit einer Konstanten $d > 0$ gilt.

Analog wird ein lokaler Maximierer definiert; in der Literatur beschränkt man sich üblicherweise auf Minimierer, da Maximierer für J Minimierer für $-J$ sind.

Man findet auch verschiedene Begriffe eines lokalen Minimierers: Verlangt man in (1.4.2) nur $\|y - \tilde{y}\|_0 < d$, so lässt diese Bedingung wesentlich mehr Funktionen $\tilde{y}$ zum Vergleich zu, was bedeutet, dass die Aussage über den Minimierer y stärker ist. In diesem Fall nennt man y auch **„starken lokalen Minimierer"**, eine Definition, die wir nicht weiter verwenden. Dass ein lokaler kein starker lokaler Minimierer sein muss, zeigt Aufgabe 1.4.7.

Wir setzen voraus, dass für $y \in D$ die erste Variation $\delta J(y)h$ für alle $h \in C_0^{1,stw}[a,b]$ definiert ist, d.h. dass $y + th \in D$ für $t \in (-\varepsilon, \varepsilon)$ mit einem möglicherweise von h abhängigen $\varepsilon > 0$ gilt. Ist D nur durch Randbedingungen definiert, d.h. $D = C^{1,stw}[a,b] \cap \{y(a) = A,\ y(b) = B\}$, gilt dies für alle $\varepsilon > 0$.

Satz 1.4.2 *Die Funktion $y \in D \subset C^{1,stw}[a,b]$ sei ein lokaler Minimierer für das Funktional (1.4.1) und die Lagrange-Funktion $F : [a,b] \times \mathbb{R} \times \mathbb{R} \to \mathbb{R}$ sei stetig und bezüglich der letzten beiden Variablen stetig partiell differenzierbar. Dann gilt:*

$$F_{y'}(\cdot, y, y') \in C^{1,stw}[a,b] \subset C[a,b] \quad und$$
$$\frac{d}{dx} F_{y'}(\cdot, y, y') = F_y(\cdot, y, y') \quad stückweise\ auf\ [a,b]. \tag{1.4.3}$$

Ist $y \in C^1[a,b]$, so gilt $F_{y'}(\cdot, y, y') \in C^1[a,b]$ und $(1.4.3)_2$ gilt auf ganz $[a,b]$.

Beweis: Nach Voraussetzung ist mit $y \in D$ auch $y + th \in D$ für jedes $h \in C_0^{1,stw}[a,b]$, und für kleines $\varepsilon > 0$ gilt auch $\|th\|_{1,stw} < d$ für $t \in (-\varepsilon, \varepsilon)$. Auch wenn $\varepsilon > 0$ von h abhängt, ist $g(t) = J(y + th)$ wegen (1.4.2) bei $t = 0$ lokal minimal. Da nach Satz 1.2.3 das Gâteaux-Differential $dJ(y,h) = g'(0)$ existiert, gilt nach einem Satz der Analysis $g'(0) = 0$ und wegen (1.2.8) bedeutet dies

$$\delta J(y)h = \int_a^b F_y(x,y,y')h + F_{y'}(x,y,y')h'\,dx = 0 \tag{1.4.4}$$
$$\text{für alle } h \in C_0^{1,stw}[a,b].$$

Die Behauptung von Satz 1.4.2 folgt aus Lemma 1.3.5, da nach den Voraussetzungen über y und F die Funktionen $F_y(\cdot, y, y')$ und $F_{y'}(\cdot, y, y')$ in $C^{stw}[a,b]$ liegen. Der letzte Zusatz gilt wegen (1.3.10). $\qquad\qquad\square$

Die Gleichung $(1.4.3)_2$ heißt **Euler-Lagrange-Gleichung**. Sie ist stückweise eine gewöhnliche Differentialgleichung, die für lokale Minimierer (und Maximierer) y gelten muss.

Die lokale Extremale y ist nicht notwendig zweimal (stückweise) differenzierbar. Ist dies der Fall und existieren die zweiten partiellen Ableitungen $F_{y'y'}$, $F_{y'y}$ und $F_{y'x}$, kann man $(1.4.3)_2$ (stückweise) ausdifferenzieren und man erhält

$$F_{y'y'}(\cdot, y, y')y'' + F_{y'y}(\cdot, y, y')y' + F_{y'x}(\cdot, y, y') = F_y(\cdot, y, y') \tag{1.4.5}$$
$$\text{(stückweise) auf } [a,b].$$

Die Gleichung (1.4.5) ist eine sogenannte quasilineare gewöhnliche Differentialgleichung zweiter Ordnung, da die zweite (höchste) Ableitung von y nur linear auftritt. Die Beziehung (1.4.4) heißt schwache Version der Euler-Lagrange-Gleichung (1.4.3). Wegen Lemma 1.3.4 folgt:

Satz 1.4.3 *Die starke Version (1.4.3) und die schwache Version (1.4.4) der Euler-Lagrange-Gleichung sind äquivalent.*

Satz 1.4.3 ist eine Besonderheit für eine unabhängige Variable x. Er gilt im Allgemeinen nicht für mehrere unabhängige Variable, das heißt für partielle Differentialgleichungen.

Eine Lösung $y \in D \subset C^{1,stw}[a,b]$ der Euler-Lagrange-Gleichung ist nicht notwendig ein lokaler oder globaler Minimierer für J oder $-J$, wobei für einen globalen Minimierer y die Ungleichung (1.4.2) für alle $\tilde{y} \in D$ gilt. Ein Beispiel dafür wird durch

$$J(y) = \int_0^1 (y')^3 dx \quad \text{auf } D = C^{1,stw}[0,1] \cap \{y(0) = 0, \, y(1) = 0\} \tag{1.4.6}$$

gegeben. Eine zulässige Funktion $y \in D$ löst (1.4.3), falls

$$3(y')^2 \in C^{1,stw}[0,1] \subset C[0,1] \quad \text{und} \quad \frac{d}{dx} 3(y')^2 = 0 \text{ stückweise auf } [0,1] \tag{1.4.7}$$

gilt. Das bedeutet

$$(y')^2 = c_1 \geq 0 \quad \text{und } y' = \pm\sqrt{c_1} \text{ auf } [0,1]. \tag{1.4.8}$$

Dazu müssen noch die Randbedingungen erfüllt sein. Mögliche Lösungen von unendlich vielen werden in Abbildung 1.4.1 skizziert. Eine spezielle Lösung ist $y \equiv 0$.

Keine Lösung ist ein lokaler Minimierer für J oder $-J$, s. Aufgabe 1.4.8.

Ist die Lagrange-Funktion konvex bezüglich der letzten beiden Variablen, ist jede Lösung der Euler-Lagrange-Gleichung ein globaler Minimierer. Dies ist die Aussage von Satz 1.4.5.

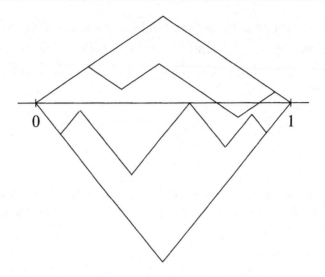

Abbildung 1.4.1

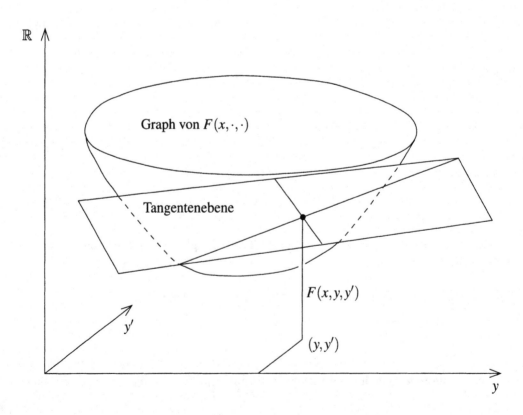

Abbildung 1.4.2

Definition 1.4.4 *Eine stetige Lagrange-Funktion $F : [a,b] \times \mathbb{R} \times \mathbb{R} \to \mathbb{R}$, die bezüglich der letzten beiden Variablen stetig partiell differenzierbar ist, heißt bezüglich dieser beiden Variablen konvex, wenn*

$$F(x,\tilde{y},\tilde{y}') \geq F(x,y,y') + F_y(x,y,y')(\tilde{y}-y) + F_{y'}(x,y,y')(\tilde{y}'-y')$$
$$\text{für alle} \quad (x,y,y'), (x,\tilde{y},\tilde{y}') \in [a,b] \times \mathbb{R} \times \mathbb{R} \tag{1.4.9}$$

gilt. Geometrisch bedeutet (1.4.9), dass der Graph von $F(x,\cdot,\cdot)$ oberhalb jeder Tangentenebene liegt, die von den Tangenten an die Graphen von $F(x,\cdot,y')$ und von $F(x,y,\cdot)$ aufgespannt wird, s. Abbildung 1.4.2.

Satz 1.4.5 *Das Funktional J gegeben durch (1.4.1) sei auf $D = C^{1,stw}[a,b] \cap \{y(a) = A,\ y(b) = B\}$ definiert und die Lagrange-Funktion $F : [a,b] \times \mathbb{R} \times \mathbb{R} \to \mathbb{R}$ sei stetig und bezüglich der letzten beiden Variablen stetig partiell differenzierbar und konvex. Dann ist jede Lösung $y \in D$ der Euler-Lagrange-Gleichung ein globaler Minimierer für J.*

Beweis: Es sei $y \in D$ eine Lösung der Euler-Lagrange-Gleichung. Dann ist für beliebiges $\tilde{y} \in D$ die Funktion $h = \tilde{y} - y \in C_0^{1,stw}[a,b]$, da sowohl y als auch $\tilde{y}$ die gleichen Randbedingungen erfüllen. Wegen der Konvexität (1.4.9) gilt

$$\begin{aligned}
J(\tilde{y}) &= \int_a^b F(x,\tilde{y},\tilde{y}')dx = \int_a^b F(x,y+h,y'+h')dx \\
&\geq \int_a^b F(x,y,y')dx + \int_a^b F_y(x,y,y')h + F_{y'}(x,y,y')h'dx \\
&= J(y) \quad \text{wegen (1.4.4)}.
\end{aligned} \tag{1.4.10}$$

Also ist jedes $y \in D$, das die schwache oder starke Euler-Lagrange-Gleichung erfüllt, ein globaler Minimierer. $\qquad\square$

Existiert in einem lokalen Minimierer $y \in D \subset C^{1,stw}[a,b]$ die zweite Variation von J, s. dazu Aufgabe 1.2.2, gilt nach einem Satz der Analysis

$$\delta^2 J(y)(h,h) \geq 0 \quad \text{für alle } h \in C_0^{1,stw}[a,b]. \tag{1.4.11}$$

Aus (1.4.11) und geeigneten zusätzlichen Annahmen kann eine notwendige Bedingung gefolgert werden, die relativ leicht nachprüfbar ist, s. Aufgabe 1.4.3. In den Aufgaben 1.4.4 und 1.4.6 findet man hinreichende Bedingungen für einen globalen bzw. lokalen Minimierer.

Aufgaben

1.4.1 Unter dem Träger supp(h) einer Funktion $h : \mathbb{R} \to \mathbb{R}$ versteht man den Abschluss der Menge $\{x | h(x) \neq 0\}$. Man zeige: Zu jedem kompakten Intervall $I \subset (a,b)$ gibt es eine Folge $(h_n)_{n \in \mathbb{N}} \subset C_0^{1,stw}[a,b]$ mit den Eigenschaften

a)   supp$(h_n) \subset I$ für alle $n \geq n_0$,

b) $\displaystyle \lim_{n \to \infty} \int_a^b h_n^2 dx = 0$,

c) $\displaystyle \lim_{n \to \infty} \int_a^b (h_n')^2 dx = \infty$.

1.4.2 Unter den Voraussetzungen von Aufgabe 1.2.2 existiert die zweite Variation von J in $y \in D \subset C^{1,stw}[a,b]$ in Richtung $h \in C_0^{1,stw}[a,b]$. Wir setzen zusätzlich voraus, dass $F_{yy'}(\cdot, y, y') \in C^{1,stw}[a,b]$ gilt. Man zeige:

$$\delta^2 J(y)(h,h) = \int_a^b Ph^2 + Q(h')^2 dx \quad \text{mit}$$

$$P = F_{yy} - \frac{d}{dx} F_{yy'} \in C^{stw}[a,b] \quad \text{und } Q = F_{y'y'} \in C^{stw}[a,b].$$

1.4.3 Unter den Voraussetzungen von Aufgabe 1.4.2 gilt für einen lokalen Minimierer $y \in D \subset C^{1,stw}[a,b]$

$$F_{y'y'}(x, y(x), y'(x)) \geq 0 \quad \text{für alle } x \in [a,b].$$

Hinweis: Man verwende (1.4.11) und die Aufgaben 1.4.2, 1.4.1.

Diese sogenannte **notwendige Bedingung von Legendre** an einen lokalen Minimierer lässt sich auch ohne die zusätzliche Bedingung an $F_{yy'}(\cdot, y, y')$ von Aufgabe 1.4.2 beweisen, s. [3], S. 57.

1.4.4 Unter den Voraussetzungen von Aufgabe 1.2.2 existiert die zweite Variation von J in $y \in D \subset C^{1,stw}[a,b]$ in Richtung $h \in C_0^{1,stw}[a,b]$. Man zeige:
Gilt für ein $y \in D = C^{1,stw}[a,b] \cap \{y(a) = A, \, y(b) = B\}$

$$\delta J(y)h = 0 \quad \text{und}$$

$$\delta^2 J(\tilde{y})(h,h) \geq 0 \quad \text{für alle } \tilde{y} \in D \quad \text{und für alle } h \in C_0^{1,stw}[a,b],$$

so ist y ein globaler Minimierer für J auf D.

Hinweis: Es gilt $g(1) - g(0) = g'(0) + \int_0^1 (1-t)g''(t)dt$ für eine zweimal stetig differenzierbare Funktion $g : \mathbb{R} \to \mathbb{R}$.

1.4.5 Man zeige: Existiert unter den Voraussetzungen von Aufgabe 1.2.2 die zweite Variation von J in $y \in D = C^{1,stw}[a,b] \cap \{y(a) = A, y(b) = B\}$, so folgt für $h \in C_0^{1,stw}[a,b]$:

$$J(y+h) = J(y) + \delta J(y)h + \frac{1}{2}\delta^2 J(y)(h,h) + R(y,h)$$

$$\text{mit } R(y,h)/\|h\|_{1,stw}^2 \to 0 \quad \text{falls } \|h\|_{1,stw} \to 0.$$

Die stetige lineare Abbildung $\delta J(y)$, s. (1.2.18), heißt auch erste und die stetige bilineare Abbildung $\delta^2 J(y)$, s. Aufgabe 1.2.3, heißt auch zweite **Fréchet-Ableitung** von J in y (M. Fréchet, 1878-1973).

1.4.6 Man zeige: Gilt unter den Voraussetzungen von Aufgabe 1.4.5 für ein $y \in D \subset C^{1,stw}[a,b]$

$$\delta J(y)h = 0$$
$$\delta^2 J(y)(h,h) \geq C\|h\|_{1,stw}^2$$

für alle $h \in C_0^{1,stw}[a,b]$ mit einer Konstanten $C > 0$, so ist y ein lokaler Minimierer für J.

1.4.7 Es sei

$$J(y) = \int_0^1 (y')^2 + (y')^3 dx.$$

a)   Man zeige, dass $y = 0$ ein lokaler Minimierer für J in $D = C^{1,stw}[0,1] \cap \{y(0) = 0, y(1) = 0\}$ ist.

b)   Man zeige, dass $y = 0$ kein starker lokaler Minimierer ist. (S. dazu die Bemerkung nach Definition 1.4.1.)

Hinweis: Es sei für $b \in (0,1)$ und $n \in \mathbb{N}$

$$y_{n,b}(x) = \begin{cases} \dfrac{1}{nb}x & \text{für} \quad x \in [0,b], \\[3mm] -\dfrac{1}{n(1-b)}x + \dfrac{1}{n(1-b)} & \text{für} \quad x \in [b,1]. \end{cases}$$

Es ist $y_{n,b} \in D$ und zu jedem $n \in \mathbb{N}$ gibt es ein $b_n \in (0,1)$, so dass $J(y_{n,b_n}) < 0$ und $\|y_{n,b_n}\|_0 < d$ für jedes $d > 0$ gilt, sofern $n \geq n_0$ ist.

1.4.8 Man zeige, dass keine Lösung der Euler-Lagrange-Gleichung für das Funktional (1.4.6) ein lokaler Minimierer für J oder für $-J$ ist.

Hinweis: Man verwende auch (1.4.11).

1.5 Beispiele zur Lösung der Euler-Lagrange-Gleichung

In diesem Paragraphen wenden wir die bisher bereitgestellte Theorie an Beispielen an.

1. $J(y) = \int_{-1}^{1} y^2 (2x - y')^2 dx$ wird auf $D = C^1[-1,1] \cap \{y(-1) = 0, y(1) = 1\}$ definiert.

Die Funktion

$$y(x) = \begin{cases} 0 & \text{für } x \in [-1,0], \\ x^2 & \text{für } x \in [0,1], \end{cases}$$

liegt in D und $J(y) = 0$. Da $J(y) \geq 0$ für alle $y \in D$ gilt, ist diese Funktion ein globaler Minimierer für J. Wir bemerken, dass für den Minimierer $y \notin C^2[-1,1]$ gilt (d.h. y ist nicht zweimal stetig differenzierbar auf $[-1,1]$), er aber die Euler-Lagrange-Gleichung auf ganz $[-1,1]$ erfüllt. Denn

$$F_y(x, y(x), y'(x)) = 2y(x)(2x - y'(x))^2,$$
$$F_{y'}(x, y(x), y'(x)) = -2y(x)^2(2x - y'(x)),$$

und $F_y \equiv F_{y'} \equiv 0$ auf $[-1,1]$ für den Minimierer.

2. Das Dirichlet-Integral $J(y) = \int_{a}^{b} (y')^2 dx$ wird auf $D = C^{1,stw}[a,b] \cap$ $\{y(a) = A, y(b) = B\}$ definiert.

Die Euler-Lagrange-Gleichung lautet (bis auf den Faktor 2)

$$\frac{d}{dx} y' = y'' = 0 \quad \text{stückweise auf } [a,b],$$

d.h. $y(x) = c_1^i x + c_2^i$ für $x \in [x_{i-1}, x_i]$, $i = 1, \ldots, m$. Dabei haben wir aber eine Information außer Acht gelassen. $(1.4.3)_1$ besagt, dass $y' \in C[a,b]$ gilt, weshalb $c_1^i = c_1$ ist, und $c_2^i = c_2$ für $i = 1, \ldots, m$ folgt aus $y \in C[a,b]$. Die Lösung ist eine Gerade $y(x) = c_1 x + c_2$ mit $c_1 = (B - A)/(b - a)$ und $c_2 = (bA - aB)/(b - a)$, die die Randbedingungen erfüllt.

Die Lösung der Euler-Lagrange-Gleichung muss freilich keine Extremale für J sein. Wir können Satz 1.4.5 anwenden oder die zweite Variation berechnen:

$$\delta^2 J(\tilde{y})(h,h) = \int_a^b 2(h')^2 dx \geq 0 \quad \text{für alle } \tilde{y} \in D \text{ und für alle } h \in C_0^{1,stw}[a,b],$$

weshalb nach Aufgabe 1.4.4 die Gerade durch die Punkte (a,A), (b,B) ein globaler Minimierer für J ist. Wir können auch direkt argumentieren: Sei $\tilde{y} \in D$ und $\tilde{y} = y + \tilde{y} - y = y + h$ mit $h \in C_0^{1,stw}[a,b]$. Dann gilt

$$J(\tilde{y}) = J(y+h) = \int_a^b (y')^2 dx + 2\int_a^b y'h'dx + \int_a^b (h')^2 dx$$

$$\geq J(y) + 2c_1 \int_a^b h'dx = J(y),$$

da wegen der Nullrandbedingung für h das zweite Integral verschwindet, s. dazu auch Lemma 1.3.4.

3.   Das Gegenbeispiel von Weierstraß $J(y) = \int_{-1}^1 x^2(y')^2 dx$ wird auf $D = C^1[-1,1] \cap \{y(-1) = -1, y(1) = 1\}$ definiert. Offensichtlich ist $J(y) \geq 0$ für alle $y \in D$, und für die Folge $(y_n)_{n\in\mathbb{N}} \subset D$, definiert durch

$$y_n(x) = \frac{\arctan nx}{\arctan n},$$

gilt:

$$J(y_n) = \int_{-1}^1 \frac{n^2 x^2}{(\arctan n)^2 (1+n^2 x^2)^2} dx$$

$$< \frac{1}{(\arctan n)^2} \int_{-1}^1 \frac{dx}{1+n^2 x^2} = \frac{2}{n \arctan n}.$$

Wegen $\lim_{n\to\infty} J(y_n) = 0$ gilt $\inf_{y\in D} J(y) = 0$. Es gibt aber keine Funktion $y \in D$ mit $J(y) = 0$. Eine solche Funktion müsste $xy'(x) = 0$ für alle $x \in [-1,1]$ erfüllen, was $y'(x) = 0$ für $x \in [-1,0) \cup (0,1]$ oder wegen der Randbedingungen $y(x) = -1$ für $x \in [-1,0)$, $y(x) = 1$ für $x \in (0,1]$ bedeutet. Eine solche Funktion liegt aber nicht im Definitionsbereich D. Die Euler-Lagrange-Gleichung ist

$$\frac{d}{dx}(2x^2 y') = 0 \quad \text{oder} \quad x^2 y' = c_1 \quad \text{mit den Lösungen}$$
$$y(x) = -\frac{c_1}{x} + c_2.$$

Keine dieser Funktionen liegt in D. Mit diesem Beispiel hat Weierstraß die Behauptung von Dirichlet widerlegt, es sei evident, dass es eine zulässige Funktion gebe, für die ein nach unten beschränktes Integral den kleinsten Wert annehme.

4. Die Länge der Kurve $\{(x,y(x))|x \in [a,b]\}$ zwischen (a,A) und (b,B) ist das Funktional $J(y) = \int_a^b \sqrt{1+(y')^2}dx$ auf $D = C^{1,stw}[a,b] \cap \{y(a)=A,\ y(b)=B\}$. Die Euler-Lagrange-Gleichung lautet

$$\frac{d}{dx}\frac{y'}{\sqrt{1+(y')^2}} = 0 \quad \text{stückweise auf } [a,b] \text{ oder}$$

$$y'(x) = \frac{c_i}{\sqrt{1-c_i^2}} = c_1^i \quad \text{für } x \in [x_{i-1},x_i],\ i=1,\dots,m, \quad \text{mit den Lösungen}$$

$$y(x) = c_1^i x + c_2^i \quad \text{für } x \in [x_{i-1},x_i] \subset [a,b].$$

Wie in Beispiel 2 bedeutet die Stetigkeit von $F_{y'}(\cdot,y,y')$ auf $[a,b]$, die in $(1.4.3)_1$ gefordert wird, dass $c_1^i = c_1$ ist, und $c_2^i = c_2$ für $i = 1,\dots,m$ folgt aus $y \in C[a,b]$. Mit den gleichen Konstanten c_1 und c_2 wie in Beispiel 2 ist die kürzeste Verbindung in D die Gerade. Denn wie in Aufgabe 1 in der Einleitung zeigt man, dass die Länge der Geraden kleiner oder gleich der Länge aller nach x parametrisierten stückweise stetig differenzierbaren Kurven ist.

Eine andere Argumentation verwendet Aufgabe 1.4.4: Wegen

$$F_{y'y'}(\tilde{y}') = \frac{1}{(1+(\tilde{y}')^2)^{3/2}} > 0,\ F_{yy}(\tilde{y}') = F_{yy'}(\tilde{y}') = 0$$

ist $\delta^2 F(\tilde{y})(h,h) \geq 0$ für alle $\tilde{y} \in D$ und für alle $h \in C_0^{1,stw}[a,b]$, s. Aufgabe 1.2.2. Deswegen ist die einzige Lösung y der Euler-Lagrange-Gleichung ein globaler Minimierer.

5. Das Funktional $J(y) = \int_a^b y^2 + (y')^2 dx$ wird auf $D = C^{1,stw}[a,b] \cap \{y(a)=A,\ y(b)=B\}$ definiert. Die Euler-Lagrange-Gleichung lautet (bis auf die Faktoren 2)

$$y'' = y \quad \text{stückweise auf } [a,b],$$

was durch $y(x) = c_1^i \cosh x + c_2^i \sinh x$ für $x \in [x_{i-1},x_i]$ gelöst wird. Die Stetigkeit von y als auch von y', die aus $(1.4.3)_1$ folgt, bedeutet

$$(c_1^i - c_1^{i+1})\cosh x_i + (c_2^i - c_2^{i+1})\sinh x_i = 0,$$
$$(c_1^i - c_1^{i+1})\sinh x_i + (c_2^i - c_2^{i+1})\cosh x_i = 0,$$

was nur durch $c_1^i = c_1^{i+1} = c_1$ und $c_2^i = c_2^{i+1} = c_2$ für $i = 1,\dots,m-1$ gelöst wird. Die Randbedingungen bestimmen die Konstanten c_1 und c_2 in eindeutiger Weise (was wir als Aufgabe stellen). Es bleibt die Frage, ob die eindeutige Lösung der Euler-Lagrange-Gleichung in D eine Extremale ist. Zur Beantwortung können wir Satz 1.4.5 anwenden oder die zweite Variation berechnen:

$$\delta^2 J(\tilde{y})(h,h) = 2\int_a^b h^2 + (h')^2 dx \geq 0$$

für alle $\tilde{y} \in D$ und für alle $h \in C_0^{1,stw}[a,b]$.

Nach Aufgabe 1.4.4 ist die Lösung $y(x) = c_1 \cosh x + c_2 \sinh x$ ein globaler Minimierer für J auf D.

6. Das Funktional $J(y) = \int_0^1 ((y')^2 - 1)^2 dx$ wird auf $D = C^{1,stw}[0,1]$ definiert. Offensichtlich ist $J(y) \geq 0$ für alle $y \in D$ und $J(y) = 0$ für alle stückweise stetig differenzierbaren Funktionen, die $y' = \pm 1$ erfüllen:

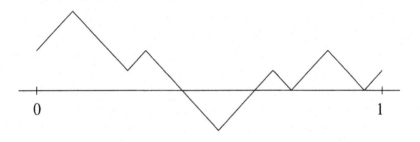

Abbildung 1.5.1

Sämtliche „Sägezahn-Funktionen" mit Steigungen ± 1 sind globale Minimierer für J auf D. Auch bei der Vorgabe von Randbedingungen können es unendlich viele sein, z.B. für $y(0) = y(1) = 0$. Die Euler-Lagrange-Gleichung lautet (bis auf den Faktor 4)

$$\frac{d}{dx}((y')^2 - 1)y' = 0 \quad \text{stückweise auf } [a,b] \text{ und}$$
$$((y')^2 - 1)y' \quad \text{ist stetig auf } [a,b].$$

Die Lösungen sind stückweise Geraden, die aber nicht notwendig die Steigungen ± 1 haben. Dazu schauen wir den Graphen von $W(z) = (z^2 - 1)^2$ und $W'(z) = 4(z^2 - 1)z$ an:

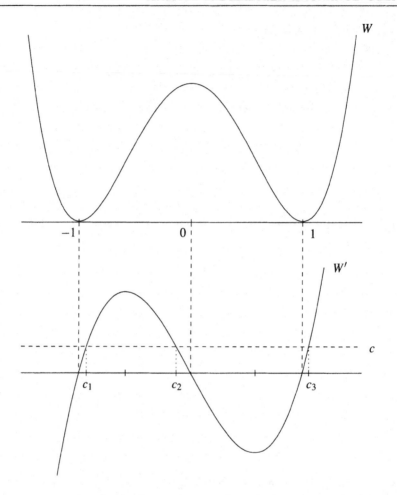

Abbildung 1.5.2

Die Euler-Lagrange-Gleichung impliziert $4((y')^2 - 1)y' = c$, was durch $y' = c_i$, $i = 1, 2, 3$, gelöst wird, s. dazu Abbildung 1.5.2. Für $c \neq 0$ ist allerdings $W(y') > 0$, weshalb eine stückweise gerade Funktion wie in Abbildung 1.5.3 mit den Steigungen $y' = c_i$ kein globaler Minimierer sein kann.

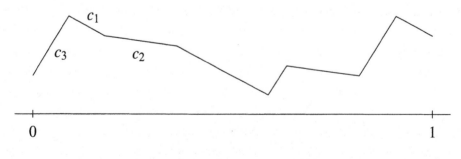

Abbildung 1.5.3

Für $c = 0$ erhält man die drei Steigungen $y' = -1, 0, 1$, wobei allerdings wegen $W(0) = 1$ auch eine Funktion wie in Abbildung 1.5.4 als Minimierer nicht in Frage kommt.

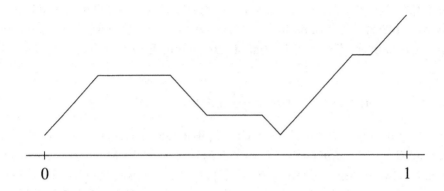

Abbildung 1.5.4

Die zweite Variation lautet

$$\delta^2 J(y)(h,h) = \int_0^1 W''(y')(h')^2 dx,$$

wobei $W''(z) = 4(3z^2 - 1)$ gilt und in Abbildung 1.5.5 dargestellt ist:

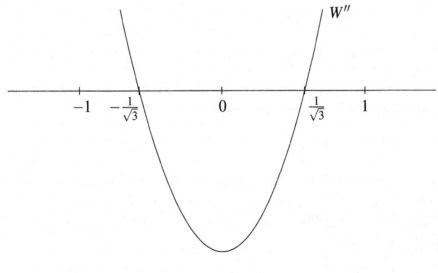

Abbildung 1.5.5

Für alle Lösungen der Euler-Lagrange-Gleichung mit Steigungen $y' = c_i$ und $|c_i| \geq \frac{1}{\sqrt{3}}$

gilt die notwendige Bedingung $W''(y') \geq 0$, die in Aufgabe 1.4.3 bereitgestellt wird. Die in den Aufgaben 1.4.4 und 1.4.6 formulierten hinreichenden Bedingungen für globale und lokale Minimierer sind nicht anwendbar. Zusammenfassend ist festzustellen, dass alleine mithilfe der ersten und zweiten Variation (globale) Minimierer des „nichtkonvexen Variationsproblems" nicht zu bestimmen sind. Wir werden eine zusätzliche notwendige Bedingung benötigen, die als Weierstraß–Erdmannsche Eckenbedingung bekannt ist; s. dazu 1.11.

Zum Schluss diskutieren wir noch drei **Spezialfälle**:

7. Die Lagrange-Funktion F hängt nicht explizit von x ab: $J(y) = \int_a^b F(y,y')dx$ wird definiert auf $D \subset C^{1,stw}[a,b]$ und $y \in D \cap C^2(a,b)$ sei ein lokaler Minimierer. Die zusätzliche Regularität von y benötigen wir hier aus technischen Gründen. Für globale Minimierer können wir auf sie verzichten (s. Satz 1.11.2) bzw. sie ist auch für lokale Minimierer bei „Elliptizität" der Euler-Lagrange-Gleichung von selbst gegeben (s. Aufgabe 1.5.1 und Satz 1.11.4). Die Euler-Lagrange-Gleichung lautet

$$\frac{d}{dx}F_{y'}(y,y') = F_y(y,y') \quad \text{auf } [a,b],$$

und wegen der vorausgesetzten Regularität von y können wir umformen:

$$\frac{d}{dx}(F(y,y') - y'F_{y'}(y,y'))$$

$$= F_y(y,y')y' + F_{y'}(y,y')y'' - y''F_{y'}(y,y') - y'\frac{d}{dx}F_{y'}(y,y')$$

$$= (F_y(y,y') - \frac{d}{dx}F_{y'}(y,y'))y'.$$

Daraus ist folgendes ersichtlich: Jede Lösung der Euler-Lagrange-Gleichung und jede Konstante löst die Differentialgleichung erster Ordnung

$$F(y,y') - y'F_{y'}(y,y') = c_1 \quad \text{auf } [a,b].$$

Jede Lösung dieser Differentialgleichung löst auch die Euler-Lagrange-Gleichung oder ist eine Konstante. Gelingt es, diese nach y' aufzulösen, erhält man $y' = f(y;c_1)$. Für eine solche sogenannte „Differentialgleichung mit getrennten Veränderlichen" gibt es folgende Lösungsmethode:

$$h(y;c_1) \quad \text{sei eine Stammfunktion von } \frac{1}{f(y;c_1)}, \text{ d.h.}$$

$$\frac{d}{dy}h(y;c_1) = \frac{1}{f(y;c_1)} \neq 0.$$

Es existiert die Umkehrfunktion h^{-1} und

$$y(x) = h^{-1}(x+c_2;c_1) \quad \text{löst } y' = f(y;c_1), \text{ denn}$$
$$\frac{d}{dx}y(x) = \frac{1}{\frac{d}{dy}h(y(x);c_1)} = f(y(x);c_1).$$

8. Die Lagrange-Funktion F hängt nicht explizit von y ab: $J(y) = \int_a^b F(x,y')dx$ wird definiert auf $D \subset C^{1,stw}[a,b]$. Die Euler-Lagrange-Gleichung für einen lokalen Minimierer $y \in D$ lautet

$$\frac{d}{dx}F_{y'}(\cdot,y') = 0 \quad \text{stückweise auf } [a,b] \text{ oder}$$
$$F_{y'}(x,y'(x)) = c_1 \quad \text{auf } [a,b],$$

da wegen $(1.4.3)_1$ $F_{y'}(\cdot,y') \in C[a,b]$ gilt. Die Gleichung $F_{y'}(x,y') = c_1$ ist, wenn möglich, nach y' aufzulösen,

$$y'(x) = f(x;c_1), \quad \text{und zu integrieren}$$
$$y(x) = \int f(x;c_1)dx + c_2.$$

9. Die Lagrange-Funktion F hängt nicht explizit von y' ab: $J(y) = \int_a^b F(x,y)dx$ wird definiert auf $D \subset C[a,b]$. Die Euler-Lagrange-Gleichung für einen lokalen Minimierer $y \in D$ lautet

$$F_y(x,y(x)) = 0 \quad \text{auf } [a,b]$$

welche nach y aufzulösen ist. Dies ist keine Differentialgleichung.

Als Spezialfall des allgemeinen Falls ist $y \in D \subset C^{1,stw}[a,b] \subset C[a,b]$, also stetig auf $[a,b]$. Für unstetiges $y \in D \subset C^{stw}[a,b]$ folgt mit Lemma 1.3.2 aus $\delta J(y)h = 0$ für alle $h \in C_0^{stw}[a,b]$ ebenfalls, dass $F_y(x,y(x)) = 0$ auf $[a,b]$ gilt. Wenn es Lösungen $y \in C^{stw}[a,b]$ dieser Gleichung gibt, erfüllen sie im Allgemeinen nicht vorgegebene Randbedingungen: Für $F(x,y) = W(y)$ mit W wie in Abbildung 1.5.2 beispielsweise ist jede stückweise konstante Funktion mit Werten $y = -1,0,1$ eine Lösung der Euler-Lagrange-Gleichung, ist für die Werte $y = \pm 1$ ein globaler Minimierer, kann aber in diesem Fall nur Randbedingungen mit den Werten ± 1 erfüllen.

Bemerkung *Die Fälle 8 und 9 scheinen für $D \subset C^1[a,b]$ die gleichen zu sein, wenn man in $J(y) = \int_a^b F(x,y')dx$ einfach $y' = u$ substituiert. Man erhält für $J(u) = \int_a^b F(x,u)dx$ nach Fall 9 die Gleichung*

$$F_u(x,u(x)) = 0, \quad u = y',$$

während man nach Fall 8

$$F_{y'}(x, y'(x)) = c_1$$

zu lösen hat. Offensichtlich sind diese Gleichungen nicht äquivalent. Woran liegt das? Durch die Substitution wird die Klasse der zulässigen Funktionen erweitert: Bei der Herleitung der Euler-Lagrange-Gleichung in 1.4 werden für $y \in D \subset C^1[a,b]$ nur Störungen der Art $y + th$ mit $h \in C_0^1[a,b]$ zugelassen, um mögliche Randbedingungen an y zu erhalten. Bei der Substitution von $y' + th'$ zu $u + tg$ müsste man dem Rechnung tragen, d.h. $g = h'$ mit $h \in C_0^1[a,b]$ oder $g \in C[a,b]$ mit $\int_a^b g\,dx = 0$. Dann folgt aus

$$\delta J(u)g = 0 \quad \text{für alle} \ \ g \in C^{stw}[a,b] \cap \{\int_a^b g\,dx = 0\}$$

oder

$$\delta J(u)h' = 0 \quad \text{für alle} \ \ h \in C_0^1[a,b],$$

dass $F_u(\cdot, u) = c_1$ gilt; s. dazu Lemma 1.3.3.
Definiert man allerdings $J(y) = \int_a^b F(x, y')dx$ auf ganz $C^1[a,b]$, kann man auch die Störung $y + th$ mit $h \in C^1[a,b]$ zulassen, so dass aus

$$\delta J(y)h = 0 \quad \text{für alle} \ \ h \in C^1[a,b] \supset C_0^1[a,b]$$

zunächst bei Wahl von $h \in C_0^1[a,b]$

$$F_{y'}(\cdot, y') = c_1$$

und dann

$$\int_a^b F_{y'}(x, y')h'\,dx = 0 = \int_a^b c_1 h'\,dx = c_1(h(b) - h(a))$$

für beliebiges $h \in C^1[a,b]$ folgt. Das kann aber nur bei $c_1 = 0$ gelten, d.h. man erhält die Gleichung

$$F_u(x, u(x)) = 0, \quad u = y'.$$

Aufgaben

1.5.1 Für das Funktional $J(y) = \int_a^b F(x, y, y')dx$ sei die Lagrange-Funktion $F : [a,b] \times \mathbb{R} \times \mathbb{R}$ bezüglich aller drei Variablen zweimal stetig differenzierbar und $y \in C^{1,stw}[a,b] \cap C^1[x_{i-1}, x_i]$ erfülle die Euler-Lagrange-Gleichung

$$\frac{d}{dx}F_{y'}(\cdot, y, y') = F_y(\cdot, y, y') \quad \text{auf} \ [x_{i-1}, x_i] \subset [a,b].$$

Man beweise: Gilt $F_{y'y'}(x_0, y(x_0), y'(x_0)) \neq 0$ für $x_0 \in (x_{i-1}, x_i)$, so ist y in einer Umgebung von x_0 in (x_{i-1}, x_i) zweimal stetig nach x differenzierbar.

Diese **lokale Regularität** ist eine Folge der **lokalen „Elliptizität"** und geht auf Hilbert zurück.

Hinweis: Man wende das Theorem über implizite Funktionen an.

1.5.2 Man bestimme Extremale für $J(y) = \int_0^1 F(x, y, y') dx$ in $D = C^{1,stw}[0,1] \cap \{y(0) = 0, \ y(1) = 1\}$ mit

a) $F(x,y,y') = y'$, b) $F(x,y,y') = yy'$ c) $F(x,y,y') = xyy'$.

Welches Supremum besitzt J im Fall c)?

1.5.3 Man löse die Euler-Lagrange-Gleichungen in $C^2[0,1]$ für

a) $J(y) = \displaystyle\int_0^1 ((y')^2 + 2y) dx, \quad y(0) = 0, \ y(1) = 1,$

b) $J(y) = \displaystyle\int_{-1}^2 ((y')^2 + 2yy') dx, \quad y(-1) = 1, \ y(2) = 0,$

c) $J(y) = \displaystyle\int_0^1 ((y')^2 + 2xy' + x^2) dx, \quad y(0) = 0, \ y(1) = 0,$

d) $J(y) = \displaystyle\int_0^2 ((y')^2 + 2yy' + y^2) dx, \quad y(0) = 0, \ y(2) = 1.$

Man berechne die zweite Variation von J und diskutiere, ob die Lösungen der Euler-Lagrange-Gleichungen lokale oder globale Extremale unter allen Funktionen in $C^1[0,1]$ sind, die die gleichen Randbedingungen erfüllen.

1.6 Minimalflächen vom Rotationstyp

Die Rotation des Graphen einer stetigen und positiven Funktion $y(x)$ um die x-Achse erzeugt eine Rotationsfläche:

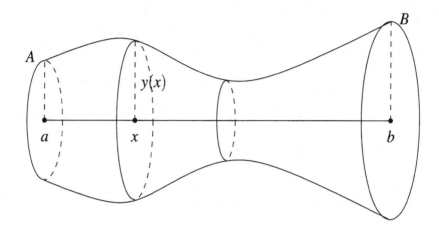

Abbildung 1.6.1

Ist die Funktion stetig differenzierbar, d.h. $y \in C^1[a,b]$, ist die Oberfläche des Rotationskörpers durch

$$J(y) = 2\pi \int_a^b y\sqrt{1+(y')^2}dx \qquad (1.6.1)$$

gegeben. Die Variationsaufgabe ist folgende: Welche Kurve zwischen (a,A) und (b,B) erzeugt eine Rotationsfläche kleinsten Flächeninhalts? Eine solche Fläche heißt Minimalfläche vom Rotationstyp.

Das Flächenfunktional (1.6.1) wird auf $D = C^1[a,b] \cap \{y(a) = A,\ y(b) = B\}$ definiert. Dabei können wir zur Vereinfachung durch Skalierung eine Normierung vornehmen: Wir setzen

$$\tilde{y}(\tilde{x}) = y(a+A\tilde{x})/A \quad \text{für } \tilde{x} \in \left[0, \frac{b-a}{A}\right] = [0,\tilde{b}] \qquad (1.6.2)$$

und erhalten

$$J(y) = 2\pi A^2 \int_0^{\tilde{b}} \tilde{y}\sqrt{1+(\tilde{y}')^2}d\tilde{x}, \quad \tilde{y}(0) = 1,\ \tilde{y}(\tilde{b}) = \frac{B}{A} = \tilde{B}. \qquad (1.6.3)$$

Wir lassen den Faktor $2\pi A^2$ so wie die Tilde weg und studieren nur noch das normierte Problem

$$J(y) = \int_0^b y\sqrt{1+(y')^2}dx \quad \text{auf}$$
$$D = C^1[0,b] \cap \{y(0)=1,\, y(b)=B\}. \tag{1.6.4}$$

Es liegt der Spezialfall 7 aus 1.5 vor. Wir können die dort geforderte zusätzliche Regularität eines lokalen Minimierers nach Aufgabe 1.5.1 voraussetzen. Denn wegen

$$F_{y'y'}(y,y') = \frac{y}{(1+(y')^2)^{3/2}} > 0, \quad \text{sofern } y > 0, \tag{1.6.5}$$

ist jede auf $[a,b]$ positive Lösung der Euler-Lagrange-Gleichung, welche in D liegt, automatisch in $C^2(a,b)$. Wie in 7 aus 1.5 ausgeführt, erfüllt eine positive Lösung der Euler-Lagrange-Gleichung die Differentialgleichung erster Ordnung

$$F(y,y') - y'F_{y'}(y,y') = c_1 \quad \text{auf} \quad [a,b]. \tag{1.6.6}$$

Für die Lagrange-Funktion $F(y,y') = y\sqrt{1+(y')^2}$ ergibt (1.6.6)

$$y = c_1\sqrt{1+(y')^2} \quad \text{und}$$
$$y' = \sqrt{\frac{y^2 - c_1^2}{c_1^2}} = f(y;c_1). \tag{1.6.7}$$

Die in 7 aus 1.5 beschriebene Lösungsmethode für $(1.6.7)_2$ ergibt

$$y(x) = c_1\cosh\left(\frac{x+c_2}{c_1}\right), \tag{1.6.8}$$

was für $c_1 > 0$ eine positive Lösung der Euler-Lagrange-Gleichung ist. Die Funktion (1.6.8) heißt „Kettenlinie", da sie die Form einer hängenden Kette beschreibt, s. Paragraph 2.3. Die Konstanten $c_1 > 0$ und c_2 müssen so bestimmt werden, dass die Randbedingungen $y(0)=1$ und $y(b)=B$ erfüllt werden. Die Frage ist, ob dies überhaupt und in eindeutiger Weise möglich ist. Macht man ein Experiment mit einer Seifenhaut, die man zwischen die Drahtringe bei $x=0$ und $x=b$ aufspannt, wird man feststellen, dass sie sich bei Vergrößerung des Abstands b zusammenschnürt, zerreißt, und dass zwei Kreisscheiben innerhalb der Drahtringe entstehen. Genau dieses Szenario gibt auch die Mathematik wieder.

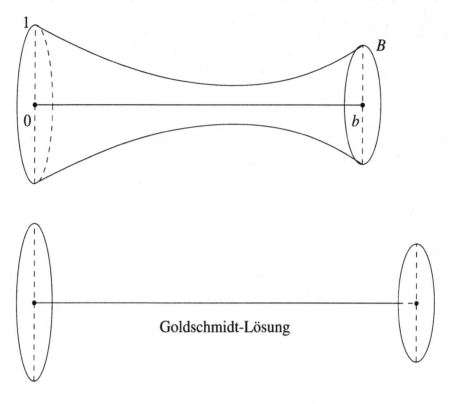

Abbildung 1.6.2

Ist b groß im Vergleich zu B, ist jede Rotationsfläche, die von einer positiven Funktion durch $(0,1)$ und (b,B) erzeugt wird, größer als die Summe $\pi(1+B^2)$ der Flächen der beiden Kreisscheiben. Obwohl sie keine zulässige Lösung darstellt, heißt sie „Goldschmidt-Lösung", benannt nach B. Goldschmidt (1807-1851). Es gibt in dem Fall keine echte Minimalfläche vom Rotationstyp, da (1.6.8) die Randbedingungen nicht erfüllen kann. Bei etwas kleinerem b (bei gleichbleibendem B) besitzt die Euler-Lagrange-Gleichung sogar zwei Lösungen vom Typ (1.6.8), die durch $(0,1)$ und (b,B) gehen. Die von ihnen erzeugten Rotationsflächen sind zwar immer noch größer als die Goldschmidt-Lösung, aber die obere Kettenlinie erzeugt eine lokal minimale Fläche. Bei weiter abnehmendem Abstand b gibt es weiterhin zwei mögliche Kettenlinien als Lösungen, die obere erzeugt aber eine global minimale Fläche, die auch kleiner als die Goldschmidt-Lösung ist.

Eine genauere Analyse findet man in [3], S. 80, S. 436 ff, [2], S. 82, [12], S. 298. Zusammenfassend stellen wir fest, dass jede mögliche Minimalfläche vom Rotationstyp das Profil einer Kettenlinie hat.

1.7 Das Problem der Dido

Die Fragestellung haben wir bereits im vierten Beispiel der Einleitung formuliert und gesehen, dass sie auf folgende reduziert werden kann: Welche Kurve vorgegebener Länge L in der oberen Halbebene mit Endpunkten auf der x-Achse schließt mit derselben eine Fläche größten Inhalts ein? Einschränkend ist allerdings die Annahme, dass die Kurve der Graph einer Funktion von x ist. Im Paragraph 2.2 greifen wir das Problem in größerer Allgemeinheit auf.

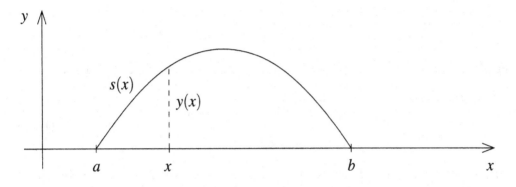

Abbildung 1.7.1

Da die Endpunkte (oder zumindest ein Endpunkt) variabel sind, ist das Problem so aufzubereiten, dass es dem Euler-Lagrange-Kalkül zugänglich ist. Da die Länge L fest vorgegeben ist, ist es sinnvoll, die Kurve nicht nach x sondern, nach der Bogenlänge zu parametrisieren. Wir setzen voraus, dass $y \in C^1[a,b] \cap \{y(a) = 0,\ y(b) = 0\}$ gilt. Dann ist die Länge des Bogens von $(a,0)$ bis $(x,y(x))$ durch

$$s(x) = \int_a^x \sqrt{1 + (y'(\xi))^2}\,d\xi \quad \text{mit } s(a) = 0,\ s(b) = L, \tag{1.7.1}$$

gegeben. Da $s(x)$ streng monoton wächst, existiert die Umkehrfunktion $x(s)$, welche eine stetig differenzierbare Abbildung $x : [0,L] \to [a,b]$ ist. Die Darstellung

$$\{(x,y(x))|x \in [a,b]\} = \{(x(s),y(x(s))|s \in [0,L]\} \tag{1.7.2}$$

ist die Parametrisierung der Kurve nach der Bogenlänge.

Es bleibt die Aufgabe, die Fläche $\int_a^b y\,dx$ mithilfe der Bogenlänge auszudrücken:

$$\frac{dx}{ds}(s) = \frac{1}{\frac{ds}{dx}(x(s))} = \frac{1}{\sqrt{1 + (y'(x(s)))^2}},$$

$$\frac{d}{ds}y(x(s)) = y'(x(s))\frac{dx}{ds}(s), \quad \text{woraus} \tag{1.7.3}$$

$$\frac{dx}{ds}(s) = \sqrt{1 - (\frac{d}{ds}y(x(s)))^2} \quad \text{folgt}.$$

Die Fläche transformiert sich gemäß der Substitutionsregel zu

$$\int_a^b y(x)\,dx = \int_0^L y(x(s))\frac{dx}{ds}(s)\,ds = \int_0^L y(x(s))\sqrt{1 - (\frac{d}{ds}y(x(s)))^2}\,ds. \tag{1.7.4}$$

Für die Funktion $\tilde{y}(s) = y(x(s))$ erhalten wir somit das zu maximierende Flächenfunktional

$$J(\tilde{y}) = \int_0^L \tilde{y}\sqrt{1 - (\tilde{y}')^2}\,ds, \quad \text{welches auf} \tag{1.7.5}$$

$$\tilde{D} = C^1[0,L] \cap \{\tilde{y}(0) = 0, \ \tilde{y}(L) = 0\} \quad \text{definiert ist.}$$

Offensichtlich passt diese Formulierung (1.7.5) zu dem Spezialfall 7 aus 1.5. Wegen

$$F_{\tilde{y}'\tilde{y}'}(\tilde{y},\tilde{y}') = -\frac{\tilde{y}}{(1 - (\tilde{y}')^2)^{3/2}} < 0, \quad \text{sofern } \tilde{y} > 0, \tag{1.7.6}$$

ist nach Aufgabe 1.5.1 jede auf $[a,b]$ positive Lösung der Euler-Lagrange-Gleichung automatisch in $C^2(0,L)$. Wie in Spezialfall 7 in 1.5 ausgeführt, erfüllt dann jede positive Lösung der Euler-Lagrange-Gleichung

$$F(\tilde{y},\tilde{y}') - \tilde{y}'F_{\tilde{y}'}(\tilde{y},\tilde{y}') = c_1 \quad \text{auf } [0,L], \tag{1.7.7}$$

was für $F(\tilde{y},\tilde{y}') = \tilde{y}\sqrt{1 - (\tilde{y}')^2}$

$$\tilde{y} = c_1\sqrt{1 - (\tilde{y}')^2} \quad \text{und}$$

$$\tilde{y}' = \sqrt{1 - \left(\frac{\tilde{y}}{c_1}\right)^2} = f(\tilde{y};c_1) \tag{1.7.8}$$

ergibt. Die Differentialgleichung $(1.7.8)_2$ mit „getrennten Veränderlichen" hat die allgemeine Lösung

$$\tilde{y}(s) = c_1 \sin\left(\frac{s + c_2}{c_1}\right), \tag{1.7.9}$$

welche für $c_1 > 0$ und $0 < (s+c_2)/c_1 < \pi$ eine positive Lösung der Euler-Lagrange-Gleichung ist. Die Bestimmung der Konstanten durch die Randbedingungen ist im Vergleich zu dem Profil der Minimalfläche einfach:

$$\tilde{y}(0) = c_1 \sin\frac{c_2}{c_1} = 0, \quad c_2 = 0,$$

$$\tilde{y}(L) = c_1 \sin\frac{L}{c_1} = 0, \quad c_1 = \frac{L}{\pi}, \tag{1.7.10}$$

da wir an einer positiven Lösung interessiert sind. Für die Parameterdarstellung (1.7.2) müssen wir noch $x(s)$ berechnen:

$$x(s) = a + \int_0^s \frac{dx}{ds}(\sigma)d\sigma = a + \int_0^s \sqrt{1 - (\tilde{y}'(\sigma))^2}d\sigma$$

$$= a + \int_0^s \sin\frac{\pi}{L}\sigma d\sigma = a + \frac{L}{\pi} - \frac{L}{\pi}\cos\frac{\pi}{L}s, \tag{1.7.11}$$

wobei wir (1.7.3)$_3$ benutzt haben. Die Kurve

$$\left\{ \left(a + \frac{L}{\pi} - \frac{L}{\pi}\cos\frac{\pi}{L}s, \ \frac{L}{\pi}\sin\frac{\pi}{L}s \right) \bigg| s \in [0, L] \right\} \tag{1.7.12}$$

ist ein Halbkreis mit Mittelpunkt $(a + \frac{L}{\pi}, 0)$, Radius $\frac{L}{\pi}$ und der Länge L.

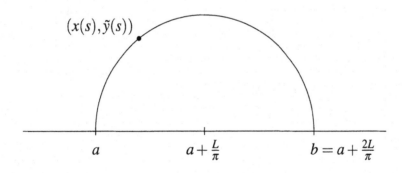

Abbildung 1.7.2

1.8   Das Problem des Johann Bernoulli

In der Formulierung von 1696 lautet die Aufgabe: Wenn in einer vertikalen Ebene zwei Punkte A und B gegeben sind, soll man dem beweglichen Punkt M eine Bahn AMB anweisen, auf welcher er von A ausgehend vermöge seiner eigenen Schwere in kürzester Zeit nach B gelangt. Diese Bahnkurve heißt **Brachystochrone**.

Dazu muss freilich der Punkt B unterhalb von A liegen.

Vor der mathematischen Behandlung, wie sie Euler und Lagrange vorgeschlagen haben, bemerken wir, dass Bernoulli deren Kalkül noch gar nicht kennen konnte. Seine Lösung, die wir später präsentieren, folgt einer anderen Argumentation.

Als erstes stellt sich die Aufgabe, die Laufzeit des „Massenpunktes" m in Abhängigkeit der Bahnkurve darzustellen. Dies ist ein physikalisches Problem.

Wir legen den Anfangspunkt A der Kurve in den Ursprung $(0,0)$ eines Koordinatensystems, wobei die y-Achse nach unten zeigt.

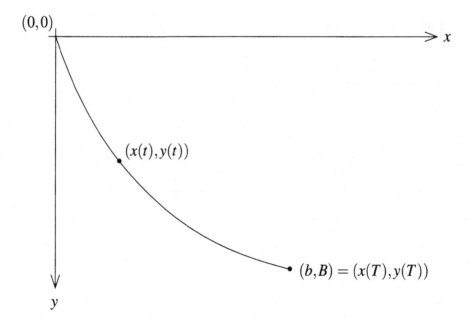

Abbildung 1.8.1

Um physikalische Größen wie die Geschwindigkeit ausdrücken zu können, parametrisieren wir die Bahnkurve nach der Zeit t: $\{(x(t),y(t))|t \in [0,T]\}$. Dabei ist $(x(0),y(0)) = (0,0)$, $(x(T),y(T)) = (b,B)$ der Endpunkt und T die Laufzeit. Wir setzen voraus, dass die Kurve stetig differenzierbar ist, so dass der Tangentenvektor $(\dot{x}(t),\dot{y}(t))$ gleich dem Geschwindigkeitsvektor mit der Länge $v(t) = \sqrt{\dot{x}(t)^2 + \dot{y}(t)^2}$, dem Betrag der Geschwindigkeit, ist. Gleichzeitig gilt für die Bogenlänge

$$s(t) = \int_0^t \sqrt{\dot{x}(\tau)^2 + \dot{y}(\tau)^2}d\tau = \int_0^t v(\tau)d\tau \quad \text{und}$$

$$\frac{ds}{dt}(t) = v(t). \tag{1.8.1}$$

Nach dem Energieerhaltungsgesetz ist die Summe der kinetischen und potentiellen Energie längs der Bahn konstant. In Formeln ausgedrückt heißt das

$$\frac{1}{2}mv^2 + mg(h_0 - y) = mgh_0 \quad \text{und}$$

$$v = \sqrt{2gy} \tag{1.8.2}$$

mit der Erdbeschleunigung g und einer fiktiven Höhe h_0. Zur Zeit $t = 0$ gilt $y(0) = 0$ und $v(0) = 0$.

Es ist wohl physikalisch „evident", dass die Bahnkurve auch nach x parametrisiert werden kann. Wir nehmen das an und schränken die Klasse der zulässigen Kurven dadurch ein: $\{(x(t),y(t))|t \in [0,T]\} = \{(x,\tilde{y}(x))|x \in [0,b]\}$. Für die Bogenlänge gilt dann

$$s(t) = \int_a^{x(t)} \sqrt{1 + (\tilde{y}'(\xi))^2}d\xi \quad \text{und}$$

$$\frac{ds}{dt}(t) = \sqrt{1 + (\tilde{y}'(x(t)))^2}\dot{x}(t) = v(t) = \sqrt{2g\tilde{y}(x(t))} \tag{1.8.3}$$

wegen $(1.8.2)_2$. Für die Laufzeit T erhalten wir schließlich

$$T = \int_0^T 1dt = \int_0^T \sqrt{\frac{1 + (\tilde{y}'(x(t)))^2}{2g\tilde{y}(x(t))}}\dot{x}(t)dt$$

$$= \int_0^b \sqrt{\frac{1 + (\tilde{y}'(x))^2}{2g\tilde{y}(x)}}dx, \tag{1.8.4}$$

wobei wir zuletzt die Substitutionsregel angewandt haben. Das zu minimierende Zeitfunktional ist also (bis auf den Faktor $\frac{1}{\sqrt{2g}}$)

$$J(\tilde{y}) = \int_0^b \sqrt{\frac{1 + (\tilde{y}')^2}{\tilde{y}}}dx. \tag{1.8.5}$$

Das Funktional (1.8.5) weist Besonderheiten auf, die die unmittelbare Anwendung unserer bereitgestellten Methoden nicht gestatten. Aus physikalischen Gründen erwarten wir $\tilde{y}'(0) = +\infty$, und auch wegen $\tilde{y}(0) = 0$ wächst die Lagrange-Funktion in (1.8.5) bei $x = 0$ unbeschränkt an. Das Integral in (1.8.5) ist also als uneigentliches Integral zu interpretieren. Weiterhin ist J nur für auf $(0, b]$ positive Funktionen $\tilde{y}$ definiert. Deshalb liegen die für J zulässigen Funktionen in

$$\tilde{D} = C[0,b] \cap C^{1,stw}(0,b] \cap \{\tilde{y}(0) = 0, \; \tilde{y}(b) = B\}$$
$$\cap \{\tilde{y} > 0 \text{ in } (0,b]\} \cap \{J(\tilde{y}) < \infty\}. \tag{1.8.6}$$

Zur Berechnung der ersten Variation und der Euler-Lagrange-Gleichung können wir nur Störungen $\tilde{y} + th$ zulassen, die für $\tilde{y} \in \tilde{D}$ auch $\tilde{y} + th \in \tilde{D}$ garantieren, zumindest für $t \in (-\varepsilon, \varepsilon)$. Zu $\delta > 0$ gibt es ein $d > 0$, so dass $\tilde{y}(x) \geq d > 0$ für $\tilde{y} \in \tilde{D}$ und $x \in [\delta, b]$ gilt. Ein beliebiges $h \in C_0^{1,stw}[\delta, b]$ setzen wir durch 0 auf $[0, \delta]$ fort und erhalten $h \in C_0^{1,stw}[0, b]$ mit einem Träger $supp(h) \subset [\delta, b]$. Zu jedem solchen h gibt es ein $\varepsilon > 0$, so dass $\tilde{y} + th \in \tilde{D}$ für $t \in (-\varepsilon, \varepsilon)$ gilt, und ist $\tilde{y} \in \tilde{D}$ ein lokaler Minimierer für J, ist für $g(t) = J(\tilde{y} + th)$ die Ableitung $g'(0) = \delta J(\tilde{y})h$ für alle $h \in C_0^{1,stw}[\delta, b]$, oder für alle $h \in C_0^{1,stw}[0, b]$ mit $supp(h) \subset [\delta, b]$, definiert und gleich Null. Das bedeutet explizit mit der Lagrange-Funktion $F = F(\tilde{y}, \tilde{y}')$, die in (1.8.5) gegeben ist,

$$\delta J(\tilde{y})h = \int_\delta^b F_{\tilde{y}}(\tilde{y}, \tilde{y}')h + F_{\tilde{y}'}(\tilde{y}, \tilde{y}')h' dx = 0 \tag{1.8.7}$$
$$\text{für alle } h \in C_0^{1,stw}[\delta, b].$$

Nach Satz 1.4.2 impliziert (1.8.7), dass $\tilde{y}$ die Euler-Lagrange-Gleichung stückweise auf $[\delta, b]$ löst und insbesondere (1.4.3)$_1$ erfüllt. Das heißt

$$F_{\tilde{y}'}(\tilde{y}, \tilde{y}') = f \in C[\delta, b] \quad \text{oder}$$
$$\frac{\tilde{y}'}{\sqrt{1 + (\tilde{y}')^2}} = f\sqrt{\tilde{y}} \in C[\delta, b], \; |f\sqrt{\tilde{y}}| < 1 \quad \text{oder} \tag{1.8.8}$$
$$\tilde{y}' = \sqrt{\frac{f^2\tilde{y}}{1 - f^2\tilde{y}}} \in C[\delta, b] \quad \text{oder} \quad \tilde{y} \in C^1[\delta, b],$$

da auch $\tilde{y} \in C[\delta, b]$ gilt. Mithin gilt der letzte Zusatz von Satz 1.4.2 und da $\delta > 0$ beliebig ist, löst $\tilde{y}$ die Euler-Lagrange-Gleichung im halboffenen Intervall $(0, b]$. Wegen

$$F_{\tilde{y}\tilde{y}'}(\tilde{y}, \tilde{y}') = \frac{1}{\sqrt{\tilde{y}}} \frac{1}{(1 + (\tilde{y}')^2)^{3/2}} > 0 \quad \text{auf } (0, b] \tag{1.8.9}$$

folgt nach Aufgabe 1.5.1, dass $\tilde{y} \in C^2(0, b)$ gilt. Deshalb können wir wie im Fall 7 aus

1.5 vorgehen und erhalten

$$F(\tilde{y}, \tilde{y}') - \tilde{y}' F_{\tilde{y}'}(\tilde{y}, \tilde{y}') = c_1 \quad \text{auf} \quad (0, b] \quad \text{oder}$$

$$\tilde{y}' = \sqrt{\frac{2r - \tilde{y}}{\tilde{y}}} \quad \text{mit} \quad 2r = \frac{1}{c_1^2} > 0. \tag{1.8.10}$$

Diese Differentialgleichung mit getrennten Veränderlichen besitzt keine Lösung $\tilde{y}(x)$, die durch bekannte spezielle Funktionen ausgedrückt werden kann. Wie schon Bernoulli lösen wir (1.8.10) in „parametrischer Form". Dazu stellen wir die nach x parametrisierte Kurve mithilfe eines neuen Parameters τ dar, der nicht die physikalische Zeit ist:

$$(x, \tilde{y}(x)) = (\hat{x}(\tau), \hat{y}(\tau)), \quad x \in [0, b], \quad \tau \in [\tau_0, \tau_b]. \tag{1.8.11}$$

Mit dem Ansatz $\hat{y}(\tau) = r(1 - \cos\tau)$ erhält man mit $(1.8.10)_2$

$$\hat{y}(\tau) = \tilde{y}(\hat{x}(\tau)), \quad \frac{d\hat{y}}{d\tau}(\tau) = \tilde{y}'(\hat{x}(\tau)) \frac{d\hat{x}}{d\tau}(\tau),$$

$$\frac{d\hat{x}}{d\tau}(\tau) = \frac{d\hat{y}}{d\tau}(\tau) / \tilde{y}'(\hat{x}(\tau)) = \frac{d\hat{y}}{d\tau}(\tau) \sqrt{\frac{\hat{y}(\tau)}{2r - \hat{y}(\tau)}} \tag{1.8.12}$$

$$= r\sin\tau \sqrt{\frac{1 - \cos\tau}{1 + \cos\tau}} = r(1 - \cos\tau),$$

wobei $\sin\tau = \sqrt{1 - \cos^2\tau}$ benutzt wurde. Durch Integration bekommt man

$$\hat{x}(\tau) = r(\tau - \sin\tau) + c_2,$$
$$\hat{y}(\tau) = r(1 - \cos\tau) \quad \text{für} \quad \tau \in [\tau_0, \tau_b]. \tag{1.8.13}$$

Die vier Konstanten r, c_2, τ_0, τ_b sind durch die Randbedingungen zu bestimmen:

$$\hat{y}(\tau_0) = r(1 - \cos\tau_0) = 0 \quad \Rightarrow \tau_0 = 0,$$
$$\hat{x}(\tau_0) = \hat{x}(0) = c_2 = 0$$
$$\hat{x}(\tau_b) = r(\tau_b - \sin\tau_b) = b \tag{1.8.14}$$
$$\hat{y}(\tau_b) = r(1 - \cos\tau_b) = B.$$

Demnach ist $\dfrac{b}{B} = \dfrac{\tau_b - \sin\tau_b}{1 - \cos\tau_b} = f(\tau_b)$. Diskussion der Funktion $f(\tau_b)$ für $\tau_b \in (0, 2\pi)$ ergibt folgendes Bild (s. dazu Aufgabe 1.8.1):

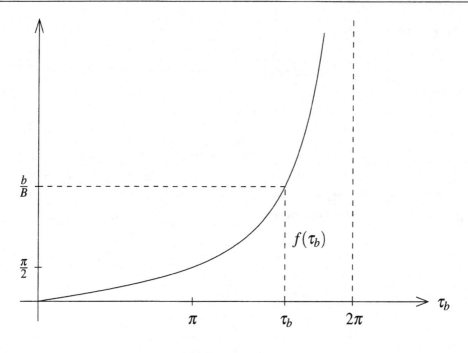

Abbildung 1.8.2

Insbesondere ist $f(\tau_b)$ streng monoton steigend, $f(0) = 0$ und $\lim\limits_{\tau_b \to 2\pi} f(\tau_b) = +\infty$. Das bedeutet:

$$\text{Es gibt genau ein } \tau_b \in (0, 2\pi) \text{ mit } f(\tau_b) = \frac{b}{B} > 0,$$

$$\frac{b}{B} \leq \frac{\pi}{2} \Rightarrow \tau_b \leq \pi, \quad \frac{b}{B} > \frac{\pi}{2} \Rightarrow \tau_b \in (\pi, 2\pi). \tag{1.8.15}$$

Die letzte Konstante r bestimmt sich durch

$$r = \frac{B}{1 - \cos \tau_b}. \tag{1.8.16}$$

Die Lösungskurve

$$\hat{x}(\tau) = r(\tau - \sin \tau),$$
$$\hat{y}(\tau) = r(1 - \cos \tau) \quad \text{für } \tau \in [0, \tau_b] \tag{1.8.17}$$

ist eine Zykloide wie in Abbildung 1.8.3 dargestellt.

Ein fester Punkt auf dem Umfang eines rollenden Rades mit Radius r beschreibt eine Zykloide. Interessant ist, dass für $\frac{b}{B} \leq \frac{\pi}{2}$, d.h. für $\tau_b \leq \pi$, die Bahnkurve monoton fällt, während sie für $\frac{b}{B} > \frac{\pi}{2}$, d.h. für $\tau_b \in (\pi, 2\pi)$, nach dem Tiefpunkt bei $\tau = \pi$ wieder ansteigt.

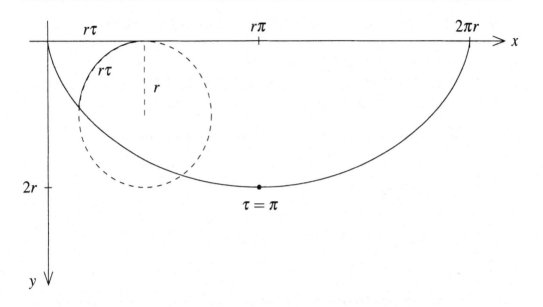

Abbildung 1.8.3

Der Zusammenhang von dem Parameter τ mit der physikalischen Laufzeit t auf einer Zykloide mit dem Parameter r ist folgender: Analog zu (1.8.4) gilt

$$t_0 = \int_0^{x(t_0)} \sqrt{\frac{1+(\tilde{y}')^2}{2g\tilde{y}}}\,dx = \frac{1}{\sqrt{2g}} \int_0^{\tau_0} \sqrt{\frac{1+(\tilde{y}'(\hat{x}(\tau)))^2}{\tilde{y}(\hat{x}(\tau))}} \frac{d\hat{x}}{d\tau}(\tau)d\tau, \qquad (1.8.18)$$

wobei die letzte Gleichung aus der Substitutionsregel folgt, wenn $x(t_0) = \hat{x}(\tau_0)$ ist. Unter Verwendung von $\tilde{y}(\hat{x}(\tau)) = \hat{y}(\tau)$, den Rechnungen (1.8.12) und den Ausdrücken (1.8.17) erhalten wir in (1.8.18) den Wert $\sqrt{\frac{r}{g}}\tau_0$. Das liefert den Zusammenhang

$$t = \sqrt{\frac{r}{g}}\tau, \quad \text{insbesondere } T = \sqrt{\frac{r}{g}}\tau_b. \qquad (1.8.19)$$

Mithin gilt für die Zykloide in nichtparametrischer Form $J(\tilde{y}) = \sqrt{2g}T < \infty$, d.h. $\tilde{y} \in \tilde{D}$, s. (1.8.6). Aus physikalischer Sicht ist auch nicht überraschend, dass die Zykloide mit senkrechter Tangente im Punkte $(0,0)$ startet:

$$\frac{d\tilde{y}}{dx}(x) = \frac{d\hat{y}}{d\tau}(\tau) \Big/ \frac{d\hat{x}}{d\tau}(\tau) \to +\infty \quad \text{für} \quad \begin{matrix} x \searrow 0, \\ \tau \searrow 0. \end{matrix} \qquad (1.8.20)$$

Wie hat Johann Bernoulli das Problem gelöst?

Die Euler-Lagrange-Gleichung konnte er noch nicht kennen, aber er kannte das Fermatsche Prinzip, nach dem das Licht in einem inhomogenen Medium den Weg sucht, der die kürzeste Laufzeit ergibt. Durch die Beschleunigung nimmt die Geschwindigkeit nach dem Gesetz (1.8.2) mit wachsendem y zu, d.h. der Lichtstrahl bricht gemäß dem Snelliusschen Brechungsgesetz (5) „kontinuierlich". Bernoulli wählte einen „modernen" Ansatz, indem er das kontinuierliche Problem wie folgt „diskretisierte": In dünnen Schichten nahm er die Geschwindigkeit als konstant an, was in diesen Schichten ein gerader Weg bedeutet.

Nach dem Brechungsgesetz von Snellius (s. (5) in der Einleitung) gilt

$$\frac{\sin \alpha_k}{\sin \alpha_{k+1}} = \frac{v_k}{v_{k+1}}, \quad \frac{\sin \alpha_{k+1}}{\sin \alpha_{k+2}} = \frac{v_{k+1}}{v_{k+2}} \quad \text{u.s.w.} \quad \text{oder}$$

$$\frac{v_k}{\sin \alpha_k} = c \quad \text{für alle} \ k. \tag{1.8.21}$$

Die Steigung der Geraden im k-ten Streifen ist $y'_k = \tan\left(\frac{\pi}{2} - \alpha_k\right)$, wobei zu beachten ist, dass die y-Achse nach unten orientiert ist. Mit bekannten Formeln der Trigonometrie folgt

$$\sqrt{1 + (y'_k)^2} = \sqrt{1 + \tan^2\left(\frac{\pi}{2} - \alpha_k\right)} = \frac{1}{\cos(\frac{\pi}{2} - \alpha_k)} = \frac{1}{\sin \alpha_k} \tag{1.8.22}$$

und mit dem Gesetz $v_k = \sqrt{2gy_k}$, s. (1.8.2), zusammen mit $(1.8.21)_2$, erhielt Bernoulli

$$\sqrt{2gy_k(1 + (y'_k)^2)} = c \quad \text{oder}$$

$$y'_k = \sqrt{\frac{2r - y_k}{y_k}} \quad \text{mit} \quad 2r = \frac{c^2}{2g}. \tag{1.8.23}$$

Nach einem „Grenzübergang" vom diskreten zum kontinuierlichen Problem leitete er die Differentialgleichung $(1.8.10)_2$ her, die man aus der Euler-Lagrange-Gleichung erhält. Die Lösung durch eine Zykloide folgt dem Weg, den wir zuvor aufgezeigt haben.

Bernoulli hat in seinen Berechnungen statt der trigonometrischen Funktionen Längenverhältnisse entsprechender Seiten in den Dreiecken der unteren Abbildung 1.8.4 benutzt. Dadurch sehen seine Formeln etwas anders aus, sind aber zu (1.8.21)–(1.8.23) äquivalent.

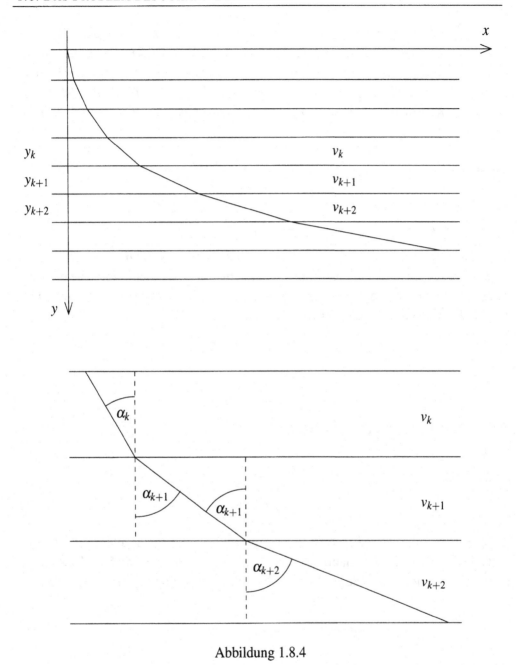

Abbildung 1.8.4

Bemerkung *So genial die Lösung von Johann Bernoulli auch ist, den rigorosen Nachweis der Minimierungseigenschaft der Zykloiden ist er schuldig geblieben. Allerdings deutet sein Zugang über das Fermatsche Prinzip, d.h. mithilfe des Snelliusschen Brechungsgeset-zes, eher darauf hin, dass seine Lösung die Laufzeit minimiert, als die Berechnung durch die erste Variation, d.h. mit der Euler-Lagrange-Gleichung. Wir dürfen nicht übersehen,* *dass das Verschwinden der ersten Variation nur eine notwendige Bedingung für einen Minimierer ist. Das Bewusstsein für die Problematik der Existenz von Minimierern ist erst durch Weierstraß geweckt worden. Für Bernoulli und seine Zeitgenossen war die Existenz evident. Weierstraß hat in seinen Vorlesungen den Beweis erbracht, dass die Zykloide in der Tat die Kurve kürzester Laufzeit ist. Seine Argumentation findet man in [2], S. 46 ff.*

Aufgaben

1.8.1 Man diskutiere die Funktion $f(\tau) = \dfrac{\tau - \sin \tau}{1 - \cos \tau}$ für $\tau \in [0, 2\pi)$.

1.8.2 Gegeben sei der Anfangspunkt $(0,0)$ und der Endpunkt $(b,B) = (b, \frac{2}{\pi}b)$ in dem (x,y)-Koordinatensystem mit nach unten orientierter y-Achse. Man vergleiche die Laufzeit des Massenpunktes auf der Geraden mit der auf der Zykloiden von $(0,0)$ nach (b,B). Wie ist das Verhältnis der Laufzeiten?

1.9 Natürliche Randbedingungen

Ist das Funktional

$$J(y) = \int_a^b F(x,y,y')dx. \tag{1.9.1}$$

auf $D = C^{1,stw}[a,b]$ definiert, so ist mit $y \in D$ auch $y + th \in D$ für alle $h \in C^{1,stw}[a,b]$ und alle $t \in \mathbb{R}$. Die erste Variation ist unter den Voraussetzungen von Satz 1.2.4 an die Lagrange-Funktion F für alle $y,h \in D = C^{1,stw}[a,b]$ definiert und wie folgt dargestellt:

$$\delta J(y)h = \int_a^b F_y(x,y,y')h + F_{y'}(x,y,y')h'dx. \tag{1.9.2}$$

Ist $y \in D$ ein lokaler Minimierer für J, so gilt, wie im Beweis von Satz 1.4.2 ausgeführt, $\delta J(y)h = 0$ für alle $h \in D$ und sicherlich auch für alle $h \in C_0^{1,stw}[a,b] \subset D$. Damit gelten für einen lokalen Minimierer $y \in D$ die Aussagen von Satz 1.4.2, d.h. y erfüllt die Euler-Lagrange-Gleichung (1.4.3). Es gilt aber noch mehr, nämlich y erfüllt auch die sogenannten natürlichen Randbedingungen.

Satz 1.9.1 *Unter den Voraussetzungen von Satz 1.4.2 an die Lagrange-Funktion F gelten für einen lokalen Minimierer* $y \in C^{1,stw}[a,b]$ *für das Funktional J aus (1.9.1) neben der Euler-Lagrange-Gleichung (1.4.3) auch die natürlichen Randbedingungen*

$$F_{y'}(a, y(a), y'(a)) = 0 \quad und$$
$$F_{y'}(b, y(b), y'(b)) = 0. \tag{1.9.3}$$

Beweis: Wie oben schon bemerkt, gelten für y die Aussagen (1.4.3). Nach der Formel der partiellen Integration aus Lemma 1.3.4 folgt

$$\delta J(y)h = \int_a^b F_y h + F_{y'} h' \, dx$$
$$= \int_a^b (F_y - \frac{d}{dx} F_{y'}) h \, dx + F_{y'} h \Big|_a^b. \tag{1.9.4}$$

Dabei kürzen wir $F_y = F_y(\cdot, y, y')$ und $F_{y'} = F_{y'}(\cdot, y, y')$ ab. Nun gelten $\delta J(y)h = 0$ für alle $h \in C^{1,stw}[a,b]$ und auch die Euler-Lagrange-Gleichung $(1.4.3)_2$, d.h. (1.9.4) impliziert

$$F_{y'}(b, y(b), y'(b))h(b) - F_{y'}(a, y(a), y'(a))h(a) = 0. \tag{1.9.5}$$

Wir können $h(b) = 0$ und $h(a) \neq 0$ wählen, was die natürliche Randbedingung bei $x = a$ beweist. Mit $h(b) \neq 0$ erhalten wir die natürliche Randbedingung bei $x = b$. $\square$

Bemerkung *Ist für den Minimierer $y \in D$ eine Randbedingung $y(a) = A$ oder $y(b) = B$ vorgegeben, gilt am jeweiligen freien Randpunkt die natürliche Randbedingung.*

Wir diskutieren einige **Beispiele:**

1. Das Funktional $J(y) = \int_a^b \sqrt{1 + (y')^2} \, dx$ definiert auf $D = C^{1,stw}[a,b]$ beschreibt die Länge aller stückweise stetig differenzierbaren Graphen $\{(x, y(x)) | x \in [a,b]\}$ zwischen den senkrechten Geraden $x = a$ und $x = b$. Wie schon in Beispiel 4 von 1.5 ausgeführt, liefert die Euler-Lagrange-Gleichung für einen Minimierer für J eine Gerade $y(x) = c_1 x + c_2$. Die natürlichen Randbedingungen lauten

$$F_{y'}(a, y(a), y'(a)) = \frac{y'(a)}{\sqrt{1 + (y'(a))^2}} = 0 \quad \text{oder} \quad y'(a) = 0$$

und analog $y'(b) = 0$. Die werden nur von der konstanten Abbildung $y(x) = c_2$ erfüllt.

2.   Das Dirichlet-Integral $J(y) = \int_a^b (y')^2 dx$ definiert auf $D = C^{1,stw}[a,b]$ hat die offensichtlichen Minimierer $y'(x) = 0$ oder $y(x) = c$, die man aber auch aus der Euler-Lagrange-Gleichung wie in Beispiel 2 von 1.5 und den natürlichen Randbedingungen $y'(a) = 0$, $y'(b) = 0$ erhält: Die einzigen Geraden, die die natürlichen Randbedingungen erfüllen, sind die konstanten Abbildungen.

3.   Ein Brachystochronenproblem: Gesucht ist die Kurve ausgehend von $(0,0)$, auf der ein Massenpunkt unter dem Einfluss der Schwerkraft in kürzester Zeit die Gerade $x = b$ erreicht.

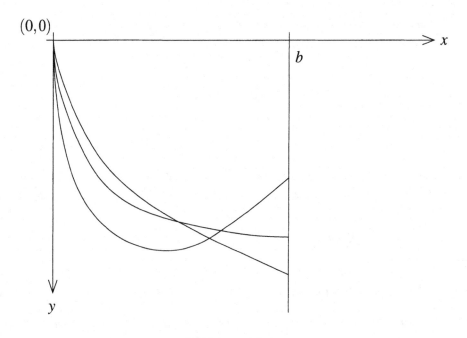

Abbildung 1.9.1

Das Zeitfunktional (1.8.5) ist auf einer Menge definiert, die wie (1.8.6) ohne Randbedingung bei $x = b$ charakterisiert ist. Der Minimierer erfüllt die Euler-Lagrange-Gleichung (1.8.10) mit der Randbedingung $\tilde{y}(0) = 0$ und der natürlichen Randbedingung bei $x = b$. Diese lautet

$$\frac{\tilde{y}'(b)}{\sqrt{\tilde{y}(b)(1 + (\tilde{y}'(b))^2}} = 0 \quad \text{oder} \quad \tilde{y}'(b) = 0.$$

Die Lösungen der Euler-Lagrange-Gleichung durch $(0,0)$ sind Zykloiden der Art (1.8.17) und die natürliche Randbedingung bedeutet für $\hat{y}(\tau) = \tilde{y}(\hat{x}(\tau))$

$$\frac{d\hat{y}}{d\tau}(\tau_b) = \tilde{y}'(x(\tau_b))\frac{d\hat{x}}{d\tau}(\tau_b) = \tilde{y}'(b)\frac{d\hat{x}}{d\tau}(\tau_b) = 0 \quad \text{oder}$$

$$r\sin\tau_b = 0.$$

Das ergibt $\tau_b = \pi$ und mit $\hat{x}(\tau_b) = r(\pi - \sin\pi) = r\pi = b$ erhält man schließlich die Zykloide

$$\hat{x}(\tau) = \frac{b}{\pi}(\tau - \sin\tau),$$

$$\hat{y}(\tau) = \frac{b}{\pi}(1 - \cos\tau) \quad \text{für} \quad \tau \in [0,\pi],$$

welche in $(b, \frac{2}{\pi}b)$ orthogonal auf die Gerade $x = b$ trifft.

Aufgaben

1.9.1 a) Man berechne alle Lösungen der Euler-Lagrange-Gleichung von

$$J(y) = \int_0^1 (y')^2 + y\,dx$$

in $C^{1,stw}[0,1]$.

b) Welche Lösungen erfüllen die natürlichen Randbedingungen?

c) Welche Lösungen erfüllen die Randbedingungen $y(0) = 0$, $y(1) = 1$?

d) Welche Lösungen sind lokal extremal ohne/mit Randbedingungen? Sind sie auch global extremal?

1.9.2 Besitzt das Funktional

$$J(y) = \int_a^b (y')^2 + \arctan y\,dx$$

lokale oder globale Minimierer in $C^{1,stw}[a,b]$? Ist das Funktional nach unten beschränkt?

1.10 Funktionale in parametrischer Form

In Einzelfällen haben wir schon ausgenutzt, dass Kurven in Form von Graphen $\{(x, y(x))|$ $x \in [a, b]\}$ auch in Parameterform $\{(\tilde{x}(t), \tilde{y}(t))|t \in [t_a, t_b]\}$ beschrieben werden können, wobei festzustellen ist, dass die Klasse der parametrischen Kurven wesentlich größer als die der Graphen ist.

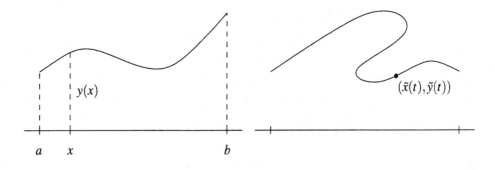

Abbildung 1.10.1

Aber selbst wenn die zulässigen Kurven Graphen sein sollen, ist eine andere Parametrisierung als die nach x unter Umständen vorteilhaft. Dies war der Fall für das Problem der Dido in 1.7 und insbesondere auch für das Problem des Bernoulli in 1.8. Dort haben wir gesehen, dass physikalische Größen wie die Geschwindigkeit mathematisch eine Parametrisierung nach der Zeit t erfordern. Im nächsten Paragraphen werden wir feststellen, dass die parametrische Form zu mehr Informationen auch über minimierende Kurven führt, die als Graphen darzustellen sind.

Definition 1.10.1 *Ein Funktional*

$$J(x, y) = \int_{t_a}^{t_b} \Phi(x, y, \dot{x}, \dot{y})dt, \quad \text{definiert auf}$$

$$D \subset (C^{1,stw}[t_a, t_b])^2 \quad \text{mit einer stetigen Funktion} \tag{1.10.1}$$

$$\Phi : \mathbb{R}^4 \to \mathbb{R},$$

heißt ein Funktional in parametrischer Form. Für Kurven in D können noch Randbedingungen bei $t = t_a$ oder $t = t_b$ vorgegeben werden.

Wir bemerken, dass jede Komponente von $(x, y) \in (C^{1,stw}[t_a, t_b])^2 = C^{1,stw}[t_a, t_b] \times C^{1,stw}[t_a, t_b]$ ohne Beschränkung der Allgemeinheit gleiche Unterteilungspunkte $t_a = t_0 < t_1 < \cdots < t_m = t_b$ hat, für die beide Komponenten x und y in $C^1[t_{i-1}, t_i], i = 1, \ldots, m$, liegen. Das Integral $(1.10.1)_1$ ist dann wie in $(1.1.3)$ als Summe von Integralen über $[t_{i-1}, t_i]$ definiert. Im Folgenden wählen wir die vereinfachende Schreibweise $(1.10.1)$.

Zwei Beispiele: Für eine Kurve $(x, y) \in D$ ist $\int_{t_a}^{t_b} \sqrt{\dot{x}^2 + \dot{y}^2} dt$ die Länge, für eine nach der Zeit t parametrisierte Kurve ist die „Lagrange-Funktion" $L(x, y, \dot{x}, \dot{y}) = \frac{1}{2} m (\dot{x}^2 + \dot{y}^2) - V(x, y)$ mit einem „Potential" $V : \mathbb{R}^2 \to \mathbb{R}$ die „freie Energie" und $\int_{t_a}^{t_b} L(x, y, \dot{x}, \dot{y}) dt$ die „Wirkung" des Massenpunktes m längs der Kurve $\{(x(t), y(t)) | t \in [t_a, t_b]\}$.

Ein wichtiger Unterschied zwischen diesen beiden Beispielen ist festzuhalten: Während die Länge einer Kurve unabhängig von der Parametrisierung der Kurve ist, sind physikalische Größen wie die kinetische Energie und damit auch die Wirkung nur für eine Parametrisierung nach der Zeit gültig. Diesem Unterschied trägt folgende Definition Rechnung:

Definition 1.10.2 *Ein Funktional (1.10.1) in parametrischer Form heißt invariant, falls*

$$\Phi(x, y, \alpha \dot{x}, \alpha \dot{y}) = \alpha \Phi(x, y, \dot{x}, \dot{y}) \tag{1.10.2}$$

für alle $\alpha > 0$ und für alle $(x, y, \dot{x}, \dot{y}) \in \mathbb{R}^4$ gilt.

Unter der Voraussetzung $(1.10.2)$ bleibt das Funktional $(1.10.1)$ bei einer Umparametrisierung invariant. Dazu definieren wir zunächst:

Definition 1.10.3 *Die Funktion $\varphi \in C^1[\tau_a, \tau_b]$ erfülle $\varphi(\tau_a) = t_a$, $\varphi(\tau_b) = t_b$ und $\frac{d\varphi}{d\tau}(\tau) > 0$ für alle $\tau \in [\tau_a, \tau_b]$ (mit den einseitigen Ableitungen am Rand). Das bedeutet, dass $\varphi : [\tau_a, \tau_b] \to [t_a, t_b]$ bijektiv ist.*

Dann ist $\{(x(\varphi(\tau)), y(\varphi(\tau))) = (\tilde{x}(\tau), \tilde{y}(\tau)) | \tau \in [\tau_a, \tau_b]\}$ eine Umparametrisierung der Kurve $\{(x(t), y(t)) | t \in [t_a, t_b]\}$.

Ist $(x, y) \in (C^{1,stw}[t_a, t_b])^2$ (mit Randbedingungen bei $t = t_a$ oder $t = t_b$), so ist $(\tilde{x}, \tilde{y}) \in (C^{1,stw}[\tau_a, \tau_b])^2$ (mit Randbedingungen bei $\tau = \tau_a$ oder $\tau = \tau_b$).

Satz 1.10.4 *Ist das Funktional (1.10.1) in parametrischer Form invariant gemäß Definition 1.10.2, so gilt für jede Umparametrisierung*

$$J(\tilde{x}, \tilde{y}) = \int_{\tau_a}^{\tau_b} \Phi\left(\tilde{x}, \tilde{y}, \frac{d\tilde{x}}{d\tau}, \frac{d\tilde{y}}{d\tau}\right) d\tau = J(x, y) \tag{1.10.3}$$

Beweis: Analog zu (1.1.3) wird das Integral (1.10.1) als Summe von Integralen über $[t_{i-1}, t_i]$ definiert, wo $(x, y) \in (C^1[t_{i-1}, t_i])^2$ gilt. Mit $\varphi(\tau_i) = t_i, i = 0, \ldots, m$, ist $(\tilde{x}, \tilde{y}) \in (C^1[\tau_{i-1}, \tau_i])^2$ und $J(\tilde{x}, \tilde{y})$ ist als Summe von Integralen über $[\tau_{i-1}, \tau_i]$ definiert. Für einen beliebigen Summanden gilt nach der Substitutionsregel

$$\begin{aligned}
&\int_{\tau_{i-1}}^{\tau_i} \Phi(\tilde{x}, \tilde{y}, \frac{d\tilde{x}}{d\tau}, \frac{d\tilde{y}}{d\tau}) d\tau \\
&= \int_{\tau_{i-1}}^{\tau_i} \Phi(x(\varphi(\tau)), y(\varphi(\tau)), \dot{x}(\varphi(\tau))\frac{d\varphi}{d\tau}(\tau), \dot{y}(\varphi(\tau))\frac{d\varphi}{d\tau}(\tau)) d\tau \\
&= \int_{\tau_{i-1}}^{\tau_i} \Phi(x(\varphi(\tau)), y(\varphi(\tau)), \dot{x}(\varphi(\tau)), \dot{y}(\varphi(\tau)))\frac{d\varphi}{d\tau}(\tau) d\tau \\
&= \int_{t_{i-1}}^{t_i} \Phi(x, y, \dot{x}, \dot{y}) dt,
\end{aligned} \tag{1.10.4}$$

wobei wir (1.10.2) für $\frac{d\varphi}{d\tau}(\tau) > 0$ benutzt haben. $\qquad\qquad\square$

Satz 1.10.4 ist für das Längenfunktional $J(x, y) = \int_{t_a}^{t_b} \sqrt{\dot{x}^2 + \dot{y}^2} dt$ anwendbar und zeigt, dass die Länge der Kurve (x, y) nicht von der Parametrisierung abhängt.

Analog zur Vorgehensweise in 1.2 definieren wir für Funktionale in parametrischer Form die erste Variation. Dazu sei für $(x, y) \in D \subset (C^{1,stw}[t_a, t_b])^2$ auch $(x, y) + s(h_1, h_2) \in D$, wobei $h = (h_1, h_2) \in (C_0^{1,stw}[t_a, t_b])^2$ und $s \in (-\varepsilon, \varepsilon)$ gewählt ist. Das Gâteaux-Differential $dJ(x, y, h_1, h_2)$ ist dann $g'(0)$ für $g(s) = J((x, y) + s(h_1, h_2))$, sofern die Ableitung existiert. Das ist unter den Voraussetzungen des folgenden Satzes der Fall:

Satz 1.10.5 *Die Lagrange-Funktion $\Phi : \mathbb{R}^4 \to \mathbb{R}$ des Funktionals (1.10.1), welches auf $D \subset (C^{1,stw}[t_a, t_b])^2$ definiert ist, sei bezüglich aller vier Variablen stetig partiell differenzierbar (oder stetig total differenzierbar). Dann existiert für alle $(x, y) \in D$ und alle $h = (h_1, h_2) \in (C_0^{1,stw}[t_a, t_b])^2$ das Gâteaux-Differential und ist wie folgt dargestellt:*

$$dJ(x, y, h_1, h_2) = \int_{t_a}^{t_b} \Phi_x h_1 + \Phi_y h_2 + \Phi_{\dot{x}} \dot{h}_1 + \Phi_{\dot{y}} \dot{h}_2 dt. \tag{1.10.5}$$

Dabei bezeichnen $\Phi_x, \Phi_y, \Phi_{\dot{x}}, \Phi_{\dot{y}}$ die partiellen Ableitungen nach den vier Variablen von Φ und in (1.10.5) verwenden wir die Abkürzungen $\Phi_x = \Phi_x(x, y, \dot{x}, \dot{y})$ u.s.w..

Beweis: Der Beweis ist eine leichte Modifikation des Beweises von Satz 1.2.3 und wir wollen ihn deshalb nicht ausführen. Wesentlich ist die Tatsache, dass unter unseren Voraussetzungen die Differentiation nach s mit der Integration vertauschbar ist, und die Darstellung (1.10.5) folgt durch Differentiation des Integranden in $s = 0$ nach der Kettenregel. □

Da das Gâteaux-Differential (1.10.5) linear in $h = (h_1, h_2)$ ist, nennen wir es gemäß Definition 1.2.2 die erste Variation von J in (x, y) in Richtung $h = (h_1, h_2)$ und schreiben

$$dJ(x, y, h_1, h_2) = \delta J(x, y)h. \tag{1.10.6}$$

Wir bemerken auch noch, dass $h = (h_1, h_2) \in (C^{1,stw}[t_a, t_b])^2$ gewählt werden kann, wenn das Funktional J auf ganz $(C^{1,stw}[t_a, t_b])^2$ definiert ist, dass

$$\begin{aligned} J : (C^{1,stw}[t_a, t_b])^2 &\to \mathbb{R} \quad \text{stetig und} \\ \delta J(x, y) : (C^{1,stw}[t_a, t_b])^2 &\to \mathbb{R} \quad \text{linear und stetig} \end{aligned} \tag{1.10.7}$$

sind.

Ist eine Kurve $(x, y) \in D \subset (C^{1,stw}[t_a, t_b])^2$ ein lokaler Minimierer für das Funktional J in (1.10.1) gemäß Definition 1.4.1, d.h. gilt

$$\begin{aligned} J(x, y) &\leq J(\hat{x}, \hat{y}) \quad \text{für alle } (\hat{x}, \hat{y}) \in D \quad \text{mit} \\ \|x - \hat{x}\|_{1, stw, [t_a, t_b]} &< d \quad \text{und} \quad \|y - \hat{y}\|_{1, stw, [t_a, t_b]} < d, \end{aligned} \tag{1.10.8}$$

besitzt die Funktion $g(s) = J((x, y) + s(h_1, h_2))$ bei $s = 0$ ein lokales Minimum, weshalb $g'(0) = 0$ gilt. Wie in Satz 1.4.2 folgt daraus:

Satz 1.10.6 *Die Kurve $(x, y) \in D \subset (C^{1,stw}[t_a, t_b])^2$ sei ein lokaler Minimierer für das Funktional (1.10.1) und die Lagrange-Funktion $\Phi : \mathbb{R}^4 \to \mathbb{R}$ sei stetig total differenzierbar. Dann gilt*

$$(\Phi_{\dot{x}}(x, y, \dot{x}, \dot{y}), \Phi_{\dot{y}}(x, y, \dot{x}, \dot{y})) \in (C^{1,stw}[t_a, t_b])^2 \quad und$$

$$\begin{aligned} \frac{d}{dt}\Phi_{\dot{x}}(x, y, \dot{x}, \dot{y}) &= \Phi_x(x, y, \dot{x}, \dot{y}) \quad \text{stückweise auf } [t_a, t_b], \\ \frac{d}{dt}\Phi_{\dot{y}}(x, y, \dot{x}, \dot{y}) &= \Phi_y(x, y, \dot{x}, \dot{y}) \quad \text{stückweise auf } [t_a, t_b]. \end{aligned} \tag{1.10.9}$$

Beweis: Wir folgen dem Beweis von Satz 1.4.2 und kürzen etwas ab: Wegen $g'(0) = 0$ gilt mit (1.10.5)

$$\delta J(x,y)h = \int_{t_a}^{t_b} \Phi_x h_1 + \Phi_y h_2 + \Phi_{\dot{x}} \dot{h}_1 + \Phi_{\dot{y}} \dot{h}_2 \, dt = 0 \qquad (1.10.10)$$

für alle $h = (h_1, h_2) \in (C_0^{1,stw}[t_a, t_b])^2$. Mit $h_2 \equiv 0$ bzw. $h_1 \equiv 0$ erhält man

$$\int_{t_a}^{t_b} \Phi_x h_1 + \Phi_{\dot{x}} \dot{h}_1 \, dt = 0 \quad \text{für alle } h_1 \in C_0^{1,stw}[t_a, t_b],$$

$$\int_{t_a}^{t_b} \Phi_y h_2 + \Phi_{\dot{y}} \dot{h}_2 \, dt = 0 \quad \text{für alle } h_2 \in C_0^{1,stw}[t_a, t_b]. \qquad (1.10.11)$$

Die Behauptung des Satzes folgt dann aus Lemma 1.3.5. $\qquad\qquad\qquad\qquad\qquad$ $\square$

Die Gleichungen $(1.10.9)_{2,3}$ heißen **Euler-Lagrange-Gleichungen**, die eine lokal minimierende Kurve notwendigerweise erfüllen muss. Die Bemerkungen nach Satz 1.4.2 gelten in analoger Weise auch hier.

Ist das Funktional (1.10.1) invariant und ist $(x,y) \in D \subset (C^{1,stw}[t_a, t_b])^2$ ein lokaler Minimierer, ist jede Umparametrisierung $(\tilde{x}, \tilde{y}) \in \tilde{D} \subset (C^{1,stw}[\tau_a, \tau_b])^2$ wegen Satz 1.10.4 ein lokaler Minimierer des Funktionals mit gleicher Lagrange-Funktion über $[\tau_a, \tau_b]$. Konsequenterweise muß auch $(\tilde{x}, \tilde{y})$ die Euler-Lagrange-Gleichungen stückweise auf $[\tau_a, \tau_b]$ erfüllen.

Der folgende Satz beschreibt die Invarianz der Euler-Lagrange-Gleichungen.

Satz 1.10.7 *Ist das Funktional (1.10.1) invariant laut Definition 1.10.2 und ist* $(\tilde{x}(\tau), \tilde{y}(\tau)) = (x(\varphi(\tau)), y(\varphi(\tau)))$ *eine Umparametrisierung einer Kurve* $(x,y) \in$ $(C^{1,stw}[t_a, t_b])^2$ *gemäß Definition 1.10.3, dann folgt für stetig total differenzierbares* Φ *die Äquivalenz:*

$$(\Phi_{\dot{x}}(\tilde{x}, \tilde{y}, \frac{d}{d\tau}\tilde{x}, \frac{d}{d\tau}\tilde{y}), \Phi_{\dot{y}}(\tilde{x}, \tilde{y}, \frac{d}{d\tau}\tilde{x}, \frac{d}{d\tau}\tilde{y})) \in (C^{1,stw}[\tau_a, \tau_b])^2,$$

$$\frac{d}{d\tau}\Phi_{\dot{x}}(\tilde{x}, \tilde{y}, \frac{d}{d\tau}\tilde{x}, \frac{d}{d\tau}\tilde{y}) = \Phi_x(\tilde{x}, \tilde{y}, \frac{d}{d\tau}\tilde{x}, \frac{d}{d\tau}\tilde{y}), \qquad (1.10.12)$$

$$\frac{d}{d\tau}\Phi_{\dot{y}}(\tilde{x}, \tilde{y}, \frac{d}{d\tau}\tilde{x}, \frac{d}{d\tau}\tilde{y}) = \Phi_y(\tilde{x}, \tilde{y}, \frac{d}{d\tau}\tilde{x}, \frac{d}{d\tau}\tilde{y}),$$

gilt jeweils stückweise auf $[\tau_a, \tau_b]$ *genau dann, wenn*

$$(\Phi_{\dot{x}}(x,y,\dot{x},\dot{y}), \Phi_{\dot{y}}(x,y,\dot{x},\dot{y})) \in (C^{1,stw}[t_a,t_b])^2,$$

$$\frac{d}{dt}\Phi_{\dot{x}}(x,y,\dot{x},\dot{y}) = \Phi_x(x,y,\dot{x},\dot{y}),$$

$$\frac{d}{dt}\Phi_{\dot{y}}(x,y,\dot{x},\dot{y}) = \Phi_y(x,y,\dot{x},\dot{y}),$$

(1.10.13)

jeweils stückweise auf $[t_a,t_b]$ gilt.

Beweis: Aus der Gleichung (1.10.2) folgt durch Differentiation

$$\Phi_x(x,y,\alpha\dot{x},\alpha\dot{y}) = \alpha\Phi_x(x,y,\dot{x},\dot{y}),$$

$$\Phi_y(x,y,\alpha\dot{x},\alpha\dot{y}) = \alpha\Phi_y(x,y,\dot{x},\dot{y}),$$

$$\Phi_{\dot{x}}(x,y,\alpha\dot{x},\alpha\dot{y}) = \Phi_{\dot{x}}(x,y,\dot{x},\dot{y}),$$

$$\Phi_{\dot{y}}(x,y,\alpha\dot{x},\alpha\dot{y}) = \Phi_{\dot{y}}(x,y,\dot{x},\dot{y}),$$

(1.10.14)

wobei wir die letzten beiden Gleichungen durch $\alpha > 0$ dividiert haben. Mit $\tilde{x}(\tau) = x(\varphi(\tau))$, $\frac{d}{d\tau}\tilde{x}(\tau) = \dot{x}(\varphi(\tau))\frac{d\varphi}{d\tau}(\tau)$, $\tilde{y}(\tau) = y(\varphi(\tau))$ und $\frac{d}{d\tau}\tilde{y}(\tau) = \dot{y}(\varphi(\tau))\frac{d\varphi}{d\tau}(\tau)$ erhalten wir wegen $(1.10.14)_{3,4}$

$$\Phi_{\dot{x}}(\tilde{x},\tilde{y},\frac{d}{d\tau}\tilde{x},\frac{d}{d\tau}\tilde{y})(\tau) = \Phi_{\dot{x}}(x,y,\dot{x},\dot{y})(\varphi(\tau)),$$

$$\Phi_{\dot{y}}(\tilde{x},\tilde{y},\frac{d}{d\tau}\tilde{x},\frac{d}{d\tau}\tilde{y})(\tau) = \Phi_{\dot{y}}(x,y,\dot{x},\dot{y})(\varphi(\tau)),$$

(1.10.15)

was die Äquivalenz von $(1.10.12)_1$ mit $(1.10.13)_1$ beweist. Weiter gilt mit $(1.10.15)_1$ und $(1.10.14)_1$

$$\frac{d}{d\tau}\Phi_{\dot{x}}(\tilde{x},\tilde{y},\frac{d}{d\tau}\tilde{x},\frac{d}{d\tau}\tilde{y})(\tau) = \frac{d}{dt}\Phi_{\dot{x}}(x,y,\dot{x},\dot{y})(\varphi(\tau))\frac{d\varphi}{d\tau}(\tau),$$

$$\Phi_x(\tilde{x},\tilde{y},\frac{d}{d\tau}\tilde{x},\frac{d}{d\tau}\tilde{y})(\tau) = \Phi_x(x,y,\dot{x},\dot{y})(\varphi(\tau))\frac{d\varphi}{d\tau}(\tau).$$

(1.10.16)

Da $\frac{d\varphi}{d\tau}(\tau) > 0$ für alle $\tau \in [\tau_a,\tau_b]$ vorausgesetzt ist, beweist (1.10.16) die Äquivalenz von $(1.10.12)_2$ mit $(1.10.13)_2$. Die Äquivalenz von $(1.10.12)_3$ mit $(1.10.13)_3$ folgt analog aus $(1.10.15)_2$ und $(1.10.14)_2$. □

Bemerkung *Wir warnen vor dem Missverständnis, zuerst umzuparametrisieren und anschließend die Euler-Lagrange-Gleichungen aufzustellen. Ein Beispiel: Parametrisiert man im Längenfunktional die Kurven nach der Bogenlänge, wird die Lagrange-Funktion* *identisch gleich 1 (s. (2.6.6)). Auf dem neuen Parameterintervall, das dann zwar von der Kurve abhängt, vereinfacht diese Tatsache die Euler-Lagrange-Gleichungen, die man* **vor** *der Umparametrisierung ermittelt hat, was man sich in 2.6 bei der Bestimmung von Geodätischen zunutze macht. Parametrisiert man dagegen die Kurven zuerst nach der Bogenlänge, muss man dies als nichtholonome Nebenbedingung berücksichtigen, wie dies bei der Behandlung der hängenden Kette in 2.7 geschieht.*

Die natürlichen Randbedingungen lauten wie folgt:

Satz 1.10.8 *Ist $(x,y) \in D \subset (C^{1,stw}[t_a,t_b])^2$ ein lokaler Minimierer für das Funktional (1.10.1) mit stetig total differenzierbarem Φ und sind für die zulässigen Funktionen in D die Komponenten x und/oder y bei $t = t_a$ und/oder y bei $t = t_a$ frei, so erfüllen sie die natürlichen Randbedingungen*

$$\Phi_{\dot{x}}(x(t_a),y(t_a),\dot{x}(t_a),\dot{y}(t_a)) = 0 \quad \text{und/oder}$$
$$\Phi_{\dot{y}}(x(t_a),y(t_a),\dot{x}(t_a),\dot{y}(t_a)) = 0 \quad \text{und/oder}$$
$$\Phi_{\dot{x}}(x(t_b),y(t_b),\dot{x}(t_b),\dot{y}(t_b)) = 0 \quad \text{und/oder} \tag{1.10.17}$$
$$\Phi_{\dot{y}}(x(t_b),y(t_b),\dot{x}(t_b),\dot{y}(t_b)) = 0.$$

Beweis: Wir betrachten nur den Fall, dass x bei $t = t_a$ frei ist. Dann ist mit (x,y) auch $(x,y) + s(h_1,h_2) \in D$, wenn $h = (h_1,h_2) \in C^{1,stw}[t_a,t_b]$ ist und $h_1(t_a)$ beliebig, aber $h_1(t_b) = 0$, $h_2(t_a) = 0$, $h_2(t_b) = 0$ ist. Aus $\delta J(x,y)h = 0$ folgt

$$\int_{t_a}^{t_b} \Phi_x h_1 + \Phi_y h_2 + \Phi_{\dot{x}} \dot{h}_1 + \Phi_{\dot{y}} \dot{h}_2 dt = 0$$
$$= \int_{t_a}^{t_b} (\Phi_x - \frac{d}{dt}\Phi_{\dot{x}})h_1 + (\Phi_y - \frac{d}{dt}\Phi_{\dot{y}})h_2 dt - (\Phi_{\dot{x}}h_1)(t_a) \tag{1.10.18}$$

nach partieller Integration, die wegen $(1.10.9)_1$ erlaubt ist. Alle anderen Randterme verschwinden nach Wahl von h_1 und h_2. Da der Minimierer die Euler–Lagrange-Gleichungen $(1.10.9)_{2,3}$ erfüllt (s. dazu die Ausführungen vor Satz 1.9.1), bleibt in 1.10.18 nur der Randterm übrig. Mit $h_1(t_a) \neq 0$ folgt $(1.10.17)_1$.   □

Nachdem wir in aller Ausführlichkeit Variationsprobleme für ebene Kurven studiert haben, liegt eine Verallgemeinerung auf höhere Raumdimensionen auf der Hand. Es ist ebenfalls möglich, dass die Lagrange-Funktion Φ explizit vom Parameter abhängt.

Eine Kurve in $\mathbb{R}^n, n \in \mathbb{N}$, ist durch $\{x(t) = (x_1(t),\ldots,x_n(t))|t \in [t_a,t_b]\}$ beschrieben. Ein Funktional

$$J(x) = \int_{t_a}^{t_b} \Phi(t,x,\dot{x})dt, \tag{1.10.19}$$

welches mit einer stetigen Funktion $\Phi : [t_a,t_b] \times \mathbb{R}^n \times \mathbb{R}^n \to \mathbb{R}$ auf $D \subset (C^{1,stw}[t_a,t_b])^n$ definiert ist, heißt ein **Funktional in parametrischer Form für Kurven in** $\mathbb{R}^n$. Für einige oder alle Komponenten von $x \in D$ können bei $t = t_a$ oder $t = t_b$ Randbedingungen vorgegeben werden. Ist $x \in C^1[t_{i-1},t_i]$, existiert der Tangentenvektor $\dot{x}(t) = (\dot{x}_1(t),\ldots,(\dot{x}_n(t)), t \in [t_{i-1},t_i]$, mit einseitigen Ableitungen am Rand des Intervalls.

Hängt Φ nicht explizit vom Parameter ab, heißt das Funktional (1.10.19) **invariant**, falls

$$\Phi(x,\alpha\dot{x}) = \alpha\Phi(x,\dot{x}) \tag{1.10.20}$$

für alle $\alpha > 0$ und für alle $(x,\dot{x}) \in \mathbb{R}^n \times \mathbb{R}^n$ gilt. Die Bezeichnung rührt daher, dass bei einer Umparametrisierung der Kurve x gemäß Definition (1.10.3) das Funktional, wie in Satz 1.10.4 ausgeführt, invariant bleibt.

Ist $\Phi : [t_a,t_b] \times \mathbb{R}^n \times \mathbb{R}^n \to \mathbb{R}$ bezüglich der letzten $2n$ Variablen stetig partiell differenzierbar, existiert **die erste Variation** von J in x und ist wie folgt dargestellt:

$$\begin{aligned}
\delta J(x)h &= \int_{t_a}^{t_b} \sum_{k=1}^{n} (\Phi_{x_k}h_k + \Phi_{\dot{x}_k}\dot{h}_k)dt \\
&= \int_{t_a}^{t_b} (\Phi_x,h) + (\Phi_{\dot{x}},\dot{h})dt
\end{aligned} \tag{1.10.21}$$

für $h = (h_1,\ldots,h_n) \in (C_0^{1,stw}[t_a,t_b])^n$. In (1.10.21) verwenden wir die Abkürzungen $\Phi_x = (\Phi_{x_1},\ldots,\Phi_{x_n})$, $\Phi_{\dot{x}} = (\Phi_{\dot{x}_1},\ldots,\Phi_{\dot{x}_n})$ und das Euklidische Skalarprodukt $(\ ,\ )$ in $\mathbb{R}^n$. Das Argument von Φ_{x_k} und $\Phi_{\dot{x}_k}$ ist jeweils der Vektor $(t,x(t),\dot{x}(t)) \in [t_a,t_b] \times \mathbb{R}^n \times \mathbb{R}^n$.

Wir messen den Abstand zweier Kurven $x,\hat{x} \in (C^{1,stw}[t_a,t_b])^n$ durch $\max_{k \in \{1,\ldots,n\}} \|x_k - \hat{x}_k\|_{1,stw,[t_a,t_b]}$, was die Definition eines lokalen Minimierers $x \in D$ für J wie in Definition 1.4.1 erlaubt. Wie in Satz 1.10.6 für $n = 2$ ausgeführt, folgt aus dem Verschwinden der ersten Variation $\delta J(x)h = 0$ für alle $h \in (C_0^{1,stw}[t_a,t_b])^n$ das System der Euler-Lagrange-Gleichungen, indem man eine Komponente $h_k \in C_0^{1,stw}[t_a,t_b]$ beliebig und alle übrigen identisch gleich Null wählt: Ist $x \in D \subset (C^{1,stw}[t_a,t_b])^n$ ein lokaler Minimierer für J, gilt

$$\Phi_{\dot{x}}(\cdot,x,\dot{x}) \in (C^{1,stw}[t_a,t_b])^n \quad \text{und}$$
$$\frac{d}{dt}\Phi_{\dot{x}}(\cdot,x,\dot{x}) = \Phi_x(\cdot,x,\dot{x}) \quad \text{stückweise auf } [t_a,t_b]. \tag{1.10.22}$$

Die Gleichungen $(1.10.22)_2$ sind ein System von n Differentialgleichungen und heißen **Euler-Lagrange-Gleichungen**. Der Beweis von Satz 1.10.7 ist auch auf dieses System übertragbar, was wir wie folgt festhalten: Hängt das Funktional (1.10.19) nicht explizit vom Parameter ab und ist invariant gemäß (1.10.20), ist auch das System der Euler-Lagrange-Gleichungen **invariant** gegenüber Umparametrisierungen. Diese Eigenschaft werden wir uns bei einigen Berechnungen zunutze machen.

Schließlich gilt die zu Satz 1.10.8 analoge Aussage: Ist für die k-te Komponente x_k von x der Rand bei $t = t_a$ und/oder bei $t = t_b$ frei, gilt dort die **natürliche Randbedingung**

$$\Phi_{\dot{x}_k}(t_a, x(t_a), \dot{x}(t_a)) = 0 \quad \text{und/oder} \quad \Phi_{\dot{x}_k}(t_b, x(t_b), \dot{x}(t_b)) = 0. \tag{1.10.23}$$

Historisch ist die Variationsrechnung mit der Physik entstanden, genauer gesagt mit der Formulierung der Mechanik durch Lagrange. Ein klassisches **Beispiel** ist folgendes:

Es sei $\{x(t) = (x_1(t), x_2(t), x_3(t)) | t \in [t_a, t_b]\}$ die Bahnkurve eines Massenpunktes m im Raum $\mathbb{R}^3$ parametrisiert nach der Zeit t. Für $x \in (C^1[t_a, t_b])^3$ ist

$$T = \frac{1}{2}m(\dot{x}_1^2 + \dot{x}_2^2 + \dot{x}_3^2) = \frac{1}{2}m\|\dot{x}\|^2 = T(\dot{x}) \tag{1.10.24}$$

die kinetische und

$$V = V(x_1, x_2, x_3) = V(x) \tag{1.10.25}$$

die potentielle Energie, die wir als total stetig differenzierbar voraussetzen ($\|\ \|$ ist die Euklidische Norm in $\mathbb{R}^3$). Dann heißt

$$
\begin{aligned}
E &= T + V && \text{die totale} \\
L &= T - V && \text{die freie Energie und} \\
J(x) &= \int_{t_a}^{t_b} L(x, \dot{x})dt && \text{das Wirkungsintegral}
\end{aligned}
\tag{1.10.26}
$$

des Massenpunktes m längs der Bahnkurve $\{x(t) | t \in [t_a, t_b]\}$. Die Funktion $L : \mathbb{R}^3 \times \mathbb{R}^3 \to \mathbb{R}$ heißt Lagrange-Funktion. Nach dem „Prinzip der kleinsten Wirkung" sucht sich der Massenpunkt m die Bahn, die das Wirkungsintegral, also das Funktional J, minimiert. Das System der Euler-Lagrange-Gleichungen für diese Bahn lautet

$$
\begin{aligned}
\frac{d}{dt}L_{\dot{x}}(x, \dot{x}) &= L_x(x, \dot{x}) && \text{oder} \\
m\ddot{x}_1 &= -V_{x_1}(x_1, x_2, x_3) \\
m\ddot{x}_2 &= -V_{x_2}(x_1, x_2, x_3) \\
m\ddot{x}_3 &= -V_{x_3}(x_1, x_2, x_3) && \text{oder} \\
m\ddot{x} &= -\nabla V(x) = -\operatorname{grad}V(x).
\end{aligned}
\tag{1.10.27}
$$

Die Gleichungen (1.10.27) sind die Bewegungsgleichungen für den Massenpunkt m. Da die totale Energie längs einer Bahn, die (1.10.27) erfüllt, erhalten bleibt, s. Aufgabe 1.10.4, heißt (1.10.27) ein konservatives System. Die Lösung von (1.10.27) kann nur dann eindeutig sein, falls (natürliche) Randbedingungen vorgegeben sind. Ob die Bahn dann das Wirkungsintegral minimiert, ist nicht offensichtlich. Eine hinreichende Bedingung dafür wird in Aufgabe 1.10.6 gegeben.

Wir bemerken, dass das Wirkungsintegral nicht invariant ist, d.h. die physikalische Zeit kann nicht durch einen anderen Parameter ersetzt werden, ohne die Struktur der Gleichungen (1.10.27) zu verändern.

Bemerkung *In einer anderen Schreibweise ist (1.10.19) das Funktional*

$$J(y) = \int_a^b F(x,y,y')dx \qquad (1.10.28)$$

für $y(x) = (y_1(x),\ldots,y_n(x))$, $y'(x) = (y'_1(x),\ldots,y'_n(x))$. Das Funktional (1.10.28) verallgemeinert in natürlicher Weise das Funktional (1.1.1). Die Lagrange-Funktion in (1.10.28) ist eine stetige und bezüglich der letzten 2n Variablen stetig total differenzierbare Funktion $F : [a,b] \times \mathbb{R}^n \times \mathbb{R}^n \to \mathbb{R}$. Die Euler-Lagrange-Gleichungen sind von der Form (1.4.3), nur dass jetzt $F_y = (F_{y_1},\ldots,F_{y_n})$ und $F_{y'} = (F_{y'_1},\ldots,F_{y'_n})$ Vektoren sind und (1.4.3)$_2$ ein System von n Differentialgleichungen ist.

Aufgaben

1.10.1 Man zeige: Eine Kurve $(x,y) \in (C^{1,stw}[t_a,t_b])^2$ ist der Graph einer Funktion $\tilde{y} \in C^{1,stw}[a,b]$, falls $x(t_a) = a$, $x(t_b) = b$ und stückweise $\dot{x}(t) > 0$ für $t \in [t_{i-1},t_i], i = 1,\ldots,m$, gilt. Dabei ist $t_a = t_0 < t_1 < \cdots < t_{m-1} < t_m = t_b$.

1.10.2 Mit einem stetig total differenzierbaren Vektorfeld $F : \mathbb{R}^n \to \mathbb{R}^n$ wird für eine Kurve $x \in D = (C^{1,stw}[t_a,t_b])^n \cap \{x(t_a) = A, x(t_b) = B\}$ das Funktional

$$J(x) = \int_{t_a}^{t_b} (F(x),\dot{x})dt$$

mit dem Skalarprodukt (,) im $\mathbb{R}^n$ definiert, was als Integral des Vektorfelds F längs der Kurve x bezeichnet wird.

a)   Man bestimme die erste Variation $\delta J(x) : (C_0^{1,stw}[t_a,t_b])^n \to \mathbb{R}^n$.

b) Man gebe das System der Euler-Lagrange-Gleichungen an. Besitzt dieses in jedem Fall Lösungen in D?

c) Es gelte

$$\frac{\partial F_i}{\partial x_k}(x) = \frac{\partial F_k}{\partial x_i}(x) \quad \text{für alle } x \in \mathbb{R}^n \quad \text{und} \quad i, k = 1, \ldots, n.$$

Man zeige, dass dann $\delta J(x) = 0$ für alle $x \in D$ ist und jedes $x \in D$ die Euler-Lagrange-Gleichungen stückweise löst. Was bedeutet das für das Funktional J?

Eine Lagrange-Funktion, für die die erste Variation identisch verschwindet, heißt in der englischsprachigen Literatur „**Null-Lagrangian**".

1.10.3 Die Kurve $x \in (C^2[t_a, t_b])^n$ sei ein lokaler Minimierer für

$$J(x) = \int_{t_a}^{t_b} \Phi(x, \dot{x}) dt$$

mit einer stetig total differenzierbaren Lagrange-Funktion $\Phi : \mathbb{R}^n \times \mathbb{R}^n \to \mathbb{R}$. Man zeige

$$\Phi(x, \dot{x}) - (\dot{x}, \Phi_{\dot{x}}(x, \dot{x})) = c_1 \quad \text{auf } [t_a, t_b],$$

wobei $(\ ,\ )$ das Skalarprodukt in $\mathbb{R}^n$ ist.

1.10.4 Mit den Bezeichnungen (1.10.24)–(1.10.27) zeige man für einen lokalen Minimierer $x \in (C^1[t_a, t_b])^3$ des Wirkungsintegrals (1.10.26)$_3$, dass $x \in (C^2[t_a, t_b])^3$ gilt und dass die totale Energie $E = E(x, \dot{x}) = const.$ für $t \in [t_a, t_b]$ ist.

1.10.5 Für ein Funktional
$$J(x) = \int_{t_a}^{t_b} \Phi(t, x, \dot{x}) dt$$
mit einer stetigen Lagrange-Funktion $\Phi : \mathbb{R} \times \mathbb{R}^n \times \mathbb{R}^n \to \mathbb{R}$, die bezüglich der letzten $2n$ Variablen zweimal stetig partiell differenzierbar ist, berechne man die zweite Variation in $x \in (C^{1,stw}[t_a, t_b])^n$ in Richtung $h \in (C^{1,stw}[t_a, t_b])^n$, d.h.

$$\frac{d^2}{ds^2} J(x + sh)|_{s=0} = \delta^2 J(x)(h, h),$$

s. dazu auch Aufgabe 1.2.2.

1.10.6 a) Mit den Bezeichnungen (1.10.24)–(1.10.27) und mit einer zweimal stetig partiell differenzierbaren potentiellen Energie $V : \mathbb{R}^3 \to \mathbb{R}$ berechne man für das Wirkungsintegral J die zweite Variation $\delta^2 J(x)(h, h)$ in $x \in (C^1[t_a, t_b])^3$ (s. dazu Aufgabe 1.10.5).

b) Die Hessesche Matrix der potentiellen Energie

$$D^2V(x) = \left(\frac{\partial^2 V}{\partial x_i \partial x_j}(x) \right)_{\substack{i=1,2,3 \\ j=1,2,3}}.$$

erfülle für alle $x \in \mathbb{R}^3$

$$(D^2V(x)h, h) \leq 0 \quad \text{für alle } h \in \mathbb{R}^3.$$

Man zeige: Jede Bahn $x \in (C^2[t_a, t_b])^3$, die die Bewegungsgleichungen (1.10.27) erfüllt, ist ein globaler Minimierer des Wirkungsintegrals unter allen Bahnen mit den gleichen Randbedingungen bei $t = t_a$ und $t = t_b$.

Hinweis: Aufgabe 1.4.4.

1.11 Die Weierstraß-Erdmannschen Eckenbedingungen

Wie schon eingangs von 1.10 festgestellt, führt die parametrische Form eines Funktionals zu Informationen über Minimierer eines nichtparametrischen Funktionals (1.1.1), die wir bislang nicht hatten. Dazu betrachten wir (1.1.1) mit (1.1.2) als Spezialfall von (1.10.1):

Mit einer Umparametrisierung gemäß Definition 1.10.3,

$$\varphi : [\tau_a, \tau_b] \to [a, b] \quad , \quad \varphi \in C^1[\tau_a, \tau_b],$$
$$\frac{d\varphi}{d\tau}(\tau) > 0 \quad \text{für alle} \quad \tau \in [\tau_a, \tau_b], \tag{1.11.1}$$

setzen wir für $\tau \in [\tau_a, \tau_b]$

$$x = \varphi(\tau) = \tilde{x}(\tau) \in [a, b],$$
$$y(x) = y(\varphi(\tau)) = y(\tilde{x}(\tau)) = \tilde{y}(\tau) \quad \text{und erhalten mit}$$
$$y \in C^{1,stw}[a, b] \quad \text{eine Kurve} \quad (\tilde{x}, \tilde{y}) \in C^1[\tau_a, \tau_b] \times C^{1,stw}[\tau_a, \tau_b] \quad \text{und} \tag{1.11.2}$$
$$\{(x, y(x)) | x \in [a, b]\} = \{(\tilde{x}(\tau), \tilde{y}(\tau)) | \tau \in [\tau_a, \tau_b]\}$$

ist eine Umparametrisierung des Graphen von y. Auf $[\tau_a, \tau_b]$ gilt stückweise

$$\frac{d\tilde{y}}{d\tau}(\tau) = y'(\varphi(\tau))\frac{d\varphi}{d\tau}(\tau) = y'(x)\frac{d\tilde{x}}{d\tau}(\tau) \quad \text{oder}$$
$$y'(x) = \frac{\dot{\tilde{y}}}{\dot{\tilde{x}}}(\tau) \quad \text{mit } x = \tilde{x}(\tau) \text{ und} \quad \dot{} = \frac{d}{d\tau}. \tag{1.11.3}$$

Die Substitutionsregel liefert dann das Funktional (1.1.1) in parametrischer Form:

$$J(y) = \int_a^b F(x,y,y')dx = \int_{\tau_a}^{\tau_b} F(\tilde{x},\tilde{y},\frac{\dot{\tilde{y}}}{\dot{\tilde{x}}})\dot{\tilde{x}}d\tau = J(\tilde{x},\tilde{y}). \qquad (1.11.4)$$

Wir stellen außerdem fest, dass die Lagrange-Funktion für die parametrische Form,

$$\Phi(\tilde{x},\tilde{y},\dot{\tilde{x}},\dot{\tilde{y}}) = F(\tilde{x},\tilde{y},\frac{\dot{\tilde{y}}}{\dot{\tilde{x}}})\dot{\tilde{x}}, \qquad (1.11.5)$$

invariant im Sinne von Definition 1.10.2 ist. Das wird auch durch (1.11.4) bestätigt, denn jede Umparametrisierung ergibt den gleichen Wert $J(y)$.

Satz 1.11.1 *Es sei $y \in D \subset C^{1,stw}[a,b]$ ein globaler Minimierer für*

$$J(y) = \int_a^b F(x,y,y')dx, \qquad (1.11.6)$$

wobei für zulässige Funktionen in D Randbedingungen bei $x = a$ und/oder bei $x = b$ vorgegeben werden können. Dann ist die Kurve $\{(x,y(x))|x \in [a,b]\}$ in jeder Parametrisierung (1.11.2) ein lokaler Minimierer für das zugehörige parametrische Funktional

$$J(\tilde{x},\tilde{y}) = \int_{\tau_a}^{\tau_b} F(\tilde{x},\tilde{y},\frac{\dot{\tilde{y}}}{\dot{\tilde{x}}})\dot{\tilde{x}}d\tau, \qquad (1.11.7)$$

welches auf $\tilde{D} \subset C^1[\tau_a,\tau_b] \times C^{1,stw}[\tau_a,\tau_b]$ definiert ist. Zulässige Kurven in $\tilde{D}$ erfüllen $\tilde{x}(\tau_a) = a$, $\tilde{x}(\tau_b) = b$ und $\tilde{y}$ erfüllt die Randbedingungen, die möglicherweise durch $y \in D$ vorgegeben sind. Weiterhin gilt $\dot{\tilde{x}}(\tau) > 0$ für $\tau \in [\tau_a,\tau_b]$.

Beweis: Da $[\tau_a,\tau_b]$ kompakt ist, gilt $\dot{\tilde{x}}(\tau) \geq d > 0$ für $\tau \in [\tau_a,\tau_b]$. Eine beliebige Vergleichskurve in $\tilde{D}$ in der Nähe von $(\tilde{x},\tilde{y})$ im Sinne von $(1.10.8)_2$ ist von der Form

$$\{(\tilde{x}(\tau)+h_1(\tau),\ \tilde{y}(\tau)+h_2(\tau))|\tau \in [\tau_a,\tau_b]\} \quad \text{mit}$$
$$h_1 \in C_0^1[\tau_a,\tau_b],\ h_2 \in C^{1,stw}[\tau_a,\tau_b] \quad \text{und} \qquad (1.11.8)$$
$$\|h_1\|_{1,[\tau_a,\tau_b]} < d, \quad \|h_2\|_{1,stw,[\tau_a,\tau_b]} < d.$$

Erfüllt $\tilde{y}$ Randbedingungen bei $\tau = \tau_a$ und/oder $\tau = \tau_b$, muss noch $h_2(\tau_a) = 0$ und/oder $h_2(\tau_b) = 0$ gelten. Wegen $\dot{\tilde{x}}(\tau) + \dot{h}_1(\tau) > 0$ für $\tau \in [\tau_a,\tau_b]$ ist die Störung (1.11.8) nicht nur in $\tilde{D}$, sondern nach Aufgabe 1.10.1 ist sie auch der Graph einer Funktion $\hat{y} \in D \subset C^{1,stw}[a,b]$. Deshalb folgt mit (1.11.4)

$$J(\tilde{x},\tilde{y}) = J(y) \leq J(\hat{y}) = J(\tilde{x}+h_1,\ \tilde{y}+h_2), \qquad (1.11.9)$$

was die Behauptung des Satzes ist. □

Es fällt auf, dass die Funktion $y \in D$ ein globaler Minimierer des nichtparametrischen Funktionals sein muss, damit die Kurve $(\tilde{x}, \tilde{y})$ ein lokaler Minimierer für das zugehörige parametrische Funktional ist. Der Grund dafür ist in Abbildung 1.11.1 ersichtlich: Stören wir den Graph $\{(x, y(x)) | x \in [a, b]\}$ durch die Kurve $\{(x + h_1(x), y(x)) | x \in [a, b]\} = \{(x, \hat{y}(x)) | x \in [a, b]\}$, wobei $h_1 \in C_0^1[a, b]$ skizziert ist, gilt $\|y - \hat{y}\|_{1, stw, [a,b]} \geq |y'(x) - \hat{y}'(x)|$, und im eingezeichneten Punkt x bleibt die Differenz der Steigungen von $\hat{y}$ und y groß, so klein $\|h_1\|_{1,[a,b]}$ auch sein mag.

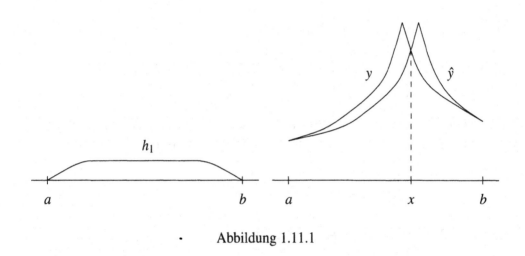

Abbildung 1.11.1

Deshalb setzen wir voraus, dass y ein globaler Minimierer für J ist, um die Ungleichung in (1.11.9) zu garantieren. Allerdings kann $\|y - \hat{y}\|_{0,[a,b]}$ unter jede Schranke gedrückt werden, wenn nur $\|h_1\|_1$ und $\|h_2\|_{1,stw}$ in (1.11.8) klein genug sind. Deshalb kann Satz 1.11.1 auch für einen „starken lokalen Minimierer y" bewiesen werden, s. dazu die Bemerkungen nach Definition 1.4.1.

Für $y \in C^1[a, b]$ greift Abbildung 1.11.1 nicht. In diesem Fall kann mit $\|h_1\|_1$ und $\|h_2\|_1$ auch $\|y - \hat{y}\|_{1,[a,b]}$ beliebig klein gemacht werden, so dass ein lokaler Minimierer y des nichtparametrischen Funktionals als Kurve $(\tilde{x}, \tilde{y})$ auch ein lokaler Minimierer für das parametrische Funktional ist. Für Funktionen $y \in C^1[a, b]$ ohne Ecken sind allerdings die Untersuchungen dieses Paragraphen redundant.

Bemerkung *Ein globaler Minimierer für das nichtparametrische Funktional ist nicht notwendig ein globaler Minimierer für das zugehörige parametrische Funktional, wenn man die Bedingung $\dot{\tilde{x}}(\tau) > 0$ aufgibt. Als Beispiel betrachten wir*

$$J(y) = \int_0^1 (y')^2 dx \quad auf$$
$$D = C^{1,stw}[0,1] \cap \{y(0) = 0, y(1) = 1\}.$$

Wir wissen aus Beispiel 2 von Paragraph 1.5, dass $y(x) = x$ der globale Minimierer ist. Die parametrische Version ist

$$J(\tilde{x}, \tilde{y}) = \int_{\tau_0}^{\tau_1} \left(\frac{\dot{\tilde{y}}}{\dot{\tilde{x}}}\right)^2 \dot{\tilde{x}} d\tau = \int_{\tau_0}^{\tau_1} \frac{\dot{\tilde{y}}^2}{\dot{\tilde{x}}} d\tau \quad auf$$

$$\tilde{D} = (C^1[\tau_0, \tau_1] \times C^{1,stw}[\tau_0, \tau_1]) \cap \{(\tilde{x}(\tau_0), (\tilde{y}(\tau_0)) = (0,0), (\tilde{x}(\tau_1), (\tilde{y}(\tau_1)) = (1,1)\},$$
$$\dot{\tilde{x}}(\tau) > 0 \quad auf \quad [\tau_0, \tau_1].$$

Lassen wir die Positivität von $\dot{\tilde{x}}$ weg und fordern nur $\tilde{x} \in C^{1,stw}[\tau_0, \tau_1]$ und $\dot{\tilde{x}} \neq 0$ stückweise, so hat das parametrische Funktional auf $\tilde{D}$ einen endlichen Wert. Für die Kurven

$$\left.\begin{array}{rcl} \tilde{x}(\tau) & = & p\tau \\ \tilde{y}(\tau) & = & q\tau \end{array}\right\} \quad \text{für} \quad \tau \in [0,1],$$

$$\left.\begin{array}{rcl} \tilde{x}(\tau) & = & p+(1-p)(t-1) \\ \tilde{y}(\tau) & = & q+(1-q)(t-1) \end{array}\right\} \quad \text{für} \quad \tau \in [1,2],$$

ist für $p \neq 0$ und $p \neq 1$ das Funktional $J(\tilde{x}, \tilde{y})$ mit $\tau_0 = 0$ und $\tau_1 = 2$ definiert und die Kurven verbinden $(\tilde{x}(0), \tilde{y}(0)) = (0,0)$ mit $(\tilde{x}(2), \tilde{y}(2)) = (1,1)$. Man berechnet

$$J(\tilde{x}, \tilde{y}) = 1 + \frac{(p-q)^2}{p(1-p)},$$

was bei beliebiger Wahl von q und von $p \neq 0$ und $p \neq 1$ jeden Wert in $\mathbb{R}$ annehmen kann. Die angegebenen Kurven $(\tilde{x}, \tilde{y})$ setzen sich aus zwei Geraden zusammen, die wir auch beliebig „stückeln" können, wie für $0 < q < 1 < p$ in Abbildung 1.11.2 dargestellt ist. Das Funktional J hat bei allen Zerlegungen der Kurve mit gleichen Steigungen, wie in Abbildung 1.11.2 skizziert, den gleichen Wert. Bei einer weiteren Verfeinerung kann erreicht werden, dass die Kurve $(\tilde{x}, \tilde{y})$ von dem globalen Minimierer $(x, y(x)) = (x, x)$ des nichtparametrischen Funktionals beliebig kleinen Abstand hat. Dies zeigt, dass das parametrische Funktional in jeder Umgebung von $(\frac{1}{2}\tau, \frac{1}{2}\tau)$ in $(C[0,2])^2$ jeden Wert in $\mathbb{R}$ annimmt.

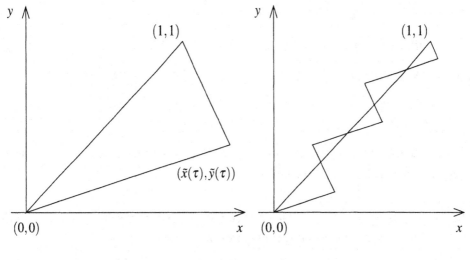

Abbildung 1.11.2

Im nächsten Satz machen wir uns die Regularität $(1.10.9)_1$ eines lokalen Minimierers für jede Parametrisierung zunutze.

Satz 1.11.2 *Es sei $y \in D \subset C^{1,stw}[a,b]$ mit oder ohne Randbedingungen ein globaler (oder stark lokaler) Minimierer für das Funktional*

$$J(y) = \int_a^b F(x,y,y')dx \qquad (1.11.10)$$

mit einer stetig total differenzierbaren Lagrange-Funktion $F : \mathbb{R}^3 \to \mathbb{R}$. Dann gilt

$$F_{y'}(\cdot,y,y') \in C[a,b] \quad und$$
$$F(\cdot,y,y') - y'F_{y'}(\cdot,y,y') \in C[a,b]. \qquad (1.11.11)$$

Hängt F nicht explizit von x ab, gilt $F(y,y') - y'F_{y'}(y,y') = c_1$ auf $[a,b]$.

Beweis: Wir betrachten die Kurve $\{(x,y(x))|x \in [a,b]\}$ gemäß Satz 1.11.1 als lokalen Minimierer für das zugehörige parametrische Funktional (1.11.7) mit der Lagrange-Funktion $\Phi(\tilde{x},\tilde{y},\dot{\tilde{x}},\dot{\tilde{y}}) = F(\tilde{x},\tilde{y},\frac{\dot{\tilde{y}}}{\dot{\tilde{x}}})\dot{\tilde{x}}$. Dann ist $\Phi : \mathbb{R}^4 \cap \{\dot{\tilde{x}} > 0\} \to \mathbb{R}$ total stetig differenzierbar und nach Satz 1.10.6 erfüllt die Kurve die Euler-Lagrange-Gleichungen. Wegen der Invarianz der Lagrange-Funktion ist Satz 1.10.7 anwendbar, wonach die Euler-Lagrange-Gleichungen und die damit verbundene Regularität in jeder Parametrisierung erfüllt werden. Für die Lagrange-Funktion (1.11.5) erhalten wir

$$\Phi_{\dot{\tilde{x}}}(\tilde{x},\tilde{y},\dot{\tilde{x}},\dot{\tilde{y}}) = F(\tilde{x},\tilde{y},\frac{\dot{\tilde{y}}}{\dot{\tilde{x}}}) - F_{y'}(\tilde{x},\tilde{y},\frac{\dot{\tilde{y}}}{\dot{\tilde{x}}})\frac{\dot{\tilde{y}}}{\dot{\tilde{x}}}\frac{\dot{\tilde{x}}}{\dot{\tilde{x}}} \in C^{1,stw}[\tau_a,\tau_b] \tag{1.11.12}$$

und für die Parametrisierung $\{(x,y(x))|x \in [a,b]\}$ gilt nach (1.11.2), (1.11.3)

$$\tilde{x} = x, \quad \dot{\tilde{x}} = 1, \quad \tilde{y} = y, \quad \dot{\tilde{y}} = y', \quad \tau_a = a, \quad \tau_b = b \quad \text{und}$$

$$F(\cdot,y,y') - y'F_{y'}(\cdot,y,y') \in C^{1,stw}[a,b] \subset C[a,b]. \tag{1.11.13}$$

Die Behauptung $(1.11.11)_1$ haben wir bereits in Satz 1.4.2 bewiesen. Der Beweis des Zusatzes ist als Aufgabe 1.11.1 formuliert. $\square$

Die Stetigkeitsaussagen (1.11.11) heißen **Weierstraß–Erdmannsche Eckenbedingungen**. Sie lassen für Minimierer nur spezielle Ecken zu.

Wir knüpfen an **Beispiel** 6 von 1.5 an und betrachten

$$J(y) = \int_a^b W(y')dx \quad \text{auf} \quad D \subset C^{1,stw}[a,b] \tag{1.11.14}$$

mit einem stetig differenzierbaren „W-Potential" $W : \mathbb{R} \to \mathbb{R}$, das wir in Abbildung 1.11.3 skizzieren:

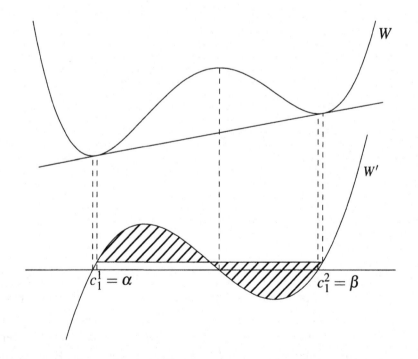

Abbildung 1.11.3

Für lokale Minimierer gilt notwendig

$$\frac{d}{dx}W'(y') = 0 \quad \text{oder } W'(y') = c_1 \quad \text{auf} \quad [a,b], \tag{1.11.15}$$

da auch für unstetiges y' die Funktion $W'(y')$ aufgrund der ersten Eckenbedingung $(1.11.11)_1$ auf $[a,b]$ stetig ist. Für globale (stark lokale) Minimierer gilt auch die zweite Eckenbedingung $(1.11.11)_2$, d.h.

$$W(y') - y'W'(y') = c_2 \quad \text{auf} \quad [a,b], \tag{1.11.16}$$

denn wegen (1.11.15) ist y' und damit $W'(y') - y'W'(y')$ stückweise konstant. Stetig ist (1.11.16) dann nur bei Konstanz auf ganz $[a,b]$. Wie aus Abbildung 1.11.3 ersichtlich, wird (1.11.15) durch höchstens drei Konstanten

$$y' = c_1^1, c_1^2, c_1^3 \tag{1.11.17}$$

gelöst, s. dazu auch Abbildung 1.5.2. Eingesetzt in (1.11.16) ergibt dies

$$W(c_1^i) - c_1^i W'(c_1^i) = c_2 \quad \text{für } i = 1,2,3 \quad \text{und deshalb}$$
$$W(c_1^1) - W(c_1^2) = c_1^1 W'(c_1^1) - c_1^2 W'(c_1^2)$$
$$= (c_1^1 - c_1^2)W'(c_1^1) = (c_1^1 - c_1^2)W'(c_1^2), \tag{1.11.18}$$
$$\frac{W(c_1^2) - W(c_1^1)}{c_1^2 - c_1^1} = W'(c_1^1) = W'(c_1^2).$$

Geometrisch bedeutet dies, dass die Steigung der Sekanten durch $W(c_1^1)$ und $W(c_1^2)$ gleich der Steigung der Tangente sowohl durch $W(c_1^1)$ als auch durch $W(c_1^2)$ ist. Wir können (1.11.18) auch wie folgt interpretieren:

$$W(c_1^2) - W(c_1^1) = \int_{c_1^1}^{c_1^2} W'(z)dz = (c_1^2 - c_1^1)W'(c_1^i), \quad i = 1,2. \tag{1.11.19}$$

Beide geometrischen Eigenschaften lassen für eine Ecke von y nur zwei eindeutig bestimmte Konstanten $c_1^1 = \alpha$ und $c_1^2 = \beta$ als Steigungen zu, die in Abbildung 1.11.3 eingetragen sind. Die horizontale Gerade, die im Graphen von W' die gleich großen schraffierten Flächen begrenzt, heißt „Maxwell-Linie".

Ein globaler Minimierer y für (1.11.14) kann nur ganz spezifische Ecken haben. Eine Gerade mit konstanter Steigung auf ganz $[a,b]$ erfüllt freilich auch die Euler-Lagrange-Gleichung (1.11.15) und die Eckenbedingung (1.11.16). Ein solcher Minimierer kann auftreten, falls Randbedingungen keine Ecke mit den spezifischen Steigungen $c_1^1 = \alpha$ und $c_1^2 = \beta$ zulassen. Dies wird in folgendem Beispiel diskutiert. Zusammenfassend ist festzustellen, dass die notwendigen Bedingungen die Klasse von Funktionen bestimmen, unter denen globale Minimierer zu finden sind, sofern sie existieren. Für den Typ (1.11.14) können wir zeigen, dass sie existieren. Dies wird exemplarisch in (1.11.20) und in den Aufgaben 1.11.2 und 1.11.3 getan.

Wir können jetzt das **Beispiel** 6 in 1.5 mit $W(z) = (z^2 - 1)^2$ abschließen. Offensichtlich ist hier $c_1^1 = \alpha = -1$ und $c_1^2 = \beta = 1$, womit wir unendlich viele globale Minimierer ohne Randbedingung wie in Abbildung 1.5.1 skizziert wiederfinden. Für die Randbedingungen $y(0) = 0$ und $y(1) = 2$ hingegen sind Ecken mit den Steigungen ± 1 nicht möglich, da keine solche Sägezahn-Funktion die Randbedingungen erfüllt. Infolgedessen hat ein globaler Minimierer gar keine Ecke, die Steigung ist konstant, wodurch nur die Gerade $y = 2x$ zugelassen ist. Die Frage, ob diese Gerade das Funktional global minimiert, ist damit nicht beantwortet, da sie bislang nur notwendige Bedingungen für globale Minimierer erfüllt. Wir müssen das direkt zeigen. Die Tangente an den Graph von W im Punkt $(2, W(2)) = (2, 9)$ ist die Gerade $W(2) + W'(2)(z - 2) = 9 + 24(z - 2)$, und ein Blick auf den Graph von W in Abbildung 1.5.2 bestätigt, dass $W(z) \geq W(2) + W'(2)(z - 2)$ für alle $z \in \mathbb{R}$ gilt. Sei $\hat{y} \in C^{1,stw}[0,1] \cap \{y(0) = 0, \ y(1) = 2\}$. Dann folgt

$$
\begin{aligned}
J(\hat{y}) &= \int_0^1 W(\hat{y}')dx \geq \int_0^1 W(2) + W'(2)(\hat{y}' - 2)dx \\
&= \int_0^1 W(2)dx = J(y), \quad \text{da} \int_0^1 \hat{y}'dx = \hat{y}(1) - \hat{y}(0) = 2
\end{aligned}
\tag{1.11.20}
$$

gilt. Das beweist, dass die Gerade $y = 2x$ in der Tat ein globaler Minimierer für J in $D = C^{1,stw}[0,1] \cap \{y(0) = 0, \ y(1) = 2\}$ ist.

Der vorletzte Satz dieses Paragraphen gibt eine hinreichende Bedingung an, unter der gebrochene Minimierer ausgeschlossen sind.

Satz 1.11.3 *Es sei* $y \in D \subset C^{1,stw}[a,b]$ *ein lokaler Minimierer für das Funktional*

$$
J(y) = \int_a^b F(x, y, y')dx
\tag{1.11.21}
$$

mit einer stetigen Lagrange-Funktion F, die bezüglich der zweiten Variablen einmal und bezüglich der dritten Variablen zweimal stetig differenzierbar ist. In D können Randbedingungen vorgegeben sein oder nicht. Gilt

$$
F_{y'y'}(x, y(x), z) \neq 0 \quad \text{für alle } x \in [a,b], \ z \in \mathbb{R},
\tag{1.11.22}
$$

so folgt $y \in C^1[a,b]$.

Beweis: Wir nehmen an, dass $y \in C^{1,stw}[a,b] \backslash C^1[a,b]$ ist. Dann gibt es ein $x_i \in (a,b)$, so dass

$$y'_-(x_i) = \lim_{x \nearrow x_i} y'(x) \neq \lim_{x \searrow x_i} y'(x) = y'_+(x_i) \qquad (1.11.23)$$

gilt. Für $f(z) = F(x_i, y(x_i), z)$ folgt

$$f'(z) = F_{y'}(x_i, y(x_i), z) \quad \text{und}$$
$$f'(y'_-(x_i)) = f'(y'_+(x_i)) \qquad (1.11.24)$$

aufgrund der ersten Weierstraß–Erdmannschen Eckenbedingung $(1.11.11)_1$ oder $(1.4.3)_1$, die auch für lokale Minimierer gilt. Nach dem Satz von Rolle existiert zwischen $y'_-(x_i)$ und $y'_+(x_i)$ ein z mit

$$f''(z) = F_{y'y'}(x_i, y(x_i), z) = 0, \qquad (1.11.25)$$

was der Voraussetzung (1.11.22) widerspricht. □

Zusammen mit der Aufgabe 1.5.1 können wir damit den folgenden „Regularitätssatz" formulieren:

Satz 1.11.4 *Ist* $y \in D \subset C^{1,stw}[a,b]$ *ein lokaler Minimierer für das Funktional*

$$J(y) = \int_a^b F(x, y, y') dx \qquad (1.11.26)$$

mit einer bezüglich aller drei Variablen zweimal stetig differenzierbaren Lagrange-Funktion F und gilt

$$F_{y'y'}(x, y(x), z) \neq 0 \quad \text{für alle } x \in [a,b], z \in \mathbb{R}, \qquad (1.11.27)$$

so folgt $y \in C^2[a,b]$.

Die Bedingung (1.11.27) garantiert die „**Elliptizität**" der Euler-Lagrange-Gleichung, eine Eigenschaft, auf die wir in Kapitel 3 zurückkommen. Geometrisch bedeutet die Elliptizität, dass die Lagrange-Funktion bezüglich der Variablen y' strikt konvex oder konkav ist.

Aufgaben

1.11.1 Es sei $y \in D \subset C^{1,stw}[a,b]$ ein globaler Minimierer für das Funktional

$$J(y) = \int_a^b F(y, y') dx$$

mit einer stetig total differenzierbaren Lagrange-Funktion $F : \mathbb{R}^2 \to \mathbb{R}$. Man zeige:

$$F(y,y') - y'F_{y'}(y,y') = c_1 \quad \text{auf } [a,b].$$

Man vergleiche das Resultat mit Spezialfall 7 aus 1.5.

1.11.2 Man bestimme globale Minimierer für

$$J(y) = \int_a^b W(y')dx \quad \text{mit } W(z) = \frac{1}{2}z^4 + \frac{1}{3}z^3 - \frac{1}{2}z^2$$

auf $D = C^{1,stw}[a,b]$. Sind diese eindeutig bestimmt?

1.11.3 Man bestimme und skizziere globale Minimierer für das Funktional aus Aufgabe 1.11.2, wenn $D = C^{1,stw}[a,b] \cap \{y(a) = 0,\ y(b) = 0\}$ ist.

Hinweis: Man bestimme $J(y)$ für einen „Sägezahn" y mit den Steigungen $c_1^1 = \alpha < 0$ und $c_1^2 = \beta > 0$, die wie in Abbildung 1.11.3 bestimmt sind, und der die Randbedingungen erfüllt. Man zeige, dass $J(\hat{y}) \geq J(y)$ für alle $\hat{y} \in D$ gilt.

Kapitel 2

Variationsprobleme mit Nebenbedingungen

2.1 Isoperimetrische Nebenbedingungen

Schon bei den klassischen Problemen wie dem der Dido oder der hängenden Kette treten in natürlicher Weise Nebenbedingungen auf: Maximiere die Fläche bei gegebenem Umfang, minimiere die potentielle Energie der hängenden Kette bei gegebener Länge. Diese Nebenbedingungen gehören zu der Klasse der isoperimetrischen Nebenbedingungen und sind vom gleichen Typ wie das zu maximierende oder zu minimierende Funktional.

Definition 2.1.1 *Für ein Funktional*

$$J(y) = \int_a^b F(x,y,y')dx, \tag{2.1.1}$$

welches auf $D \subset C^{1,stw}[a,b]$ definiert ist, heißt

$$K(y) = \int_a^b G(x,y,y')dx = c \tag{2.1.2}$$

eine isoperimetrische Nebenbedingung. Dabei sind die Lagrange-Funktionen F und G bezüglich aller Variablen stetig.

Die Nebenbedingung (2.1.2) bedeutet, dass für J nur Funktionen in D zugelassen sind, die die Gleichung $K(y) = c$ erfüllen. Insofern könnten wir die Nebenbedingung (2.1.2) auch in den Definitionsbereich D einbauen. Traditionsgemäß belassen wir es bei der Formulierung der Definition 2.1.1 und charakterisieren die Funktionen in D ausschließlich durch gebundene oder freie Ränder. Wir können davon ausgehen, dass mit $y \in D$ auch $y + th \in D$ für alle $h \in C_0^{1,stw}[a,b]$ und $t \in \mathbb{R}$ gilt.

Ziel dieses Paragraphen ist die Herleitung einer notwendigen Bedingung für einen lokalen Minimierer $y \in D$ für J unter einer isoperimetrischen Nebenbedingung. Diese notwendige Bedingung wird die Struktur einer Euler-Lagrange-Gleichung haben, die wir mit der sogenannten „Multiplikatorenregel von Lagrange" herleiten.

Dazu machen wir einen kleinen Exkurs in die Analysis und zitieren:

> $f, g : \mathbb{R}^2 \to \mathbb{R}$ seien stetig total differenzierbar.
> Nimmt f in $x_0 \in \mathbb{R}^2$ ein lokales Extremum unter der Nebenbedingung
> $g(x) = c$ an und ist für die Extremale $\nabla g(x_0) \neq 0$, so gilt
> $\nabla f(x_0) + \lambda \nabla g(x_0) = 0$ für ein $\lambda \in \mathbb{R}$.   (2.1.3)

Diese Multiplikatorenregel von Lagrange wird im Anhang in ihrer allgemeinen Version bewiesen. In der Abbildung 2.1.1 veranschaulichen wir den Spezialfall (2.1.3) durch eine Wanderkarte, in der die Höhenlinien von f das Profil einer Landschaft darstellen und der Wanderweg zu einem Gipfel durch die Nebenbedingung $g(x) = c$ beschrieben wird.

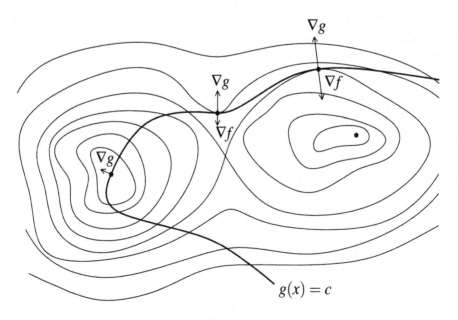

Abbildung 2.1.1

Auch ein der Mathematik fern stehender Wanderer erkennt, dass die Punkte, in denen sich der Weg und die Höhenlinien tangential berühren, lokale Extremstellen für ihn auf dem Weg sind. Da die Gradienten senkrecht auf Höhenlinien stehen und der Weg eine Höhenlinie von g ist, ist die Multiplikatorenregel (2.1.3) genau die Bedingung für Berührungspunkte. Auf dem Gipfel verschwindet der Gradient von f und die Multiplikatorenregel ist mit $\lambda = 0$ erfüllt.

Wie hilft uns diese zweidimensionale Geometrie bei dem unendlich-dimensionalen Variationsproblem mit isoperimetrischer Nebenbedingung? Dies offenbart der Beweis des folgenden Satzes.

Satz 2.1.2 *Die Funktion $y \in D \subset C^{1,stw}[a,b]$ sei ein lokaler Minimierer für das Funktional (2.1.1) unter der isoperimetrischen Nebenbedingung (2.1.2), d.h.*

$$J(y) \leq J(\bar{y}) \quad \text{für alle } \bar{y} \in D \cap \{K(y) = c\}$$
$$\text{mit } \|y - \bar{y}\|_{1,stw} < d. \tag{2.1.4}$$

Die Lagrange-Funktionen $F, G : [a,b] \times \mathbb{R} \times \mathbb{R} \to \mathbb{R}$ seien stetig und bezüglich der letzten beiden Variablen stetig partiell differenzierbar.
Ist y nicht kritisch für die Nebenbedingung K, d.h. ist $\delta K(y) : C_0^{1,stw}[a,b] \to \mathbb{R}$ linear, stetig und surjektiv oder nicht die Nullabbildung, dann gilt für ein $\lambda \in \mathbb{R}$:

$$F_{y'}(\cdot, y, y') + \lambda G_{y'}(\cdot, y, y') \in C^{1,stw}[a,b] \quad \text{und}$$
$$\frac{d}{dx}(F_{y'}(\cdot, y, y') + \lambda G_{y'}(\cdot, y, y')) = F_y(\cdot, y, y') + \lambda G_y(\cdot, y, y') \tag{2.1.5}$$

stückweise auf $[a,b]$.

Beweis: Nach Voraussetzung über G existieren die erste Variation $\delta K(y)$ als lineare und stetige Abbildung (s. Paragraph 1.2) und ein $h_0 \in C_0^{1,stw}[a,b]$ mit $\delta K(y)h_0 = 1$. Wir definieren für beliebiges $h \in C_0^{1,stw}[a,b]$

$$f(x_1, x_2) = J(y + x_1 h + x_2 h_0) \quad \text{und}$$
$$g(x_1, x_2) = K(y + x_1 h + x_2 h_0). \tag{2.1.6}$$

Man beachte, dass mit y auch $y + x_1 h + x_2 h_0$ für alle $x = (x_1, x_2) \in \mathbb{R}^2$ in D liegt, da $D \subset C^{1,stw}[a,b]$ möglicherweise nur durch Randbedingungen eingeschränkt wird. Wie in

1.2 ausgeführt, gilt

$$\frac{\partial f}{\partial x_1}(0,0) = \lim_{x_1 \to 0} \frac{J(y+x_1 h) - J(y)}{x_1} = \delta J(y)h,$$

$$\frac{\partial f}{\partial x_2}(0,0) = \delta J(y)h_0, \tag{2.1.7}$$

$$\frac{\partial g}{\partial x_1}(0,0) = \delta K(y)h, \quad \frac{\partial g}{\partial x_2}(0,0) = \delta K(y)h_0 = 1.$$

Mit den gleichen Argumenten, die im Beweis von Satz 1.2.3 angeführt werden, kann auch die Existenz der partiellen Ableitungen von f und g in Punkten $x = (x_1, x_2) \neq (0,0)$ nachgewiesen werden und man erhält

$$\frac{\partial f}{\partial x_1}(x) = \delta J(y+x_1 h + x_2 h_0)h, \quad \frac{\partial f}{\partial x_2}(x) = \delta J(\%)h_0,$$

$$\frac{\partial g}{\partial x_1}(x) = \delta K(y+x_1 h + x_2 h_0)h, \quad \frac{\partial g}{\partial x_2}(x) = \delta K(\%)h_0. \tag{2.1.8}$$

Die Darstellung (1.2.8) der ersten Variation zeigt, dass bei festen y, h und h_0 die partiellen Ableitungen (2.1.8) stetig in $x = (x_1, x_2)$ sind, da nach Voraussetzung die partiellen Ableitungen $F_y, F_{y'}$ und $G_y, G_{y'}$ stetig auf $[a,b] \times \mathbb{R} \times \mathbb{R}$ und gleichmäßig stetig auf Kompakta sind; s. die Argumentation in (1.2.10)–(1.2.12). Folglich sind die Funktionen $f, g : \mathbb{R}^2 \to \mathbb{R}$ stetig total differenzierbar.

Nach Annahme über y ist $x = (0,0) \in \mathbb{R}^2$ ein lokaler Minimierer für f unter der Nebenbedingung $g(x) = c$, und da wegen $(2.1.7)_3$ der Gradient $\nabla g(0) \neq 0$ ist, folgt mit (2.1.3)

$$\nabla f(0) + \lambda \nabla g(0) = 0 \quad \text{für ein } \lambda \in \mathbb{R} \quad \text{oder}$$

$$\delta J(y)h + \lambda \delta K(y)h = 0, \tag{2.1.9}$$

$$\delta J(y)h_0 + \lambda \delta K(y)h_0 = 0 \quad \text{wegen (2.1.7)}.$$

Die Definition (2.1.6) von f und g hängen von y, h und h_0 ab. Während y und h_0 fest gewählt bleiben, wollen wir $h \in C_0^{1,stw}[a,b]$ beliebig wählen können. Die Multiplikatorenregel (2.1.3) im $\mathbb{R}^2$ ist nur dann sinnvoll anwendbar, wenn der Multiplikator λ nicht von der Wahl von h abhängt. Das ist der Fall: Wegen $\delta K(y)h_0 = 1$ folgt aus $(2.1.9)_3$

$$\lambda = -\delta J(y)h_0 \quad \text{für alle } h \in C_0^{1,stw}[a,b]. \tag{2.1.10}$$

Ausführlich lautet $(2.1.9)_2$:

$$\int_a^b (F_y + \lambda G_y)h + (F_{y'} + \lambda G_{y'})h' dx = 0 \quad \text{für alle } h \in C_0^{1,stw}[a,b], \tag{2.1.11}$$

wobei das Argument aller Funktionen $(x, y(x), y'(x))$ ist. Die Behauptung von Satz 2.1.2 folgt aus Lemma 1.3.5. $\qquad\square$

Ist das Funktional (2.1.1) auf $D = C^{1,stw}[a,b]$ definiert, d.h. sind die Ränder von $y \in D$ bei $x = a$ und $x = b$ frei, erfüllt ein lokaler Minimierer unter einer isoperimetrischen Nebenbedingung natürliche Randbedingungen, die wir in folgendem Satz angeben.

Satz 2.1.3 *Die Funktion $y \in D = C^{1,stw}[a,b]$ sei ein lokaler Minimierer für das Funktional (2.1.1) unter der isoperimetrischen Nebenbedingung (2.1.2) im Sinne von (2.1.4). Es gelten die Voraussetzungen von Satz 2.1.2 an die Lagrange-Funktionen F und G und $\delta K(y): C^{1,stw}[a,b] \to \mathbb{R}$ sei surjektiv oder nicht die Nullabbildung. Dann erfüllt y die Regularität und die Euler-Lagrange-Gleichung (2.1.5) und mit dem gleichen $\lambda \in \mathbb{R}$ auch die natürlichen Randbedingungen*

$$F_{y'}(a,y(a),y'(a)) + \lambda G_{y'}(a,y(a),y'(a)) = 0 \quad und$$
$$F_{y'}(b,y(b),y'(b)) + \lambda G_{y'}(b,y(b),y'(b)) = 0. \tag{2.1.12}$$

Beweis: Wir folgen dem Beweis von Satz 2.1.2 und wählen zuerst $h_0 \in C^{1,stw}[a,b]$ mit $\delta K(y)h_0 = 1$, $h \in C_0^{1,stw}[a,b]$ und erhalten (2.1.9), (2.1.10), (2.1.11), was die Regularität und die Gleichung (2.1.5) impliziert. Nun ist in (2.1.6) auch ein beliebiges $h \in C^{1,stw}[a,b]$ zulässig, so dass $x = (0,0)$ ein lokaler Minimierer für f unter der Nebenbedingung $g(x) = c$ ist. Folglich gelten (2.1.9), (2.1.10) und (2.1.11) auch für beliebiges $h \in C^{1,stw}[a,b]$. Mit partieller Integration (s. Lemma 1.3.4) erhalten wir

$$\delta J(y)h + \lambda \delta K(y)h$$
$$= \int_a^b (F_y + \lambda G_y)h + (F_{y'} + \lambda G_{y'})h' dx \tag{2.1.13}$$
$$= \int_a^b (F_y + \lambda G_y - \frac{d}{dx}(F_{y'} + \lambda G_{y'}))h dx + (F_{y'} + \lambda G_{y'})h\big|_a^b = 0.$$

Das Argument aller Funktionen ist $(x,y(x),y'(x))$. Wegen der Gleichung (2.1.5) bleibt in (2.1.13) nur

$$(F_{y'}(x,y(x),y'(x)) + \lambda G_{y'}(x,y(x),y'(x)))h(x)\big|_a^b = 0, \tag{2.1.14}$$

woraus bei unabhängiger beliebiger Wahl von $h(a)$ und $h(b)$ die Behauptung (2.1.12) folgt. $\qquad \square$

Bemerkung *Ist für den Minimierer $y \in D \subset C^{1,stw}[a,b]$ eine Randbedingung bei $x = a$ oder $x = b$ vorgegeben, gilt am jeweiligen freien Randpunkt die natürliche Randbedingung (2.1.12)$_1$ oder (2.1.12)$_2$.*

Wir geben jetzt Verallgemeinerungen der Sätze 2.1.2 und 2.1.3 an, die an die letzte Bemerkung im Paragraphen 1.10 anknüpfen. Das Funktional $J(y)$ ist für vektorwertige Funktionen definiert, ebenso die isoperimetrische Nebenbedingung $K(y)$, die nun ihrerseits aus mehreren Komponenten besteht.

Definition 2.1.4 *Für ein Funktional*

$$J(y) = \int_a^b F(x, y, y')dx, \quad y(x) = (y_1(x), \dots, y_n(x)), \quad (2.1.15)$$

welches auf $y \in D \subset (C^{1,stw}[a,b])^n$ definiert ist, heißen

$$K_i(y) = \int_a^b G_i(x, y, y')dx = c_i, \ i = 1, \dots, m, \quad (2.1.16)$$

m isoperimetrische Nebenbedingungen. Die Lagrange-Funktionen $F, G_i : [a,b] \times \mathbb{R}^n \times \mathbb{R}^n \to \mathbb{R}$ sind bezüglich aller Variablen stetig. Wir fassen die Nebenbedingungen zu einem Vektor zusammen:

$$K(y) = (K_1(y), \dots, K_m(y)) = (c_1, \dots, c_m) = c. \quad (2.1.17)$$

Wir bemerken, dass die Dimensionen n und m völlig unabhängig voneinander gewählt werden können. Außerdem ist D nur durch mögliche Randbedingungen einzelner oder aller Komponenten von y bei $x = a$ oder $x = b$ definiert. Dann bestimmt D den Unterraum D_0 der zulässigen Störungen wie folgt: Ist

$$D = \{y \in (C^{1,stw}[a,b])^n \mid y_k(a) = A_k \quad \text{und/oder} \quad y_k(b) = B_k\}$$

für gewisse $k \in \{1, \dots, n\}$, dann ist $\quad (2.1.18)$

$$D_0 = \{h \in (C^{1,stw}[a,b])^n \mid h_k(a) = 0 \quad \text{und/oder} \quad h_k(b) = 0\}.$$

Die Störung h hat genau dort einen freien Rand, wo y einen freien Rand hat.

Satz 2.1.5 *Die Funktion $y \in D \subset (C^{1,stw}[a,b])^n$ sei ein lokaler Minimierer für das Funktional (2.1.15) unter der isoperimetrischen Nebenbedingung (2.1.17), d.h.*

$$J(y) \leq J(\tilde{y}) \quad \text{für alle } \tilde{y} \in D \cap \{K(y) = c\}$$

$$\text{mit } \max_{k=1,\dots,n} \|y_k - \tilde{y}_k\|_{1,stw} < d. \quad (2.1.19)$$

Die Lagrange-Funktionen $F, G_i : [a,b] \times \mathbb{R}^n \times \mathbb{R}^n \to \mathbb{R}, i = 1, \dots, m$, seien stetig und bezüglich der letzten $2n$ Variablen stetig partiell differenzierbar.

Ist y nicht kritisch für die Nebenbedingungen, d.h. ist $\delta K(y) = (\delta K_1(y), \ldots, \delta K_m(y))$: $D_0 \to \mathbb{R}^m$ linear, stetig und surjektiv (oder sind die m linearen Funktionale $\delta K_1(y), \ldots, \delta K_m(y)$ linear unabhängig im Sinne von Aufgabe 2.1.1), dann gilt für ein $\lambda = (\lambda_1, \ldots, \lambda_m) \in \mathbb{R}^m$:

$$F_{y'}(\cdot, y, y') + \sum_{i=1}^{m} \lambda_i G_{i,y'}(\cdot, y, y') \in (C^{1,stw}[a,b])^n,$$

$$\frac{d}{dx}(F + \sum_{i=1}^{m} \lambda_i G_i)_{y'} = (F + \sum_{i=1}^{m} \lambda_i G_i)_y \quad \text{stückweise auf } [a,b].$$

$$(2.1.20)$$

Dabei sind $F_{y'} = (F_{y'_1}, \ldots, F_{y'_n})$, $F_y = (F_{y_1}, \ldots, F_{y_n})$ und die Funktionen $G_{i,y'}$, $G_{i,y}$ analog definiert. Das Argument aller Funktionen in (2.1.20) ist $(x, y(x), y'(x)) = (x, y_1(x), \ldots, y_n(x), y'_1(x), \ldots, y'_n(x))$ und (2.1.20)$_2$ ist ein System von n Differentialgleichungen.

Beweis: Nach Voraussetzung über die G_i existieren die ersten Variationen $\delta K_i(y)$ als lineare und stetige Abbildungen und wegen der Surjektivität von $\delta K(y)$ existieren Funktionen $h_1, \ldots, h_m \in D_0$ mit

$$\delta K_i(y)h_j = \delta_{ij} = \begin{cases} 1 & \text{für } i = j, \\ 0 & \text{für } i \neq j, \end{cases} \quad i, j = 1, \ldots, m. \qquad (2.1.21)$$

Wir definieren für beliebiges $h \in (C_0^{1,stw}[a,b])^n$

$$f(s, t_1, \ldots, t_m) = J(y + sh + t_1 h_1 + \cdots + t_m h_m),$$
$$\Psi_i(s, t_1, \ldots, t_m) = K_i(y + sh + t_1 h_1 + \cdots + t_m h_m), \; i = 1, \ldots, m. \qquad (2.1.22)$$

Da D nur durch mögliche Randbedingungen definiert ist, sind die Argumente der Funktionale in (2.1.22) zulässig und wie im Beweis von Satz 2.1.2 genauer ausgeführt, sind die Funktionen

$$f : \mathbb{R}^{m+1} \to \mathbb{R} \quad \text{und}$$
$$\Psi = (\Psi_1, \ldots, \Psi_m) : \mathbb{R}^{m+1} \to \mathbb{R}^m \qquad (2.1.23)$$

stetig total differenzierbar.

Nach Wahl der Funktionen $h_1, \ldots, h_m$ in (2.1.21) hat die Jacobi-Matrix von Ψ in 0 folgende Gestalt:

$$D\Psi(0) = \begin{pmatrix} \delta K_1(y)h & 1 & \cdots & 0 \\ \vdots & \vdots & \ddots & \vdots \\ \delta K_m(y)h & 0 & \cdots & 1 \end{pmatrix}. \qquad (2.1.24)$$

Da $D\Psi(0)$ in $0 \in \mathbb{R}^{m+1}$ maximalen Rang m hat, ist die Menge
$\{(s,t_1,\dots,t_m)|\Psi(s,t_1,\dots,t_m) = c \in \mathbb{R}^m\}$ lokal um 0 eine 1-dimensionale stetig differenzierbare Mannigfaltigkeit oder Kurve; s. dazu den Anhang. Nach Annahme über y hat f in
$0 \in \mathbb{R}^{m+1}$ ein lokales Minimum unter der Nebenbedingung $\Psi(s,t_1,\dots,t_m) = c$, weshalb
die Multiplikatorenregel von Lagrange anwendbar ist; s. (A.20)–(A.23) im Anhang. Diese
lautet:

$$\nabla f(0) + \sum_{i=1}^{m} \lambda_i \nabla \Psi_i(0) = 0 \quad \text{für } \lambda = (\lambda_1,\dots,\lambda_m) \in \mathbb{R}^m. \tag{2.1.25}$$

Die partiellen Ableitungen der Gradienten berechnen sich wie in (2.1.7), weshalb die
$m+1$ Gleichungen von (2.1.25) folgende ergeben:

$$\delta J(y)h + \sum_{i=1}^{m} \lambda_i \delta K_i(y)h = 0,$$

$$\delta J(y)h_j + \sum_{i=1}^{m} \lambda_i \delta K_i(y)h_j = 0, \ j = 1,\dots,m. \tag{2.1.26}$$

Wegen (2.1.21) erhält man aus den letzten m Gleichungen

$$\lambda_j = -\delta J(y)h_j \quad \text{für } j = 1,\dots,m, \tag{2.1.27}$$

d.h. die Lagrange-Multiplikatoren λ_j hängen nicht von $h \in (C_0^{1,stw}[a,b])^n$ ab, obwohl die
Funktionen f und Ψ_i mit h definiert werden. Die erste Gleichung (2.1.26) lautet

$$\int_a^b ((F + \sum_{i=1}^{m} \lambda_i G_i)_y, h) + ((F + \sum_{i=1}^{m} \lambda_i G_i)_{y'}, h')dx = 0, \tag{2.1.28}$$

wobei $(\ , \ )$ das Euklidische Skalarprodukt in $\mathbb{R}^n$ ist;

vergleiche dazu (1.10.21). Wählt man $h = (0,\dots,\tilde{h},\dots 0)$ mit beliebigem $\tilde{h} \in C_0^{1,stw}[a,b]$
in der k-ten Komponente, folgt aus (2.1.28)

$$\int_a^b (F + \sum_{i=1}^{m} \lambda_i G_i)_{y_k}\tilde{h} + (F + \sum_{i=1}^{m} \lambda_i G_i)_{y_k'}\tilde{h}'dx = 0, \tag{2.1.29}$$

worauf Lemma 1.3.5 anwendbar ist und für die k-te Komponente die Behauptung (2.1.20)
liefert. Da $k \in \{1,\dots,n\}$ beliebig ist, ist Satz 2.1.5 bewiesen. $\qquad\qquad\square$

Sind in der Menge D der für J zulässigen Funktionen $y \in (C^{1,stw}[a,b])^n$ für einige Komponenten y_k die Ränder bei $x = a$ oder $x = b$ frei, so erfüllen lokale Minimierer notwendigerweise natürliche Randbedingungen. Da der Beweis dem von Satz 2.1.3 folgt und
bei Kenntnis des Beweises von Satz 2.1.5 leicht reproduzierbar ist, geben wir nur das
Ergebnis an.

Satz 2.1.6 *Unter den Voraussetzungen von Satz 2.1.5 erfüllt ein lokaler Minimierer y für das Funktional (2.1.15), dessen k-te Komponente y_k bei $x = a$ und/oder $x = b$ einen freien Rand hat, neben (2.1.20) auch die natürlichen Randbedingungen*

$$(F + \sum_{i=1}^{m} \lambda_i G_i)_{y_k'}(a, y(a), y'(a)) = 0 \quad und/oder$$

$$(F + \sum_{i=1}^{m} \lambda_i G_i)_{y_k'}(b, y(b), y'(b)) = 0. \tag{2.1.30}$$

Wir knüpfen jetzt an Paragraph 1.10 an, in dem wir Funktionale in parametrischer Form diskutiert haben. Auch für die zulässigen Kurven können isoperimetrische Nebenbedingungen gestellt werden, wie dies für das Problem der Dido in natürlicher Weise der Fall ist: Alle zulässigen geschlossenen Kurven haben eine fest vorgegebene Länge.

Definition 2.1.7 *Für ein Funktional*

$$J(x) = \int_{t_a}^{t_b} \Phi(t, x, \dot{x}) dt, \quad x(t) = (x_1(t), \ldots, x_n(t)), \tag{2.1.31}$$

welches auf $D \subset (C^{1, stw}[t_a, t_b])^n$ definiert ist, heißen

$$K_i(x) = \int_{t_a}^{t_b} \Psi_i(t, x, \dot{x}) dt = c_i, \ i = 1, \ldots, m \tag{2.1.32}$$

m isoperimetrische Nebenbedingungen. Die Lagrange-Funktionen $\Phi, \Psi_i : [t_a, t_b] \times \mathbb{R}^n \times \mathbb{R}^n \to \mathbb{R}$ sind bezüglich aller Variablen stetig und wir fassen zusammen

$$K(x) = (K_1(x), \ldots, K_m(x)) = (c_1, \ldots, c_m) = c. \tag{2.1.33}$$

Auch hier sind die Dimensionen n und m unabhängig voneinander und der Definitionsbereich D wird nur durch Randbedingungen einzelner oder aller Komponenten von x eingeschränkt. Wir geben den entscheidenden Satz über die Euler-Lagrange-Gleichung und die natürlichen Randbedingungen eines lokalen Minimierers unter isoperimetrischer Nebenbedingung nur an, da der Beweis der gleiche wie für die vorangegangenen Sätze dieses Paragraphen ist. Der Unterraum $D_0 \subset (C^{1, stw}[t_a, t_b])^n$ ist analog zu (2.1.18) definiert.

Satz 2.1.8 *Die Kurve $x \in D \subset (C^{1,stw}[t_a,t_b])^n$ sei ein lokaler Minimierer für das Funktional (2.1.31) unter der isoperimetrischen Nebenbedingung (2.1.33), d.h.*

$$J(x) \leq J(\hat{x}) \quad \text{für alle } \hat{x} \in D \cap \{K(x) = c\}$$

$$\text{mit} \max_{k=1,\dots,n} \|x_k - \hat{x}_k\|_{1,stw} < d. \tag{2.1.34}$$

Die Lagrange-Funktionen $\Phi, \Psi_i : [t_a,t_b] \times \mathbb{R}^n \times \mathbb{R}^n \to \mathbb{R}$ seien stetig und bezüglich der letzten 2n Variablen stetig partiell differenzierbar.

Ist x nicht kritisch für die Nebenbedingungen, d.h. ist $\delta K(x) = (\delta K_1(x), \dots, \delta K_m(x))$: $D_0 \to \mathbb{R}^m$ linear, stetig und surjektiv (oder sind die m linearen Funktionale $\delta K_1(x), \dots, \delta K_m(x)$ linear unabhängig im Sinne von Aufgabe 2.1.1), dann gilt für ein $\lambda = (\lambda_1, \dots, \lambda_m) \in \mathbb{R}^m$

$$\Phi_{\dot{x}}(\cdot, x, \dot{x}) + \sum_{i=1}^{m} \lambda_i \Psi_{i,\dot{x}}(\cdot, x, \dot{x}) \in (C^{1,stw}[t_a,t_b])^n,$$

$$\frac{d}{dt}(\Phi + \sum_{i=1}^{m} \lambda_i \Psi_i)_{\dot{x}} = (\Phi + \sum_{i=1}^{m} \lambda_i \Psi_i)_x \quad \text{stückweise auf} \quad [t_a,t_b]. \tag{2.1.35}$$

Dabei sind $\Phi_{\dot{x}} = (\Phi_{\dot{x}_1}, \dots, \Phi_{\dot{x}_n})$, $\Phi_x = (\Phi_{x_1}, \dots, \Phi_{x_n})$ und die Funktionen $\Psi_{i,x}$, $\Psi_{i,x}$ analog definiert. Das Argument aller Funktionen in (2.1.35) ist $(t, x(t), \dot{x}(t)) = (t, x_1(t), \dots, x_n(t), \dot{x}_1(t), \dots, \dot{x}_n(t))$ und $(2.1.35)_2$ ist ein System von n Differentialgleichungen. Ist die k-te Komponente x_k des lokalen Minimierers x bei $t = t_a$ und/oder $t = t_b$ frei, erfüllt x auch die natürlichen Randbedingungen

$$(\Phi + \sum_{i=1}^{m} \lambda_i \Psi_i)_{\dot{x}_k}(t_a, x(t_a), \dot{x}(t_a)) = 0 \quad \text{und/oder}$$

$$(\Phi + \sum_{i=1}^{m} \lambda_i \Psi_i)_{\dot{x}_k}(t_b, x(t_b), \dot{x}(t_b)) = 0. \tag{2.1.36}$$

Hängen die Lagrange-Funktionen Φ und Ψ_i nicht explizit von t ab und sind die Funktionale (2.1.31) und (2.1.32) invariant, d.h. gilt

$$\Phi(x, \alpha\dot{x}) = \alpha\Phi(x, \dot{x}),$$

$$\Psi_i(x, \alpha\dot{x}) = \alpha\Psi_i(x, \dot{x}) \quad \text{für } i = 1, \dots, m \quad \text{und alle } \alpha > 0, \tag{2.1.37}$$

sind sowohl die Integrale (2.1.31), (2.1.32) als auch die Euler-Lagrange-Gleichungen (2.1.35) invariant gegenüber Umparametrisierungen der zulässigen Kurven x; s. dazu

Definition 1.10.3 und Satz 1.10.7, die in naheliegender Weise auf n Komponenten von x und auf ein System von n Gleichungen zu übertragen sind.

Bemerkung *Die Definition, dass $y \in D \subset (C^{1,stw}[a,b])^n$ oder $x \in D \subset (C^{1,stw}[t_a,t_b])^n$ nicht kritisch für die isoperimetrischen Nebenbedingungen ist, lautet, dass $\delta K(y), \delta K(x)$: $D_0 \to \mathbb{R}^m$ jeweils surjektiv ist. Dabei kann es von Bedeutung sein, den Unterraum $D_0 \subset (C^{1,stw}[a,b])^n$ bzw. $D_0 \subset (C^{1,stw}[t_a,t_b])^n$ wie in (2.1.18) und nicht einfach $D_0 = (C_0^{1,stw}[a,b])^n$ oder $D_0 = (C_0^{1,stw}[t_a,t_b])^n$ zu wählen. Das sieht man an folgendem Beispiel: Für*

$$K(y) = \int_a^b y' dx = c \quad ist$$

$$\delta K(y)h = \int_a^b h' dx = h(b) - h(a) \quad und$$

$$\delta K(y) : C_0^{1,stw}[a,b] \to \mathbb{R} \quad ist \quad die \quad Nullabbildung \quad und$$

$$\delta K(y) : C^{1,stw}[a,b] \to \mathbb{R} \quad ist \quad surjektiv.$$

Aufgaben

2.1.1 Man beweise die Äquivalenz der folgenden Bedingungen, wobei $D_0 \subset (C^{1,stw}[a,b])^n$ ein Unterraum ist:

i) $\delta K(y) = (\delta K_1(y), \dots, \delta K_m(y)) : D_0 \to \mathbb{R}^m$ ist surjektiv.

ii) $\delta K_1(y), \dots, \delta K_m(y)$ sind linear unabhängig, d.h. gilt $\sum_{i=1}^m \lambda_i \delta K_i(y) h = 0$ für alle $h \in D_0$, so folgt $\lambda_1 = \dots = \lambda_m = 0$.

2.1.2 Es seien

$$J(y) = \int_0^1 (y')^2 dx \quad und \quad K(y) = \int_0^1 y^2 dx.$$

Man beweise die Äquivalenz der folgenden Aussagen:

i) y ist globaler Minimierer für J in $D = C^{1,stw}[0,1] \cap \{y(0) = 0, y(1) = 0\}$ unter der Nebenbedingung $K(y) = 1$.

ii) $y \in C^2[0,1]$, $K(y) = 1$, $y'' = \lambda y$ auf $[0,1]$, $y(0) = 0$, $y(1) = 0$, $-\lambda \int_0^1 h^2 dx \leq \int_0^1 (h')^2 dx$ für alle $h \in C_0^{1,stw}[0,1]$.

Man gebe y und $\lambda < 0$ unter der Annahme, dass (i) oder (ii) erfüllbar sind, explizit an.

Die Ungleichung in (ii) heißt **Poincaré-Ungleichung** (H. Poincaré, 1854-1912).

Die Existenz eines globalen Minimierers wird in Paragraph 3.3 bewiesen.

2.1.3 Man berechne einen globalen Minimierer $y \in D = C^{1,stw}[0,1]$ für

$$J(y) = \int_0^1 (y')^2 dx$$

unter den isoperimetrischen Nebenbedingungen

$$K_1(y) = \int_0^1 y^2 dx = 1,$$

$$K_2(y) = \int_0^1 y dx = m,$$

sofern er existiert. Gilt bei Existenz eine Poincaré-Ungleichung für alle $h \in C^{1,stw}[0,1] \cap \{\int_0^1 h dx = 0\}$?

Die Existenz für $m^2 = 1$ ist klar und für $m^2 < 1$ kann sie mit den Methoden von Paragraph 3.3 bewiesen werden.

2.2 Das Problem der Dido als Variationsproblem mit isoperimetrischer Nebenbedingung

Wir behandeln das Problem aus Paragraph 1.7 in einer Weise, die „natürlicher" erscheint, als es die Behandlung in 1.7 ist. Gesucht ist eine einfach geschlossene Kurve (ohne Doppelpunkte) vorgegebener Länge in der Ebene, welche eine größtmögliche Fläche einschließt.

Zulässig sind stückweise stetig differenzierbare geschlossene Kurven, die längs ihrer glatten Stücke nirgends verschwindende Tangenten besitzen:

$$D = (C^{1,stw}[t_a, t_b])^2 \cap \{x(t_a) = x(t_b), \; \|\dot{x}(t)\| > 0 \text{ für } t \in [t_{i-1}, t_i], \; i = 1, \ldots, m\}. \quad (2.2.1)$$

Die Bedingung $\|\dot{x}(t)\| > 0$, die auch durch eine zulässige Umparametrisierung gemäß Definition 1.10.3 nicht in jedem Fall erreichbar ist, schließt Spitzen wie die von

$(x_1(t), x_2(t)) = (t^2, t^3)$ bei $t = 0$ aus. Die Nebenbedingung für die Kurven in D lautet

$$K(x) = \int_{t_a}^{t_b} \|\dot{x}\| dt = \sum_{i=1}^{m} \int_{t_{i-1}}^{t_i} \sqrt{\dot{x}_1^2 + \dot{x}_2^2} dt = L. \qquad (2.2.2)$$

Wie ist die Fläche auszudrücken, die die Kurve einschließt? Für ein ebenes stetig total differenzierbares Vektorfeld $f = (f_1, f_2) : \mathbb{R}^2 \to \mathbb{R}^2$ lautet die Greensche Formel

$$\int_{\Omega} \left(\frac{\partial f_1}{\partial x_1} + \frac{\partial f_2}{\partial x_2} \right) dx = \int_{\partial \Omega} f_1 dx_2 - f_2 dx_1 \qquad (2.2.3)$$

über einem beschränkten Gebiet $\Omega \subset \mathbb{R}^2$, dessen Rand $\partial \Omega$ stückweise stetig differenzierbar und im mathematisch positiven Sinne orientiert ist. Hier ist Ω das Innere der Kurve (2.2.1), die den Rand $\partial \Omega$ parametrisiert und orientiert.

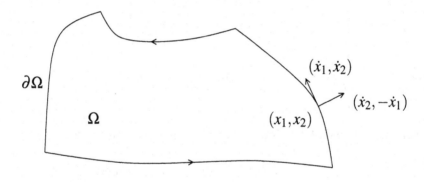

Abbildung 2.2.1

Mit dem Vektorfeld $f(x_1, x_2) = (x_1, x_2)$ wird aus (2.2.3)

$$\int_{\Omega} 2 dx = \int_{\partial \Omega} x_1 dx_2 - x_2 dx_1 = \int_{t_a}^{t_b} x_1 \dot{x}_2 - \dot{x}_1 x_2 dt \qquad (2.2.4)$$

und das zu maximierende Flächenfunktional ist

$$J(x) = \frac{1}{2} \int_{t_a}^{t_b} x_1 \dot{x}_2 - \dot{x}_1 x_2 dt. \qquad (2.2.5)$$

Wir zeigen, dass das Funktional (2.2.5) und die isoperimetrische Nebenbedingung (2.2.2) die Voraussetzungen von Satz 2.1.8 erfüllen. Die Differenzierbarkeitsbedingungen an die Lagrange-Funktionen müssen nur in $\mathbb{R}^2 \times (\mathbb{R}^2 \backslash (0,0))$ erfüllt sein, was der Fall ist. Die

Nebenbedingung $K(x) = L$ ist kritisch für folgende Kurven:

$$\delta K(x)h = 0 \quad \text{für alle} \ \ h \in (C_0^{1,stw}[t_a, t_b])^2 \ \Leftrightarrow$$

$$\frac{d}{dt} \frac{\dot{x}_k}{\sqrt{\dot{x}_1^2 + \dot{x}_2^2}} = 0 \quad \text{stückweise auf} \ [t_a, t_b] \ \text{für} \ k = 1, 2 \ \Leftrightarrow$$

$$\frac{\dot{x}_k}{\sqrt{\dot{x}_1^2 + \dot{x}_2^2}} = c_k \quad \text{auf} \ [t_a, t_b] \ \text{für} \ k = 1, 2, \quad \text{da} \tag{2.2.6}$$

$$\frac{\dot{x}_k}{\sqrt{\dot{x}_1^2 + \dot{x}_2^2}} \in C^{1,stw}[t_a, t_b] \subset C[t_a, t_b] \quad \text{für} \ k = 1, 2,$$

was aus Satz 1.10.6 folgt. Für eine geschlossene orientierte Kurve kann der Tangentenvektor nicht eine konstante Richtung haben. Mit anderen Worten: Die Kurve x, für die K kritisch ist, ist eine Gerade und liegt nicht im Definitionsbereich D. Mithin gilt für ein $\lambda \in \mathbb{R}$

$$\left(-x_2 + \lambda \frac{\dot{x}_1}{\sqrt{\dot{x}_1^2 + \dot{x}_2^2}}, \ x_1 + \lambda \frac{\dot{x}_2}{\sqrt{\dot{x}_1^2 + \dot{x}_2^2}} \right) \in (C^{1,stw}[t_a, t_b])^2,$$

$$\frac{d}{dt} \left(-x_2 + \lambda \frac{\dot{x}_1}{\|\dot{x}\|} \right) = \dot{x}_2, \quad \frac{d}{dt} \left(x_1 + \lambda \frac{\dot{x}_2}{\|\dot{x}\|} \right) = -\dot{x}_1 \tag{2.2.7}$$

stückweise auf $[t_a, t_b]$.

Sowohl die Kurve $(2.2.7)_1$ als auch $(x_2, -x_1)$ sind stetig auf $[t_a, t_b]$, weshalb

$$2x_2 - \lambda \frac{\dot{x}_1}{\|\dot{x}\|} = c_1 \quad \text{auf} \ [t_a, t_b] \ \text{und}$$

$$2x_1 + \lambda \frac{\dot{x}_2}{\|\dot{x}\|} = c_2 \quad \text{auf} \ [t_a, t_b] \tag{2.2.8}$$

gilt.

Multiplikation von $(2.2.8)_1$ mit $\dot{x}_2$ und von $(2.2.8)_2$ mit $\dot{x}_1$ und Addition der beiden Gleichungen ergibt

$$2(x_1 \dot{x}_1 + x_2 \dot{x}_2) = c_2 \dot{x}_1 + c_1 \dot{x}_2 \quad \text{oder}$$

$$\frac{d}{dt}(x_1^2 + x_2^2) = \frac{d}{dt}(c_2 x_1 + c_1 x_2) \quad \text{stückweise auf} \ [t_a, t_b]. \tag{2.2.9}$$

Wiederum wegen der Stetigkeit von (x_1, x_2) folgt aus $(2.2.9)_2$

$$x_1^2 + x_2^2 - c_2 x_1 - c_1 x_2 = c_3 \quad \text{auf} \ [t_a, t_b] \ \text{oder}$$

$$(x_1 - \frac{c_2}{2})^2 + (x_2 - \frac{c_1}{2})^2 = c_3 + \frac{c_1^2}{4} + \frac{c_2^2}{4} = R^2 \quad \text{auf} \ [t_a, t_b]. \tag{2.2.10}$$

Das Ergebnis lautet: Die einzig mögliche zulässige Kurve, die die eingeschlossene Fläche maximiert, ist der Kreis mit Mittelpunkt $\left(\frac{c_2}{2}, \frac{c_1}{2}\right)$ und Radius $R = \frac{L}{2\pi}$. Es ist nicht überraschend, dass der Mittelpunkt unbestimmt bleibt, denn alle solche Kreise haben den gleichen Umfang L und schließen die gleiche Fläche $\frac{L^2}{4\pi}$ ein.

Aufgabe

2.2.1 Gesucht ist die stetig differenzierbare Kurve, die von einem gegebenen Punkt $(0,A)$ auf der positiven y-Achse im positiven Quadranten bis zu einem Punkt auf der positiven x-Achse verläuft, welche mit den Achsen eine gegebene Fläche S einschließt, und deren Rotationsfläche bei Rotation um die x-Achse minimal ist.

2.3 Die hängende Kette

Auf den ersten Blick könnte man vermuten, dass eine hängende Kette durch eine Parabel beschrieben wird.

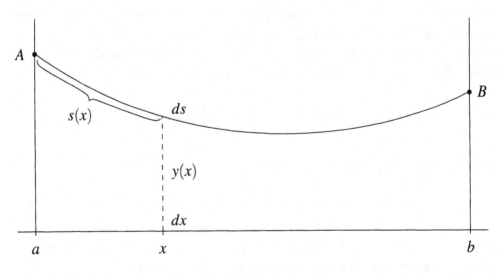

Abbildung 2.3.1

Die Variationsprinzipien der Mechanik fordern, dass die Kette so hängt, dass ihre potentielle Energie minimal ist. Ist $y(x)$ die Höhe der Kette über $x \in [a,b]$, welche zwischen den Punkten (a,A) und (b,B) in einer vertikalen Ebene hängt, so wird die potentielle Energie durch

$$gp \int_a^b y\sqrt{1+(y')^2}dx \qquad (2.3.1)$$

beschrieben, wobei g die Erdbeschleunigung und ρ die Dichte des homogenen Kettenmaterials ist. Denn die Masse in der Höhe $y(x)$ über x beträgt $\rho ds = \rho\sqrt{1+(y'(x))^2}dx$. Das führt zu einem Variationsproblem mit isoperimetrischer Nebenbedingung:
Minimiere

$$J(y) = \int_a^b y\sqrt{1+(y')^2}dx$$

$$\text{in}\quad D = C^1[a,b] \cap \{y(a)=A,\ y(b)=B\} \qquad (2.3.2)$$

unter der Nebenbedingung

$$K(y) = \int_a^b \sqrt{1+(y')^2}dx = L,$$

wobei L die Länge der Kette ist. Damit $K(y)$ überhaupt erfüllbar ist, muss $(b-a)^2 + (B-A)^2 \le L^2$ sein, wobei bei Gleichheit nur die Gerade zwischen (a,A) und (b,B) die Nebenbedingung erfüllt.

Die Voraussetzungen von Satz 2.1.2 sind erfüllt, wenn y nicht kritisch für die Nebenbedingung K ist. Wie in Beispiel 4 von Paragraph 1.5 gezeigt, ist die einzige kritische Funktion für das Längenfunktional die Gerade, die wir für $(b-a)^2+(B-A)^2 < L^2$ als möglichen Minimierer für J ausschließen. Deshalb gilt die Euler-Lagrange-Gleichung (2.1.5) mit einem Multiplikator $\lambda \in \mathbb{R}$. Da weder die Lagrange-Funktion F noch G explizit von x abhängen, können wir wie im Spezialfall 7 von 1.5 vorgehen, vorausgesetzt wir haben die Regularität $y \in C^2(a,b)$. Zu deren Nachweis verwenden wir Aufgabe 1.5.1. Es ist

$$(F_{y'y'} + \lambda G_{y'y'})(y,y') = (y+\lambda)\frac{1}{(1+(y')^2)^{3/2}} \ne 0 \qquad (2.3.3)$$

$$\text{für}\quad y+\lambda \ne 0,$$

und da die Gleichung (2.1.5)

$$\frac{d}{dx}\left((y+\lambda)\frac{y'}{\sqrt{1+(y')^2}}\right) = \sqrt{1+(y')^2} > 0 \quad \text{in } [a,b] \qquad (2.3.4)$$

keine (stückweise) konstante Lösung zulässt, ist $y(x) + \lambda \ne 0$ auf einem Intervall $(x_1,x_2) \subset [a,b]$. In diesem Intervall ist $y \in C^2(x_1,x_2)$ und y erfüllt

$$F(y,y') + \lambda G(y,y') - y'(F_{y'}(y,y') + \lambda G_{y'}(y,y')) = c_1, \qquad (2.3.5)$$

s. den Spezialfall 7 in Paragraph 1.5. Für die Lagrange-Funktionen F und G in (2.3.2) heißt das

$$y+\lambda = c_1\sqrt{1+(y')^2} \quad \text{auf } (x_1,x_2). \qquad (2.3.6)$$

Mit der in Fall 7 von 1.5 angegebenen Methode der Trennung der Veränderlichen erhalten wir (wie in (1.6.8))

$$y(x) + \lambda = c_1 \cosh\left(\frac{x + c_2}{c_1}\right) \quad \text{für } x \in (x_1, x_2). \tag{2.3.7}$$

Mit $c_1 \neq 0$ ist $y(x) + \lambda \neq 0$ nicht nur für $x \in (x_1, x_2)$, sondern für $x \in [a, b]$, und wie nachzurechnen ist, löst (2.3.7) die Euler-Lagrange-Gleichung auf ganz $[a, b]$.

Zur Bestimmung der Konstanten $c_1 \neq 0$, c_2 und A dienen die Randbedingungen $y(a) = A$, $y(b) = B$ und $K(y) = L$. Die Rechnung liefert für $(b - a)^2 + (B - A)^2 < L^2$ zwei Lösungen, eine mit $c_1 > 0$ und eine mit $c_1 < 0$. Für die hängende Kette mit minimaler potentieller Energie gilt $c_1 > 0$ und die Lösung mit $c_1 < 0$ beschreibt das Maximum der potentiellen Energie der Kette mit vorgegebener Länge L.

Da das Profil einer hängenden Kette durch den cosinus hyperbolicus beschrieben wird, trägt der Hyperbelkosinus den Namen „Kettenlinie".

2.4 Die Weierstraß–Erdmannschen Eckenbedingungen unter isoperimetrischen Nebenbedingungen

Wir knüpfen an Paragraph 1.11 an und formulieren sowohl das zu minimierende Funktional (2.1.1) als auch die isoperimetrische Nebenbedingung (2.1.2) in parametrischer Form. Dazu verwenden wir die Parametrisierung (1.11.2) und erhalten

$$J(y) = J(\tilde{x}, \tilde{y}) = \int_{\tau_a}^{\tau_b} F(\tilde{x}, \tilde{y}, \frac{\dot{\tilde{y}}}{\dot{\tilde{x}}})\dot{\tilde{x}}d\tau \quad \text{und}$$

$$K(y) = K(\tilde{x}, \tilde{y}) = \int_{\tau_a}^{\tau_b} G(\tilde{x}, \tilde{y}, \frac{\dot{\tilde{y}}}{\dot{\tilde{x}}})\dot{\tilde{x}}d\tau = c. \tag{2.4.1}$$

Die Lagrange-Funktionen $F, G : \mathbb{R}^3 \to \mathbb{R}$ seien im Folgenden stetig total differenzierbar. Der Definitionsbereich $D \subset C^{1,stw}[a, b]$ für das nichtparametrische Funktional J wird möglicherweise durch Randbedingungen bei $x = a$ und/oder bei $x = b$ beschrieben. Mit der Argumentation im Beweis von Satz 1.11.1 folgt, dass ein globaler Minimierer $y \in D \subset C^{1,stw}[a, b]$ für J unter der isoperimetrischen Nebenbedingung $K(y) = c$ als Kurve in jeder zulässigen Parametrisierung ein lokaler Minimierer für $(2.4.1)_1$ unter der isoperimetrischen Nebenbedingung $(2.4.1)_2$ ist. Dabei ist der Definitionsbereich

$\tilde{D} \subset (C^{1,stw}[\tau_a, \tau_b])^2$ durch die möglichen Randbedingungen für $y \in D$ festgelegt. Ist y nicht kritisch für die Nebenbedingung K, gilt Satz 2.1.5 mit $n = 1$ und $m = 1$. Da wir die parametrische Version von Satz 2.1.8 mit $n = 2$ und $m = 1$ verwenden wollen, zeigen wir, dass die Kurve $\{(x, y(x)) | x \in [a, b]\}$ in jeder zulässigen Parametrisierung auch nicht kritisch für die Nebenbedingung K in parametrischer Form ist. Es gilt nach Satz 1.10.5 mit $\Psi(\tilde{x}, \tilde{y}, \dot{\tilde{x}}, \dot{\tilde{y}}) = G(\tilde{x}, \tilde{y}, \frac{\dot{\tilde{y}}}{\dot{\tilde{x}}})\dot{\tilde{x}}$ für $\tilde{h} = (0, h_2)$

$$\begin{aligned}
\delta K(\tilde{x}, \tilde{y})\tilde{h} &= \int_{\tau_a}^{\tau_b} G_y(\tilde{x}, \tilde{y}, \frac{\dot{\tilde{y}}}{\dot{\tilde{x}}})\dot{\tilde{x}}h_2 + G_{y'}(\tilde{x}, \tilde{y}, \frac{\dot{\tilde{y}}}{\dot{\tilde{x}}})\dot{h}_2 d\tau \\
&= \int_a^b G_y(x, y, y')h + G_{y'}(x, y, y')h' dx \\
&= \delta K(y)h
\end{aligned} \tag{2.4.2}$$

mit der Substitution $x = \varphi(\tau) = \tilde{x}(\tau)$ und $h(x) = h_2(\varphi^{-1}(x)) = h_2(\tau)$, s. (1.11.2), (1.11.3).

Ist also $\delta K(y) : D_0 \subset C^{1,stw}[a, b] \rightarrow \mathbb{R}$ nicht die Nullabbildung, d.h. ist y nicht kritisch für K, ist $\delta K(\tilde{x}, \tilde{y}) : \tilde{D}_0 \subset (C^{1,stw}[\tau_a, \tau_b])^2 \rightarrow \mathbb{R}$ nicht die Nullabbildung oder die Kurve $\{(x, y(x)) | x \in [a, b]\} = \{(\tilde{x}(\tau), \tilde{y}(\tau)) | \tau \in [\tau_a, \tau_b]\}$ ist nicht kritisch für K in parametrischer Form.

Satz 2.4.1 *Es sei $y \in D \subset C^{1,stw}[a, b]$ ein globaler Minimierer für das Funktional*

$$J(y) = \int_a^b F(x, y, y') dx \tag{2.4.3}$$

unter der isoperimetrischen Nebenbedingung

$$K(y) = \int_a^b G(x, y, y') dx = c \tag{2.4.4}$$

mit stetig total differenzierbaren Lagrange-Funktionen $F, G : \mathbb{R}^3 \rightarrow \mathbb{R}$. Ist y nicht kritisch für K, gelten für ein $\lambda \in \mathbb{R}$ neben der Euler-Lagrange-Gleichung (2.1.5) die folgenden Stetigkeitssaussagen:

$$\begin{aligned}
&F_{y'}(\cdot, y, y') + \lambda G_{y'}(\cdot, y, y') \in C[a, b], \\
&F(\cdot, y, y') + \lambda G(\cdot, y, y') - y'(F_{y'}(\cdot, y, y') + \lambda G_{y'}(\cdot, y, y')) \in C[a, b].
\end{aligned} \tag{2.4.5}$$

Hängen F und G nicht explizit von x ab, gilt auf $[a, b]$

$$F(y, y') + \lambda G(y, y') - y'(F_{y'}(y, y') + \lambda G_{y'}(y, y')) = c_1. \tag{2.4.6}$$

Beweis: Wie oben bereits festgestellt, ist die Kurve $\{(x,y(x))|x \in [a,b]\}$ in jeder zulässigen Parametrisierung ein lokaler Minimierer für $(2.4.1)_1$ unter der Nebenbedingung $(2.4.1)_2$. Weiterhin ist die Kurve nicht kritisch für $(2.4.1)_2$. Deswegen gilt für ein $\lambda \in \mathbb{R}$ nach Satz 2.1.8 die Regularität $(2.1.35)_1$, was für die speziellen Lagrange-Funktionen $\Phi(\tilde{x},\tilde{y},\dot{\tilde{x}},\dot{\tilde{y}}) = F(\tilde{x},\tilde{y},\frac{\dot{\tilde{y}}}{\dot{\tilde{x}}})\dot{\tilde{x}}$ und $\Psi(\tilde{x},\tilde{y},\dot{\tilde{x}},\dot{\tilde{y}}) = G(\tilde{x},\tilde{y},\frac{\dot{\tilde{y}}}{\dot{\tilde{x}}})\dot{\tilde{x}}$ Folgendes bedeutet:

$$\Phi_{\dot{\tilde{x}}}(\tilde{x},\tilde{y},\dot{\tilde{x}},\dot{\tilde{y}}) + \lambda\Psi_{\dot{\tilde{x}}}(\tilde{x},\tilde{y},\dot{\tilde{x}},\dot{\tilde{y}}) \in C^{1,stw}[\tau_a,\tau_b] \subset C[\tau_a,\tau_b],$$

$$\Phi_{\dot{\tilde{x}}}(\tilde{x},\tilde{y},\dot{\tilde{x}},\dot{\tilde{y}}) = F(\tilde{x},\tilde{y},\frac{\dot{\tilde{y}}}{\dot{\tilde{x}}}) - F_{y'}(\tilde{x},\tilde{y},\frac{\dot{\tilde{y}}}{\dot{\tilde{x}}})\frac{\dot{\tilde{y}}}{\dot{\tilde{x}}}, \tag{2.4.7}$$

$$\Psi_{\dot{\tilde{x}}}(\tilde{x},\tilde{y},\dot{\tilde{x}},\dot{\tilde{y}}) = G(\tilde{x},\tilde{y},\frac{\dot{\tilde{y}}}{\dot{\tilde{x}}}) - G_{y'}(\tilde{x},\tilde{y},\frac{\dot{\tilde{y}}}{\dot{\tilde{x}}})\frac{\dot{\tilde{y}}}{\dot{\tilde{x}}}.$$

Wegen der Invarianz der Funktionale in parametrischer Form gemäß Definition 1.10.2 gilt nach Satz 1.10.7 die Aussage von Satz 2.1.8 in jeder zulässigen Parametrisierung der Kurve $(\tilde{x},\tilde{y})$. In der Parametrisierung der Kurve nach x ist $\tilde{x} = x$, $\dot{\tilde{x}} = 1$, $\tilde{y} = y$, $\dot{\tilde{y}} = y'$, $\tau_a = a$, $\tau_b = b$ und damit folgt $(2.4.5)_2$ aus $(2.4.7)$. Die Stetigkeit $(2.4.5)_1$ wurde bereits in Satz 2.1.2 bewiesen. Den Zusatz $(2.4.6)$ haben wir als Aufgabe 2.4.1 formuliert. $\qquad\square$

Wir wenden Satz 2.4.1 auf folgendes **Beispiel** an: Minimiere

$$J(y) = \int_a^b W(y')dx \quad \text{auf} \quad D = C^{1,stw}[a,b] \tag{2.4.8}$$

unter der isoperimetrischen Nebenbedingung

$$K(y) = \int_a^b y'dx = m. \tag{2.4.9}$$

Dabei ist $W : \mathbb{R} \to \mathbb{R}$ ein stetig differenzierbares „W-Potential", das wir in Abbildung 1.11.3 skizziert haben. Da für $y \in D$ keine Randbedingungen vorgegeben sind, ist y nicht kritisch für K, falls $\delta K(y) : D \to \mathbb{R}$ surjektiv ist. (Gemäß $(2.1.18)$ ist $D_0 = D$.) Hier ist $\delta K(y)h = \int_a^b h'dx = h(b) - h(a)$ für alle $y \in D$, so dass alle $y \in D$ für die Nebenbedingung $(2.4.9)$ nicht kritisch sind.

Nach Satz 2.4.1 muss ein globaler Minimierer y von $(2.4.8)$ unter der Nebenbedingung $(2.4.9)$ folgende Gleichungen erfüllen:

$$\begin{aligned} &W'(y') + \lambda \in C^{1,stw}[a,b] \subset C[a,b], \\ &\frac{d}{dx}(W'(y') + \lambda) = 0 \ \text{oder} \ W'(y') + \lambda = c_1 \ \text{auf} \ [a,b], \\ &W(y') + \lambda y' - y'(W'(y') + \lambda) = W(y') - y'W'(y') = c_2 \quad \text{auf} \quad C[a,b]. \end{aligned} \tag{2.4.10}$$

Wir bekommen zunächst für $(2.4.10)$ die gleichen Lösungen wie für das Variationsproblem $(2.4.8)$ ohne Nebenbedingung, das wir im Paragraph 1.11 diskutiert haben, s. $(1.11.14)$–$(1.11.19)$:

Ein globaler Minimierer y hat eine konstante Steigung, ist also eine Gerade, oder y ist eine Sägezahn-Funktion mit zwei spezifischen Steigungen $c_1^1 = \alpha$ und $c_1^2 = \beta$, die wir in Abbildung 1.11.3 skizziert haben und die (1.11.18) oder (1.11.19) erfüllen. Die Anzahl der Ecken bleibt allerdings unbestimmt. Es sei für $\alpha < \beta$

$$
\begin{aligned}
&y' = \alpha \quad \text{auf Intervallen } I_i^\alpha \subset [a,b],\ i = 1,\ldots,m_1, \\
&y' = \beta \quad \text{auf Intervallen } I_i^\beta \subset [a,b],\ i = 1,\ldots,m_2, \\
&\text{mit} \quad \bigcup_{i=1}^{m_1} I_i^\alpha = I_\alpha, \quad \bigcup_{i=1}^{m_2} I_i^\beta = I_\beta, \quad I_\alpha \cup I_\beta = [a,b].
\end{aligned}
\tag{2.4.11}
$$

Eine Möglichkeit für y ist in Abbildung 2.4.1 skizziert, wobei mit y auch $y + c$ zulässig ist.

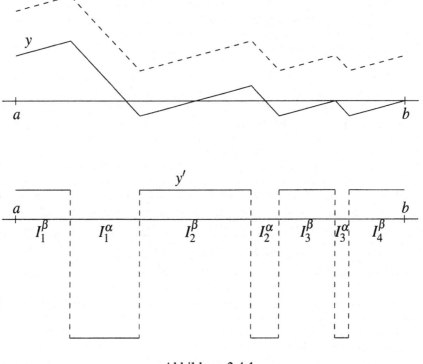

Abbildung 2.4.1

Eine solche Funktion y aus (2.4.11) erfüllt die Nebenbedingung (2.4.9), falls

$$
\begin{aligned}
&\alpha |I_\alpha| + \beta |I_\beta| = m, \\
&|I_\alpha| + |I_\beta| = b - a,
\end{aligned}
\tag{2.4.12}
$$

ist und $|I_\alpha|, |I_\beta|$ die Gesamtlänge aller Intervalle I_i^α bzw. I_i^β bezeichnet. Aus (2.4.12) ergibt sich, dass

$$\text{positive Lösungen } |I_\alpha| \text{ und } I_\beta| \text{ nur für}$$

$$\alpha < \frac{m}{b-a} < \beta \quad \text{existieren und sie sind} \tag{2.4.13}$$

$$|I_\alpha| = \frac{(b-a)\beta - m}{\beta - \alpha}, \quad |I_\beta| = \frac{m - (b-a)\alpha}{\beta - \alpha}.$$

Für

$$\frac{m}{b-a} \leq \alpha \quad \text{oder} \quad \beta \leq \frac{m}{b-a} \quad \text{ist nur}$$

$$y' = \frac{m}{b-a} \quad \text{auf } [a,b] \text{ möglich,} \tag{2.4.14}$$

so dass die Nebenbedingung (2.4.9) erfüllt ist.

Wir stellen fest, dass für $m/(b-a) \in (\alpha, \beta)$ Sägezahn-Funktionen (2.4.11) als globale Minimierer in Frage kommen, wobei die Längen der Intervalle in (2.4.13) angegeben sind. Für $m/(b-a) \leq \alpha$ und $\beta \leq m/(b-a)$ sind nur Geraden mit der Steigung $m/(b-a)$ möglich. Sind diese Funktionen in der Tat globale Minimierer?

Der Abbildung 1.11.3 entnehmen wir, dass für alle $\tilde{y}' \in \mathbb{R}$

$$W(\alpha) + \frac{W(\beta) - W(\alpha)}{\beta - \alpha}(\tilde{y}' - \alpha) \leq W(\tilde{y}') \tag{2.4.15}$$

gilt, und mit $\int_a^b \tilde{y}' dx = m$ folgt nach Integration von (2.4.15)

$$W(\alpha)\frac{(b-a)\beta - m}{\beta - \alpha} + W(\beta)\frac{m - (b-a)\alpha}{\beta - \alpha} \leq \int_a^b W(\tilde{y}')dx. \tag{2.4.16}$$

Ist also $(2.4.13)_2$ erfüllt und y die Sägezahn-Funktion (2.4.11), bedeutet (2.4.16) unter Verwendung von $(2.4.13)_3$:

$$J(y) = \int_a^b W(y')dx \leq \int_a^b W(\tilde{y}')dx = J(\tilde{y}) \tag{2.4.17}$$

$$\text{für alle } \tilde{y} \in C^{1,stw}[a,b], \text{ die (2.4.9) erfüllen.}$$

Gilt $(2.4.14)_1$, folgt für alle $\tilde{y}' \in \mathbb{R}$

$$W\left(\frac{m}{b-a}\right) + W'\left(\frac{m}{b-a}\right)\left(\tilde{y}' - \frac{m}{b-a}\right) \leq W(\tilde{y}'), \tag{2.4.18}$$

wie aus Abbildung 1.11.3 ersichtlich ist. Für Funktionen mit $\int_a^b \tilde{y}' dx = m$ erhält man aus (2.4.18) durch Integration

$$W\left(\frac{m}{b-a}\right)(b-a) \leq \int_a^b W(\tilde{y}')dx \tag{2.4.19}$$

oder es gilt für die Gerade y mit Steigung $m/(b-a)$:

$$J(y) = \int_a^b W(y')dx \le \int_a^b W(\tilde{y}')dx = J(\tilde{y})$$

$$\text{für alle } \tilde{y} \in C^{1,stw}[a,b], \text{ die (2.4.9) erfüllen.} \tag{2.4.20}$$

Die angegebenen Funktionen, die wir mithilfe der notwendigen Bedingungen aus Satz 2.4.1 gefunden haben, sind globale Minimierer von (2.4.8) unter der Nebenbedingung (2.4.9).

Mit der Substitution $y' = u$ in (2.4.8) und (2.4.9) haben wir gleichzeitig das Variationsproblem

$$J(u) = \int_a^b W(u)dx \quad \text{auf} \quad D = C^{stw}[a,b] \tag{2.4.21}$$

unter der isoperimetrischen Nebenbedingung

$$K(u) = \int_a^b u\, dx = m \tag{2.4.22}$$

gelöst. Man muss nur beachten, dass $y' = u \in C^{stw}[a,b]$ für jedes $y \in C^{1,stw}[a,b]$ gilt, und dass umgekehrt jedes $u \in C^{stw}[a,b]$ durch Integration ein $y \in C^{1,stw}[a,b]$ definiert, für das $y' = u$ stückweise auf $[a,b]$ gilt. Würde man (2.4.21) und (2.4.22) als Spezialfall von (2.4.3) und (2.4.4) betrachten, müsste $u \in C[a,b]$ gelten, d.h. wir könnten keine unstetigen Funktionen zulassen. Die zulässigen Funktionen für (2.4.3) liegen nämlich in $C^{1,stw}[a,b] \subset C[a,b]$, auch wenn die Ableitung nicht explizit auftritt.

Die Probleme (2.4.8), (2.4.9) oder (2.4.21) und (2.4.22) sind nicht nur mathematisch interessant, sondern haben auch Anwendungen in den Materialwissenschaften. Nach Erstarrung gewisser flüssiger Metalllegierungen beobachtet man zwei Zustände: eine homogene Phase, genannt Austenit, und eine zweite Phase, welche nicht homogen ist, sondern in ihrer kristallinen Struktur lange Lamellen, sogenannte „Zwillinge" ausbildet, welche als Martensit bezeichnet wird. Die gleichzeitige Ausbildung wird auch als Phasenübergang von fester Phase zu fester Phase bezeichnet und eine mathematische Modellierung über eine „elastische Energieminimierung" verwendet in ihrer einfachsten Version ein Funktional der Form (2.4.8), das durch weitere Terme gestört wird, s. dazu z.B. [26], [24] und die dort zitierte Literatur. Ziel ist, durch den Minimierer die charakteristische Längenskala der Periode der Zwillingslamellen zu bestimmen.

Eine Anwendung von (2.4.21), (2.4.22) wird in [22] beschrieben: Es handelt sich um die sogenannte „spinodale Entmischung" einer Flüssigkeit mit zwei Komponenten, die man auch als „Phasen" bezeichnet. Stabile Zustände der Flüssigkeit werden durch Minimierer der totalen Energie der Flüssigkeit beschrieben, die wie folgt modelliert wird. Ein Zweitopf- oder „W-Potential" W mit zwei gleich tiefen Minima bei α und β gibt durch $W(u)$ die freie Energie in x an, wenn $u = u(x)$ die Dichteverteilung ist. Ist $u(x) = \alpha$ oder $u(x) = \beta$, ist im Punkt x jeweils nur eine Phase präsent, nimmt $u(x)$ einen Wert zwischen α und β an, sind in x die Phasen entsprechend gemischt. Das Funktional $J(u)$ ist dann die totale Energie und $K(u) = m$ bedeutet die Massenerhaltung.

Da die Minima von W bei α und β gleich sind, sind laut Abbildung 1.11.3 die Werte $c_1^1 = \alpha$ und $c_1^2 = \beta$ gleichzeitig die Werte, die ein globaler Minimierer u annimmt, sofern (2.4.13) erfüllt ist, was wir annehmen. Die physikalische Interpretation ist, dass für die minimale Energie die Phasen in der Flüssigkeit total getrennt oder entmischt sind. Diese Zustände werden auch Zwei-Phasen-Lösungen genannt, wobei die Verteilung der Phasen völlig beliebig ist, sofern die Masse erhalten bleibt, d.h. $K(u) = m$ gilt.

In [22] wird die Frage gestellt, welche der unendlich vielen Zwei-Phasen-Lösungen von der realen Flüssigkeit bevorzugt werden. Offensichtlich kann das Modell (2.4.21), (2.4.22) darauf keine Antwort geben.

Man erwartet die gewünschte Information von einem Zusatzterm im Energie-Integral,

$$J_\varepsilon(u) = \int_a^b \varepsilon(u')^2 + W(u)dx, \qquad (2.4.23)$$

der für kleine Parameter $\varepsilon > 0$ die Energie der Grenzflächen oder „interfaces" zwischen den zwei Phasen modelliert. Da $J_\varepsilon(u)$ für $\varepsilon \searrow 0$ in $J_0(u) = J(u)$ übergeht, erwartet man, dass globale Minimierer u_ε von $J_\varepsilon(u)$ unter der Nebenbedingung $K(u) = m$ gegen globale Minimierer u_0 von $J_0(u)$ konvergieren, sofern ε gegen 0 konvergiert. Diese Grenzfunktionen u_0 sind dann physikalisch relevante Zwei-Phasen-Lösungen.

Der Beweis dafür ist allerdings nicht einfach und wird in [22] ausgeführt. Das Ergebnis ist, dass u_0 nur einen Sprung macht, d.h. dass es nur ein einziges „interface" gibt, dass u_ε für kleine $\varepsilon > 0$ streng monoton ist, und dass $u_\varepsilon(x)$ punktweise gegen $u_0(x)$ für $x \in [a,b]$ konvergiert, s. Abbildung 2.4.2.

Bemerkung *Dieser Prozess der Musterbildung folgt nicht der zeitlichen „spinodalen Entmischung", wonach sich ein im Anfangszustand beliebiges Gemisch der zwei Phasen im Laufe der Zeit entmischt und in einer Zwei-Phasen-Lösung endet. Dieser dynamische Prozess wurde von Cahn und Hilliard modelliert (s. [22] für weitere Literatur), die allerdings eine für alle Zeiten positive Energie der Grenzflächen oder „interfaces" annehmen. In ihrem Modell ist also der Parameter $\varepsilon > 0$ konstant, und stationäre, d.h.*

zeitlich konstante, Zustände sind die „kritischen Punkte" von $J_\varepsilon(u)$ unter der Nebenbedingung $K(u) = m$. (Nach Definition sind kritische Punkte Lösungen der zugehörigen Euler-Lagrange-Gleichung mit Nebenbedingung.) Als stabiler Endzustand der spinodalen Entmischung kommt der globale Minimierer u_ε in Frage, der nach dem Ergebnis von [22] nahe bei der Zwei-Phasen-Lösung u_0 mit einem einzigen interface liegt, s. Abbildung 2.4.2.

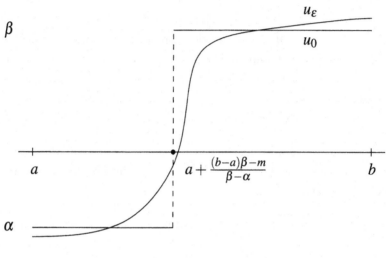

Abbildung 2.4.2

Das eindimensionale Modell (2.4.23) ist eine erhebliche Vereinfachung, da die Flüssigkeit einen dreidimensionalen Behälter ausfüllt. Ein n-dimensionales Modell für beliebiges $n \geq 1$ wird in [25] analysiert. Es handelt sich um das Energie-Funktional

$$J_\varepsilon(u) = \int_\Omega \varepsilon \|\nabla u\|^2 + W(u)dx \quad \text{über } \Omega \subset \mathbb{R}^n \tag{2.4.24}$$

unter der isoperimetrischen Nebenbedingung

$$K(u) = \int_\Omega u dx = m. \tag{2.4.25}$$

Das Gebiet $\Omega \subset \mathbb{R}^n$ ist dabei beschränkt und hat endliches positives Maß $|\Omega|$. Die globalen Minimierer u für $J_0(u)$ sind die folgenden, was wie im eindimensionalen Fall bewiesen wird:

Für $\alpha < \dfrac{m}{|\Omega|} < \beta$ ist

$$u = \begin{cases} \alpha & \text{auf} \quad \Omega_\alpha \quad \text{mit} \ |\Omega_\alpha| = \dfrac{\beta|\Omega| - m}{\beta - \alpha}, \\[2mm] \beta & \text{auf} \quad \Omega_\beta \quad \text{mit} \ |\Omega_\beta| = \dfrac{m - \alpha|\Omega|}{\beta - \alpha}, \end{cases} \qquad \Omega_\alpha \cup \Omega_\beta = \Omega, \qquad (2.4.26)$$

für $\dfrac{m}{|\Omega|} \notin (\alpha, \beta)$ ist $\quad u = \dfrac{m}{|\Omega|} \quad$ auf Ω.

Physikalisch realistisch ist $\Omega \subset \mathbb{R}^3$, aber auch $\Omega \subset \mathbb{R}^2$ ist interessant. Die Mengen Ω_α und Ω_β, wo jeweils nur eine Phase präsent ist, sind beliebig bis auf ihr Maß, und es ist eine spannende Frage, welches Muster die Flüssigkeit für eine Zwei-Phasen-Lösung (2.4.26) bevorzugt. Offensichtlich sind für $\Omega \subset \mathbb{R}^3$ oder $\Omega \subset \mathbb{R}^2$ die Möglichkeiten reichhaltiger als auf dem Intervall $\Omega = (a, b) \subset \mathbb{R}$. Wie in [22] für das eindimensionale Modell sucht man die Antwort darauf dadurch, dass man $J_\varepsilon(u)$ unter der Nebenbedingung $K(u) = m$ minimiert und untersucht, welche Grenzfunktionen u_0 die globalen Minimierer u_ε auswählen, wenn ε gegen 0 konvergiert. Die dabei entstehenden Muster werden durch das sogenannte „minimal interface criterion" von Modica [25] beschrieben:

Konvergieren globale Minimierer u_ε von $J_\varepsilon(u)$ für $\varepsilon \searrow 0$
(punktweise) gegen einen globalen Minimierer u_0 von $J_0(u)$,
jeweils unter der Nebenbedingung $K(u) = m$, $\qquad\qquad\qquad$ (2.4.27)
so hat die Grenzfläche zwischen Ω_α und Ω_β in Ω
einen minimalen $(n-1)$-dimensionalen Flächeninhalt.

Im Allgemeinen hat der Rand von Ω_α in Ω für eine beliebige Zwei-Phasen-Lösung (2.4.26) keinen definierten $(n-1)$-dimensionalen Flächeninhalt. Für $n = 1$, also $\Omega = (a, b) \subset \mathbb{R}$, werden $\Omega_\alpha (= I_\alpha)$ und $\Omega_\beta (= I_\beta)$ durch Punkte getrennt, das minimale „interface" ist ein einziger Punkt und die eindimensionale Version des „minimal interface criterion" (2.4.27) wurde in [22] bewiesen.

Für ein ebenes Gebiet $\Omega \subset \mathbb{R}^2$ zeichnen sich die sogenannten „singulären Grenzwerte" u_0 gemäß (2.4.27) dadurch aus, dass die Gebiete Ω_α und Ω_β, wo jeweils nur eine Phase der Flüssigkeit präsent ist, durch eine Gerade oder ein Kreissegment getrennt sind. Je nach den Größenverhältnissen von Ω_α und Ω_β kann beides vorkommen:

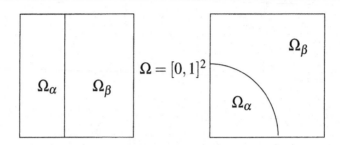

Abbildung 2.4.3

Für das Quadrat mit $|\Omega| = 1$ ist für $|\Omega_\alpha| < \frac{1}{\pi}$ das Segment des Viertelkreises kürzer als die Gerade der Länge 1, für $\frac{1}{\pi} < |\Omega_\alpha| < 1 - \frac{1}{\pi}$ sind die Größenordnungen der Längen umgekehrt.

In [23] wird (2.4.24), (2.4.25) über $\Omega = [0,1]^2 \subset \mathbb{R}^2$ studiert und es werden Lösungen u_ε der Euler-Lagrange-Gleichung für $J_\varepsilon(u)$ unter der Nebenbedingung $K(u) = m$, also gewisse kritische Punkte, nachgewiesen, die sich durch Symmetrien und Monotonien auszeichnen. Auch diese konvergieren für $\varepsilon \searrow 0$ gegen Zwei-Phasen-Lösungen u_0 der Art (2.4.26), sind also globale Minimierer von $J_0(u)$. Da aber die u_ε keine globalen Minimierer von $J_\varepsilon(u)$ unter der Nebenbedingung $K(u) = m$ sind, greift das „minimal interface criterion" (2.4.27) nicht und infolgedessen ist die Musterbildung reichhaltiger. Die Trennlinie zwischen den reinen Phasen in Ω_α und Ω_β müssen nicht minimale Länge haben. Wir erhalten z.B. folgende Muster:

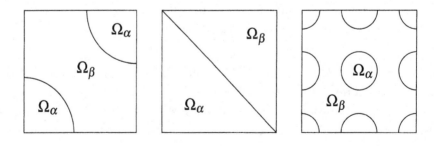

Abbildung 2.4.4

Aufgabe

2.4.1 Man beweise den Zusatz (2.4.6) von Satz 2.4.1.

2.5 Holonome Nebenbedingungen

Der Begriff der holonomen Nebenbedingung kommt aus der klassischen Mechanik. Ein oder mehrere Teilchen (Massenpunkte) können sich nicht frei im Raum bewegen, sondern werden durch ein mechanisches Modell auf eine „Mannigfaltigkeit" gezwungen, weshalb man auch von Zwangsbedingungen oder Zwangskräften spricht. Die Bezeichnung „holonome Nebenbedingung" schreibt man H. Hertz zu. Zwei Beispiele: Die Pendelmasse kann sich nur auf einer Kreislinie bewegen, die globalen Schiffs- und Flugrouten verlaufen auf der Erdkugel. Diesen Nebenbedingungen kann man durch sogenannte generalisierte Koordinaten Rechnung tragen, wobei von vornherein nicht klar ist, wie dann die physikalischen Gesetze zu formulieren sind. Damit haben sich Physiker seit dem 18. Jahrhundert beschäftigt und Sir W. R. Hamilton (1805-1865) hat ein „Prinzip der stationären Wirkung" formuliert, wonach die erste Variation eines mittels einer geeigneten Lagrange-Funktion definierten Wirkungsintegrals verschwinden muss. Diese Lagrange-Funktion wird in „generalisierten Koordinaten" ausgedrückt, die die Nebenbedingungen berücksichtigen. Da diese generalisierten Koordinaten i.a. nur „lokal" angebbar sind, bleiben wir bei kartesischen Koordinaten und geben die Nebenbedingung explizit an.

Definition 2.5.1 *Für ein parametrisches Funktional*

$$J(x) = \int_{t_a}^{t_b} \Phi(x, \dot{x})dt, \tag{2.5.1}$$

welches auf $D \subset (C^1[t_a, t_b])^n$ definiert ist, heißt

$$\Psi(x) = 0, \tag{2.5.2}$$

eine holonome Nebenbedingung. Dabei ist

$$\Psi : \mathbb{R}^n \to \mathbb{R}^m \quad mit\; n > m \tag{2.5.3}$$

eine stetig total differenzierbare Abbildung, für die die Jacobi-Matrix

$$D\Psi(x) = \left(\frac{\partial \Psi_i}{\partial x_j}(x) \right)_{\substack{i=1,\dots,m \\ j=1,\dots,n}} \in \mathbb{R}^{m \times n} \tag{2.5.4}$$

für alle x mit $\Psi(x) = 0$ maximalen Rang m hat.

Wie im Anhang ausgeführt, ist

$$M = \{x \in \mathbb{R}^n | \Psi(x) = 0\} \quad \text{eine } (n-m)\text{-dimensionale} \quad (2.5.5)$$
$$\text{stetig differenzierbare Mannigfaltigkeit.}$$

Die zulässigen Kurven in $D \subset (C^{1,stw}[t_a, t_b])^n$, deren Definitionsbereich durch Randbedingungen einzelner Komponenten bei $t = t_a$ und/oder $t = t_b$ beschrieben wird, werden durch die holonome Nebenbedingung auf die Mannigfaltigkeit M gezwungen. Die Anwendung der Multiplikatorenregel von Lagrange ist hier nicht mehr so einfach, wie das für die isoperimetrischen Nebenbedingungen der Fall ist, s. Paragraph 2.1. Im Ergebnis treten auch wieder Lagrange-Multiplikatoren auf, die aber nicht mehr konstant sind. Aus technischen Gründen benötigen wir sowohl von den Funktionen Φ und Ψ als auch von einem möglichen lokalen Minimierer x etwas mehr Regularität. Wir formulieren den Hauptsatz:

Satz 2.5.2 *Die Kurve $x \in D \subset (C^2[t_a, t_b])^n$ sei ein lokaler Minimierer für das Funktional (2.5.1) unter der holonomen Nebenbedingung (2.5.2), d.h.*

$$J(x) \leq J(\hat{x}) \quad \text{für alle } \hat{x} \in D \cap \{\Psi(x) = 0\}$$
$$\text{mit} \quad \max_{k=1,\ldots,n} \|x_k - \hat{x}_k\|_1 < d. \quad (2.5.6)$$

Die Lagrange-Funktion $\Phi : \mathbb{R}^n \times \mathbb{R}^n \to \mathbb{R}$ sei zweimal und die Funktion $\Psi : \mathbb{R}^n \to \mathbb{R}^m$ sei dreimal stetig partiell differenzierbar. Dann gibt es eine stetige Funktion

$$\lambda = (\lambda_1, \ldots, \lambda_m) : [t_a, t_b] \to \mathbb{R}^m, \quad (2.5.7)$$

mit der x das System von n Differentialgleichungen löst:

$$\frac{d}{dt}\Phi_{\dot{x}}(x,\dot{x}) = \Phi_x(x,\dot{x}) + \sum_{i=1}^{m} \lambda_i \nabla \Psi_i(x) \quad \text{auf } [t_a, t_b]. \quad (2.5.8)$$

Dabei ist $\Phi_{\dot{x}} = (\Phi_{\dot{x}_1}, \ldots, \Phi_{\dot{x}_n})$, $\Phi_x = (\Phi_{x_1}, \ldots, \Phi_{x_n})$, $x = (x_1, \ldots, x_n)$, $\dot{x} = (\dot{x}_1, \ldots, \dot{x}_n)$ und $\nabla \Psi_i = (\Psi_{i,x_1}, \ldots, \Psi_{i,x_n})$. Die Funktionen $\lambda_1, \ldots, \lambda_m$ heißen Lagrange-Multiplikatoren.

Beweis: Im ersten Schritt konstruieren wir eine zulässige Störung der minimierenden Kurve $x \in D \cap \{\Psi(x) = 0\}$. Diese Störung ist nicht mehr von der einfachen Form $x + sh$, sondern von der Gestalt $x + h(s, \cdot)$, so dass $x(t) + h(s, t)$ auf der Mannigfaltigkeit M liegt.

Dazu verwenden wir die Bezeichnungen des Anhangs. Es sei

$$h \in (C_0^2[t_a, t_b])^n \quad \text{eine Kurve im } \mathbb{R}^n \quad (2.5.9)$$

und $P(x) : \mathbb{R}^n \to T_x M$ der zweimal stetig nach $x \in M$ differenzierbare Orthogonal-Projektor auf den Tangentialraum $T_x M$ in x, s. (A.17), (A.19). Dann ist

$$a(t) = P(x(t))h(t) \in T_{x(t)}M \quad \text{für } [t_a, t_b],$$
$$a \in (C^2[t_a, t_b])^n \quad \text{und} \quad a(t_a) = 0, \, a(t_b) = 0. \tag{2.5.10}$$

Für $x \in M$ bezeichnet $Q(x) : \mathbb{R}^n \to N_x M$ den zweimal stetig nach x differenzierbaren Orthogonal-Projektor auf den Normalenraum $N_x M$ in x, s. (A.16), und für ein festes $t_0 \in [t_a, t_b]$ ist

$$Q(x(t)) : N_{x(t_0)}M \to N_{x(t)}M \quad \text{bijektiv für } |t - t_0| < \delta, \tag{2.5.11}$$

sofern $0 < \delta$ hinreichend klein ist, s. (A.18)ff. Wir definieren

$$H : \mathbb{R} \times [t_a, t_b] \times N_{x(t_0)}M \to \mathbb{R}^m \quad \text{durch}$$
$$H(s,t,z) = \Psi(x(t) + sa(t) + Q(x(t))z), \tag{2.5.12}$$

und stellen nach den Voraussetzungen über x und Ψ und den Eigenschaften von a und Q fest:

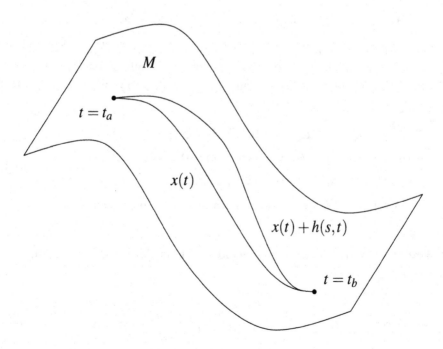

Abbildung 2.5.1

H ist bezüglich aller Variablen zweimal stetig differenzierbar,

$$H(0,t_0,0) = \Psi(x(t_0)) = 0,$$

$$D_z H(0,t_0,0) = D\Psi(x(t_0))Q(x(t_0)) : N_{x(t_0)}M \to \mathbb{R}^m \quad \text{ist bijektiv,}$$

$$(2.5.13)$$

da $Q(x(t_0))|_{N_{x(t_0)}M} = I$ und $D\Psi(x(t_0)) : N_{x(t_0)}M \to \mathbb{R}^m$ bijektiv ist, s. (A.9).

Nach dem Theorem über implizite Funktionen existiert eine eindeutig bestimmte zweimal stetig differenzierbare Funktion

$$\beta : (-\varepsilon_0,\varepsilon_0) \times (t_0 - \delta_0, t_0 + \delta_0) \to N_{x(t_0)}M \quad \text{mit}$$

$$\beta(0,t_0) = 0 \text{ und } H(s,t,\beta(s,t)) = 0 \qquad (2.5.14)$$

$$\text{für } (s,t) \in (-\varepsilon_0,\varepsilon_0) \times (t_0 - \delta_0, t_0 + \delta_0).$$

(Für $t_0 = t_a$ oder $t_0 = t_b$ nehme man die Definitionsbereiche $(-\varepsilon_0,\varepsilon_0) \times [t_a, t_a + \delta_0)$ bzw. $(-\varepsilon_0,\varepsilon_0) \times (t_b - \delta_0, t_b]$ für β.) Mit

$$h(s,t) = sa(t) + Q(x(t))\beta(s,t) = sa(t) + b(s,t) \quad \text{gilt}$$

$$\Psi(x(t) + h(s,t)) = 0 \quad \text{oder} \quad x(t) + h(s,t) \in M \qquad (2.5.15)$$

$$\text{für } (s,t) \in (-\varepsilon_0,\varepsilon_0) \times (t_0 - \delta_0, t_0 + \delta_0).$$

Außerdem gilt nach Konstruktion

$$a(t) \in T_{x(t)}M \quad \text{und} \quad b(s,t) \in N_{x(t)}M. \qquad (2.5.16)$$

Wir leiten noch weitere Eigenschaften der Störung $h(s,t)$ her. Wegen der lokalen Eindeutigkeit der Auflösung (2.5.14), die das Theorem über implizite Funktionen garantiert, und wegen der Injektivität von $Q(x(t))$ auf $N_{x(t_0)}M$, s. (2.5.11) (wir können $0 < \delta \leq \delta_0$ annehmen), gilt

$$sa(t) = 0 \quad \Rightarrow \quad \beta(s,t) = 0, \quad \text{insbesondere}$$

$$\beta(0,t) = 0, \quad \beta(s,t_a) = 0, \quad \beta(s,t_b) = 0 \quad \text{oder}$$

$$h(0,t) = 0 \quad \text{für} \quad t \in (t_0 - \delta_0, t_0 + \delta_0) \quad \text{und} \qquad (2.5.17)$$

$$h(s,t_a) = 0, \quad h(s,t_b) = 0, \quad \text{sofern} \quad t_0 = t_a \text{ bzw. } t_0 = t_b.$$

Für alle $s \in (-\varepsilon_0,\varepsilon_0)$ und für jedes feste $t \in (t_0 - \delta_0, t_0 + \delta_0)$ gilt $\Psi(x(t) + sa(t) + b(s,t)) = 0$, also verschwindet auch die Ableitung nach s, d.h.

$$\frac{\partial}{\partial s}\Psi(x(t) + sa(t) + b(s,t))|_{s=0}$$

$$= D\Psi(x(t))(a(t) + \frac{\partial}{\partial s}b(0,t)) = D\Psi(x(t))\frac{\partial}{\partial s}b(0,t) = 0, \qquad (2.5.18)$$

da $a(t) \in T_{x(t)}M = \text{Kern } D\Psi(x(t))$, s. (A.7).

Mit $b(s,t) \in N_{x(t)}M$ (s. (2.5.16)) ist auch $\frac{\partial}{\partial s}b(0,t) \in N_{x(t)}M$, und da $D\Psi(x(t))$ auf $N_{x(t)}M$ injektiv ist, s. (A.9), folgt

$$\frac{\partial}{\partial s}b(0,t) = 0 \quad \text{und deswegen}$$

$$\frac{\partial}{\partial s}h(0,t) = a(t) \quad \text{für alle} \quad t \in (t_0 - \delta_0, t_0 + \delta_0).$$

(2.5.19)

Zuletzt erhalten wir wegen der zweimaligen stetigen partiellen Differenzierbarkeit

$$\frac{\partial}{\partial s}\frac{\partial}{\partial t}h(0,t) = \frac{\partial}{\partial t}\frac{\partial}{\partial s}h(0,t) = \frac{\partial}{\partial t}a(t) = \dot{a}(t)$$

$$\text{für alle} \quad t \in (t_0 - \delta_0, t_0 + \delta_0).$$

(2.5.20)

Bislang ist h nur lokal auf $(-\varepsilon_0, \varepsilon_0) \times (t_0 - \delta_0, t_0 + \delta_0)$ konstruiert, wobei δ_0 und ε_0 von t_0 abhängen. Da $[t_a, t_b]$ kompakt ist, überdecken endlich viele der offenen Intervalle $(t_0 - \delta_0, t_0 + \delta_0)$ das ganze Parameterintervall $[t_a, t_b]$ und unter den endlich vielen zugehörigen $\varepsilon_0 > 0$ gibt es ein kleinstes, welches wir wieder mit ε_0 bezeichnen. Liegt t im Durchschnitt zweier lokaler Intervalle $(t_0 - \delta_0, t_0 + \delta_0)$, gibt es für $s \in (-\varepsilon_0, \varepsilon_0)$ zwei Auflösungen $\beta(s,t)$, welche wegen der lokalen Eindeutigkeit im Durchschnitt der beiden Rechtecke $(-\varepsilon_0, \varepsilon_0) \times (t_0 - \delta_0, t_0 + \delta_0)$ übereinstimmen. Damit können wir zusammenfassen:

Es gibt eine zweimal stetig differenzierbare Störung

$h : (-\varepsilon_0, \varepsilon_0) \times [t_a, t_b] \to \mathbb{R}^n$, so dass

$x(t) + h(s,t) \in M$ für $(s,t) \in (-\varepsilon_0, \varepsilon_0) \times [t_a, t_b]$ gilt.

Die Störung ist von der Form $h(s,t) = sa(t) + b(s,t)$ mit

$a(t) \in T_{x(t)}M$, $b(s,t) \in N_{x(t)}M$ und es ist

$h(s,t_a) = 0$, $h(s,t_b) = 0$ für $s \in (-\varepsilon_0, \varepsilon_0)$,

$h(0,t) = 0$, $\frac{\partial}{\partial s}h(0,t) = a(t)$ und $\frac{\partial^2}{\partial s\partial t}h(0,t) = \dot{a}(t)$ für $t \in [t_a, t_b]$.

(2.5.21)

Im zweiten Schritt des Beweises verwenden wir, dass x ein lokaler Minimierer für J unter der holonomen Nebenbedingung ist. Da $\max_{k=1,\ldots,n}\|h_k(s,\cdot)\| < d$ für die Komponenten h_k von h gilt, sofern $s \in (-\varepsilon_0, \varepsilon_0)$ und ε_0 hinreichend klein ist, ist die reellwertige Funktion

$$J(x + h(s,\cdot)) \quad \text{bei } s = 0 \quad \text{lokal minimal, d.h.}$$

$$\frac{d}{ds}J(x + h(s,\cdot))|_{s=0} = 0.$$

(2.5.22)

Wir berechnen die Ableitung (2.5.22), indem wir die Ableitung nach s mit der Integration vertauschen. Dass dies erlaubt ist, ist im Beweis von Satz 1.2.3 ausführlich gezeigt worden.

Für die Ableitung nach s in $s = 0$ unter dem Integral verwenden wir die Kettenregel und erhalten:

$$\frac{d}{ds}\int_{t_a}^{t_b}\Phi(x+h(s,\cdot),\dot{x}+\frac{\partial}{\partial t}h(s,\cdot))dt|_{s=0}$$

$$= \int_{t_a}^{t_b}\sum_{k=1}^{n}(\Phi_{x_k}(x,\dot{x})\frac{\partial}{\partial s}h_k(0,\cdot)+\Phi_{\dot{x}_k}(x,\dot{x})\frac{\partial^2}{\partial s\partial t}h_k(0,\cdot))dt \qquad (2.5.23)$$

$$= \int_{t_a}^{t_b}(\Phi_x(x,\dot{x}),a)+(\Phi_{\dot{x}}(x,\dot{x}),\dot{a})dt = 0,$$

wobei wir $\Phi_x = (\Phi_{x_1},\ldots,\Phi_{x_n}), \Phi_{\dot{x}} = (\Phi_{\dot{x}_1},\ldots,\Phi_{\dot{x}_n})$, (2.5.21) und das Skalarprodukt $(\ ,\ )$ in $\mathbb{R}^n$ verwenden.

Wegen der angenommenen Regularität von x und Φ ist $\Phi_{\dot{x}}(x,\dot{x}) \in (C^1[t_a,t_b])^n$, so dass eine partielle Integration möglich ist:

$$\int_{t_a}^{t_b}(\Phi_x(x,\dot{x})-\frac{d}{dt}\Phi_{\dot{x}}(x,\dot{x}),a)dt = 0, \qquad (2.5.24)$$

da wegen $a(t_a) = 0$, $a(t_b) = 0$ keine Randterme auftreten. Für die folgenden Rechnungen mit den Projektoren verwenden wir die Eigenschaften, die in (A.14) zusammengestellt sind. Außerdem erinnern wir an die Definition (A.7) von $T_{x(t)}M$ und $N_{x(t)}M$. Deshalb gilt

$$Q(x(t))(\frac{d}{dt}\Phi_{\dot{x}}(x(t),\dot{x}(t))-\Phi_x(x(t),\dot{x}(t))) \in N_{x(t)}M = \text{Bild } D\Psi(x(t))^*,$$

$$D\Psi(x(t))^* = (\nabla\Psi_1(x(t))\cdots\nabla\Psi_m(x(t))) \in \mathbb{R}^{n\times m} \quad \text{(Spaltenform)},$$

$$Q(x(t))(\frac{d}{dt}\Phi_{\dot{x}}(x(t),\dot{x}(t))-\Phi_x(x(t),\dot{x}(t))) = \sum_{i=1}^{m}\lambda_i(t)\nabla\Psi_i(x(t))$$

(2.5.25)

für $t \in [t_a,t_b]$.

Wegen (A.24) sind die $\lambda_i(t)$ eindeutig bestimmt und wegen der Stetigkeit der linken Seite gilt $\lambda = (\lambda,\ldots,\lambda_m) \in (C[t_a,t_b])^m$.

Schließlich sei $h \in (C_0^2[t_a,t_b])^n$ wie in (2.5.9). Wir zerlegen

$$h(t) = P(x(t))h(t)+Q(x(t))h(t) = a(t)+b(t)$$

$$\text{mit} \quad a(t) \in T_{x(t)}M \text{ und } b(t) \in N_{x(t)}M. \qquad (2.5.26)$$

Dann folgt

$$\int_{t_a}^{t_b} (\frac{d}{dt}\Phi_{\dot{x}}(x,\dot{x}) - \Phi_x(x,\dot{x}) - \sum_{i=1}^{m} \lambda_i \nabla \Psi_i(x), h)dt$$

$$= \int_{t_a}^{t_b} (\frac{d}{dt}\Phi_{\dot{x}}(x,\dot{x}) - \Phi_x(x,\dot{x}) - \sum_{i=1}^{m} \lambda_i \nabla \Psi_i(x), a)dt \qquad (2.5.27)$$

$$+ \int_{t_a}^{t_b} (\frac{d}{dt}\Phi_{\dot{x}}(x,\dot{x}) - \Phi_x(x,\dot{x}) - \sum_{i=1}^{m} \lambda_i \nabla \Psi_i(x), b)dt = 0.$$

Das erste Integral $(2.5.27)_2$ verschwindet wegen (2.5.24) und der Tatsache, dass wegen der Orthogonalität punktweise für alle $t \in [t_a, t_b]$ das Skalarprodukt $(\sum_{i=1}^{m} \lambda_i \nabla \Psi_i(x), a) = 0$ ist. Für das zweite Integral $(2.5.27)_3$ schreiben wir $b = Q(x)b$, wälzen den Projektor $Q(x)$ auf die linke Seite des Skalarprodukts (s. (A.14)) und wenden dann $Q(x)$ nur auf die

verschwindet der Integrand des zweiten Integrals punktweise für alle $t \in [t_a, t_b]$.

Da $h \in (C_0^2[t_a, t_b])^n$ beliebig ist, folgt aus (2.5.27) mit Lemma 1.3.2 die Behauptung (2.5.8). $\qquad \square$

Wir wenden Satz 2.5.2 auf ein **mechanisches Modell** an: N Massenpunkte $m_1, \ldots, m_N$ im Raum $\mathbb{R}^3$ haben die Koordinaten $x = (x_1, y_1, z_1, \ldots, x_N, y_N, z_N) \in \mathbb{R}^{3N}$, wobei (x_k, y_k, z_k) die Koordinaten von m_k sind. Ihre Bewegungen werden von der kinetischen Energie

$$T(\dot{x}) = \sum_{k=1}^{N} \frac{1}{2}m_k(\dot{x}_k^2 + \dot{y}_k^2 + \dot{z}_k^2), \qquad (2.5.28)$$

der potentiellen Energie

$$V(x) = V(x_1, y_1, z_1, \ldots, x_N, y_N, z_N) \qquad (2.5.29)$$

und $m < 3N$ holonomen Nebenbedingungen

$$\Psi_i(x) = \Psi_i(x_1, y_1, z_1, \ldots, x_N, y_N, z_N) = 0, \quad i = 1, \ldots, m, \qquad (2.5.30)$$

die neben äußeren Bedingungen auch innere Bindungen der Massenpunkte untereinander beschreiben können, gesteuert. Das Wirkungsintegral mit der Lagrange-Funktion $L = T - V$ längs einer Bahn aller N Massenpunkte ist

$$J(x) = \int_{t_a}^{t_b} T(\dot{x}) - V(x)dt, \qquad (2.5.31)$$

und eine unter den holonomen Nebenbedingungen die Wirkung minimierende Bahn erfüllt auf $[t_a, t_b]$ das System

$$m_k \ddot{x}_k = -V_{x_k}(x) + \sum_{i=1}^{m} \lambda_i \Psi_{i,x_k}(x),$$

$$m_k \ddot{y}_k = -V_{y_k}(x) + \sum_{i=1}^{m} \lambda_i \Psi_{i,y_k}(x),$$ (2.5.32)

$$m_k \ddot{z}_k = -V_{z_k}(x) + \sum_{i=1}^{m} \lambda_i \Psi_{i,z_k}(x) \quad \text{für} \quad k = 1, \dots, N.$$

Dabei nehmen wir an, dass alle Voraussetzungen von Satz 2.5.2 erfüllt sind, insbesondere die in Definition 2.5.1. Die Zahl $3N - m$, welche die Dimension der durch die Neben-bedingungen (2.5.30) definierten Mannigfaltigkeit M im Raum $\mathbb{R}^{3N}$ ist, wird Anzahl der „Freiheitsgrade" des mechanischen Modells genannt. Die N Massenpunkte werden zwar auf die Mannigfaltigkeit M gezwungen, können sich aber auf M frei bewegen. Das bedeutet, dass $3N - m$ Koordinaten auf M frei sind. Diese Koordinaten, die aus mathematischer Sicht i.a. nur lokal angegeben werden können, werden seit Hamilton „generalisierte Koordinaten" genannt, und da sie die Nebenbedingungen berücksichtigen, treten diese gar nicht mehr auf. Das untersuchen wir an dem Beispiel des mathematischen Pendels.

Die Größen des Systems (2.5.32) haben die physikalische Dimension der Kraft, wes-halb die Terme, die durch die Nebenbedingungen und die zeitabhängigen Lagrange-Multiplikatoren ausgedrückt werden und die in der Kraftbilanz im Vergleich zum freien System (1.10.27) zusätzlich auftreten, als Zwangskräfte bezeichnet werden. Nach Kon-struktion (2.5.25) wirken die Zwangskräfte senkrecht zur Mannigfaltigkeit M.

Der Massenpunkt m des **mathematischen Pendels** bewegt sich in der vertikalen (x_1, x_2)-Ebene nur unter dem Einfluss der Schwerkraft mg in Richtung der negativen x_2-Achse auf einem Kreis mit Radius ℓ.

Die Lagrange-Funktion $L = T - V$ ist

$$L(x, \dot{x}) = \frac{1}{2} m (\dot{x}_1^2 + \dot{x}_2^2) - mg x_2$$ (2.5.33)

und die holonome Nebenbedingung ist durch

$$\Psi(x) = x_1^2 + x_2^2 - \ell^2 = 0$$ (2.5.34)

gegeben. Damit lautet das System (2.5.32)

$$m\ddot{x}_1 = 2\lambda x_1,$$
$$m\ddot{x}_2 = -mg + 2\lambda x_2.$$ (2.5.35)

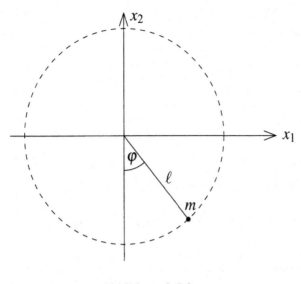

Abbildung 2.5.2

Die Zwangskraft wirkt in Richtung (x_1, x_2), also senkrecht zum Kreis beschrieben durch (2.5.34).

Üblicherweise wird die „Pendelgleichung" in der generalisierten Koordinate φ, des in Abbildung 2.5.2 eingezeichneten Winkels φ, angegeben. Mit den Polarkoordinaten

$$x_1 = r\sin\varphi,$$
$$x_2 = -r\cos\varphi,$$

(2.5.36)

stellt sich (2.5.33) als

$$\frac{1}{2}m(\dot{r}^2 + r^2\dot{\varphi}^2) + mgr\cos\varphi \qquad (2.5.37)$$

dar, auf dem Kreis (2.5.34) ist $r = \ell$, $\dot{r} = 0$, und mit der „generalisierten" Koordinate φ wird die Lagrange-Funktion

$$L(\varphi, \dot{\varphi}) = \frac{1}{2}m\ell^2\dot{\varphi}^2 + mg\ell\cos\varphi. \qquad (2.5.38)$$

Da in dieser Formulierung die holonome Nebenbedingung berücksichtigt ist, besagt das „Hamiltonsche Prinzip", dass Lösungen der Euler-Lagrange-Gleichung mit dieser Lagrange-Funktion (2.5.38) die physikalisch relevanten Bahnen in der generalisierten Koordinate φ beschreiben. Für (2.5.38) lautet die Euler-Lagrange-Gleichung

$$\frac{d}{dt}L_{\dot{\varphi}} = L_{\varphi} \quad \text{oder}$$
$$\ell\ddot{\varphi} + g\sin\varphi = 0,$$

(2.5.39)

welche als Pendelgleichung bekannt ist.

Die Frage ist, ob (2.5.35) und (2.5.39) äquivalent sind. Es sei φ eine Lösung von (2.5.39). Dann gilt der Erhaltungssatz

$$\frac{1}{2}\ell\dot{\varphi}^2 - g\cos\varphi = E = \text{const.}, \tag{2.5.40}$$

s. Aufgabe 1.10.4. Mit

$$
\begin{aligned}
x_1 &= \ell\sin\varphi, & \dot{x}_1 &= \ell\cos\varphi\,\dot{\varphi}, & \ddot{x}_1 &= -\ell\sin\varphi\,\dot{\varphi}^2 + \ell\cos\varphi\,\ddot{\varphi}, \\
x_2 &= -\ell\cos\varphi, & \dot{x}_2 &= \ell\sin\varphi\,\dot{\varphi}, & \ddot{x}_2 &= \ell\cos\varphi\,\dot{\varphi}^2 + \ell\sin\varphi\,\ddot{\varphi},
\end{aligned}
\tag{2.5.41}
$$

ist dann unter Verwendung von (2.5.39), (2.5.40) das System (2.5.35) erfüllt, wenn

$$\lambda = -\frac{m}{2\ell}(3g\cos\varphi + 2E) = -\frac{m}{2\ell}\left(-\frac{3g}{\ell}x_2 + 2E\right) \tag{2.5.42}$$

gesetzt wird.

Ist (x_1, x_2) eine Lösung von (2.5.35) mit $x_1^2 + x_2^2 = \ell^2$, wird φ durch

$$\varphi = \arctan\left(-\frac{x_1}{x_2}\right) \quad \text{oder} \quad
\begin{aligned}
x_1 &= \ell\sin\varphi, \\
x_2 &= -\ell\cos\varphi,
\end{aligned}
\tag{2.5.43}$$

bis auf ein additives Vielfaches von 2π bestimmt, und mit (2.5.41) erhält man

$$
\begin{aligned}
m\ddot{x}_1 - 2\lambda x_1 &= -m\ell\sin\varphi\,\dot{\varphi}^2 + m\ell\cos\varphi\,\ddot{\varphi} - 2\lambda\ell\sin\varphi = 0, \\
m\ddot{x}_2 + mg - 2\lambda x_2 &= m\ell\cos\varphi\,\dot{\varphi}^2 + m\ell\sin\varphi\,\ddot{\varphi} + mg + 2\lambda\ell\cos\varphi = 0,
\end{aligned}
\tag{2.5.44}$$

woraus nach Elimination der ersten und letzten Terme die Gleichung (2.5.39) folgt: Multiplikation der ersten Gleichung mit $\cos\varphi$, der zweiten Gleichung mit $\sin\varphi$ und Addition ergibt nach Division durch m genau die Differentialgleichung (2.5.39). Also sind die Bewegungsgleichungen (2.5.35) und (2.5.39) äquivalent und das Hamiltonsche Prinzip ist bestätigt. Mit (2.5.42) ist die Zwangskraft als $2\lambda(x_1, x_2)$ bestimmt.

Ein weiteres Beispiel ist das **Zykloidenpendel**, bei dem sich der Massenpunkt m in der vertikalen (x_1, x_2)-Ebene nur unter dem Einfluss der Schwerkraft mg auf einer Zykloide bewegt. Um die Darstellung (1.8.17) verwenden zu können, werde die x_2-Achse nach unten orientiert und die generalisierte Koordinate φ sei geometrisch der Drehwinkel des die Zykloide erzeugenden Rades.

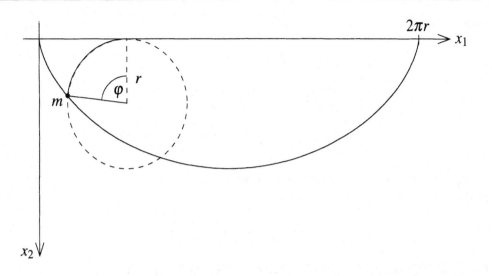

Abbildung 2.5.3

Der Massenpunkt m hat auf der Zykloide die Koordinaten

$$x_1 = r(\varphi - \sin\varphi), \quad \varphi \in [0, 2\pi], \tag{2.5.45}$$
$$x_2 = r(1 - \cos\varphi),$$

s. (1.8.17), und wenn wir die Lagrange-Funktion L in der generalisierten Koordinate $\varphi = \varphi(t)$ ausdrücken, können wir mit dem Hamiltonschen Prinzip direkt die Bewegungs-gleichung herleiten. Wir erhalten

$$\dot{x}_1 = r(1 - \cos\varphi)\dot{\varphi},$$
$$\dot{x}_2 = r\sin\varphi\dot{\varphi},$$
$$T = \frac{1}{2}m(\dot{x}_1^2 + \dot{x}_2^2) = mr^2(1 - \cos\varphi)\dot{\varphi}^2, \tag{2.5.46}$$
$$V = -mgx_2 = mgr(\cos\varphi - 1),$$
$$L = mr^2(1 - \cos\varphi)\dot{\varphi}^2 - mgr(\cos\varphi - 1).$$

Für diese Lagrange-Funktion lautet die Euler-Lagrange-Gleichung

$$\frac{d}{dt}L_{\dot{\varphi}} = L_{\varphi} \quad \text{oder}$$
$$(1 - \cos\varphi)\ddot{\varphi} + \frac{1}{2}\sin\varphi\dot{\varphi}^2 = \frac{g}{2r}\sin\varphi. \tag{2.5.47}$$

Mithilfe der trigonometrischen Formeln $1 - \cos\varphi = 2\sin^2\frac{\varphi}{2}$ und $\sin\varphi = 2\sin\frac{\varphi}{2}\cos\frac{\varphi}{2}$

erhält man nach Division durch $2\sin\frac{\varphi}{2}$

$$\sin\frac{\varphi}{2}\ddot{\varphi} + \frac{1}{2}\cos\frac{\varphi}{2}\dot{\varphi}^2 = \frac{g}{2r}\cos\frac{\varphi}{2} \quad \text{oder}$$

$$-2\frac{d^2}{dt^2}\cos\frac{\varphi}{2} = \frac{g}{2r}\cos\frac{\varphi}{2} \quad \text{oder} \qquad (2.5.48)$$

$$\ddot{q} + \omega q = 0 \quad \text{mit} \quad q = \cos\frac{\varphi}{2} \quad \text{und} \quad \omega = \frac{g}{4r}.$$

Die letzte Gleichung hat die allgemeine Lösung $q(t) = c_1\sin\sqrt{\omega}t + c_2\cos\sqrt{\omega}t$ mit der Periode

$$P = 2\pi\sqrt{\frac{4r}{g}}. \qquad (2.5.49)$$

Im Gegensatz zum mathematischen Pendel, dessen Schwingungsperiode

$$P \approx 2\pi\sqrt{\frac{\ell}{g}} \qquad (2.5.50)$$

nur für kleine Ausschläge gilt und exakt berechnet von der Amplitude abhängt, ist die Periode (2.5.49) des Zykloidenpendels unabhängig von der Größe des Ausschlags. Man nennt das Zykloidenpendel deshalb „isochron".

Bemerkung *Ein mechanisches Modell, dessen N Massenpunkte durch eine holonome Nebenbedingung auf eine $(3N-m)$-dimensionale Mannigfaltigkeit M gezwungen werden, hat nach physikalischer Definition $3N - m = n$ Freiheitsgrade. Man nimmt an, dass diese n-dimensionale Mannigfaltigkeit M durch n sogenannte generalisierte Koordinaten dargestellt wird. (Lokal ist das in (A.11) geschehen: Sind $q_1,\ldots,q_n$ die Koordinaten von y bezüglich einer Basis im n-dimensionalen Tangentialraum, also $y = \sum_{i=1}^n q_i a_i$, ist die Mannigfaltigkeit lokal um x_0 gleich der Menge $\{x_0 + \sum_{i=1}^n q_i a_i + \varphi\left(\sum_{i=1}^n q_i a_i\right) | q = (q_1,\ldots,q_n) \in \mathbb{R}^n, \|q\| < r\}$.)*

Drückt man die Lagrange-Funktion $L = T - V$ in den generalisierten Koordinaten $q = (q_1,\ldots,q_n)$ aus, besagt das Hamiltonsche Prinzip, dass die Bewegung der N Massenpunkte auf Bahnen verläuft, die das Wirkungsintegral von L minimieren bzw. die Euler-Lagrange-Gleichung lösen:

$q = (q_1,\ldots,q_n)$ sind die generalisierten Koordinaten,

$L(q,\dot{q})$ ist die Lagrange-Funktion,   (2.5.51)

$\frac{d}{dt}L_{\dot{q}}(q,\dot{q}) = L_q(q,\dot{q})$ ist die Euler-Lagrange-Gleichung, *die die Bewegung der N Massenpunkte des Modells beschreibt. Es ist ein System von n gewöhnlichen Differentialgleichungen zweiter Ordnung.*

Mit der sogenannten Legendre-Transformation werden neue Koordinaten und statt L eine neue Funktion H eingeführt:

$$p = L_{\dot{q}}(q, \dot{q}), \tag{2.5.52}$$

wobei verlangt werden muss, dass die Auflösung nach $\dot{q}$ eindeutig ist, d.h.

$$p = L_{\dot{q}}(q, \dot{q}) \Leftrightarrow \dot{q} = h(p, q) \tag{2.5.53}$$

mit einer stetig differenzierbaren Funktion $h : \mathbb{R}^n \times \mathbb{R}^n \to \mathbb{R}^n$. Damit wird definiert:

$$H : \mathbb{R}^n \times \mathbb{R}^n \to \mathbb{R},$$
$$H(p, q) = L(q, h(p, q)) - (p, h(p, q)) \quad \text{oder kurz} \tag{2.5.54}$$
$$H = L - \dot{q} L_{\dot{q}} = L - p\dot{q},$$

wenn wir das Skalarprodukt (,), wie in der Physik üblich, als normales Produkt schreiben.

Die Koordinaten p heißen die generalisierten Impulskoordinaten und die Funktion H heißt die Hamilton-Funktion. Es gilt nun in abgekürzter Schreibweise für eine Lösung q der Euler-Lagrange-Gleichung:

$$H_q = L_q + L_{\dot{q}} h_q - p h_q = L_q = \frac{d}{dt} L_{\dot{q}} = \dot{p},$$
$$H_p = L_{\dot{q}} h_p - h - p h_p = -h = -\dot{q}. \tag{2.5.55}$$

Damit ist das sogenannte Hamiltonsche System

$$\dot{p} = H_q(p, q),$$
$$\dot{q} = -H_p(p, q), \tag{2.5.56}$$

äquivalent zur Euler-Lagrange-Gleichung (2.5.51)$_3$, wenn umgekehrt $p = L_{\dot{q}}$ bzw. $\dot{q} = h(p, q)$ und $L = H + p\dot{q}$ gesetzt wird. Das Hamiltonsche System besteht aus 2n gewöhnlichen Differentialgleichungen erster Ordnung.

Was hat man durch die Reduzierung der Ordnung zum Preis der Verdoppelung der Dimension gewonnen? Man bekommt sehr leicht einen ersten Erhaltungssatz:

$$\frac{d}{dt} H(p, q) = H_p(p, q)\dot{p} + H_q(p, q)\dot{q} = 0 \quad \text{oder} \tag{2.5.57}$$
$$H(p, q) = \text{const.} \quad \text{längs Lösungen von (2.5.56)}.$$

Für $L = \frac{1}{2} m\dot{q}^2 - V(q)$ ist $H = L - \dot{q} L_{\dot{q}} = -\frac{1}{2} m\dot{q}^2 - V(q) = -\frac{1}{2m} p^2 - V(q) = -E$ die negative totale Energie, die längs Bahnen des Hamiltonschen Systems erhalten wird.

(Das gilt auch für die Bahnen der Euler-Lagrange-Gleichung, s. Aufgabe 1.10.4.) Das Hamiltonsche System lautet in diesem Fall $\dot{p} = -V_q(q)$, $\dot{q} = \frac{1}{m}p$.

Weitere Erhaltungssätze können wie folgt gefunden werden: Eine Funktion $E = E(p,q)$ ist konstant längs Lösungen von (2.5.56), falls

$$\frac{d}{dt}E = E_p\dot{p} + E_q\dot{q} = E_pH_q - E_qH_p = 0 \quad \text{oder}$$

$$[E,H] = E_pH_q - E_qH_p = 0 \quad \text{ist.}$$

(2.5.58)

Der Ausdruck $[E,H]$ heißt Poisson-Klammer und ihr Verschwinden wird durch die Lösung einer partiellen Differentialgleichung erster Ordnung erreicht.

Zuletzt erwähnen wir, dass „der Fluss" des Hamiltonschen Systems (2.5.56) volumenerhaltend ist. Damit ist Folgendes gemeint: Die eindeutigen Lösungen eines Systems gewöhnlicher Differentialgleichungen

$$\dot{x} = f(x), \quad f : \mathbb{R}^n \to \mathbb{R}^n,$$

$$x(0) = z,$$

(2.5.59)

mit einem stetig total differenzierbaren Vektorfeld f werden als $x(t) = \varphi(t,z)$ bezeichnet. Wegen der Eindeutigkeit gilt die Gleichheit $\varphi(s+t,z) = \varphi(s,\varphi(t,z))$ für alle s,t und $s+t$, für die die Lösungen existieren. Außerdem ist $\varphi(0,z) = z$ für alle $z \in \mathbb{R}^n$. Die Abbildung $\varphi(t,\cdot) : \mathbb{R}^n \to \mathbb{R}^n$ heißt der Fluss des Systems (2.5.59). Für eine messbare Menge $\Omega \subset \mathbb{R}^n$ sei $\mu(\Omega)$ das (Lebesgue-)Maß von Ω. Der Fluss des Systems (2.5.59) heißt volumenerhaltend, falls

$$\mu(\varphi(t,\Omega)) = \mu(\varphi(0,\Omega)) = \mu(\Omega) \quad \text{für alle messbaren} \quad \Omega \in \mathbb{R}^n$$

(2.5.60)

und für alle t aus dem Existenzintervall des Flusses gilt. Der Satz von Liouville lautet:

$$\text{Ist} \quad \text{div} f(x) = 0 \quad \text{für alle } x \in \mathbb{R}^n,$$

ist der Fluss von (2.5.59) volumenerhaltend.

(2.5.61)

Dabei ist $\text{div} f(x) = \sum_{i=1}^n \frac{\partial f_i}{\partial x_i}(x)$ die Divergenz des Vektorfeldes f. (Wir beweisen den Satz von Liouville im Anhang (A.25)–(A.31).)
Für das $2n$-dimensionale Vektorfeld des Hamiltonschen Systems (2.5.56) gilt

$$f = (H_q, -H_p) \quad \text{und} \quad \text{div} f = \sum_{i=1}^n (H_{q_ip_i} - H_{p_iq_i}) = 0,$$

(2.5.62)

sofern die Hamilton-Funktion zweimal stetig partiell differenzierbar ist. Die Volumenerhaltung des Hamilton-Flusses schließt z.B. asymptotisch stabile Gleichgewichte

(= stationäre Lösungen) aus und erlaubt die Anwendung der Ergodentheorie auf die Mechanik.

Ist das Funktional (2.5.1) **invariant** im Sinne von (1.10.20) und ist $x \in D \subset (C^1[t_a, t_b])^n$ ein lokaler Minimierer unter der holonomen Nebenbedingung (2.5.2), ist jede Umparametrisierung $\tilde{x} \in \tilde{D} \subset (C^1[\tau_a, \tau_b])^n$ gemäß Definition 1.10.3 ein lokaler Minimierer des Funktionals mit gleicher Lagrange-Funktion unter der gleichen Nebenbedingung, denn wegen Satz 1.10.4 hat das Funktional den gleichen Wert und auch die Nebenbedingung wird von der Kurve in jeder anderen Parametrisierung erfüllt. Folglich muss eine Umparametrisierung (unter Bewahrung der Regularität, die in Satz 2.5.2 gefordert wird) das System (2.5.8) mit möglicherweise anderen Lagrange-Multiplikatoren erfüllen.

Satz 2.5.3 *Ist das Funktional (2.5.1) invariant gemäß (1.10.20) und ist $\tilde{x}(\tau) = x(\varphi(\tau))$ eine Umparametrisierung einer Kurve $x \in (C^1[t_a, t_b])^n$ gemäß Definition 1.10.3, dann folgt für total stetig differenzierbare Funktionen Φ und Ψ die Äquivalenz:*

$$\frac{d}{d\tau}\Phi_{\dot{x}}\left(\tilde{x}, \frac{d}{d\tau}\tilde{x}\right) = \Phi_x\left(\tilde{x}, \frac{d}{d\tau}\tilde{x}\right) + \sum_{i=1}^{m} \bar{\lambda}_i \nabla \Psi_i(\tilde{x}) \qquad (2.5.63)$$

gilt auf $[\tau_a, \tau_b]$ genau dann, wenn

$$\frac{d}{dt}\Phi_{\dot{x}}(x, \dot{x}) = \Phi_x(x, \dot{x}) + \sum_{i=1}^{m} \lambda_i \nabla \Psi_i(x) \qquad (2.5.64)$$

auf $[t_a, t_b]$ gilt. Dabei ist

$$\bar{\lambda}_i(\tau) = \lambda_i(\varphi(\tau)) \frac{d\varphi}{d\tau}(\tau) \quad \text{für} \quad \tau \in [\tau_a, \tau_b]. \qquad (2.5.65)$$

Beweis: Wir verwenden die (1.10.14) entsprechenden Identitäten, die aus (1.10.20) durch Differentiation folgen. Wir erhalten die zu (1.10.15) und (1.10.16) analogen Gleichungen, d.h. wegen $\frac{d}{d\tau}\tilde{x}(\tau) = \dot{x}(\varphi(\tau))\frac{d\varphi}{d\tau}(\tau)$ mit $\frac{d\varphi}{d\tau}(\tau) > 0$

$$\frac{d}{d\tau}\Phi_{\dot{x}}(\tilde{x}(\tau),\frac{d}{d\tau}\tilde{x}(\tau)) - \Phi_x(\tilde{x}(\tau),\frac{d}{d\tau}\tilde{x}(\tau))$$

$$= \frac{d}{d\tau}\Phi_{\dot{x}}(x(\varphi(\tau)),\dot{x}(\varphi(\tau))) - \Phi_x(x(\varphi(\tau)),\dot{x}(\varphi(\tau)))\frac{d\varphi}{d\tau}(\tau) \qquad (2.5.66)$$

$$= \left(\frac{d}{dt}\Phi_{\dot{x}}(x(\varphi(\tau)),\dot{x}(\varphi(\tau))) - \Phi_x(x(\varphi(\tau)),\dot{x}(\varphi(\tau)))\right)\frac{d\varphi}{d\tau}(\tau),$$

woraus die behauptete Äquivalenz ersichtlich ist. □

Durch eine holonome Nebenbedingung sind die Ränder einer Kurve $x \in D \subset (C^1[t_a,t_b])^n$ nicht mehr ganz frei, denn sie müssen $x(t_a), x(t_b) \in M$ erfüllen. Schreiben wir sonst aber keine Randbedingung vor, erfüllen lokale Minimierer die natürlichen Randbedingungen.

Satz 2.5.4 *Die Kurve $x \in (C^2[t_a,t_b])^n$ sei ein lokaler Minimierer für das Funktional (2.5.1) unter der holonomen Nebenbedingung (2.5.2). Unter den Voraussetzungen von Satz 2.5.2 an die Lagrange-Funktion Φ und die Funktion Ψ erfüllt x das System (2.5.8), und ist der Rand von x bei $t = t_a$ und/oder bei $t = t_b$ nicht weiter eingeschränkt, gilt die natürliche Randbedingung*

$$\Phi_{\dot{x}}(x(t_a),\dot{x}(t_a)) \in N_{x(t_a)}M \quad \text{und/oder} \quad \Phi_{\dot{x}}(x(t_b),\dot{x}(t_b)) \in N_{x(t_b)}M. \qquad (2.5.67)$$

Beweis: Es sei $x(t_a) \in M$ nicht weiter eingeschränkt. Im Beweis von Satz 2.5.2 können wir nach wie vor h wie in (2.5.9) wählen, was in (2.5.10) und letztlich in (2.5.21) die Randbedingung $h(s,t_a) = sa(t_a) + b(s,t_a) = 0$ zur Folge hat. Wir können jetzt aber auch $h \in (C^2[t_a,t_b])^n$ mit beliebigem $h(t_a)$ und $h(t_b) = 0$ wählen, was in (2.5.10) einen beliebigen Vektor $a(t_a) \in T_{x(t_a)}M$ und $a(t_b) = 0$ ergibt und die Störung $h(s,t_a)$ in (2.5.21) nur insoweit einschränkt, als $x(t_a) + h(s,t_a) \in M$ gilt. Mit der speziellen Wahl von h wie im Beweis von Satz 2.5.2 folgt, dass x das System (2.5.8) löst, mit der allgemeineren Wahl von h erhalten wir aus (2.5.23) nach partieller Integration

$$\int_{t_a}^{t_b}(\Phi_x(x,\dot{x}) - \frac{d}{dt}\Phi_{\dot{x}}(x,\dot{x}),a)dt - (\Phi_{\dot{x}}(x(t_a),\dot{x}(t_a)),a(t_a)) = 0. \qquad (2.5.68)$$

Das System (2.5.8) impliziert $\Phi_x(x(t),\dot{x}(t)) - \frac{d}{dt}\Phi_{\dot{x}}(x(t),\dot{x}(t)) = -\sum_{i=1}^m \lambda_i(t)\nabla\Psi_i(x(t)) \in N_{x(t)}M$, s. (2.5.25), weshalb wegen $a(t) \in T_{x(t)}M$ der Integrand des Integrals in (2.5.68) punktweise verschwindet. Das bedeutet

$$(\Phi_{\dot{x}}(x(t_a),\dot{x}(t_a)),a(t_a)) = 0 \quad \text{für beliebiges} \quad a(t_a) \in T_{x(t_a)}M, \qquad (2.5.69)$$

was die natürliche Randbedingung bei $t = t_a$ beweist. $\qquad\square$

Durch Differentiation hat die holonome Nebenbedingung $\Psi(x(t)) = 0$ für $t \in [t_a, t_b]$ zur Folge, dass

$$D\Psi(x(t))\dot{x}(t) = 0 \quad \text{oder}$$
$$\dot{x}(t) \in \text{Kern} D\Psi(x(t)) = T_{x(t_a)}M \quad \text{für} \quad t \in [t_a, t_b] \tag{2.5.70}$$

gilt. Zusammen mit der natürlichen Randbedingung schränkt dies $\dot{x}(t_a)$ und/oder $\dot{x}(t_b)$ weiter ein, wie wir am Beispiel des mechanischen Modells (2.5.28)–(2.5.32) sehen: Wird die Bahn $x = x(t)$ zum Zeitpunkt $t = t_a$ nur durch die holonomen Nebenbedingungen (2.5.30) bestimmt, gelten

$$L_{\dot{x}}(x(t_a), \dot{x}(t_a)) \in N_{x(t_a)}M \quad \text{und}$$
$$\dot{x}(t_a) \in T_{x(t_a)}M, \tag{2.5.71}$$

was wegen der speziellen Gestalt von $L(x, \dot{x}) = T(\dot{x}) - V(x)$ und der Orthogonalität bedeutet, dass

$$(L_{\dot{x}}(x(t_a), \dot{x}(t_a)), \dot{x}(t_a)) = \sum_{k=1}^{N} m_k(\dot{x}_k^2 + \dot{y}_k^2 + \dot{z}_k^2) = 0 \quad \text{oder}$$
$$\dot{x}(t_a) = 0 \quad \text{ist.} \tag{2.5.72}$$

An einem freien Rand ist die Geschwindigkeit gleich Null. Das gilt mit und auch ohne holonome Nebenbedingung.

Im Funktional (2.5.1) kann die Lagrange-Funktion Φ auch explizit vom Parameter t abhängen und auch die Nebenbedingung (2.5.2) kann durch eine Schar von Nebenbedingungen ersetzt werden: Für

$$J(x) = \int_{t_a}^{t_b} \Phi(t, x, \dot{x}) dt, \tag{2.5.73}$$

welches auf $D \subset (C^1[t_a, t_b])^n$ definiert ist, seien

$$\Psi(t, x) = 0 \tag{2.5.74}$$

mit $\Psi : [t_a, t_b] \times \mathbb{R}^n \to \mathbb{R}^m$ holonome Nebenbedingungen. In einer anderen Schreibweise sind (2.5.73), (2.5.74) äquivalent mit dem Funktional

$$J(y) = \int_a^b F(x, y, y') dx, \tag{2.5.75}$$

definiert auf $D \subset (C^1[a,b])^n$, und den holonomen Nebenbedingungen

$$G(x,y) = 0 \qquad (2.5.76)$$

mit $G : [a,b] \times \mathbb{R}^n \to \mathbb{R}^m$, wobei $n > m$ ist. Für eine Funktion $y : [a,b] \to \mathbb{R}^n$ lautet die Nebenbedingung (2.5.76) $G(x,y(x)) = 0$ für $x \in [a,b]$.

Wir setzen voraus, dass F zweimal und G dreimal stetig partiell differenzierbar von allen Variablen abhängt, und dass

$$D_y G(x,y) = \left(\frac{\partial G_i}{\partial y_j}(x,y) \right)_{\substack{i=1,\ldots,m \\ j=1,\ldots,n}} \in \mathbb{R}^{m \times n} \qquad (2.5.77)$$

für alle $(x,y) \in [a,b] \times \mathbb{R}^n$ mit $G(x,y) = 0$ maximalen Rang m hat. Wie im Anhang ausgeführt ist dann für jedes $x \in [a,b]$

$$M_x = \{ y \in \mathbb{R}^n | G(x,y) = 0 \} \quad \text{eine} \quad (n-m)\text{-dimensionale}$$

stetig differenzierbare Mannigfaltigkeit und

$$M = \bigcup_{x \in [a,b]} (\{x\} \times M_x) \quad \text{ist eine} \quad (n+1-m)\text{-dimensionale} \qquad (2.5.78)$$

Mannigfaltigkeit mit Rand $\quad (\{a\} \times M_a) \cup (\{b\} \times M_b)$.

Man beachte, dass der Rang von $DG(x,y) \in \mathbb{R}^{m \times (n+1)}$ auch m und mithin maximal ist.

Die zulässigen Funktionen $D \subset (C^1[a,b])^n$ werden durch die holonome Nebenbedingung $G(x,y) = 0$ auf M gezwungen, derart dass $y(x) \in M_x$ für $x \in [a,b]$ gilt. Bei $x = a$ und/oder $x = b$ können noch zusätzliche Randbedingungen auf $\{a\} \times M_a$ bzw. $\{b\} \times M_b$ vorgeschrieben werden.

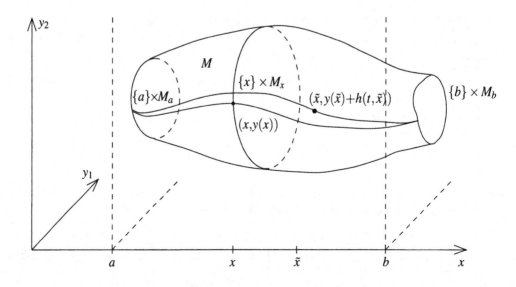

Abbildung 2.5.4

Satz 2.5.5 *Die Funktion $y \in D \subset (C^2[a,b])^n$ sei ein lokaler Minimierer für das Funktional (2.5.75) unter den holonomen Nebenbedingungen (2.5.76), d.h.*

$$J(y) \leq J(\tilde{y}) \quad \text{für alle} \quad \tilde{y} \in D \cap \{G(x,y) = 0\}$$

$$\text{mit} \quad \max_{k=1,\ldots,n} \|y_k - \tilde{y}_k\|_1 < d. \tag{2.5.79}$$

Dann gibt es eine stetige Funktion

$$\lambda = (\lambda_1, \ldots, \lambda_m) : [a,b] \to \mathbb{R}^m, \tag{2.5.80}$$

mit der y das System von n Differentialgleichungen löst:

$$\frac{d}{dx} F_{y'}(\cdot, y, y') = F_y(\cdot, y, y') + \sum_{i=1}^{m} \lambda_i \nabla_y G_i(\cdot, y) \quad \text{auf} \quad [a,b]. \tag{2.5.81}$$

Dabei ist $F_{y'} = (F_{y'_1}, \ldots, F_{y'_n})$, $F_y = (F_{y_1}, \ldots, F_{y_n})$, $y = (y_1, \ldots, y_n)$, $y' = (y'_1, \ldots, y'_n)$ und $\nabla_y G_i = (G_{i,y_1}, \ldots, G_{i,y_n})$.

Beweis: Da der Beweis analog zu dem von Satz 2.5.2 verläuft, skizzieren wir ihn nur. Im ersten Schritt konstruieren wir eine zulässige Störung der minimierenden Funktion y in $D \cap \{G(x,y) = 0\}$ von der Art $y + h(t, \cdot)$, so dass $y(x) + h(t,x) \in M_x$ liegt. Dazu verwenden wir Orthogonal-Projektoren

$$P_x(y) : \mathbb{R}^n \to T_y M_x, \quad Q_x(y) : \mathbb{R}^n \to N_y M_x$$

auf die Tangentialräume bzw. Normalenräume $\qquad$ (2.5.82)

an M_x in $y \in M_x$, $x \in [a,b]$.

Mit beliebigem $h \in (C_0^2[a,b])^n$ ist dann

$$f(x) = P_x(y(x))h(x) \in T_{y(x)} M_x \quad \text{für} \quad x \in [a,b],$$

$$f \in (C^2[a,b])^n \quad \text{und} \quad f(a) = 0, \ f(b) = 0. \tag{2.5.83}$$

Analog zur Vorgehensweise in (2.5.12)–(2.5.21) können wir mittels einer lokalen Anwendung des Theorems über implizite Funktionen eine zulässige Störung der folgenden Art konstruieren:
(Die (2.5.12) entsprechende Funktion ist $H(t,x,z) = G(x,y(x)) + tf(x) + Q_x(y(x))z$ für

$(t,x,z) \in \mathbb{R} \times [a,b] \times N_{y(x_0)}M_{x_0}.)$

Es gibt eine zweimal stetig differenzierbare Störung

$h : (-\varepsilon_0, \varepsilon_0) \times [a,b] \rightarrow \mathbb{R}^n$,   so dass

$y(x) + h(t,x) \in M_x$ für $(-\varepsilon_0, \varepsilon_0) \times [a,b]$ gilt .

Die Störung ist von der Form $h(t,x) = t f(x) + g(t,x)$ mit

$f(x) \in T_{y(x)}M_x$, $g(t,x) \in N_{y(x)}M_x$ und es ist   (2.5.84)

$h(t,a) = 0$, $h(t,b) = 0$ für $t \in (-\varepsilon_0, \varepsilon_0)$,

$h(0,x) = 0$, $\dfrac{\partial}{\partial t}h(0,x) = f(x)$ und $\dfrac{\partial^2}{\partial t \partial x}h(0,x) = f'(x)$

für $x \in [a,b]$.

Da $J(y + h(t, \cdot))$ bei $t = 0$ lokal minimal ist, gilt

$$\frac{d}{dt}J(y + h(t, \cdot))|_{t=0} = 0 \quad \text{oder}$$

$$\int_a^b \sum_{k=1}^n (F_{y_k}(\cdot, y, y')\frac{\partial}{\partial t}h_k(0, \cdot) + F_{y'_k}(\cdot, y, y')\frac{\partial^2}{\partial t \partial x}h_k(0, \cdot))dx \qquad (2.5.85)$$

$$= \int_a^b (F_y(\cdot, y, y'), f) + (F_{y'}(\cdot, y, y'), f')dx = 0.$$

Nach partieller Integration erhalten wir

$$\int_a^b (F_y(\cdot, y, y') - \frac{d}{dx}F_{y'}(\cdot, y, y'), f)dx = 0$$
$$\text{für alle} \quad f \in (C_0^2[a,b])^n \quad \text{mit} \quad f(x) \in T_{y(x)}M_x. \qquad (2.5.86)$$

In Analogie zu (2.5.25) stellen wir dar:

$$Q_x(y(x))(\frac{d}{dx}F_{y'}(x, y(x), y'(x)) - F_y(x, y(x), y'(x))) = \sum_{i=1}^m \lambda_i(x)\nabla_y G_i(x, y(x)), \quad (2.5.87)$$

wobei die λ_i eindeutig bestimmt und stetig auf $[a,b]$ sind. Zerlegen wir schließlich ein beliebiges $h \in (C_0^2[a,b])^n$ in

$$h(x) = P_x(y(x))h(x) + Q_x(y(x))h(x) = f(x) + g(x) \quad \text{mit}$$
$$f(x) \in T_{y(x)}M_x, \quad \text{und} \quad g(x) \in N_{y(x)}M_x \qquad (2.5.88)$$

folgt mit der gleichen Argumentation wie nach (2.5.27), dass

$$\int_a^b (\frac{d}{dx}F_{y'}(\cdot, y, y') - F_{y'}(\cdot, y, y') - \sum_{i=1}^m \lambda_i \nabla_y G_i(\cdot, y), h)dx = 0 \qquad (2.5.89)$$

gilt. Da $h \in (C_0^2[a,b])^n$ beliebig ist, folgt die Behauptung (2.5.81).   □

Sind für zulässige $y \in D \cap \{G(x,y) = 0\}$ außer den Bedingungen $y(a) \in M_a$ und $y(b) \in M_b$ keine weiteren Randbedingungen vorgeschrieben, gelten dort die natürlichen Randbedingungen.

Satz 2.5.6 *Die Funktion $y \in (C^2[a,b])^n$ sei ein lokaler Minimierer für das Funktional (2.5.75) unter den holonomen Nebenbedingungen (2.5.76). Unter den Differenzierbarkeitsvoraussetzungen an F und G von Satz 2.5.5 erfüllt y das System (2.5.81) und ist der Rand von y bei $x = a$ und/oder bei $x = b$ nicht weiter eingeschränkt, gilt die natürliche Randbedingung*

$$F_{y'}(a,y(a),y'(a)) \in N_{y(a)}M_a \quad und/oder$$
$$F_{y'}(b,y(b),y'(b)) \in N_{y(b)}M_b. \tag{2.5.90}$$

Beweis: Wir können bei freiem Rand von y bei $x = a$ Störungen $h(t,x)$ wie in (2.5.84) konstruieren, nur dass wir jetzt auch $f(a) \in T_{y(a)}M_a$ beliebig wählen können. Dann ist die Störung nur durch $y(a) + h(t,a) \in M_a$ eingeschränkt. Wir erhalten aus (2.5.85) nach partieller Integration

$$\int_a^b (F_y(\cdot,y,y') - \frac{d}{dx}F_{y'}(\cdot,y,y'), f)dx - (F_{y'}(a,y(a),y'(a)), f(a)) = 0, \tag{2.5.91}$$

wenn $f(b) = 0$ gewählt wird. Da wegen (2.5.81) der Integrand verschwindet und da $f(a) \in T_{y(a)}M_a$ beliebig ist, folgt, dass $F_{y'}(a,y(a),y'(a))$ aus dem orthogonalen Komplement von $T_{y(a)}M_a$, d.h. aus $N_{y(a)}M_a$, ist.   □

Mit den holonomen Nebenbedingungen $G(x,y(x)) = 0$ gilt zusätzlich zu (2.5.90)

$$G_x(x,y(x)) + D_y G(x,y(x))y'(x) = 0 \quad \text{für} \quad x \in [a,b], \tag{2.5.92}$$

woraus aber nicht $y'(a) \in T_{y(a)}M_a$ folgt, sofern $G_x(a,y(a)) \neq 0$ ist. Die analoge Beobachtung gilt für $x = b$.

Satz 2.5.5 gilt wörtlich für Funktionale (2.5.73) und holonome Nebenbedingungen (2.5.74), wenn in Satz 2.5.5 x durch t, y durch x, F durch Φ, G durch Ψ und $[a,b]$ durch $[t_a,t_b]$ ersetzt wird.

Aufgaben

2.5.1 Mit den Bezeichnungen (2.5.28)–(2.5.32) zeige man, dass die totale Energie $E(x,\dot{x}) = T(\dot{x}) + V(x)$ längs einer Bahn, die die holonomen Nebenbedingungen erfüllt und das Wirkungsintegral minimiert, konstant ist.

2.5.2 Man berechne die Bahn $x = x(t)$ einer Kugel der Masse m, die ohne Reibung auf einer schiefen Ebene, beschrieben durch $x_1 + x_3 - 1 = 0$, von $x(0) = (0,0,1)$ mit der Anfangsgeschwindigkeit $\dot{x}(0) = (0,v_2,0)$ bis zur Ebene $x_3 = 0$ rollt. Dabei wirkt nur die Erdbeschleunigung g in Richtung der negativen x_3-Achse. Man gebe die Laufzeit an und vergleiche die Zeit mit der des freien Falls von $(0,0,1)$ bis $(0,0,0)$. Hängt die Laufzeit von der Anfangsgeschwindigkeit $(0,v_2,0)$ ab?

2.5.3 Man gebe die Euler-Lagrange-Gleichungen des sphärischen Pendels, das sich nur unter dem Einfluss der Schwere auf der Sphäre $x_1^2 + x_2^2 + x_3^2 - \ell^2 = 0$ bewegt, an. Die Erdbeschleunigung auf die Masse m wirkt in Richtung der negativen x_3-Achse.
Man gebe auch die Euler-Lagrange-Gleichungen in den generalisierten Koordinaten $\varphi \in [0,2\pi]$ und $\theta \in [-\frac{\pi}{2}, \frac{\pi}{2}]$ an, wobei

$$x_1 = r\sin\theta\cos\varphi,$$
$$x_2 = r\sin\theta\sin\varphi,$$
$$x_3 = r\cos\theta,$$

die Kugelkoordinaten sind.

2.5.4 Man zeige für jede Lösung $x = x(t)$ der Euler-Lagrange-Gleichungen des sphärischen Pendels den Erhaltungssatz

$$\frac{d}{dt}(x_1\dot{x}_2 - \dot{x}_1 x_2) = 0 \quad \text{oder} \quad x_1\dot{x}_2 - \dot{x}_1 x_2 = c$$

und interpretiere ihn geometrisch.

Hinweis: Man wende Formel (2.2.4) auf eine geeignete Fläche an.

2.6 Geodätische

Wie im Anhang ausgeführt, ist für eine stetig total differenzierbare Abbildung $\Psi : \mathbb{R}^n \to \mathbb{R}^m$ mit $n > m$ die (nichtleere) Nullstellenmenge $M = \{x \in \mathbb{R}^n | \Psi(x) = 0\}$ eine stetig differenzierbare Mannigfaltigkeit der Dimension $n - m$.

Eine Geodätische ist eine Kurve $x \in D = (C^1[t_a, t_b])^n \cap \{x(t_a) = A, x(t_b) = B\}$, die das Längenfunktional

$$J(x) = \int_{t_a}^{t_b} \|\dot{x}\| dt \tag{2.6.1}$$

unter der holonomen Nebenbedingung

$$\Psi(x) = 0 \tag{2.6.2}$$

minimiert.

Um Satz 2.5.2 anwenden zu können, setzen wir für Ψ dreimal stetige partielle Differenzierbarkeit voraus, und von der minimierenden Kurve verlangen wir zweimalige stetige Differenzierbarkeit. Die Lagrange-Funktion $\Phi(\dot{x}) = \|\dot{x}\|$ ist auf $\mathbb{R}^n \setminus \{0\}$ beliebig oft differenzierbar. Deshalb sind nur Kurven x zulässig, die einen nirgends verschwindenden Tangentenvektor $\dot{x}(t) \neq 0$ besitzen.

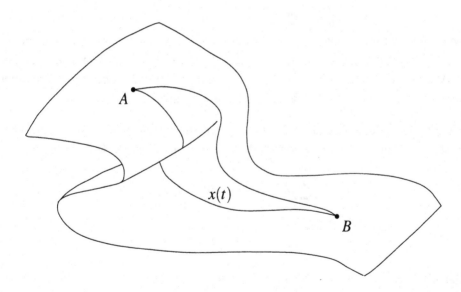

Abbildung 2.6.1

Gemäß Satz 2.5.2 muss eine Geodätische das System der Euler-Lagrange-Gleichungen

$$\frac{d}{dt} \frac{\dot{x}}{\|\dot{x}\|} = \sum_{i=1}^{m} \lambda_i \nabla \Psi_i(x) \quad \text{auf} \quad [t_a, t_b] \tag{2.6.3}$$

erfüllen, wobei $\lambda = (\lambda_1, \ldots, \lambda_m) \in (C[t_a, t_b])^m$ die von t abhängigen Lagrange-Multiplikatoren sind.

Da das Längenfunktional (2.6.1) invariant ist, können wir uns Satz 2.5.3 zunutze machen, um durch eine Umparametrisierung das System (2.6.3) in eine einfachere Form zu bringen. Für die Bogenlänge

$$s(t) = \int_{t_a}^t \|\dot{x}(\sigma)\| d\sigma \quad , \quad \dot{s}(t) = \|\dot{x}(t)\| > 0, \tag{2.6.4}$$

existiert die Umkehrfunktion $t = \varphi(s)$, welche eine stetig differenzierbare Abbildung $\varphi : [0, L] \to [t_a, t_b]$ ist. Hier ist $L = L(x)$ die Länge der zulässigen Kurve $x \in (C^2[t_a, t_b])^n$. Parametrisieren wir x nach der Bogenlänge, d.h.

$$x(\varphi(s)) = \tilde{x}(s) \quad \text{mit}$$
$$\frac{d\varphi}{ds}(s) = \frac{1}{\dot{s}(\varphi(s))} > 0, \tag{2.6.5}$$

ist die Umparametrisierung gemäß Definition 1.10.3 zulässig, und es gilt wegen (2.6.4) und (2.6.5)

$$\left\| \frac{d\tilde{x}}{ds}(s) \right\| = \|\dot{x}(\varphi(s))\| \frac{d\varphi}{ds}(s) = 1. \tag{2.6.6}$$

Im Unterschied zu Definition 1.10.3 hängt für diese Umparametrisierung das Parameterintervall $[0, L]$ von der Länge der Kurve ab, aber dennoch ist Satz 2.5.3 anwendbar, da die in der Äquivalenz von (2.5.63) und (2.5.64) festgestellte Invarianz der Euler-Lagrange-Gleichungen für eine zwar beliebige, aber feste Kurve gilt.

Wegen (2.6.6) muss eine Geodätische, die nach der Bogenlänge parametrisiert ist, folgendes System erfüllen, wenn wir wieder s durch t ersetzen und die Tilde weglassen:

$$\ddot{x} = \sum_{i=1}^m \lambda_i \nabla \Psi_i(x) \quad \text{auf} \quad [t_a, t_b],$$
$$\|\dot{x}(t)\| = 1. \tag{2.6.7}$$

Als **Beispiel** berechnen wir die Geodätischen auf der Sphäre S_R im Raum $\mathbb{R}^3$, die durch

$$\Psi(x) = x_1^2 + x_2^2 + x_3^2 - R^2 = 0 \tag{2.6.8}$$

beschrieben wird. Es ist nach (2.6.7) zu lösen:

$$\ddot{x} = 2\lambda x,$$
$$\dot{x}_1^2 + \dot{x}_2^2 + \dot{x}_3^2 = 1. \tag{2.6.9}$$

Zweimalige Differentiation von (2.6.8) ergibt mit (2.6.9)

$$2(x_1\dot{x}_1 + x_2\dot{x}_2 + x_3\dot{x}_3) = 0,$$
$$\dot{x}_1^2 + \dot{x}_2^2 + \dot{x}_3^2 + x_1\ddot{x}_1 + x_2\ddot{x}_2 + x_3\ddot{x}_3 = 0 \quad \text{oder}$$
$$1 + 2\lambda(x_1^2 + x_2^2 + x_3^2) = 1 + 2\lambda R^2 = 0 \quad \text{oder} \tag{2.6.10}$$
$$2\lambda = -\frac{1}{R^2}, \quad \text{und aus } (2.6.9)_1 \text{ wird} \quad \ddot{x} + \frac{1}{R^2}x = 0.$$

Die allgemeine Lösung von $(2.6.10)_4$ ist

$$x(s) = a\cos\frac{1}{R}s + b\sin\frac{1}{R}s \quad \text{mit} \quad a,b \in \mathbb{R}^3. \tag{2.6.11}$$

Die Nebenbedingungen ergeben

$$\|x(0)\| = \|a\| = R, \quad \|\dot{x}(0)\| = \frac{1}{R}\|b\| = 1,$$
$$(x(0),\dot{x}(0)) = (a,\frac{1}{R}b) = 0, \quad \text{s. } (2.6.10)_1. \tag{2.6.12}$$

Die Vektoren a und b haben die Länge R und stehen senkrecht aufeinander. Ist $c \in \mathbb{R}^3$ ein dritter Vektor (der Länge 1), der sowohl senkrecht auf a als auch auf b steht, folgt

$$(x(s),c) = 0 \quad \text{für alle} \quad s \in [0,L]. \tag{2.6.13}$$

Andererseits beschreibt der Einheitsvektor c durch

$$E = \{x \in \mathbb{R}^3 | (x,c) = 0\} \tag{2.6.14}$$

eine Ebene im $\mathbb{R}^3$, die durch den Mittelpunkt 0 der Sphäre S_R geht. Als Ergebnis erhalten wir, dass jede Geodätische

$$x(s) \in S_R \cap E \quad \text{für alle} \quad s \in [0,L] \tag{2.6.15}$$

erfüllt. Den Schnitt der Sphäre S_R mit einer Ebene E durch ihren Mittelpunkt bezeichnet man als einen „Großkreis".

Sind zwei Punkte A und B auf der Sphäre S_R gegeben, spannen die drei Punkte $0, A$ und B eine Ebene E auf und die Geodätische zwischen A und B liegt in $S_R \cap E$. Die Punkte A und B sind durch zwei Großkreisbögen verbunden, von denen einer länger als der andere ist oder sie gleich lang sind, wenn A und B Antipodenpunkte sind.

Kürzeste Verbindungen zwischen zwei Punkten auf der Sphäre sind für die Routenplanung interkontinentaler Flüge von Bedeutung. Liegen zwei Städte auf dem gleichen

Breitenkreis, etwa in Europa und Nordamerika, folgt das Flugzeug nicht dem Breitenkreis, wie eine verzerrende Landkarte suggeriert, sondern es macht einen „Umweg" über den Nordatlantik und nähert sich über Neufundland dem amerikanischen Kontinent.

Ist die Mannigfaltigkeit M durch „generalisierte Koordinaten" gegeben, kann man Geodätische über ein Variationsproblem ohne holonome Nebenbedingungen ermitteln. Als Beispiel betrachten wir eine **Rotationsfläche** der folgenden Art im Raum $\mathbb{R}^3$:

$$M = \{(r\cos\varphi,\ r\sin\varphi, f(r)) | 0 \leq r_1 < r < r_2 \leq \infty, \varphi \in [0, 2\pi]\}. \qquad (2.6.16)$$

M entsteht dadurch, dass der Graph von $f : (r_1, r_2) \to \mathbb{R}$ über der x_1-Achse um die x_3-Achse rotiert. Die Funktion f sei zweimal stetig differenzierbar, und ist $r_1 = 0$ und $f'(0) \neq 0$, entsteht bei $(0, 0, f(0))$ eine nach unten oder nach oben weisende Spitze, s. Abbildung 2.6.2.

Es seien A und B zwei Punkte auf M mit den Koordinaten $A = (r_a \cos\varphi_a,\ r_a \sin\varphi_a, f(r_a))$ und $B = (r_b \cos\varphi_b,\ r_b \sin\varphi_b, f(r_b))$. Wir wollen die Geodätische von A und B bestimmen.

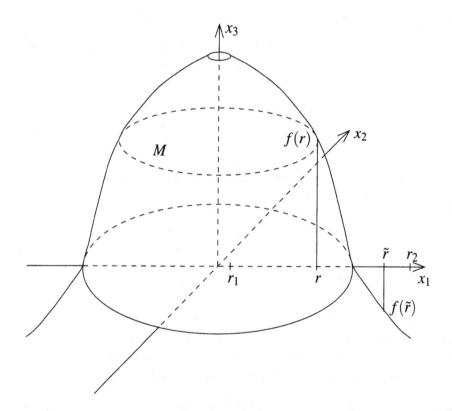

Abbildung 2.6.2

Dazu parametrisieren wir Kurven, die A und B verbinden, als

$$\{x(t) = (r(t)\cos\varphi(t),\ r(t)\sin\varphi(t), f(r(t)))| t \in [t_a, t_b]\} \tag{2.6.17}$$

mit $r(t_a) = r_a$, $\varphi(t_a) = \varphi_a$, $r(t_b) = r_b$, $\varphi(t_b) = \varphi_b$. Mit dieser Parametrisierung in den „generalisierten Koordinaten" verlaufen alle diese Kurven auf M, und für das Längenfunktional benötigen wir keine holonome Nebenbedingung. Die Länge der Kurve ist durch das Funktional

$$\begin{aligned}
J(x) &= \int_{t_a}^{t_b} \sqrt{\dot{x}_1^2 + \dot{x}_2^2 + \dot{x}_3^2}\, dt \\
&= \int_{t_a}^{t_b} \sqrt{\dot{r}^2(1 + (f'(r))^2) + r^2\dot\varphi^2}\, dt = J(r, \varphi)
\end{aligned} \tag{2.6.18}$$

mit der Lagrange-Funktion $\Phi(r, \varphi, \dot{r}, \dot\varphi) = \sqrt{\dot{r}^2(1 + (f'(r))^2) + r^2\dot\varphi^2}$ gegeben. Die Euler-Lagrange-Gleichungen für Minimierer lauten (für einen nirgends verschwindenden Tangentenvektor $\dot{x}(t) \neq 0$):

$$\frac{d}{dt}\Phi_{\dot{r}} = \frac{d}{dt}\frac{\dot{r}(1 + (f'(r))^2)}{\sqrt{\dot{r}^2(1 + (f'(r))^2) + r^2\dot\varphi^2}} = \frac{\dot{r}^2 f'(r)f''(r) + r\dot\varphi^2}{\sqrt{\dot{r}^2(1 + (f'(r))^2) + r^2\dot\varphi^2}} = \Phi_r,$$

$$\frac{d}{dt}\Phi_{\dot\varphi} = \frac{d}{dt}\frac{r^2\dot\varphi}{\sqrt{\dot{r}^2(1 + (f'(r))^2) + r^2\dot\varphi^2}} = 0 = \Phi_\varphi, \quad t \in [t_a, t_b]. \tag{2.6.19}$$

Wir unterscheiden zwei Fälle:

1. Die Punkte A und B haben die gleichen Winkelkoordinaten $\varphi_a = \varphi_b$. Wir machen den Ansatz $\varphi(t) = \varphi_a = \varphi_b$ für alle $t \in [t_a, t_b]$, womit sich das System (2.6.19) für $r = r(t)$ mit $\dot{r}(t) \neq 0$ und $\dot\varphi(t) = 0$ zu

$$\frac{d}{dt}\sqrt{1 + (f'(r))^2} = \frac{\dot{r}f'(r)f''(r)}{\sqrt{1 + (f'(r))^2}} \tag{2.6.20}$$

vereinfacht. Die Gleichung (2.6.20) ist für jede Parametrisierung erfüllt. Die Geodätische von A nach B ist ein „Meridian" $\{(r\cos\varphi_a, r\sin\varphi_a, f(r))\}$, wobei r zwischen r_a und r_b variiert.

2. Im zweiten Fall haben die Punkte A und B verschiedene Winkelkoordinaten $\varphi_a \neq \varphi_b$. Da die Lagrange-Funktion Φ in (2.6.18) invariant gemäß Definition 1.10.2 ist, können wir Satz 1.10.7 anwenden, wonach wir im System der Euler-Lagrange-Gleichungen (2.6.19) beliebige zulässige Umparametrisierungen vornehmen können. Parametrisieren wir nach der Bogenlänge (s. dazu (2.6.4)–(2.6.6)), sind die Nenner in (2.6.19) alle gleich 1. Aus

$(2.6.19)_2$ folgt dann, dass $r^2 \dot{\varphi} = c \neq 0$ ist, denn φ kann in diesem Fall nicht konstant sein. Das bedeutet wiederum, dass das Vorzeichen von $\dot{\varphi}$ konstant ist oder dass φ entweder nur monoton zu- oder abnimmt. Geometrisch heißt das, dass sich die Geodätische mit einer konstanten Drehrichtung um die Rotationsfläche windet.

Wegen $\dot{\varphi}(t) \neq 0$ für alle $t \in [t_a, t_b]$ existiert die Umkehrfunktion $t = \tau(\varphi)$ und $r(t) = r(\tau(\varphi)) = \tilde{r}(\varphi)$ ist über $\varphi \in [\varphi_a, \varphi_b]$ parametrisiert, wenn wir annehmen, dass $\varphi_a < \varphi_b$ gilt.

Im Folgenden parametrisieren wir die Kurve (2.6.17) nach dem Winkel φ und wenden zur Transformation des Längenfunktionals Satz 1.10.4 an: In der Lagrange-Funktion ist r durch $\tilde{r}$, $\dot{r}$ durch $\frac{d\tilde{r}}{d\varphi}$ und $\dot{\varphi}$ durch 1 zu ersetzen und über das Intervall $[\varphi_a, \varphi_b]$ zu integrieren. Lassen wir die Tilde weg und kürzen wir $\frac{dr}{d\varphi} = r'$ ab, lautet die neue Lagrange-Funktion $\Phi(r, r') = \sqrt{(r')^2(1 + (f'(r))^2) + r^2}$. Diese hängt nicht explizit vom Parameter φ ab, so dass wir wie in Fall 7 von 1.5 vorgehen können: Jede Lösung von $\Phi(r, r') - r'\Phi_{r'} = c_1$ löst die Euler-Lagrange-Gleichung oder ist eine Konstante. Im vorliegenden Fall erhalten wir

$$\frac{r^2}{\sqrt{(r')^2(1 + (f'(r))^2) + r^2}} = c_1 \quad \text{für} \quad r = r(\varphi), \quad \varphi \in [\varphi_a, \varphi_b]. \tag{2.6.21}$$

Wir wollen eine geometrische Eigenschaft der Kurve $x(\varphi) = (x_1(\varphi), x_2(\varphi), x_3(\varphi)) = (r(\varphi) \cos \varphi, r(\varphi) \sin \varphi, f(r(\varphi)))$, welche (2.6.21) erfüllt, herleiten. Der Tangentenvektor ist

$$x'(\varphi) = (r'(\varphi) \cos \varphi - r(\varphi) \sin \varphi, \ r'(\varphi) \sin \varphi + r(\varphi) \cos \varphi, \ f'(r(\varphi))r'(\varphi)). \tag{2.6.22}$$

Der Breitenkreis auf M, der die Kurve in $x(\varphi)$ schneidet, ist

$$\{z(\psi) = (r(\varphi) \cos \psi, r(\varphi) \sin \psi, \ f(r(\varphi)) | \psi \in [0, 2\pi]\}. \tag{2.6.23}$$

und die Tangente an den Breitenkreis im Punkt $x(\varphi)$ ist

$$z'(\varphi) = (-r(\varphi) \sin \varphi, r(\varphi) \cos \varphi, 0), \quad ' = \frac{d}{d\psi}. \tag{2.6.24}$$

Das Skalarprodukt der beiden Tangentenvektoren im $\mathbb{R}^3$ ist

$$(x'(\varphi), z'(\varphi)) = r(\varphi)^2 \quad \text{und nach geometrischer Definition}$$
$$= \|x'(\varphi)\| \, \|z'(\varphi)\| \cos \beta(\varphi), \tag{2.6.25}$$

wobei $\beta(\varphi)$ der Winkel zwischen den Vektoren $x'(\varphi)$ und $z'(\varphi)$ ist. Nun ist $\|x'(\varphi)\| = \Phi(r(\varphi), r'(\varphi)) = \sqrt{(r'(\varphi))^2(1 + (f'(r(\varphi)))^2) + (r(\varphi))^2}$ und $\|z'(\varphi)\| = r(\varphi)$. Zusammen mit (2.6.21) folgt aus (2.6.25)

$$r(\varphi) \cos \beta(\varphi) = c_1 \quad \text{für alle} \quad \varphi \in [\varphi_a, \varphi_b]. \tag{2.6.26}$$

Der Winkel $\beta(\varphi)$ zwischen Geodätischer und den Breitenkreisen mit Radius $r(\varphi)$ ist durch das „**Clairautsche Gesetz**" (2.6.26) verknüpft (A. Clairaut, 1713-1765). Nimmt beispielsweise $r(\varphi)$ ab, wird der Winkel $\beta(\varphi)$ kleiner und im Extremfall kann $\beta(\varphi) = 0$ werden, wenn $r(\varphi) = c_1$ ist. Offensichtlich gilt $r(\varphi) \geq c_1$ für alle $\varphi \in [\varphi_a, \varphi_b]$, und wenn $r(\varphi) = c_1$ gilt, dann nur für einen Punkt: Die Differentialgleichung (2.6.21) hat zwar die konstante Lösung $r = c_1$ für jedes c_1, aber, wie in 1.5, Fall 7, bemerkt, ist (2.6.21) nicht äquivalent zur Euler-Lagrange-Gleichung. Wir können wegen der Invarianz von Φ direkt im System (2.6.19) umparametrisieren, d.h. $\dot{r} = r'$ und $\dot{\varphi} = 1$ setzen, und sehen, dass $(2.6.19)_1$ keine (lokal) konstante Lösung $r = c_1$ oder $r' = 0$ besitzt.

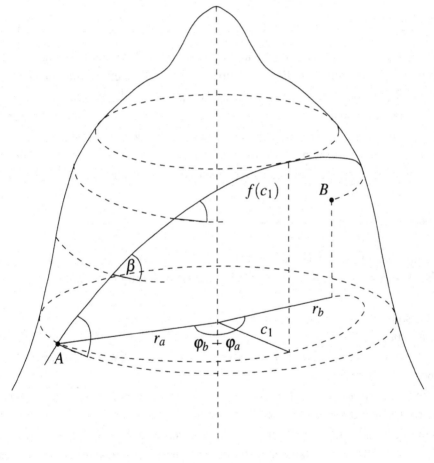

Abbildung 2.6.3

Die Geodätische von A nach B lässt sich außerhalb von $[\varphi_a, \varphi_b]$ als Lösung von (2.6.21) fortsetzen. Dabei kann sie den Breitenkreis $x_3 = f(c_1)$ in Abbildung 2.6.3 nicht nach oben überschreiten, da das Clairautsche Gesetz, das für alle φ gilt, die Ungleichung $r \geq c_1$ nach sich zieht. Die globale Geodätische kann sich auch nicht schließen, da sie in diesem Fall einen zweiten Breitenkreis tangential berühren würde. Dieser hat einen Radius $r > c_1$, und wegen $\cos \beta = 1$ im Berührpunkt wäre dort das Clairautsche Gesetz verletzt. Die globale Geodätische windet sich so lange um die Fläche M, bis sie nach „Unendlich" entschwindet. Dies soll für einen Kegel explizit in Aufgabe 2.6.2 gezeigt werden: Sie kommt von Unendlich, windet sich um den Kegel, berührt einen Breitenkreis und windet sich wieder ins Unendliche.

Neben dem hier vorgestellten Typ (2.6.16) einer Rotationsfläche gibt es eine weitere Klasse, die durch Rotation des Graphen einer Funktion über der x_3-Achse entsteht:

$$M = \{(g(x_3) \cos \varphi, g(x_3) \sin \varphi, x_3) | -\infty \leq c < x_3 < d \leq \infty\}. \tag{2.6.27}$$

Die Funktion $g : (c, d) \to \mathbb{R}$ ist positiv und zweimal stetig differenzierbar. Im Gegensatz zur Abbildung 2.6.3 kann sich diese Rotationsfläche nach unten wieder verjüngen, und werden die Radien der Breitenkreise kleiner als c_1, bedeutet die Bedingung $r \geq c_1$ auch eine Schranke der globalen Geodätischen nach unten. Dann kann sie nur zwischen zwei Breitenkreisen auf der Fläche verlaufen, und da dieses Flächenstück kompakt ist, existiert sie für $\varphi \in (-\infty, \infty)$. Sie windet sich unendlich oft um die Fläche, und kommt dabei jedem Punkt beliebig nahe. Eine genauere Diskussion findet man in [12], S. 138 ff.

Aufgaben

2.6.1 Man bestimme die Geodätische von $A = (1, 0, 0)$ bis $B = (-1, 0, 1)$ auf dem Zylinder $Z = \{x = (x_1, x_2, x_3) | x_1^2 + x_2^2 = 1\}$. Ist diese eindeutig bestimmt?

2.6.2 Es sei $K = \{x = (x_1, x_2, x_3) | x_1^2 + x_2^2 = x_3^2, \; x_3 \geq 0\} = \{(r \cos \varphi, r \sin \varphi, r) | 0 \leq r < \infty, \varphi \in [0, 2\pi]\}$ die Kegelfläche. Ausgehend von der Existenz globaler Geodätischer auf K zeige man, dass jede globale Geodätische, die kein Meridian ist, in beide Richtungen unbeschränkt ist.

Das bedeutet: Fixiert man einen Punkt $x_0 = x(t_0)$ auf einer Geodätischen $x = x(t)$ und parametrisiert man die Kurve in der Richtung $t \geq t_0$ nach der Bogenlänge und in der entgegengesetzten Richtung $t \leq t_0$ nach der negativen Bogenlänge, erhält man $x = \tilde{x}(s)$ für $s \in (s_-, s_+)$, $\tilde{x}(0) = x_0$. Man kann verwenden, dass $s_- = -\infty$ und $s_+ = +\infty$ ist, denn Kurvensegmente endlicher Länge können als Geodätische fortgesetzt werden.

Für die globale Geodätische $\{x(s) | s \in (-\infty, \infty)\}$ kann man die Euler-Lagrange-Gleichungen in kartesischen Koordinaten mit holonomer Nebenbedingung oder in generalisierten Koordinaten ohne Nebenbedingung verwenden, um zu zeigen, dass $\lim_{s \to \infty} \|x(s)\| = \lim_{s \to \infty} \sqrt{2} r(s) = \infty$ und $\lim_{s \to -\infty} \|x(s)\| = \lim_{s \to -\infty} \sqrt{2} r(s) = \infty$ gilt.

Hinweis: Man verwende, dass sich die Euler-Lagrange-Gleichungen in der Parametrisierung nach der zunehmenden Bogenlänge, auch wenn sie negativ ist, wesentlich vereinfachen.

2.7 Nichtholonome Nebenbedingungen

In der Physik, insbesondere in der Mechanik, wird eine Nebenbedingung als nichtholonom bezeichnet, wenn sie nicht nur die Orts-, sondern auch die Geschwindigkeitskoordinaten einschränkt.

Definition 2.7.1 *Für ein parametrisches Funktional*

$$J(x) = \int_{t_a}^{t_b} \Phi(t,x,\dot{x})dt \qquad (2.7.1)$$

oder, mit einer anderen Bezeichnung, für ein nichtparametrisches Funktional

$$J(y) = \int_a^b F(x,y,y')dx, \qquad (2.7.2)$$

welche auf $D \subset (C^1[t_a,t_b])^n$ bzw. auf $D \subset (C^1[a,b])^n$ definiert sind, heißen

$$\begin{aligned} \Psi(t,x,\dot{x}) &= 0 \quad \text{für } t \in [t_a,t_b] \text{ bzw.} \\ G(x,y,y') &= 0 \quad \text{für } x \in [a,b] \end{aligned} \qquad (2.7.3)$$

nichtholonome Nebenbedingungen. Dabei sind

$$\begin{aligned} \Psi &: [t_a,t_b] \times \mathbb{R}^n \times \mathbb{R}^n \to \mathbb{R}^m \quad \text{bzw.} \\ G &: [a,b] \times \mathbb{R}^n \times \mathbb{R}^n \to \mathbb{R}^m \quad \text{für } n > m \end{aligned} \qquad (2.7.4)$$

nach allen Variablen dreimal stetig partiell differenzierbar und

$$\begin{aligned} D_p\Psi(t,x,p) &= \left(\frac{\partial \Psi_i}{\partial p_j}(t,x,p)\right)_{\substack{i=1,\dots,m \\ j=1,\dots,n}} \quad \text{bzw.} \\[2mm] D_pG(x,y,p) &= \left(\frac{\partial G_i}{\partial p_j}(x,y,p)\right)_{\substack{i=1,\dots,m \\ j=1,\dots,n}} \end{aligned} \qquad (2.7.5)$$

haben für alle $(t,x,p) \in [t_a,t_b] \times \mathbb{R}^n \times \mathbb{R}^n$ bzw. für alle $(x,y,p) \in [a,b] \times \mathbb{R}^n \times \mathbb{R}^n$ maximalen Rang m, für die (2.7.3) mit $\dot{x} = p$ bzw. $y' = p$ lösbar ist.

Offensichtlich sind die parametrischen und nichtparametrischen Versionen völlig äquivalent und unterscheiden sich nur in der Bezeichnung. Wir wählen diese je nach Anwendung, geben den allgemeinen Satz aber nur für (2.7.2) und (2.7.3)$_2$ an.

Die nichtholonome Nebenbedingung (2.7.3) ist nicht mehr eine geometrische Bedingung an die Koordinaten der zulässigen Funktionen, wie es die holonome Nebenbedingung (2.5.2), (2.5.74) oder (2.5.76) ist, sondern sie ist eine Bedingung, die die Koordinaten der zulässigen Funktionen mit deren Ableitungen verknüpft. Solche Gleichungen sind Differentialgleichungen, aber die Art (2.7.3) unterscheidet sich von jenen, die man in Vorlesungen über „Gewöhnliche Differentialgleichungen" kennenlernt, in zweierlei Hinsicht. Wegen $m < n$ sind weniger Gleichungen für die n Komponenten der Funktionen gegeben und diese Gleichungen enthalten auch die Ableitungen nur implizit. Die Bedingungen (2.7.5) garantieren, dass mit dem Theorem über implizite Funktionen eine lokale Auflösung nach m Komponenten der Ableitung in einer Umgebung einer Lösung möglich ist, und in diesem System von expliziten Differentialgleichungen spielen die restlichen $n - m$ Komponenten die Rolle „freier Parameter". Die Theorie der nichtholonomen Nebenbedingungen liefert keine Existenz globaler Lösungen auf dem ganzen Intervall $[t_a, t_b]$ bzw. $[a,b]$, sonderen geht von einer Lösung aus (die das Funktional (2.7.1) bzw. (2.7.2) minimiert oder maximiert), und wendet sich der Frage zu, ob zulässige Störungen konstruierbar sind, und wenn ja, wie groß die Klasse dieser Störungen ist. Folgendes Beispiel zeigt, dass Störungen nicht existieren müssen.

Für $n = 2$ und $m = 1$ sei

$$G(x,y,y') = y_2' - \sqrt{1 + (y_1')^2} = 0 \quad \text{für } x \in [0,1]. \tag{2.7.6}$$

Dann hat

$$D_p G(x,y,p) = \left(-\frac{p_1}{\sqrt{1 + p_1^2}}, 1 \right) \tag{2.7.7}$$

den Rang $m = 1$. Eine zulässige Extremale y genüge den Randbedingungen

$$\begin{aligned} y(0) &= (y_1(0), y_2(0)) = (0,0), \\ y(1) &= (y_1(1), y_2(1)) = (0,1), \end{aligned} \tag{2.7.8}$$

und erfülle (2.7.6). Dann gibt es keine zulässige Störung, die (2.7.6) mit den gleichen

Randbedingungen (2.7.8) erfüllt, denn wegen

$$y_2'(x) = \sqrt{1 + (y_1'(x))^2} \geq 1 \quad \text{ist}$$

$$y_2(1) = \int_0^1 y_2'(x)dx = 1 \quad \text{nur mit} \tag{2.7.9}$$

$$y_1'(x) = 0 \quad \text{oder } y_1(x) = y_1(0) = 0 \quad \text{zu lösen, woraus}$$

$$y_2(x) = x \quad \text{folgt.}$$

Die einzige zulässige Funktion ist mithin $y(x) = (y_1(x), y_2(x)) = (0, x)$ für $x \in [0, 1]$. Mit den gleichen Randbedingungen bei $x = 0$ existiert für $y_2(1) < 1$ überhaupt keine zulässige Funktion. Ein Variationsproblem mit der nichtholonomen Nebenbedingung (2.7.6) und den Randbedingungen (2.7.8) erscheint also nicht sinnvoll.

Damit echte Störungen existieren, darf eine Extremale y durch die nichtholonome Nebenbedingung nicht im folgenden Sinne „gebunden" sein:

Definition 2.7.2 *Eine Lösung $y \in (C^1[a,b])^n$ von $G(x,y,y') = 0$ mit $y(a) = A$ und $y(b) = B$ heißt gebunden, falls das Randwertproblem*

$$G(x,y,y') = 0 \quad \text{für} \quad x \in [a,b]$$
$$y(a) = A, \quad y(b) = \tilde{B} \tag{2.7.10}$$

nicht für alle $\tilde{B} \in \mathbb{R}^n$ mit $\|B - \tilde{B}\| < d$ lösbar ist, so klein d auch sein mag. Ist y nicht gebunden, heißt y frei.

Wir wollen diese Definition an zwei Beispielen in der parametrischen Schreibweise testen.

1. Für beliebiges $n \geq 2$ und $m = 1$ sei

$$\Psi(x, \dot{x}) = \dot{x}_1^2 + \cdots + \dot{x}_n^2 - 1 = 0 \quad \text{für } t \in [t_a, t_b]. \tag{2.7.11}$$

Dann hat

$$D_p\Psi(x, p) = 2(p_1, \ldots, p_n) \tag{2.7.12}$$

den Rang $m = 1$ für alle $\|p\|^2 = 1$, für die (2.7.11) mit $\dot{x} = p$ lösbar ist. Alle Lösungen von

$$\Psi(x, \dot{x}) = 0,$$
$$x(t_a) = A, \quad x(t_b) = B, \tag{2.7.13}$$

haben die Länge $L = \int_{t_a}^{t_b} \|\dot{x}\| dt = t_b - t_a$. Es ist geometrisch offensichtlich, dass

$$\text{für} \quad \|B - A\| = t_b - t_a \quad \text{die Gerade von } A \text{ nach } B$$

durch 2.7.13 gebunden und   (2.7.14)

$$\text{für} \quad \|B - A\| < t_b - t_a \quad \text{jede Kurve von } A \text{ nach } B \text{ frei ist,}$$

s. Abbildung 2.7.1.

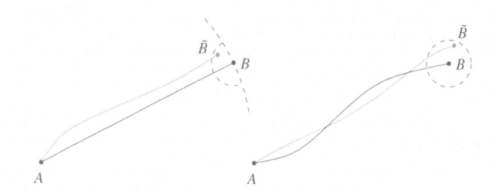

Abbildung 2.7.1

2. Für beliebige $m < n$ sei die nichtholonome Nebenbedingung durch

$$\tilde{\Psi}(x, \dot{x}) = D\Psi(x)\dot{x} = 0 \quad \text{für} \quad t \in [t_a, t_b] \tag{2.7.15}$$

mit einer stetig total differenzierbaren Abbildung $\Psi : \mathbb{R}^n \to \mathbb{R}^m$ gegeben, deren Jacobi-Matrix $D\Psi(x) \in \mathbb{R}^{m \times n}$ für alle $x \in \mathbb{R}^n$ mit $\Psi(x) = \Psi(A)$ für ein $A \in \mathbb{R}^n$ maximalen Rang m hat. Wegen $D_p \tilde{\Psi}(x, p) = D\Psi(x)$ ist dann die Rangbedingung für (2.7.5) für die gleichen $x \in \mathbb{R}^n$ erfüllt. Alle Lösungen von

$$\tilde{\Psi}(x, \dot{x}) = D\Psi(x)\dot{x} = 0 \quad \text{für} \quad t \in [t_a, t_b],$$
$$x(t_a) = A, \quad x(t_b) = B, \tag{2.7.16}$$

liegen auf der $(n - m)$-dimensionalen Mannigfaltigkeit $M = \{x \in \mathbb{R}^n | \Psi(x) = \Psi(A)\}$, denn (2.7.16)$_1$ ist äquivalent mit $\frac{d}{dt}\Psi(x) = 0$. Da nur Lösungen existieren, wenn B und $\tilde{B}$ in M liegen, ist jede Lösungskurve gebunden.

Das Beispiel zeigt, dass die holonome Nebenbedingung $\Psi(x) = \Psi(A)$ als nichtholonome Nebenbedingung $\frac{d}{dt}\Psi(x) = D\Psi(x)\dot{x} = 0$ formuliert werden kann, die Kurven bindet.

Auch isoperimetrische Nebenbedingungen lassen sich in die Klasse der nichtholonomen Nebenbedingungen einordnen: Für

$$K_i(y) = \int_a^b G_i(x,y,y')dx = c_i, \quad i = 1,\ldots,m, \qquad (2.7.17)$$

sei mit $G = (G_1,\ldots,G_m)$ und $c = (c_1,\ldots,c_m)$ für $(y,z) \in (C^1[a,b])^{n+m}$

$$\tilde{G}(x,y,z,y',z') = z'(x) - G(x,y,y') = 0, \; x \in [a,b],$$
$$z(a) = 0, \quad z(b) = c, \qquad (2.7.18)$$

eine nichtholonome Nebenbedingung, für die gilt: Die Funktion y erfüllt (2.7.17) genau dann, wenn die Funktion (y,z) die Bedingungen (2.7.18) erfüllt. Wegen

$$D_{(p,q)}\tilde{G}(x,y,z,p,q) = (-D_p G(x,y,p) \quad E) \in \mathbb{R}^{m \times (n+m)} \qquad (2.7.19)$$

mit der Einheitsmatrix $E \in \mathbb{R}^{m \times m}$ hat $D_{(p,q)}\tilde{G}$ überall maximalen Rang m. Wir werden in Aufgabe 2.7.4 sehen, dass eine Funktion $y \in (C^1[a,b])^n$ genau dann nicht kritisch für die isoperimetrischen Nebenbedingungen (2.7.17) ist, wie dies in Satz 2.1.5 definiert wird, wenn die Funktion $(y,z) \in (C^1[a,b])^{n+m}$, die (2.7.18) erfüllt, normal gemäß Definition 2.7.4 ist. Nun ist eine Funktion bezüglich einer nichtholonomen Nebenbedingung genau dann normal, wenn sie durch diese nicht gebunden, also frei ist. Diese Äquivalenz findet man in [10], IV, 4 bewiesen.

Wir zitieren den Hauptsatz über nichtholonome Nebenbedingungen:

Satz 2.7.3 *Es sei $y \in (C^2[a,b])^n$ ein lokaler Minimierer für das Funktional (2.7.2) unter der nichtholonomen Nebenbedingung (2.7.3)$_2$. Die Funktionen F und G seien nach allen Variablen dreimal stetig partiell differenzierbar und die Matrix (2.7.5)$_2$ habe maximalen Rang m für alle (x,y,p) in einer Umgebung des Graphen von (y,y') in $[a,b] \times \mathbb{R}^n \times \mathbb{R}^n$. Dann gibt es eine stetig differenzierbare Funktion*

$$\lambda = (\lambda_1,\ldots,\lambda_m) : [a,b] \to \mathbb{R}^m \quad und$$
$$\lambda_0 \in \{0,1\}, \qquad (2.7.20)$$

mit denen y das System von n Differentialgleichungen löst:

$$\frac{d}{dx}(\lambda_0 F + \sum_{i=1}^m \lambda_i G_i)_y = (\lambda_0 F + \sum_{i=1}^m \lambda_i G_i)_y \quad auf \; [a,b]. \qquad (2.7.21)$$

Dabei sind $F_{y'} = (F_{y'_1}, \ldots, F_{y'_n})$, $F_y = (F_{y_1}, \ldots, F_{y_n})$ und die Funktionen $G_{i,y'}$, $G_{i,y}$ analog definiert. Alle Funktionen in (2.7.21) haben das Argument $(x, y(x), y'(x))$. Schließlich ist

$$(\lambda_0, \lambda) \neq (0, 0) \in \mathbb{R} \times \mathbb{R}^m. \tag{2.7.22}$$

Interessant ist vornehmlich der Fall $\lambda_0 = 1$, denn für $\lambda_0 = 0$ kommt die Lagrange-Funktion F in (2.7.21) überhaupt nicht vor. Wegen (2.7.22) sind für $\lambda_0 = 0$ die Multiplikatoren $\lambda_1, \ldots, \lambda_m$ nicht alle identisch gleich Null, was zu folgender Definition Anlass gibt:

Definition 2.7.4 *Eine Lösung $y \in (C^1[a,b])^n$ von $G(x, y, y') = 0$ auf $[a, b]$ heißt normal, falls*

$$\frac{d}{dx}(\sum_{i=1}^{m} \lambda_i G_i(\cdot, y, y'))_{y'} = (\sum_{i=1}^{m} \lambda_i G_i(\cdot, y, y'))_y, \quad auf \quad [a, b] \tag{2.7.23}$$

mit $\lambda = (\lambda_1, \ldots, \lambda_m) \in (C^1[a,b])^m$ nur für $\lambda = 0 \in \mathbb{R}^m$ lösbar ist. Ist (2.7.23) mit einem nichttrivialen λ lösbar, heißt y nicht normal.

Wie schon bemerkt, ist eine Funktion y, die einer nichtholonomen Nebenbedingung genügt, genau dann normal, wenn sie frei ist. Ohne diese Terminologie zu verwenden, wird dies auch in [3], § 69, und in [12], Chap. 2, 3 bewiesen.

Mit diesen Definitionen können wir Satz 2.7.3 ergänzen:

Korollar 2.7.5 *Ist der lokale Minimierer aus Satz 2.7.3 bezüglich der holonomen Nebenbedingung frei oder normal, erfüllt er das System (2.7.21) mit $\lambda_0 = 1$.*

Der Beweis von Satz 2.7.3 mit dem Korollar 2.7.5 ist aufwändig, so dass wir auf die Literatur verweisen. Man findet Beweise unter anderem in [3], [10], [12].

Der Satz 2.7.3 ist die allgemeinste Version, die allen behandelten Nebenbedingungen gerecht wird:

Für isoperimetrische Nebenbedingungen sind die Lagrange-Multiplikatoren $\lambda_1, \ldots, \lambda_m$ konstant, $\lambda_0 = 1$ und Satz 2.7.3 reduziert sich auf Satz 2.1.5. Genaueres ist in Aufgabe 2.7.4 zu zeigen.

Für holonome Nebenbedingungen in der nichtholonomen Form (2.7.15) sind Kurven, die dieser genügen, nicht frei oder normal, s. obiges Beispiel 2 und Aufgabe 2.7.2. Dennoch ist das System (2.7.21) aus Satz 2.7.3 äquivalent mit dem System (2.5.8) aus Satz 2.5.2, dem Hauptsatz über holonome Nebenbedingungen. Dies ist in Aufgabe 2.7.3 zu zeigen.

Das zeigt, dass für die Wahl $\lambda_0 = 1$ in (2.7.21) die Bedingung, dass der lokale Minimierer frei oder normal ist, nur hinreichend, aber nicht notwendig ist.

Wir betrachten als **Anwendung** von Satz 2.7.3 die hängende Kette, die wir schon in Paragraph 2.3 berechnet haben. Parametrisieren wir den Graphen $\{(x, y(x)) | x \in [a, b]\}$, der die Kette darstellen soll, nach der Bogenlänge s, d.h.

$$(x, y(x)) = (\tilde{x}(s), \tilde{y}(s)) \quad \text{für } s \in [0, L] \text{ mit}$$
$$(\tilde{x}(0), \tilde{y}(0)) = (a, A), \quad (\tilde{x}(L), \tilde{y}(L)) = (b, B), \tag{2.7.24}$$

s. auch Abbildung 2.3.1, ist die potentielle Energie (bis auf den Faktor $g\rho$) gleich

$$J(\tilde{x}, \tilde{y}) = \int_0^L \tilde{y}(s)ds, \tag{2.7.25}$$

die mit den Randbedingungen $(2.7.24)_2$ unter der nichtholonomen Nebenbedingung

$$\dot{\tilde{x}}^2 + \dot{\tilde{y}}^2 = 1, \quad \cdot = \frac{d}{ds}, \tag{2.7.26}$$

zu minimieren ist (s. dazu (2.6.6)).

Wenn wir annehmen, dass $L > \sqrt{(b-a)^2 + (B-A)^2}$ ist, ist jede zulässige Kurve von (a, A) nach (b, B) keine Gerade und deshalb nach (2.7.14) frei. Wir wollen diese Information nicht einbringen, sondern formal nach Satz 2.7.3 vorgehen und $\lambda_0 = 0$ ausschließen. In der parametrischen Notation lautet das System (2.7.21):

$$2\frac{d}{ds}\lambda_1 \dot{\tilde{x}} = 0,$$
$$2\frac{d}{ds}\lambda_1 \dot{\tilde{y}} = \lambda_0, \quad s \in [0, L]. \tag{2.7.27}$$

Das ergibt $\lambda_1 \dot{\tilde{x}} = c_1$, $\lambda_1 \dot{\tilde{y}} = \frac{1}{2}\lambda_0 s + c_2$ und mit (2.7.26)

$$\lambda_1^2 = \lambda_1^2(\dot{\tilde{x}}^2 + \dot{\tilde{y}}^2) = c_1^2 + (\frac{1}{2}\lambda_0 s + c_2)^2. \tag{2.7.28}$$

Für $\lambda_0 = 0$ ist $\lambda_1 = \sqrt{c_1^2 + c_2^2} \neq 0$ (wegen (2.7.22)) und

$$\tilde{x}(s) = \frac{c_1}{\lambda_1}s + c_3, \quad \tilde{y}(s) = \frac{c_2}{\lambda_1}s + c_4 \tag{2.7.29}$$

ist eine Gerade. Nach Definition 2.7.4 ist die Gerade nicht normal, nach Definition 2.7.2 ist sie gebunden und sie entfällt als Minimierer, wenn $L > \sqrt{(b-a)^2 + (B-A)^2}$ ist.

Also bleibt $\lambda_0 = 1$ und damit

$$\lambda_1(s) = \sqrt{c_1^2 + (\frac{1}{2}s + c_2)^2},$$

$$\dot{\bar{y}}(s) = (\frac{1}{2}s + c_2)/\sqrt{c_1^2 + (\frac{1}{2}s + c_2)^2},$$

$$\bar{y}(s) = 2\sqrt{c_1^2 + (\frac{1}{2}s + c_2)^2} + c_4,$$

$$\dot{\bar{x}}(s) = c_1/\sqrt{c_1^2 + (\frac{1}{2}s + c_2)^2}, \tag{2.7.30}$$

$$\bar{x}(s) = 2c_1 \operatorname{Arsinh}\left(\frac{1}{c_1}(\frac{1}{2}s + c_2)\right) + c_3,$$

$$c_1 \sinh\left(\frac{\bar{x}(s) - c_3}{2c_1}\right) = \frac{1}{2}s + c_2 \quad \text{und}$$

$$\bar{y}(s) = 2c_1 \cosh\left(\frac{\bar{x}(s) - c_3}{2c_1}\right) + c_4.$$

Wir erhalten also eine Kettenlinie mit drei Konstanten wie in (2.3.7).

Bemerkung *Der allgemeine Satz 2.7.3 geht mit $\lambda_0 = 1$ auf Lagrange zurück. Wir skizzieren seine Argumentation für $n = 2$ und $m = 1$: Für einen Minimierer $y \in (C^1[a,b])^2$ für (2.7.2) unter der Nebenbedingung $(2.7.3)_2$ sei $y + th$ mit $h \in (C_0^1[a,b])^2$ eine zulässige Störung, d.h. es gilt $G(x, y + th, y' + th') = 0$ für $t \in (-\varepsilon, \varepsilon)$.*
Damit ist $\frac{d}{dt}G(x, y + th, y' + th')|_{t=0} = 0$ oder, mit dem Skalarprodukt $(\ , \ )$ in $\mathbb{R}^2$, $(G_y, h) + (G_{y'}, h') = 0$ auf $[a,b]$. Da nach Annahme $J(y + th)$ bei $t = 0$ minimal ist, folgt $\delta J(y)h = 0$. Mit einer beliebigen Funktion λ gilt dann auch

$$\int_a^b (F_y + \lambda G_y, h) + (F_{y'} + \lambda G_{y'}, h')dx = 0 \tag{2.7.31}$$

und nach partieller Integration

$$\int_a^b (F_y + \lambda G_y - \frac{d}{dx}(F_{y'} + \lambda G_{y'}), h)dx = 0. \tag{2.7.32}$$

Man bestimmt die Funktion λ durch die skalare Differentialgleichung

$$F_{y_1} + \lambda G_{y_1} - \frac{d}{dx}(F_{y_1'} + \lambda G_{y_1'}) = 0 \quad \text{auf } [a,b] \tag{2.7.33}$$

und mit einer frei wählbaren Komponente h_2 von h folgt

$$F_{y_2} + \lambda G_{y_2} - \frac{d}{dx}(F_{y_2'} + \lambda G_{y_2'}) = 0 \quad \text{auf } [a,b] \tag{2.7.34}$$

durch das Fundamental-Lemma der Variationsrechnung.

Es erscheint uns nicht angemessen, auf die Schwachpunkte dieser Schlussweise hinzuweisen, sondern wir messen die Leistung von Lagrange am richtungsweisenden Ergebnis.

Aufgaben

2.7.1 Es sei für $n \geq 2$

$$\Psi(t,x,\dot{x}) = \dot{x}_1^2 + \cdots + \dot{x}_n^2 - 1 = 0 \quad \text{auf } [t_a, t_b].$$

Man zeige, dass jede Kurve, die dieser nichtholonomen Nebenbedingung genügt und die keine Gerade ist, normal ist.

2.7.2 Für beliebige $m < n$ sei

$$\tilde{\Psi}(x,\dot{x}) = D\Psi(x)\dot{x},$$

wobei $\Psi : \mathbb{R}^n \to \mathbb{R}^m$ zweimal stetig partiell differenzierbar ist und die Jacobi-Matrix $D\Psi(x)$ für alle $x \in M = \{x \in \mathbb{R}^n | \Psi(x) = \Psi(A)\}$ maximalen Rang m hat.

Man zeige, dass die Kurve $x \in (C^1[t_a, t_b])^n$ mit $x(t_a) = A$, die $\tilde{\Psi}(x,\dot{x}) = 0$ erfüllt, nicht normal ist.

2.7.3 Es sei $\tilde{\Psi}(x,\dot{x}) = D\Psi(x)\dot{x}$, wobei Ψ den Voraussetzungen von Aufgabe 2.7.2 genügt. Man zeige, dass für eine zweimal stetig partiell differenzierbare Lagrange-Funktion Φ: $\mathbb{R}^n \times \mathbb{R}^n \to \mathbb{R}$ das System (2.5.8)

$$\frac{d}{dt}\Phi_{\dot{x}} = \Phi_x + \sum_{i=1}^{m} \lambda_i \nabla \Psi_i \quad \text{auf } [t_a, t_b]$$

mit stetigen $\lambda = (\lambda_1, \ldots, \lambda_m) : [t_a, t_b] \to \mathbb{R}^m$ äquivalent zum System (2.7.21) mit $\lambda_0 = 1$

$$\frac{d}{dt}(\Phi + \sum_{i=1}^{m} \tilde{\lambda}_i \tilde{\Psi}_i)_{\dot{x}} = (\Phi + \sum_{i=1}^{m} \tilde{\lambda}_i \tilde{\Psi}_i)_x$$

mit stetig differenzierbaren $\tilde{\lambda} = (\tilde{\lambda}_1, \ldots, \tilde{\lambda}_m) : [t_a, t_b] \to \mathbb{R}^m$ ist.

2.7.4 Die isoperimetrischen Nebenbedingungen

$$K_i(y) = \int_a^b G_i(x,y,y')dx = c_i, \quad i = 1,\ldots,m,$$

mit stetigen und bezüglich der letzten $2n$ Variablen stetig partiell differenzierbaren Funktionen $G_i : [a,b] \times \mathbb{R}^n \times \mathbb{R}^n \to \mathbb{R}$ werden für $(y,z) \in (C^1[a,b])^{n+m}$ als äquivalente nichtholonome Nebenbedingung der Form

$$\tilde{G}(x,y,z,y',z') = z'(x) - G(x,y,y') = 0 \quad \text{für } x \in [a,b],$$
$$z(a) = 0, \ z(b) = c,$$

mit $G = (G_1,\ldots,G_m)$ und $c = (c_1,\ldots,c_m)$ geschrieben. Dann hat $D_{(p,q)}\tilde{G}(x,y,z,p,q)$ den Rang m, s. (2.7.19).

a)   Man zeige, dass eine Funktion $y \in (C^1[a,b])^n$ genau dann nicht kritisch für die isoperimetrischen Nebenbedingungen im Sinne von Aufgabe 2.1.1 ist, wenn die Funktion $(y,z) \in (C^1[a,b])^{n+m}$, welche die äquivalente nichtholonome Nebenbedingung (2.7.18) erfüllt, normal ist.

b)   Man zeige, dass für einen lokalen Minimierer $y \in (C^2[a,b])^n$ für ein Funktional (2.7.2) oder (2.1.15) unter der nichtholonomen Nebenbedingung (2.7.18) die Lagrange-Multiplikatoren im System (2.7.21) konstant sind, und dass mit $\lambda_0 = 1$ das System (2.7.21) in das System (2.1.20) übergeht.

2.7.5 Ein Funktional zweiter Ordnung

$$J(y) = \int_a^b F(x,y,y',y'')dx$$

für $y \in C^2[a,b]$ mit einer nach allen Variablen dreimal stetig differenzierbaren Lagrange-Funktion $F : [a,b] \times \mathbb{R} \times \mathbb{R} \times \mathbb{R} \to \mathbb{R}$ wird als Funktional erster Ordnung

$$J(y,z) = \int_a^b F(x,y,y',z')dx$$

für $(y,z) \in (C^1[a,b])^2$ mit der nichtholonomen Nebenbedingung

$$G(x,y,y',z') = y' - z = 0$$

formuliert. Man zeige:

a) Die Nebenbedingung G erfüllt die Rangbedingung (2.7.5).

b) Jede Lösung der nichtholonomen Nebenbedingung ist frei.

c) Jede Lösung der nichtholonomen Nebenbedingung ist normal.

d) Man gebe die Euler-Lagrange-Gleichung für einen lokalen Minimierer $y \in C^2[a,b]$ für $J(y)$ mittels Satz 2.7.3 an.

2.7.6 Für $n = 2$ und $m = 1$ sei

$$G(y,y') = g_1(y)y_1' + g_2(y)y_2' = 0 \quad \text{auf } [a,b]$$

eine nichtholonome Nebenbedingung. Dabei ist das Vektorfeld $g = (g_1, g_2) : \mathbb{R}^2 \to \mathbb{R}^2$ stetig total differenzierbar und $g(y) \neq 0$ für alle $y \in \mathbb{R}^2$. Dann ist

$$D_p G(y,p) = \nabla_p G(y,p) = g(y) \neq 0$$

und hat den Rang $m = 1$ für alle $y \in \mathbb{R}^2$. Man zeige:

a) Jede Lösung $y \in (C^1[a,b])^2$ von $G(y,y') = 0$ ist nicht normal.

b) Jede Lösung $y \in (C^2[a,b])^2$ von $G(y,y') = 0$ mit $y(a) = A$ und $y(b) = B$ ist gebunden.

2.8 Transversalität

Stellt man die Frage, welche die kürzeste Verbindung zweier disjunkter Flächen im Raum ist, sind die zulässigen Kurven für das Längenfunktional solche mit freien Randpunkten auf diesen Flächen. Wir verallgemeinern diese Situation wie folgt:

Definition 2.8.1 *Für ein Funktional*

$$J(x) = \int_{t_a}^{t_b} \Phi(t,x,\dot{x})dt \tag{2.8.1}$$

in parametrischer Form seien alle Kurven $x \in (C^{1,stw}[t_a, t_b])^n$ mit $n \geq 2$ zulässig, deren Randpunkt $x(t_a) \in M_a$ und/oder deren Randpunkt $x(t_b) \in M_b$ erfüllt. Dabei sind M_a und/oder M_b disjunkte Mannigfaltigkeiten im $\mathbb{R}^n$, die von der Form

$$M = \{x \in \mathbb{R}^n | \Psi(x) = 0\} \tag{2.8.2}$$

sind, wobei $\Psi : \mathbb{R}^n \to \mathbb{R}^m$ zweimal stetig total differenzierbar ist und dessen Jacobi-Matrix $D\Psi(x)$ für alle $x \in M$ maximalen Rang m hat. Die Dimension $n - m > 0$ der Mannigfaltigkeit M kann für $M = M_a$ und $M = M_b$ verschieden sein.

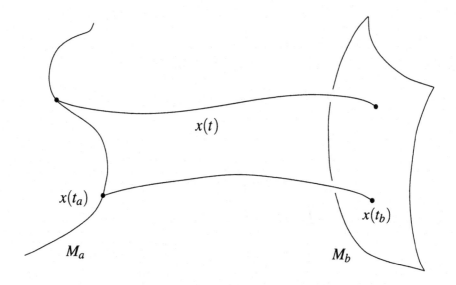

Abbildung 2.8.1

Ist $x \in (C^{1,stw}[t_a, t_b])^n$ zulässig, so ist auch $x + sh$ für alle $h \in (C_0^{1,stw}[t_a, t_b])^n$ zulässig, so dass wir folgende Aussage treffen können, deren Begründung die gleiche wie für (1.10.22) ist.

Satz 2.8.2 *Ist $x \in (C^{1,stw}[t_a, t_b])^n \cap \{x(t_a) \in M_a$ und/oder $x(t_b) \in M_b\}$ ein lokaler Minimierer für das Funktional (2.8.1) mit stetiger und nach den letzten $2n$ Variablen stetig partiell differenzierbarer Lagrange-Funktion $\Phi : [t_a, t_b] \times \mathbb{R}^n \times \mathbb{R}^n \to \mathbb{R}$, so gilt:*

$$\Phi_{\dot{x}}(\cdot, x, \dot{x}) \in (C^{1,stw}[t_a, t_b])^n \quad \text{und}$$
$$\frac{d}{dt}\Phi_{\dot{x}}(\cdot, x, \dot{x}) = \Phi_x(\cdot, x, \dot{x}) \quad \text{stückweise auf} \quad [t_a, t_b]. \tag{2.8.3}$$

Interessanter als die Euler-Lagrange-Gleichung (2.8.3) ist, welche „natürliche Randbedingung" ein lokaler Minimierer an den teilweise freien Rändern erfüllen muss. Dazu weisen wir auf die Terminologie im Anhang hin, insbesondere auf die Definition des Tangential- und Normalenraumes an eine Mannigfaltigkeit im Punkt x, s. (A.7) ff.

Satz 2.8.3 *Ist $x \in (C^{1,stw}[t_a,t_b])^n \cap \{x(t_a) \in M_a$ und/oder $x(t_b) \in M_b\}$ unter den Voraussetzungen von Satz 2.8.2 ein lokaler Minimierer für das Funktional (2.8.1), so gilt*

$$\Phi_{\dot{x}}(t_a,x(t_a),\dot{x}(t_a)) \in N_{x(t_a)}M_a \quad und/oder$$
$$\Phi_{\dot{x}}(t_b,x(t_b),\dot{x}(t_b)) \in N_{x(t_b)}M_b. \tag{2.8.4}$$

Beweis: Es sei $M_a = M$ durch (2.8.2) gegeben. Dann existiert zu $x(t_a) \in M_a$ eine Störung

$$x(t_a) + sy + \varphi(sy) \in M_a \quad \text{mit}$$
$$y \in T_{x(t_a)}M_a, \; \|y\| \leq 1, \tag{2.8.5}$$
$$\varphi(sy) \in N_{x(t_a)}M_a, \; s \in (-r,r),$$

s. (A.11). Die Funktion $\varphi : B_r(0) \subset T_{x(t_a)}M_a \to N_{x(t_a)}M_a$ ist stetig total differenzierbar und erfüllt

$$\varphi(0) = 0 \quad \text{und}$$
$$D\varphi(0) = 0, \quad \text{insbesondere} \quad \frac{d}{ds}\varphi(sy)|_{s=0} = 0, \tag{2.8.6}$$

s. (A.13). Sei nun für $s \in (-r,r)$, $t \in [t_a,t_b]$

$$h(s,t) = \eta(t)(sy + \varphi(sy)) \quad \text{mit}$$
$$\eta \in C^1[t_a,t_b], \; \eta(t_a) = 1, \eta(t_b) = 0. \tag{2.8.7}$$

Dann ist die Störung $h(s,\cdot)$ von x zulässig, denn

$$h(s,\cdot) \in (C^1[t_a,t_b])^n,$$
$$x(t_a) + h(s,t_a) = x(t_a) + sy + \varphi(sy) \in M_a, \quad h(s,t_b) = 0,$$
$$h(0,t) = 0, \tag{2.8.8}$$
$$\frac{\partial}{\partial s}h(0,t) = \eta(t)y, \; \frac{\partial}{\partial s}\dot{h}(0,t) = \dot{\eta}(t)y.$$

Da $J(x+h(s,\cdot))$ bei $s=0$ lokal minimal ist, folgt

$$
\begin{aligned}
\frac{d}{ds}J(x+h(s,\cdot))|_{s=0} &= 0 \\
&= \int_{t_a}^{t_b} (\Phi_x, \eta y) + (\Phi_{\dot{x}}, \dot{\eta} y)dt \\
&= \int_{t_a}^{t_b} (\Phi_x - \frac{d}{dt}\Phi_{\dot{x}}, \eta y)dt + (\Phi_{\dot{x}}, \eta y)|_{t_a}^{t_b} \\
&= -(\Phi_{\dot{x}}(t_a, x(t_a), \dot{x}(t_a)), y)
\end{aligned}
\tag{2.8.9}
$$

wegen (2.8.3) und (2.8.7)$_2$. Da $y \in T_{x(t_a)}M_a$ mit $\|y\| \le 1$ beliebig ist, folgt die Behauptung (2.8.4)$_1$ aus der Tatsache, dass $N_{x(t_a)}M_a$ das orthogonale Komplement von $T_{x(t_a)}M_a$ ist. Die Behauptung (2.8.4)$_2$ beweist man analog. $\qquad\square$

Die Bedingungen (2.8.4) bezeichnet man als **Transversalität**. Als Anwendungsbeispiel betrachten wir

$$
J(x) = \int_{t_a}^{t_b} \varphi(x)\|\dot{x}\|dt,
\tag{2.8.10}
$$

wobei $\varphi : \mathbb{R}^n \to \mathbb{R}$ eine stetig differenzierbare Funktion ist. Ist $\varphi(x) > 0$, bezeichnet man φ auch als „Dichtefunktion" einer „gewichteten Länge" $J(x)$ einer Kurve x. Die Euler-Lagrange-Gleichung lautet

$$
\frac{d}{dt}\left(\varphi(x)\frac{\dot{x}}{\|\dot{x}\|}\right) = \nabla\varphi(x)\|\dot{x}\|,
\tag{2.8.11}
$$

und wegen der Invarianz (1.10.20) der Lagrange-Funktion ist (2.8.11) invariant gegenüber Umparametrisierungen, was für eine Parametrisierung nach der Bogenlänge $\|\dot{x}\| = 1$ ergibt, s. (2.6.6). Damit wird aus (2.8.11) und (2.8.4)

$$
\begin{aligned}
&\frac{d}{dt}(\varphi(x)\dot{x}) = \nabla\varphi(x), \quad \|\dot{x}\| = 1, \\
&\varphi(x(t_a))\dot{x}(t_a) \in N_{x(t_a)}M_a, \\
&\varphi(x(t_b))\dot{x}(t_b) \in N_{x(t_b)}M_b.
\end{aligned}
\tag{2.8.12}
$$

Ist $\varphi(x(t_a)) \ne 0$ bzw. $\varphi(x(t_b)) \ne 0$, bedeuten die Bedingungen (2.8.12)$_{2,3}$, dass die Kurve x senkrecht sowohl auf M_a als auch auf M_b steht. Ist $\varphi(x) \equiv 1$, ist x eine Gerade.

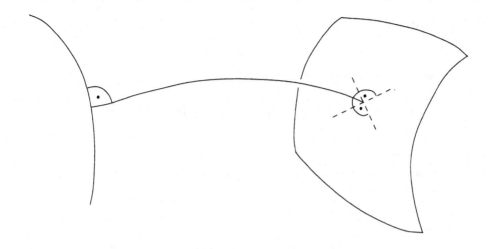

Abbildung 2.8.2

Als nächstes geben wir eine modifizierte Transversalität an, wenn die Lagrange-Funktion auch explizit vom Anfangspunkt und/oder vom Endpunkt abhängt. Diese Transversalitäsbedingung verwenden wir bei einem verallgemeinerten Brachystochronenproblem.

Wir beschränken uns auf den folgenden Fall:

Satz 2.8.4 *Ist* $x \in (C^{1,stw}[t_a,t_b])^n \cap \{x(t_a) \in M_a$ *und/oder* $x(t_b) \in M_b\}$ *ein lokaler Minimierer für*

$$J(x) = \int_{t_a}^{t_b} \Phi(x,\dot{x},x(t_a))dt, \qquad (2.8.13)$$

wobei $\Phi : \mathbb{R}^n \times \mathbb{R}^n \times \mathbb{R}^n \to \mathbb{R}$ *stetig total differenzierbar ist. Dann gilt für* x *die Euler-Lagrange-Gleichung (2.8.15) und bei* $t = t_a$ *die modifizierte Transversalität*

$$\Phi_{\dot{x}}(x(t_a),\dot{x}(t_a),x(t_a)) - \int_{t_a}^{t_b} \Phi_{x(t_a)}(x,\dot{x},x(t_a))dt \in N_{x(t_a)}M_a. \qquad (2.8.14)$$

Dabei bezeichnet $\Phi_{x(t_a)}$ *den Vektor der Ableitungen von* Φ *nach den letzten n Variablen. Wird auch* $x(t_b) \in M_b$ *vorgeschrieben, gilt bei* $t = t_b$ *die normale Transversalität* $(2.8.4)_2$.

Beweis: Mit x ist auch $x + sh$ für alle $h \in (C_0^{1,stw}[t_a,t_b])^n$ zulässig und

$$J(x+sh) = \int_{t_a}^{t_b} \Phi(x+sh,\dot{x}+s\dot{h},x(t_a))dt$$

ist bei $s = 0$ lokal minimal. Deshalb gilt für x

$$\Phi_{\dot{x}}(x,\dot{x},x(t_a)) \in (C^{1,stw}[t_a,t_b])^n \quad \text{und}$$

$$\frac{d}{dt}\Phi_{\dot{x}}(x,\dot{x},x(t_a)) = \Phi_x(x,\dot{x},x(t_a)) \quad \text{stückweise auf } [t_a,t_b]. \tag{2.8.15}$$

Mit der zulässigen Störung $h(s,t)$ aus (2.8.7), (2.8.8) folgt $\frac{\partial}{\partial s}h(0,t_a) = y$ und

$$\frac{d}{ds}J(x+h(s,\cdot))|_{s=0} = 0$$

$$= \int_{t_a}^{t_b}(\Phi_x(x,\dot{x},x(t_a)),\eta y) + (\Phi_{\dot{x}}(x,\dot{x},x(t_a)),\dot{\eta}y)dt$$

$$+ \int_{t_a}^{t_b}(\Phi_{x(t_a)}(x,\dot{x},x(t_a)),y)dt \tag{2.8.16}$$

$$= -(\Phi_{\dot{x}}(x(t_a),\dot{x}(t_a),x(t_a)),y) + \Big(\int_{t_a}^{t_b}\Phi_{x(t_a)}(x,\dot{x},x(t_a))dt,y\Big),$$

wobei wir für das erste Integral $(2.8.16)_2$ nach partieller Integration die Euler-Lagrange-Gleichung wie in (2.8.9) anwenden. Da $y \in T_{x(t_a)}M_a$ mit $\|y\| \leq 1$ beliebig ist, folgt die Behauptung (2.8.14). Den letzten Zusatz beweist man mit einer Störung analog zu (2.8.7), bei der die Rollen von t_a,M_a und t_b,M_b vertauscht sind. Für diese Störung gilt dann $h(s,t_a) = x(t_a)$ für alle $s \in (-r,r)$, also $\frac{\partial}{\partial s}h(0,t_a) = 0$, weshalb das Integral $(2.8.16)_3$ in der ersten Variation nicht auftritt. $\qquad \square$

Als Anwendung wollen wir folgendes **Brachystochronenproblem** studieren: Gegeben sind zwei disjunkte Kurven M_a und M_b in der vertikalen Ebene. Auf welcher Bahn läuft eine Kugel nur unter dem Einfluss ihrer Schwere in kürzester Zeit von M_a nach M_b?

Mögliche Bahnen sind sicherlich Zykloiden, die Frage ist allerdings, wo auf M_a die Zykloide kürzester Laufzeit startet und wo auf M_b sie endet.

Wir leiten noch einmal das Zeitfunktional einer Bahn in parametrischer Form her, wobei wir unsere Kenntnisse über holonome Nebenbedingungen einbringen.

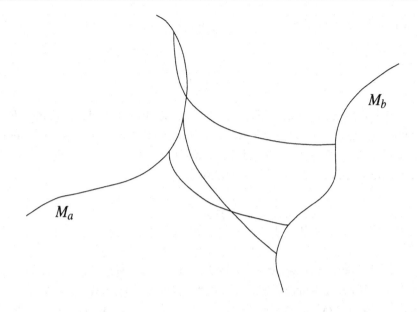

Abbildung 2.8.3

Im (x,y)-Koordinatensystem mit nach unten orientierter y-Achse ist für den Massenpunkt m

$$T = \frac{1}{2}m(\dot{x}^2 + \dot{y}^2) \quad \text{die kinetische Energie,}$$
$$V = -mgy \quad \text{die potentielle Energie und} \tag{2.8.17}$$
$$\Psi(x,y) = 0 \quad \text{die holonome Nebenbedingung,}$$

die die erzwungene Bahn beschreibt. Gemäß (2.5.28)–(2.5.32) lauten die aus den Euler-Lagrange-Gleichungen gewonnenen Bewegungsgleichungen

$$m\ddot{x} = \lambda\Psi_x(x,y),$$
$$m\ddot{y} = mg + \lambda\Psi_y(x,y). \tag{2.8.18}$$

Wegen $\frac{d}{dt}\Psi(x,y) = \Psi_x(x,y)\dot{x} + \Psi_y(x,y)\dot{y} = 0$ und $\ddot{x}\dot{x} + \ddot{y}\dot{y} = \frac{1}{2}\frac{d}{dt}(\dot{x}^2 + \dot{y}^2) = \frac{1}{2}\frac{d}{dt}v^2$ folgt aus (2.8.18)

$$\frac{d}{dt}(\frac{1}{2}v^2 - gy) = 0 \quad \text{oder}$$
$$\frac{1}{2}v(t)^2 - gy(t) = \frac{1}{2}v(t_a)^2 - gy(t_a) \quad \text{oder} \tag{2.8.19}$$
$$\sqrt{\dot{x}(t)^2 + \dot{y}(t)^2} = \sqrt{2g(y(t) - y(t_a)) + v(t_a)^2}.$$

Damit wird die Laufzeit auf der Bahn $\{(x(t),y(t))|t \in [t_a,t_b]\}$

$$T = t_b - t_a = \int_{t_a}^{t_b} 1\,dt = \int_{t_a}^{t_b} \sqrt{\frac{\dot{x}^2 + \dot{y}^2}{2g(y - y(t_a)) + v(t_a)^2}}\,dt, \qquad (2.8.20)$$

wobei $v(t_a)$ die Anfangsgeschwindigkeit ist. Wegen der Invarianz der Lagrange-Funktion im Sinne von Definition 1.10.2 können wir zum Parameter τ mit $t = \alpha\tau$, $\alpha > 0$, übergehen, der die Zykloide darstellt, s. (1.8.17), (1.8.19). Mit $k = v(t_a)^2/2g$ geht (bis auf den Faktor $\frac{1}{\sqrt{2g}}$) das Zeitfunktional (2.8.20) in das Funktional

$$J(x,y) = \int_{\tau_a}^{\tau_b} \sqrt{\frac{\dot{x}^2 + \dot{y}^2}{y - y(\tau_a) + k}}\,d\tau, \qquad \dot{} = \frac{d}{d\tau}, \qquad (2.8.21)$$

über, wenn wir bei der Umparametrisierung die Tilde weglassen. Das Funktional (2.8.21) ist unter allen zulässigen Kurven $(x,y) \in (C^1[\tau_a,\tau_b])^2 \cap \{(x(\tau_a),y(\tau_a)) \in M_a, (x(\tau_b),y(\tau_b)) \in M_b\} \cap \{y - y(\tau_a) + k > 0$ auf $(\tau_a,\tau_b]\}$ zu minimieren. Wie in Paragraph 1.8 ausgeführt, erfüllt für $k > 0$ die minimierende Kurve das System der Euler-Lagrange-Gleichungen (2.8.15) auf $[\tau_a,\tau_b]$ und nach Satz 2.8.4 bei $\tau = \tau_a$ die modifizierte Transversalität (2.8.14). Wir wissen, dass die Euler-Lagrange-Gleichungen durch die Zykloide gelöst werden, wir empfehlen zur Übung, dennoch die Probe zu machen. Wir erhalten

$$\begin{aligned}
x(\tau) &= x(\tau_a) - c + r(\tau - \sin\tau), \\
y(\tau) &= y(\tau_a) - k + r(1 - \cos\tau), \\
c &= r(\tau_a - \sin\tau_a), \quad k = r(1 - \cos\tau_a).
\end{aligned} \qquad (2.8.22)$$

Die Vektoren, die in der modifizierten Transversalität (2.8.14) auftreten, berechnen sich aus den angegebenen Ableitungen der Lagrange-Funktion von (2.8.21) in der Lösungskurve (2.8.22) und deren Randpunkt $(x(\tau_a),y(\tau_a))$. Man erhält bei $\tau = \tau_a$

$$\begin{aligned}
&\frac{1}{\sqrt{2r}}\left((1,\cot\frac{\tau_a}{2}) - \int_{\tau_a}^{\tau_b}\left(0, \frac{1}{1 - \cos\tau}\right)d\tau\right) \\
&= \frac{1}{\sqrt{2r}}(1,\cot\frac{\tau_b}{2}) \in N_{(x(\tau_a),y(\tau_a))}M_a.
\end{aligned} \qquad (2.8.23)$$

Bei $\tau = \tau_b$ gilt die normale Transversalität

$$\frac{1}{\sqrt{2r}}(1,\cot\frac{\tau_b}{2}) \in N_{(x(\tau_b),y(\tau_b))}M_b. \qquad (2.8.24)$$

Wegen

$$\cot\frac{\tau_b}{2} = \frac{\sin\tau_b}{1 - \cos\tau_b} = \frac{\dot{y}(\tau_b)}{\dot{x}(\tau_b)} \qquad (2.8.25)$$

ist der Vektor in $(2.8.23)_2$ und in $(2.8.24)$ ein Tangentenvektor an die Zykloide im Endpunkt $(x(\tau_b), y(\tau_b))$ auf M_b. Das bedeutet geometrisch, dass die Zykloide senkrecht auf
M_b trifft. Bemerkenswert ist hier, dass der gleiche Tangentenvektor auch im Anfangspunkt
$(x(\tau_a), y(\tau_a))$ senkrecht auf M_a steht, s. Abbildung 2.8.4.

Der Grenzübergang $v(t_a) \searrow 0$ ergibt in $(2.8.22)$ $k = 0$, $\tau_a = 0$ und damit auch $c = 0$. In
diesem Fall startet, wie erwartet, die Zykloide auf M_a mit vertikaler Tangente, s. $(1.8.20)$.

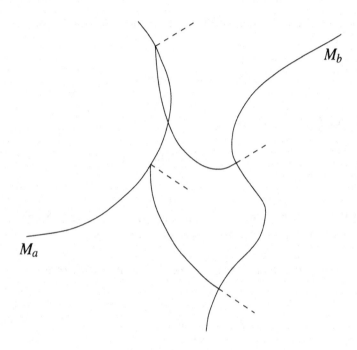

Abbildung 2.8.4

Für spezielle Kurven M_a und M_b wollen wir für $k = 0$ den Anfangs- und Endpunkt
bestimmen. Dazu seien

$$M_a = \{(x,y) | x^2 + y^2 = 1\}, \quad M_b = \{(x,y) | (x - x_0)^2 + (y - 1)^2 = 1\} \qquad (2.8.26)$$

zwei Kreise mit Mittelpunkt $(0,0)$ und $(x_0, 1)$ und gleichem Radius 1. Die Punkte
$(x(0), y(0)) \in M_a$ und $(x(\tau_b), y(\tau_b)) = M_b$ liegen so auf den Kreisen, dass in ihnen die
Normalenvektoren gleichgerichtet sind, s. $(2.8.23)_2$, $(2.8.24)$. Da die Radien Normalenvektoren sind, können wir ansetzen:

$$\begin{aligned}
(x(0), y(0)) &= (\cos\alpha, \sin\alpha), \\
(x(\tau_b), y(\tau_b)) &= (x_0, 1) - (\cos\alpha, \sin\alpha).
\end{aligned} \qquad (2.8.27)$$

Eingesetzt in (2.8.22) mit $c = k = 0$ erhalten wir damit

$$
\begin{aligned}
r(\tau_b - \sin \tau_b) &= x_0 - 2\cos\alpha, \\
r(1 - \cos \tau_b) &= 1 - 2\sin\alpha \quad \text{und} \\
f(\tau_b) &= \frac{\tau_b - \sin\tau_b}{1 - \cos\tau_b} = \frac{x_0 - 2\cos\alpha}{1 - 2\sin\alpha}, \quad \text{s. Abb. 1.8.2.}
\end{aligned}
\tag{2.8.28}
$$

Da die Tangente im Endpunkt gleiche Richtung wie die Normale hat, s. (2.8.24), (2.8.25), gilt

$$
\cot\frac{\tau_b}{2} = \tan\alpha.
\tag{2.8.29}
$$

Die letzte Gleichung

$$
r = \frac{1 - 2\sin\alpha}{1 - \cos\tau_b}
\tag{2.8.30}
$$

bestimmt den Parameter r, nachdem τ_b und α aus (2.8.28)$_3$ und (2.8.29) berechnet sind. In Abbildung 2.8.5 skizzieren wir drei typische Fälle.

Wenden wir Satz 2.8.2 auf nichtparametrische Funktionale der Form

$$
J(y) = \int_a^b F(x, y, y') dx
\tag{2.8.31}
$$

an, für die Funktionen $y \in (C^{1, stw}[a, b])^n$ mit $n \geq 2$ zulässig sind, deren Randpunkte auf Mannigfaltigkeiten M_a und/oder M_b in $\mathbb{R}^n$ liegen, gelten die Transversalitätsbedingungen (2.8.4) in der Notation

$$
\begin{aligned}
F_{y'}(a, y(a), y'(a)) &\in N_{y(a)}M_a \quad \text{und/oder} \\
F_{y'}(b, y(b), y'(b)) &\in N_{y(b)}M_b,
\end{aligned}
\tag{2.8.32}
$$

wobei $F_{y'} = (F_{y_1'}, \ldots, F_{y_n'})$ bezeichne. Die Transversalität ist die natürliche Randbedingung, die in Satz 2.5.6 für lokale Minimierer auf der Mannigfaltigkeit M mit Rand $(\{a\} \times M_a) \cup (\{b\} \times M_b)$ (s. (2.5.78) und Abbildung 2.5.4) angegeben ist.

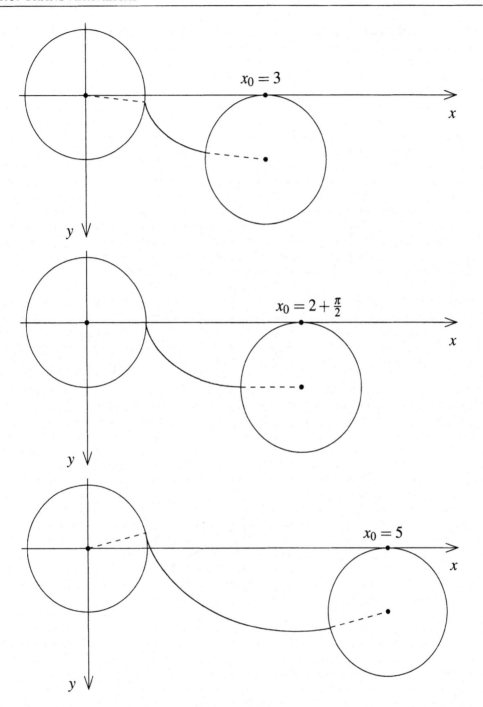

Abbildung 2.8.5

Ein neues Problem dagegen ist das folgende, wobei wir uns auf den Fall $n = 1$ beschränken:

Definition 2.8.5 *Für ein Funktional*

$$J(y) = \int_{x_a}^{x_b} F(x, y, y')dx \tag{2.8.33}$$

seien Funktionen $y \in C^{1,stw}[x_a, x_b]$ zulässig, deren Randpunkt $(x_a, y(x_a))$ auf einer Mannigfaltigkeit M_a und/oder deren Randpunkt $(x_b, y(x_b))$ auf M_b liegt. Dabei sind M_a und/oder M_b disjunkte Mannigfaltigkeiten im $\mathbb{R}^2$, die von der Form

$$M = \{(x, y) \in \mathbb{R}^2 | \Psi(x, y) = 0\} \quad \text{oder speziell}$$
$$M_\psi = \{(x, y) \in \mathbb{R}^2 | y - \psi(x) = 0\} \tag{2.8.34}$$

sind. Die Funktionen $\Psi : \mathbb{R}^2 \to \mathbb{R}$ bzw. $\psi : \mathbb{R} \to \mathbb{R}$ sind zweimal stetig (partiell) differenzierbar und die Jacobi-Matrix $D\Psi(x)$ hat für alle $x \in M$ maximalen Rang 1. Im Fall $(2.8.34)_2$ ist M_ψ der Graph von ψ, und sowohl M als auch M_ψ sind stetig differenzierbare Mannigfaltigkeiten der Dimension 1, s. dazu den Anhang. Ein Randpunkt kann auch fest gewählt werden, d.h. $x_a = a$ und $y(a) = A$ oder $x_b = b$ und $y(b) = B$.

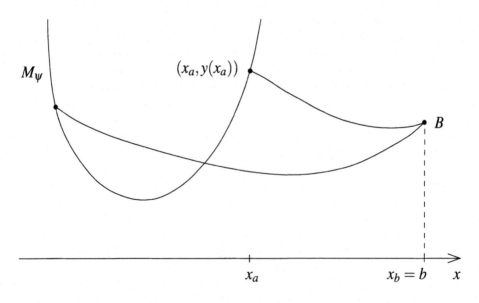

Abbildung 2.8.6

Da die Intervalle $[x_a, x_b]$, auf denen zulässige Funktionen definiert sind, variabel sind, kann der Abstand zwischen zwei zulässigen Funktionen nicht in herkömmlicher Weise definiert werden. Man hilft sich dadurch, dass der Graph jeder Funktion $y \in C^{1,stw}[x_a, x_b]$ als Kurve auf einem festen Intervall $[\tau_a, \tau_b]$ zulässig parametrisiert werden kann, wie das in (1.11.1), (1.11.2) angegeben ist:

$$\{(x, y(x)) | x \in [x_a, x_b]\} = \{(\tilde{x}(\tau), \tilde{y}(\tau)) | \tau \in [\tau_a, \tau_b]\}. \tag{2.8.35}$$

Dann lautet die parametrische Form von (2.8.33)

$$J(y) = \int_{x_a}^{x_b} F(x, y, y') dx = \int_{\tau_a}^{\tau_b} F(\tilde{x}, \tilde{y}, \frac{\dot{\tilde{y}}}{\dot{\tilde{x}}}) \dot{\tilde{x}} d\tau = J(\tilde{x}, \tilde{y}), \tag{2.8.36}$$

s. (1.11.4). Für dieses parametrische Funktional sind Kurven $(\tilde{x}, \tilde{y}) \in (C^1[\tau_a, \tau_b] \times C^{1,stw}[\tau_a, \tau_b]) \cap \{\dot{\tilde{x}}(\tau) > 0 \text{ für } \tau \in [\tau_a, \tau_b]\}$ zulässig, die gleichzeitig Graphen von Funktionen $y \in C^{1,stw}[x_a, x_b]$ sind, s. Aufgabe 1.10.1. Die Randpunkte einer Funktion y liegen genau dann gemäß Definition 2.8.5 auf einer Mannigfaltigkeit M_a und/oder auf M_b, wenn die Randpunkte der zugehörigen Kurve (2.8.35) auf M_a und/oder auf M_b liegen.

In Satz 1.11.1 wird gezeigt, dass ein globaler Minimierer y für das nichtparametrische Funktional als Kurve $(\tilde{x}, \tilde{y})$ ein lokaler Minimierer für das zugehörige parametrische Funktional ist. Der Beweis ist auf einen globalen Minimierer y von (2.8.33) mit Randpunkten auf M_a und/oder auf M_b übertragbar, wenn die Störung (1.11.8) der Kurve ebenfalls ihre Randpunkte auf M_a und/oder auf M_b hat.

Wenden wir die Sätze 2.8.2 und 2.8.3 an, können wir aus den notwendigen Bedingungen für eine lokal minimierende Kurve wegen der Invarianz der Lagrange-Funktion $\Phi(\tilde{x}, \tilde{y}, \dot{\tilde{x}}, \dot{\tilde{y}}) = F(\tilde{x}, \tilde{y}, \frac{\dot{\tilde{y}}}{\dot{\tilde{x}}}) \dot{\tilde{x}}$ im Sinne von Definition 1.10.2 die notwendigen Bedingungen für die global minimierende Funktion herleiten.

Satz 2.8.6 *Es sei* $y \in C^{1,stw}[x_a, x_b] \cap \{(x_a, y(x_a)) \in M_a \text{ und/oder } (x_b, y(x_b)) \in M_b\}$ *ein globaler Minimierer für das Funktional (2.8.33) mit einer stetig total differenzierbaren Lagrange-Funktion* $F : \mathbb{R}^3 \to \mathbb{R}$. *Dann gelten:*

$$F_{y'}(\cdot, y, y') \in C^{1,stw}[x_a, x_b] \subset C[x_a, x_b],$$

$$\frac{d}{dx} F_{y'}(\cdot, y, y') = F_y(\cdot, y, y') \quad \text{stückweise auf } [x_a, x_b],$$

$$F(\cdot, y, y') - y' F_{y'}(\cdot, y, y') \in C[x_a, x_b],$$

$$((F - y' F_{y'})(x_a, y(x_a)), y'(x_a)), F_{y'}(x_a, y(x_a), y'(x_a))) \in N_{(x_a, y(x_a))} M_a \tag{2.8.37}$$

und im Fall $(2.8.34)_2$

$$F(x_a, y(x_a), y'(x_a)) + (\psi'(x_a) - y'(x_a)) F_{y'}(x_a, y(x_a), y'(x_a)) = 0$$

und/oder analoge Transversalitätsbedingungen bei $(x_b, y(x_b))$.

Beweis: Wie schon bemerkt, können wir für die zugehörige Kurve $(\tilde{x}, \tilde{y})$ in (2.8.35) die Sätze 2.8.2 und 2.8.3 für das parametrische Funktional (2.8.36) anwenden. Die Ableitungen der Lagrange-Funktion sind

$$\Phi_{\dot{\tilde{x}}}(\tilde{x}, \tilde{y}, \dot{\tilde{x}}, \dot{\tilde{y}}) = F(\tilde{x}, \tilde{y}, \frac{\dot{\tilde{x}}}{\dot{\tilde{y}}}) - F_{y'}(\tilde{x}, \tilde{y}, \frac{\dot{\tilde{x}}}{\dot{\tilde{y}}})\frac{\dot{\tilde{x}}}{\dot{\tilde{y}}},$$

$$\Phi_{\dot{\tilde{y}}}(\tilde{x}, \tilde{y}, \dot{\tilde{x}}, \dot{\tilde{y}}) = F_{y'}(\tilde{x}, \tilde{y}, \frac{\dot{\tilde{x}}}{\dot{\tilde{y}}}),$$

$$\Phi_{\tilde{x}}(\tilde{x}, \tilde{y}, \dot{\tilde{x}}, \dot{\tilde{y}}) = F_x(\tilde{x}, \tilde{y}, \frac{\dot{\tilde{x}}}{\dot{\tilde{y}}})\dot{\tilde{x}},$$

$$\Phi_{\tilde{y}}(\tilde{x}, \tilde{y}, \dot{\tilde{x}}, \dot{\tilde{y}}) = F_y(\tilde{x}, \tilde{y}, \frac{\dot{\tilde{x}}}{\dot{\tilde{y}}})\dot{\tilde{x}}.$$

$$(2.8.38)$$

Wegen der Invarianz von Φ gilt die Regularität und die Euler-Lagrange-Gleichung (2.8.3) für jede Parametrisierung, insbesondere für

$$\tilde{x} = x, \ \dot{\tilde{x}} = 1, \ \tilde{y} = y, \ \dot{\tilde{y}} = y', \ \tau_a = x_a, \ \tau_b = x_b, \tag{2.8.39}$$

woraus $(2.8.37)_1$–$(2.8.37)_3$ folgen (s. dazu Satz 1.10.7). Die Transversalität $(2.8.4)_1$ impliziert $(2.8.37)_4$ und die letzte Behauptung $(2.8.37)_5$ folgt daraus, dass ein Tangentenvektor an M_ψ in $(x_a, y(x_a)) = (x_a, \psi(x_a))$ durch $(1, \psi'(x_a))$ gegeben ist. $\square$

In $(2.8.37)_1$ und $(2.8.37)_3$ erkennen wir die Weierstraß-Erdmannschen Eckenbedingungen wieder, die Transversalitätsbedingungen $(2.8.37)_4$, $(2.8.37)_7$ werden in der Literatur auch als **freie Transversalität** bezeichnet.

Sind das Funktional (2.8.33) und die Mannigfaltigkeiten (2.8.34) oder ein fester Punkt für die Randpunkte gegeben, bestimmt man zunächst Funktionen, die die notwendigen Bedingungen (2.8.37) erfüllen. Nur unter diesen Lösungen sind Extremale zu finden, wobei wiederum zu betonen ist, dass die Bedingungen (2.8.37) nicht hinreichend dafür sind, dass die berechnete Funktion tatsächlich ein Minimierer oder Maximierer ist.

Da die Prüfung, ob eine Funktion das Funktional unter allen zulässigen Funktionen minimiert oder maximiert, im Allgemeinen nicht einfach ist, insbesondere bei freien Rändern auf Mannigfaltigkeiten, findet man in der Literatur die Definition, dass jede Lösung von (2.8.37) eine „Extremale" ist.

Die Aufgaben 2.8.3–2.8.5 sind in der vorliegenden Formulierung einem Lehrbuch über Variationsrechnung entnommen. Als Lösungen werden dort die Funktionen y angegeben, die die Bedingungen (2.8.37) erfüllen. Sie werden „Extremale" genannt ohne Rechenschaft darüber abzulegen, ob sie es tatsächlich sind. In der Tat ist die angegebene Lösung nur in zwei der drei Fälle ein (globaler) Minimierer, in einem Fall ist die Lösung keine lokale Extremale, s. dazu Aufgabe 2.8.6.

Aufgaben

2.8.1 Man formuliere und beweise für einen lokalen Minimierer $x \in (C^{1,stw}[t_a, t_b])^n$ für das Funktional

$$J(x) = \int_{t_a}^{t_b} \Phi(x, \dot{x}) dt$$

unter isoperimetrischen Nebenbedingungen

$$K_i(x) = \int_{t_a}^{t_b} \Psi_i(x, \dot{x}) dt = c_i, \ i = 1, \ldots, m,$$

dessen Randpunkt $x(t_a) \in M_a = \{x \in \mathbb{R}^n | \Psi(x) = 0\}$ erfüllt, die Transversalitätsbedingung im Randpunkt $x(t_a)$.

Dabei sind $\Psi : \mathbb{R}^n \to \mathbb{R}^{m_a}$ mit $0 < m_a < n$ zweimal und die Lagrange-Funktionen $\Phi, \Psi_i : \mathbb{R}^n \times \mathbb{R}^n \to \mathbb{R}$ einmal stetig total differenzierbar. Die Jacobi-Matrix $D\Psi(x)$ hat für $x \in M_a$ maximalen Rang m_a und x ist nicht kritisch für die Nebenbedingungen in dem Sinne, als $\delta K(x) : (C_0^{1,stw}[t_a, t_b])^n \to \mathbb{R}^m$ surjektiv ist.

2.8.2 Man formuliere und beweise für einen lokalen Minimierer $x \in (C^2[t_a, t_b])^n$ für das Funktional

$$J(x) = \int_{t_a}^{t_b} \Phi(x, \dot{x}) dt$$

unter der holonomen Nebenbedingung

$$\Psi(x) = 0 \quad \text{oder}$$
$$x \in M = \{x \in \mathbb{R}^n | \Psi(x) = 0\},$$

dessen Randpunkt $x(t_a) \in M_a = \{x \in M | \Psi_a(x) = 0\} \subset M$ erfüllt, die Transversalitätsbedingung im Randpunkt $x(t_a)$.

Dabei sind $\Psi : \mathbb{R}^n \to \mathbb{R}^m$ und $\Psi_a : \mathbb{R}^n \to \mathbb{R}^{m_a}$ mit $0 < m + m_a < n$ dreimal und die Lagrange-Funktion $\Phi : \mathbb{R}^n \times \mathbb{R}^n \to \mathbb{R}$ zweimal stetig total differenzierbar.

Es wird vorausgesetzt, dass die Jacobi-Matrizen von $\Psi : \mathbb{R}^n \to \mathbb{R}^m$ und von $(\Psi, \Psi_a) :$ $\mathbb{R}^n \to \mathbb{R}^{m+m_a}$ in $x \in M$ bzw.in $x \in M_a$ jeweils maximalen Rang m bzw. $m + m_a$ haben. Dann ist $M_a \subset M$ lokal eine $(n - (m + m_a))$-dimensionale Untermannigfaltigkeit der $(n - m)$-dimensionalen Mannigfaltigkeit M.

2.8.3 Man bestimme den Punkt $(x_b, y(x_b))$ auf dem Graphen von

$$\psi(x) = \frac{2}{x^2} - 3,$$

für den

$$J(y) = \int_1^{x_b} x^3 (y')^2 dx \quad \text{mit} \quad x_b > 1 \quad \text{und} \quad y(1) = 0$$

„extremal" wird.

2.8.4 Man bestimme die „Extremale" von

$$J(y) = \int_0^{x_b} y^2 + (y')^2 dx \quad \text{mit} \quad y(0) = 1, \, x_b > 0,$$

deren Randpunkt $(x_b, y(x_b)) = (x_b, 2)$ erfüllt.

2.8.5 Man bestimme die „Extremale" $y \in C^{1,stw}[0,1]$ von

$$J(y) = \int_0^1 \frac{1}{2}(y')^2 + yy' + y' + y \, dx,$$

deren Randpunkte auf $M_0 = \{(0,y) | y \in \mathbb{R}\}$ und $M_1 = \{(1,y) | y \in \mathbb{R}\}$ liegen.

2.8.6 Man prüfe, ob die für die Aufgaben 2.8.3–2.8.5 berechneten Funktionen die jeweiligen Funktionale unter allen zulässigen Funktionen lokal oder global minimieren oder maximieren.

Hinweis: Man beachte, dass bei einer zulässigen Störung von y zu $y + h$ der Randpunkt $(\tilde{x}_b, y(\tilde{x}_b) + h(\tilde{x}_b))$ auf der angegebenen Mannigfaltigkeit liegen muss, wodurch $\tilde{x}_b$ von x_b verschieden sein kann.

2.9 Der Satz von Emmy Noether

Weite Teile der Mathematik und Theoretischen Physik profitieren von „Invarianten", was einfach ausgedrückt bedeutet, dass Funktionen oder physikalische Gesetze gegenüber speziellen Veränderungen invariant bleiben. Dazu gehören z.B. Bewegungen der „orthogonalen Gruppe" und Translationen im Raum, generell Bewegungen einer spezifischen Symmetriegruppe, die dem Problem angepasst ist. Durch die Invarianz werden Funktionen oder Gesetze in ihrer Allgemeinheit eingeschränkt, was naturgemäß deren analytische

Behandlung erleichtert. Für Differentialgleichungen wie die Euler-Lagrange-Gleichung bedeutet Invarianz auch, dass mit einer Lösung eine ganze Schar von Lösungen existiert, woraus wiederum ein Erhaltungssatz herleitbar ist. Diese Erhaltungssätze sind sowohl für die mathematische Behandlung als auch für physikalische Einsichten wichtig.

Definition 2.9.1 *Die stetig total differenzierbare Lagrange-Funktion* $\Phi : \mathbb{R}^n \times \mathbb{R}^n \to \mathbb{R}$ *eines parametrischen Funktionals*

$$J(x) = \int_{t_a}^{t_b} \Phi(x, \dot{x}) dt \qquad (2.9.1)$$

heißt gegenüber einer Schar lokaler Diffeomorphismen

$$h^s : \mathbb{R}^n \to \mathbb{R}^n, \quad s \in (-\delta, \delta), \qquad (2.9.2)$$

invariant, falls

$$\Phi(h^s(x), Dh^s(x)\dot{x}) = \Phi(x, \dot{x}) \quad \textit{für alle} \quad (x, \dot{x}) \in \mathbb{R}^n \times \mathbb{R}^n \qquad (2.9.3)$$

und für alle $s \in (-\delta, \delta)$ *gilt. Die Abbildungen* h^s *sind bezüglich des Parameters* $s \in (-\delta, \delta)$ *und bezüglich* $x \in \mathbb{R}^n$ *zweimal stetig partiell differenzierbar und die Jacobi-Matrizen*

$$Dh^s(x) \in \mathbb{R}^{n \times n} \quad \textit{sind regulär für} \quad s \in (-\delta, \delta), \quad x \in \mathbb{R}^n. \qquad (2.9.4)$$

Für eine Kurve $x \in (C^1[t_a, t_b])^n$ ist $\frac{d}{dt} h^s(x) = Dh^s(x)\dot{x}$, so dass die Invarianz (2.9.3)

$$\Phi(h^s(x), \frac{d}{dt} h^s(x)) = \Phi(x, \dot{x}) \quad \text{für alle} \quad t \in [t_a, t_b] \qquad (2.9.5)$$

und $s \in (-\delta, \delta)$ bedeutet. Mit einer minimierenden Kurve x besitzt das Funktional (2.9.1) demnach eine minimierende Kurvenschar $h^s(x)$. Bevor wir daraus Konsequenzen ziehen, folgern wir aus der Invarianz (2.9.3) durch Differentiation nach x und $\dot{x}$:

$$\begin{aligned}
\Phi_x(h^s(x), Dh^s(x)\dot{x})Dh^s(x) + \Phi_{\dot{x}}(h^s(x), Dh^s(x)\dot{x})D^2h^s(x)\dot{x} &= \Phi_x(x, \dot{x}), \\
\Phi_{\dot{x}}(h^s(x), Dh^s(x)\dot{x})Dh^s(x) &= \Phi_{\dot{x}}(x, \dot{x}).
\end{aligned} \qquad (2.9.6)$$

Dabei ist

$$\Phi_x = (\Phi_{x_1}, \dots, \Phi_{x_n}), \quad \Phi_{\dot{x}} = (\Phi_{\dot{x}_1}, \dots, \Phi_{\dot{x}_n}),$$

$$Dh^s(x) = \left(\frac{\partial h_i^s}{\partial x_j}(x) \right)_{\substack{i=1,\dots,n \\ j=1,\dots,n}}, \quad D^2h^s(x)\dot{x} = \left(\sum_{k=1}^{n} \frac{\partial^2 h_i^s}{\partial x_j \partial x_k}(x)\dot{x}_k \right)_{\substack{i=1,\dots,n \\ j=1,\dots,n}}, \qquad (2.9.7)$$

und das Produkt eines Zeilenvektors mit einer Matrix ergibt wieder einen Zeilenvektor. Für eine Kurve $x \in (C^1[t_a,t_b])^n$ erhalten wir

$$\frac{d}{dt}h^s(x) = Dh^s(x)\dot{x} \quad \text{und} \quad \frac{d}{dt}Dh^s(x) = D^2h(x)\dot{x} \quad \text{für} \quad t \in [t_a,t_b]. \qquad (2.9.8)$$

Satz 2.9.2 *Es sei* $\Phi: \mathbb{R}^n \times \mathbb{R}^n \to \mathbb{R}$ *stetig total differenzierbar und invariant gegenüber einer Schar lokaler Diffeomorphismen* $h^s: \mathbb{R}^n \to \mathbb{R}^n$, $s \in (-\delta, \delta)$, *gemäß Definition 2.9.1. Ist* $x \in (C^1[t_a,t_b])^n$ *eine Lösung der Euler-Lagrange-Gleichung, d.h. gilt*

$$\frac{d}{dt}\Phi_{\dot{x}}(x,\dot{x}) = \Phi_x(x,\dot{x}) \quad \text{auf} \quad [t_a,t_b], \qquad (2.9.9)$$

so ist auch $h^s(x) \in (C^1[t_a,t_b])^n$ *eine Lösung, d.h.*

$$\frac{d}{dt}\Phi_{\dot{x}}(h^s(x), \frac{d}{dt}h^s(x)) = \Phi_x(h^s(x), \frac{d}{dt}h^s(x)) \quad \text{auf} \quad [t_a,t_b]. \qquad (2.9.10)$$

Beweis: Unter Verwendung von (2.9.6) und (2.9.8) erhalten wir:

$$\frac{d}{dt}\Phi_{\dot{x}}(x,\dot{x}) - \Phi_x(x,\dot{x}) = 0$$

$$= \frac{d}{dt}\left(\Phi_{\dot{x}}(h^s(x), Dh^s(x)\dot{x})Dh^s(x)\right)$$

$$- \Phi_x(h^s(x), Dh^s(x)\dot{x})Dh^s(x) - \Phi_{\dot{x}}(h^s(x), Dh^s(x)\dot{x})D^2h^s(x)\dot{x}$$

$$= \frac{d}{dt}\Phi_{\dot{x}}(h^s(x), Dh^s(x)\dot{x})Dh^s(x) + \Phi_{\dot{x}}(h^s(x), Dh^s(x)\dot{x})D^2h^s(x)\dot{x} \qquad (2.9.11)$$

$$- \Phi_x(h^s(x), Dh^s(x)\dot{x})Dh^s(x) - \Phi_{\dot{x}}(h^s(x), Dh^s(x)\dot{x})D^2h^s(x)\dot{x}$$

$$= \left(\frac{d}{dt}\Phi_{\dot{x}}(h^s(x), Dh^s(x)\dot{x}) - \Phi_x(h^s(x), Dh^s(x)\dot{x})\right)Dh^s(x)$$

$$= \left(\frac{d}{dt}\Phi_{\dot{x}}(h^s(x), \frac{d}{dt}h^s(x)) - \Phi_x(h^s(x), \frac{d}{dt}h^s(x))\right)Dh^s(x),$$

woraus die Behauptung folgt, da $Dh^s(x)$ wegen (2.9.4) für alle $t \in [t_a,t_b]$ regulär ist. $\square$

Im Jahre 1918 bewies E. Noether (1882-1935) folgenden für die Mathematik und Theoretische Physik bedeutsamen Erhaltungssatz:

Satz 2.9.3 *Es sei* $\Phi : \mathbb{R}^n \times \mathbb{R}^n \to \mathbb{R}$ *stetig total differenzierbar und invariant gegenüber einer Schar lokaler Diffeomorphismen* $h^s : \mathbb{R}^n \to \mathbb{R}^n$, $s \in (-\delta, \delta)$, *gemäß Definition 2.9.1. Ist* $x \in (C^1[t_a, t_b])^n$ *eine Lösung der Euler-Lagrange-Gleichung für das Funktional (2.9.1), d.h. gilt*

$$\frac{d}{dt}\Phi_{\dot{x}}(x,\dot{x}) = \Phi_x(x,\dot{x}) \quad auf \quad [t_a, t_b], \tag{2.9.12}$$

so ist für jedes $s \in (-\delta, \delta)$

$$\Phi_{\dot{x}}(h^s(x), Dh^s(x)\dot{x})\frac{\partial}{\partial s}h^s(x) = const. \quad für \quad t \in [t_a, t_b]. \tag{2.9.13}$$

Gilt speziell $h^0(x) = x$ *und* $Dh^0(x) = E$, *so ist*

$$\Phi_{\dot{x}}(x,\dot{x})\frac{\partial}{\partial s}h^s(x)|_{s=0} = const. \quad für \quad t \in [t_a, t_b]. \tag{2.9.14}$$

Dabei ist das Produkt der Vektoren $\Phi_{\dot{x}}$ *und* $\frac{\partial}{\partial s}h^s$ *das Euklidische Skalarprodukt im* $\mathbb{R}^n$.

Abweichend von unserer üblichen Schreibweise des Skalarprodukts übernehmen wir hier die Notation der Physiker.

Beweis: Durch Differentiation von (2.9.3) nach $s \in (-\delta, \delta)$ erhält man

$$\Phi_x(h^s(x), Dh^s(x)\dot{x})\frac{\partial}{\partial s}h^s(x) + \Phi_{\dot{x}}(h^s(x), Dh^s(x)\dot{x})\frac{\partial}{\partial s}Dh^s(x)\dot{x} = 0. \tag{2.9.15}$$

Unter Verwendung von

$$\frac{\partial}{\partial s}Dh^s(x)\dot{x} = \frac{\partial}{\partial s}\frac{d}{dt}h^s(x) = \frac{d}{dt}\frac{\partial}{\partial s}h^s(x) \tag{2.9.16}$$

und der Euler-Lagrange-Gleichung (2.9.10) liefert Differentiation nach der Produktregel für alle $t \in [t_a, t_b]$:

$$\begin{aligned}
&\frac{d}{dt}\left(\Phi_{\dot{x}}(h^s(x), Dh^s(x)\dot{x})\frac{\partial}{\partial s}h^s(x)\right) \\
&= \frac{d}{dt}\Phi_{\dot{x}}(h^s(x), \frac{d}{dt}h^s(x))\frac{\partial}{\partial s}h^s(x) + \Phi_{\dot{x}}(h^s(x), Dh^s(x)\dot{x})\frac{d}{dt}\frac{\partial}{\partial s}h^s(x) \\
&= \Phi_x(h^s(x), \frac{d}{dt}h^s(x))\frac{\partial}{\partial s}h^s(x) + \Phi_{\dot{x}}(h^s(x), Dh^s(x)\dot{x})\frac{\partial}{\partial s}Dh^s(x)\dot{x} \\
&= \Phi_x(h^s(x), Dh^s(x)\dot{x})\frac{\partial}{\partial s}h^s(x) + \Phi_{\dot{x}}(h^s(x), Dh^s(x)\dot{x})\frac{\partial}{\partial s}Dh^s(x)\dot{x} = 0
\end{aligned} \tag{2.9.17}$$

wegen (2.9.15). $\qquad\square$

Wir geben einige **Anwendungen** des Satzes 2.9.3 an.

1. Wir knüpfen in diesem und den nächsten beiden Beispielen an das mechanische Modell an, das wir in (2.5.28), (2.5.29), (2.5.31) eingeführt haben: N Massenpunkte $m_1, \ldots, m_N$ im Raum $\mathbb{R}^3$ haben die Koordinaten $x = (x_1, y_1, z_1, \ldots, x_N, y_N, z_N) \in \mathbb{R}^{3N}$. Die Lagrange-Funktion ist die freie Energie

$$L(x, \dot{x}) = T(\dot{x}) - V(x) \quad \text{mit}$$

$$T(\dot{x}) = \sum_{k=1}^{N} \frac{1}{2} m_k (\dot{x}_k^2 + \dot{y}_k^2 + \dot{z}_k^2). \tag{2.9.18}$$

Wir nehmen die Invarianz gegenüber einer simultanen Verschiebung aller Massenpunkte in x-Richtung an, d.h.

$$h^s : \mathbb{R}^{3N} \to \mathbb{R}^{3N} \quad \text{ist definiert durch}$$

$$h^s(x_1, y_1, z_1, \ldots, x_N, y_N, z_N) = (x_1 + s, y_1, z_1, \ldots, x_N + s, y_N, z_N). \tag{2.9.19}$$

Während die Invarianz der kinetischen Energie $T = T(\dot{x})$ offensichtlich ist, setzen wir die Invarianz der potentiellen Energie $V = V(x)$ voraus:

$$V(h^s(x)) = V(x). \tag{2.9.20}$$

Dann ist Satz 2.9.3 anwendbar und insbesondere gilt (2.9.14):

$$L_{\dot{x}}(x, \dot{x}) \frac{\partial}{\partial s} h^s(x)|_{s=0} = \sum_{k=1}^{N} m_k \dot{x}_k = const. \tag{2.9.21}$$

längs jeder Lösung x der Euler-Lagrange-Gleichung für das Wirkungsintegral (2.5.31). Diese Lösungen sind Bahnen der N Massenpunkte, die durch die Bewegungsgleichungen (= Euler-Lagrange-Gleichungen)

$$
\begin{aligned}
m_k \ddot{x}_k &= -V_{x_k}(x), \\
m_k \ddot{y}_k &= -V_{y_k}(x), \\
m_k \ddot{z}_k &= -V_{z_k}(x) \quad \text{auf} \quad [t_a, t_b], \ k = 1, \ldots, N,
\end{aligned}
\tag{2.9.22}
$$

bestimmt werden. Ist also die potentielle Energie invariant gegenüber einer simultanen Verschiebung in x-Richtung, besagt (2.9.21), dass der gesamte Impuls aller Massenpunkte in x-Richtung erhalten bleibt (Impulserhaltungssatz).

2. Hängt die potentielle Energie der N Massenpunkte $m_1, \ldots, m_N$ nur von den Differenzen $(x_i, y_i, z_i) - (x_k, y_k, z_k)$ der Koordinaten von m_i und m_k ab, ist V invariant gegenüber simultanen Verschiebungen in alle Richtungen des Raumes $\mathbb{R}^3$ und, wie in Beispiel 1 gesehen, ist der Gesamtimpuls in alle Richtungen konstant:

$$\sum_{k=1}^{N} m_k(\dot{x}_k, \dot{y}_k, \dot{z}_k) = a \quad \text{oder}$$

$$\sum_{k=1}^{N} m_k(x_k, y_k, z_k) = at + b \quad \text{mit} \quad a, b \in \mathbb{R}^3. \tag{2.9.23}$$

Die Koordinaten des Schwerpunkts der N Massenpunkte sind $\sum_{k=1}^{N} m_k(x_k, y_k, z_k) / \sum_{k=1}^{N} m_k$ und (2.9.23) bedeutet, dass sich der Schwerpunkt mit konstanter Geschwindigkeit in eine Richtung des Raumes bewegt.

3. Hängt die potentielle Energie der N Massenpunkte nur von den Abständen $\sqrt{(x_i - x_k)^2 + (y_i - y_k)^2 + (z_i - z_k)^2}$ der Massenpunkte m_i und m_k ab, bleibt der Gesamtimpuls in alle Richtungen konstant, es gilt aber noch ein weiterer Erhaltungssatz. Die freie Energie $L(x, \dot{x}) = T(\dot{x}) - V(x)$ ist auch invariant gegenüber simultanen Rotationen aller Massenpunkte. Nehmen wir z.B. die Rotation um die z-Achse um den Winkel s,

$$R^s = \begin{pmatrix} \cos s & -\sin s & 0 \\ \sin s & \cos s & 0 \\ 0 & 0 & 1 \end{pmatrix},$$

$$h^s(x) = (R^s(x_1, y_1, z_1), \ldots, R^s(x_N, y_N, z_N)), \tag{2.9.24}$$

folgt wegen der Linearität und Orthogonalität von h^s

$$Dh^s(x)\dot{x} = (R^s(\dot{x}_1, \dot{y}_1, \dot{z}_1), \ldots, R^s(\dot{x}_N, \dot{y}_N, \dot{z}_N)),$$

$$T(Dh^s(x)\dot{x}) = T(\dot{x}), \quad \text{da} \tag{2.9.25}$$

$$\|R^s(\dot{x}_k, \dot{y}_k, \dot{z}_k)\|^2 = \|(\dot{x}_k, \dot{y}_k, \dot{z}_k)\|^2 = \dot{x}_k^2 + \dot{y}_k^2 + \dot{z}_k^2$$

für $k = 1, \ldots, N$ gilt. Die Orthogonalität von R^s hat auch zur Folge, dass die Abstände der Massenpunkte bei simultanen Rotationen unverändert bleiben, was die Invarianz der potentiellen Energie bedeutet:

$$V(h^s(x)) = V(x). \tag{2.9.26}$$

Insgesamt ist $L(x, \dot{x}) = T(\dot{x}) - V(x)$ invariant gegenüber der simultanen Rotation

h^s (2.9.24). Wir wenden Satz 2.9.3 an und erhalten:

$$\frac{\partial}{\partial s}R^s|_{s=0} = \begin{pmatrix} 0 & -1 & 0 \\ 1 & 0 & 0 \\ 0 & 0 & 0 \end{pmatrix},$$

$$L_{\dot{x}}(x,\dot{x})\frac{\partial}{\partial s}h^s(x)|_{s=0} = \sum_{k=1}^{N} m_k(\dot{y}_k x_k - \dot{x}_k y_k) \tag{2.9.27}$$

$$= \sum_{k=1}^{N}((x_k,y_k,z_k) \times m_k(\dot{x}_k,\dot{y}_k,\dot{z}_k), e_3) = const.,$$

wobei „$\times$" das Vektorprodukt, (,) das Euklidische Skalarprodukt im $\mathbb{R}^3$ und $e_3 = (0,0,1)$ ist. Der Ausdruck $(2.9.27)_3$ beschreibt den gesamten Drehimpuls aller Massenpunkte um die z-Achse.

Da die freie Energie $L(x,\dot{x}) = T(\dot{x}) - V(x)$ invariant gegenüber simultanen Rotationen um alle Achsen ist, bleibt der gesamte Drehimpuls um alle Achsen konstant, d.h.

$$\sum_{k=1}^{N}(x_k,y_k,z_k) \times m_k(\dot{x}_k,\dot{y}_k,\dot{z}_k) = c \in \mathbb{R}^3. \tag{2.9.28}$$

Die Energieerhaltung, die in Aufgabe 1.10.4 für einen Massenpunkt gezeigt wird, gilt auch völlig analog für N Massenpunkte, so dass wir zusammenfassend feststellen können:

Hängt die potentielle Energie V der N Massenpunkte nur von den Abständen der Massenpunkte ab, gelten bei jeder Bewegung die folgenden Erhaltungssätze:

$$\sum_{k=1}^{N} m_k(\dot{x}_k,\dot{y}_k,\dot{z}_k) = a \quad \text{(Impulserhaltung)},$$

$$\sum_{k=1}^{N}(x_k,y_k,z_k) \times m_k(\dot{x}_k,\dot{y}_k,\dot{z}_k) = c \quad \text{(Drehimpulserhaltung)},$$

$$\sum_{k=1}^{N}\frac{1}{2}m_k(\dot{x}_k^2 + \dot{y}_k^2 + \dot{z}_k^2) + V(x_1,y_1,z_1,\ldots,x_N,y_N,z_N) = E \quad \text{(Energieerhaltung)}.$$

$$\tag{2.9.29}$$

Ein interessantes Beispiel dafür ist durch unser Sonnensystem gegeben, denn Newtons Gravitationsgesetz besagt, dass die Kraft zwischen zwei Himmelskörpern m_i und m_k nur von den Massen und dem Abstand abhängt. Bei N Massen nennt man dieses Modell das „N-Körperproblem", welches auch unter Ausnutzung der Erhaltungssätze (2.9.29) schon für $N = 3$ schwierig zu behandeln ist. Ist die Sonne dabei, bringt sie durch ihre im Vergleich zu den Planeten sehr große Masse „Ordnung" in das System, was wir täglich erleben dürfen. Allerdings ist bis heute nicht bewiesen, dass das Sonnensystem für alle

Zeiten „stabil" bleibt, was 1885 vom schwedischen König Oskar II. als Preisfrage gestellt wurde.

Im nächsten Paragraphen studieren wir das Zweikörperproblem.

Aufgabe

2.9.1 Die zweimal stetig partiell differenzierbare Lagrange-Funktion $\Phi : \mathbb{R}^n \times \mathbb{R}^n \to \mathbb{R}$ sei invariant gegenüber einer Schar lokaler Diffeomorphismen $h^s : \mathbb{R}^n \to \mathbb{R}^n$, $s \in (-\delta, \delta)$, gemäß Definition 2.9.1. Man beweise folgenden Erhaltungssatz:

Es sei $x \in (C^2[t_a, t_b])^n$ ein lokaler Minimierer für das Funktional

$$J(x) = \int_{t_a}^{t_b} \Phi(x, \dot{x}) dt$$

unter der holonomen Nebenbedingung

$$\Psi(x) = 0, \quad \text{wobei} \quad \Psi : \mathbb{R}^n \to \mathbb{R}^m, \, n > m,$$

dreimal stetig partiell differenzierbar ist, eine Jacobi-Matrix $D\Psi(x) \in \mathbb{R}^{m \times n}$ mit maximalem Rang m für $x \in M = \{x \in \mathbb{R}^n | \Psi(x) = 0\}$ besitzt und invariant ist, d.h.

$$\Psi(h^s(x)) = \Psi(x) \quad \text{für alle} \quad x \in \mathbb{R}^n$$

gilt. Dann ist für jedes $s \in (-\delta, \delta)$

$$\Phi_{\dot{x}}(h^s(x), Dh^s(x)\dot{x}) \frac{\partial}{\partial s} h^s(x) = \text{const.} \quad \text{für} \quad t \in [t_a, t_b]$$

und insbesondere für $h^0(x) = x$ und $Dh^0(x) = E$

$$\Phi_{\dot{x}}(x, \dot{x}) \frac{\partial}{\partial s} h^s(x)|_{s=0} = \text{const.} \quad \text{für} \quad t \in [t_a, t_b].$$

2.10 Das Zweikörperproblem

In diesem Modell bewegen sich zwei Massenpunkte m_1 und m_2 im Raum $\mathbb{R}^3$, wobei die einzige Kraft, die auf m_1 und m_2 wirkt, die Gravitation ist, mit der sich die Massen gegenseitig anziehen. Nach Isaac Newton (1643-1727) wird diese wie folgt beschrieben: Sind die Koordinaten von m_k gleich (x_k, y_k, z_k) und ist der Abstand von m_1 und m_2 durch $r = \sqrt{(x_1 - x_2)^2 + (y_1 - y_2)^2 + (z_1 - z_2)^2}$ gegeben, wirkt sowohl auf m_1 als auch auf m_2 eine Kraft der Größe

$$G = \gamma \frac{m_1 m_2}{r^2} \quad \text{mit der Gravitationskonstanten } \gamma. \qquad (2.10.1)$$

In den Bewegungsleichungen (2.9.22) tritt die Kraft als Vektor auf, und zwar als negativer Gradient der potentiellen Energie. Diese ist für $(x_1, y_1, z_1, x_2, y_2, z_2)$ gleich

$$V(x) = -\frac{k}{r}, \quad k = \gamma m_1 m_2, \qquad (2.10.2)$$

so dass die Bewegungsgleichungen für m_1 und m_2 die folgenden sind:

$$m_1 \ddot{x}_1 = -\frac{k}{r^3}(x_1 - x_2), \quad m_2 \ddot{x}_2 = \frac{k}{r^3}(x_1 - x_2),$$

$$m_1 \ddot{y}_1 = -\frac{k}{r^3}(y_1 - y_2), \quad m_2 \ddot{y}_2 = \frac{k}{r^3}(y_1 - y_2), \qquad (2.10.3)$$

$$m_1 \ddot{z}_1 = -\frac{k}{r^3}(z_1 - z_2), \quad m_2 \ddot{z}_2 = \frac{k}{r^3}(z_1 - z_2).$$

Die Kraft auf m_1 wirkt in Richtung m_2, die Kraft auf m_2 wirkt in Richtung m_1, ihre Größe ist jeweils die von (2.10.1). Da die potentielle Energie nur vom Abstand von m_1 und m_2 abhängt, gelten die Erhaltungssätze (2.9.29), insbesondere (2.9.23)$_2$, wonach sich der Schwerpunkt von m_1 und m_2 mit konstanter Geschwindigkeit in eine Richtung des Raumes bewegt. Diese Bewegung interessiert aber nicht, sondern nur die Relativbewegung der Massenpunkte, die durch den Vektor

$$(x, y, z) = (x_1 - x_2, y_1 - y_2, z_1 - z_2) \qquad (2.10.4)$$

beschrieben wird. Wegen (2.10.3) erfüllt dieser das System

$$m_1 m_2 \ddot{x} = -(m_1 + m_2) \frac{k}{r^3} x,$$

$$m_1 m_2 \ddot{y} = -(m_1 + m_2) \frac{k}{r^3} y, \qquad (2.10.5)$$

$$m_1 m_2 \ddot{z} = -(m_1 + m_2) \frac{k}{r^3} z.$$

Das System (2.10.5) ist das System der Euler-Lagrange-Gleichungen für die Lagrange-Funktion

$$L = \frac{1}{2} m (\dot{x}^2 + \dot{y}^2 + \dot{z}^2) - V(x, y, z) \quad \text{mit}$$

$$V = -\frac{k}{r}, \quad r = \sqrt{x^2 + y^2 + z^2}, \quad m = \frac{m_1 m_2}{m_1 + m_2}. \qquad (2.10.6)$$

Da diese potentielle Energie $(2.10.6)_2$ nur von der Länge r des Vektors (x,y,z) abhängt, gelten längs jeder Lösung von (2.10.5) die Erhaltungssätze (2.9.29), insbesondere die Drehimpulserhaltung:

$$(x,y,z) \times m(\dot{x},\dot{y},\dot{z}) = c \in \mathbb{R}^3. \tag{2.10.7}$$

Jede Lösungskurve (x,y,z) von (2.10.5) erfüllt demnach

$$((x,y,z),(x,y,z) \times (\dot{x},\dot{y},\dot{z})) = ((x,y,z),\frac{c}{m}) = 0, \tag{2.10.8}$$

da das Vektorprodukt senkrecht auf jedem seiner Faktoren steht. Ist $c = 0$, ist $(\dot{x},\dot{y},\dot{z}) = \alpha(x,y,z)$ für alle $t \in [t_a,t_b]$ und die Lösungskurve ist eine Gerade durch $(0,0,0)$. (Ein stationäres Gleichgewicht ist in (2.10.5) nicht zugelassen.) Ist $c \neq 0$, verläuft die Kurve (x,y,z) in einer Ebene durch $(0,0,0)$, die senkrecht auf dem Vektor c steht. In beiden Fällen erhalten wir:

$$\text{Jede Lösung von (2.10.5) liegt in einer Ebene.} \tag{2.10.9}$$

Wir nehmen ohne Beschränkung der Allgemeinheit an, dass $z = z(t) = 0$ ist, d.h. dass die Bewegung in der (x,y)-Ebene verläuft. Die Erhaltung des Drehimpulses (2.10.7) ergibt in diesem Fall

$$(x,y,0) \times (\dot{x},\dot{y},0) = (x\dot{y} - \dot{x}y)e_3 = \frac{c}{m}, \quad e_3 = (0,0,1),$$
$$x\dot{y} - \dot{x}y = \beta \in \mathbb{R} \quad \text{mit} \quad \beta e_3 = \frac{c}{m} \text{ für alle } t \in [t_a,t_b]. \tag{2.10.10}$$

Ist $\beta = 0$, liegt die Kurve in einer Geraden durch $(0,0)$, ist $\beta \neq 0$, betrachten wir die Fläche $F = F(t)$ in Abbildung 2.10.1.

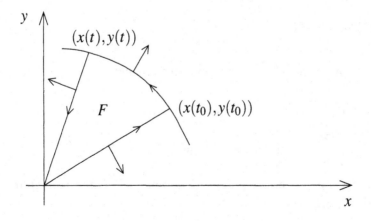

Abbildung 2.10.1

Mit der Greenschen Formel (2.2.3) ist die Fläche F durch das Kurvenintegral

$$F = \frac{1}{2} \int_{s_a}^{s_b} \tilde{x}\dot{\tilde{y}} - \dot{\tilde{x}}\tilde{y}\, ds \tag{2.10.11}$$

gegeben (s. (2.2.4)), wobei $\{(\tilde{x}(s), \tilde{y}(s)) | s \in [s_a, s_b]\}$ den Rand von F parametrisiert. Längs der Geraden von $(0,0)$ bis $(x(t_0), y(t_0))$ und von $(x(t), y(t))$ bis $(0,0)$ liefert das Kurvenintegral keinen Beitrag, da $(\tilde{x}, \tilde{y})$ senkrecht auf $(\dot{\tilde{y}}, -\dot{\tilde{x}})$ steht und der Integrand verschwindet. Längs der Kurve (x, y) von $(x(t_0), y(t_0))$ bis $(x(t), y(t))$ wählen wir die Parametrisierung $(\tilde{x}, \tilde{y}) = (x, y)$ und erhalten mit $(2.10.10)_2$

$$F = \frac{1}{2} \int_{t_0}^{t} x\dot{y} - \dot{x}y\, dt = \frac{1}{2}\beta(t - t_0) \quad \text{und}$$

$$\frac{dF}{dt} = \frac{1}{2}\beta. \tag{2.10.12}$$

Letzte Größe wird als „Flächengeschwindigkeit" bezeichnet, und (2.10.12) besagt:

> Die Flächengeschwindigkeit jeder Lösung ist konstant.
>
> Der Strahl von $(0,0)$ bis $(x(t), y(t))$ überstreicht in $\qquad$ (2.10.13)
>
> gleichen Zeiten gleiche Flächen.

Zur Bestimmung möglicher Bahnen (x, y), also Lösungen von (2.10.5), verwenden wir die Energieerhaltung (2.9.29). Es ist vorteilhaft, zu Polarkoordinaten überzugehen:

$$\begin{aligned} x &= r\cos\varphi, & r &\geq 0, \\ y &= r\sin\varphi, & \varphi &\in \mathbb{R}. \end{aligned} \tag{2.10.14}$$

Man erhält für die Energie $E = T + V$ längs einer Lösung $(r, \varphi) = (r(t), \varphi(t))$ den Ausdruck

$$\frac{1}{2}m(\dot{r}^2 + r^2\dot{\varphi}^2) + V(r) = E \tag{2.10.15}$$

und für den Drehimpuls (2.10.10)

$$r^2\dot{\varphi} = \beta. \tag{2.10.16}$$

Damit können wir $\dot{\varphi}$ in (2.10.15) eliminieren und erhalten

$$\frac{1}{2}m\left(\dot{r}^2 + \frac{\beta^2}{r^2}\right) - \frac{k}{r} = E \quad \text{oder}$$

$$\dot{r} = \sqrt{\frac{2}{m}(E - U(r))} = F(r) \quad \text{mit} \quad U(r) = \frac{\beta^2 m}{2r^2} - \frac{k}{r}. \tag{2.10.17}$$

Die Funktion $U(r)$ heißt „effektive potentielle Energie". Offensichtlich muss für eine Lösung $U(r) \leq E$ gelten.

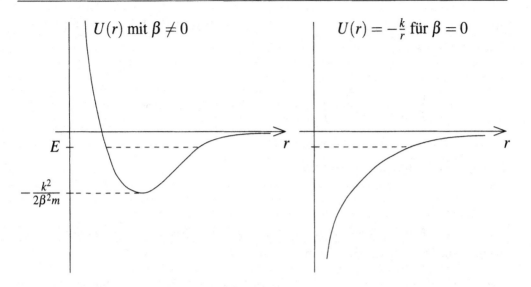

Abbildung 2.10.2

Für $\beta \neq 0$ sind alle Lösungen für $-\frac{k^2}{2\beta^2 m} \leq E < 0$ beschränkt, für $E < -\frac{k^2}{2\beta^2 m}$ gibt es keine Lösung und für $E \geq 0$ sind die Lösungen unbeschränkt. Für $\beta = 0$ sind die Lösungen für $E < 0$ beschränkt und für $E \geq 0$ können sie unbeschränkt sein. Wie sehen die Lösungen aus?

Es sei $-\frac{k^2}{2\beta^2 m} < E < 0$. Dann ist

$$\varphi = G(r), \qquad \text{sofern} \qquad \frac{d}{dr} G(r) = \frac{\beta}{r^2 F(r)}. \qquad (2.10.18)$$

Aus (2.10.16) und (2.10.17)$_2$ folgt nämlich $\dot{\varphi} = \frac{d}{dr} G(r) \dot{r} = \frac{d}{dt} G(r)$. Die Funktion

$$\frac{\beta \sqrt{m}/r^2}{\sqrt{2(E - U(r))}} \qquad \text{hat eine Stammfunktion}$$

$$G(r) = \arccos \frac{(\beta \sqrt{m}/r) - (k/\beta \sqrt{m})}{\sqrt{2E + (k^2/\beta^2 m)}} \qquad \text{und aus } \varphi = G(r) \text{ folgt} \qquad (2.10.19)$$

$$r = \frac{p}{1 + e \cos \varphi} \quad \text{mit} \quad p = \beta^2 m/k, \quad e = \sqrt{1 + E \frac{2\beta^2 m}{k^2}}.$$

Nach Voraussetzung für E ist $0 < e < 1$ und $(2.10.19)_3$ ist die Polardarstellung einer Ellipse. Dabei ist

$$a = \frac{1}{2}\left(\frac{p}{1+e} + \frac{p}{1-e}\right) = \frac{p}{1-e^2} \quad \text{die große Halbachse,}$$

$$b = a\sqrt{1-e^2} \quad \text{die kleine Halbachse,} \tag{2.10.20}$$

der Ursprung 0 ein Brennpunkt.

Eine mögliche Konstante bei der Integration (2.10.19), also Übergang von φ zu $\varphi + c$, bedeutet eine Drehung der Ellipse um 0.

Damit ist bewiesen, dass alle Lösungen mit nichtverschwindendem Drehimpuls in dem Energiebereich, wo nur beschränkte Lösungen existieren, geschlossene Bahnen bilden, die Ellipsen sind. Nach Definition (2.10.4) von $(x, y, 0)$ als Vektor von m_2 nach m_1 und von r als Abstand von m_2 nach m_1 können wir genauer feststellen:

Die Bahn des Massenpunktes m_1 ist eine Ellipse,

in deren einem Brennpunkt sich die Masse m_2 befindet. $\tag{2.10.21}$

Die Umlaufzeit T des Massenpunktes m_1 auf der Ellipse ist durch (2.10.12) mit deren Fläche F verknüpft:

$$F = \frac{1}{2}\beta T = \pi ab = \pi a^2 \sqrt{1-e^2}. \tag{2.10.22}$$

Mit $(2.10.19)_3$ und $(2.10.20)_1$ erhalten wir

$$\beta^2 = \frac{k}{m}p = \frac{k}{m}a(1-e^2) \quad \text{und}$$

$$\frac{T^2}{a^3} = 4\pi^2\frac{m}{k}. \tag{2.10.23}$$

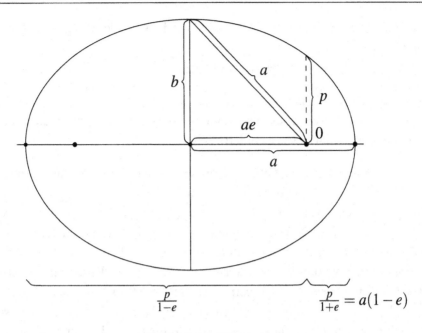

Abbildung 2.10.3

Mit den Definitionen (2.10.2) von k und $(2.10.6)_2$ von m lautet $(2.10.23)_2$:

$$\frac{T^2}{a^3} = \frac{4\pi^2}{\gamma(m_1 + m_2)}.$$

(2.10.24)

Im Jahre 1609 publizierte Johannes Kepler (1571-1630) in seinem Werk „Astronomia Nova" zwei Gesetze, die heute als 1. und 2. Keplersches Gesetz bekannt sind:

1. Die Bahn jedes Planeten um die Sonne ist eine Ellipse, in deren einem Brennpunkt die Sonne steht.

2. Der Strahl von der Sonne zum Planeten überstreicht in gleichen Zeiten gleiche Flächen.

Beide Gesetze haben wir in (2.10.21) und (2.10.13) wieder gefunden.

Im Jahre 1619 formulierte Kepler in dem Werk „Harmonices Mundi libri V" sein sogenanntes 3. Gesetz:

3. Für alle Planeten ist das Verhältnis vom Quadrat der Umlaufzeit zu 3. Potenz der großen Halbachse ihrer Bahnellipse gleich.

Dieses Gesetz haben wir in (2.10.24) „fast" wieder gefunden. Wegen der großen Masse m_2 der Sonne ist aber $m_1 + m_2$ für die Planeten nahezu gleich, so dass sich im Rahmen der damaligen Messgenauigkeit das Verhältnis T^2/a^3 als eine Konstante erwies.

Trotz dieses kleinen Fehlers müssen wir uns vor der Leistung Johannes Keplers verneigen, der vor 400 Jahren Gesetze formulierte, deren Beweis selbst heute noch mehr als mathematisches Schulwissen erfordert.

Wir müssen aber auch einen Fehler einräumen: Unser Beweis der drei Keplerschen Gesetze ist nur gültig, wenn nur ein Planet um die Sonne kreist. Es gibt aber acht große Planeten: Merkur, Venus, Erde, Mars, Jupiter, Saturn, Uranus und Neptun, von denen der letzte erst 1846 nach Berechnungen des französischen Astronomen Leverrier von der Berliner Sternwarte entdeckt wurde. Da zwischen allen Himmelskörpern Newtons Gravitationskraft wirkt, haben wir es, bei Vernächlässigung der kleinen Planeten, Monde und Asteroiden, mit einem N-Körperproblem mit $N = 9$ zu tun. Eine exakte Behandlung wie die des Zweikörperproblems entzieht sich der Mathematik bis heute und wahrscheinlich auch in Zukunft. Die für uns existenzielle Frage, ob das Sonnensystem in seiner derzeitigen Konstellation für alle Zeiten „stabil" sei, hat naturgemäß viele Mathematiker herausgefordert und wurde sogar 1885 vom schwedischen König als Preisfrage gestellt. Eine Antwort steht bis heute aus, die Beschäftigung mit dieser Frage hat allerdings die Mathematik in vielerlei Hinsicht befruchtet.

Für Kepler und seine Zeitgenossen war die Harmonie im Sonnensystem noch unbestritten, für Newton war die Ordnung im Kosmos ein Gottesbeweis.

Einige Worte zu anderen möglichen Lösungen von (2.10.17): Ist $\beta \neq 0$ und $E \geq 0$ gibt es nur ein minimales $r > 0$, wo $\dot{r} = 0$ sein kann, s. Abbildung 2.10.2. Startet m_1 mit $\dot{r} < 0$, wechselt $\dot{r}$ dort das Vorzeichen zu $\dot{r} > 0$ und dieses Vorzeichen bleibt für alle Zeiten erhalten. Der Massenpunkt m_1 fliegt an m_2 vorbei und „trudelt" ins Unendliche. Man beachte, dass die Radien der Massenpunkte m_1 und m_2 in unserem Modell gleich Null sind. In der Realität würde ein Planet auch bei nichtverschwindendem Drehimpuls mit hoher Energie in die Sonne stürzen können.

Für $\beta = 0$ liegen die Bahnen auf Geraden durch den Ursprung $0 = (0,0)$, denn gemäß (2.10.16) ist $\dot{\varphi} = 0$. Für $E < 0$ gibt es ein maximales $r > 0$, wo $\dot{r} = 0$ sein kann. Startet m_1 unterhalb dieser Schranke mit $\dot{r} > 0$, wechselt $\dot{r}$ dort das Vorzeichen zu $\dot{r} < 0$ und m_1 fällt in gerader Linie auf m_2. Ist $E \geq 0$, wechselt $\dot{r}$ das Vorzeichen nicht: Der Massenpunkt m_1 fällt auf m_2, wenn m_1 mit $\dot{r} < 0$ startet, m_1 fliegt ins Unendliche, wenn $\dot{r} > 0$ ist.

Aufgaben

2.10.1 Zur Zeit $t = 0$ habe der Massenpunkt m_1 den Abstand R von Massenpunkt m_2 und habe die Geschwindigkeit $\dot{r} = 0$. Er falle dann geradlinig in m_2. Man gebe eine Formel für die Fallzeit T von $r = R$ bis $r = 0$ an und schätze daraus T ab.

2.10.2 Ein Massenpunkt m_1 falle aus unendlicher Entfernung mit Energie $E = 0$ geradlinig auf den Massenpunkt m_2.

a)   Welche Geschwindigkeit hat er in einer Entfernung R von m_2?

b)   Welche Zeit T braucht er dann noch, um von der Höhe R in m_2 zu fallen?

Kapitel 3

Direkte Methoden der Variationsrechnung

3.1 Die Methode

Der Euler-Lagrange-Kalkül wurde erfunden, um Extremale zu berechnen. Ist die Lösung der Euler-Lagrange-Gleichung unter den zulässigen Funktionen eindeutig, kann mit physikalischen oder geometrischen Einsichten in das Problem geschlossen werden, dass sie die gesuchte Extremale ist. Darüber hinaus können mithilfe der zweiten Variation weitere notwendige und auch hinreichende Bedingungen geprüft werden.

Diese, wie die Geschichte zeigt, durchaus erfolgreiche Vorgehensweise stößt an ihre Grenzen, wenn die Lösbarkeit der Euler-Lagrange-Gleichung offen ist. Insbesondere bei mehreren unabhängigen Variablen, d.h. bei partiellen Differentialgleichungen, kann in der Regel keine „explizite Lösung" angegeben werden, aber auch bei gewöhnlichen Randwertproblemen über einem Intervall ist die Existenz einer Lösung im Allgemeinen nicht so offensichtlich, wie dies bei den Beispielen, die wir in diesem Buch gegeben haben, der Fall ist. Hier hilft die Variationsrechnung im Umkehrschluss: Existiert eine Extremale, dann besitzt die Euler-Lagrange-Gleichung auch eine Lösung.

Diese Erkenntnis führte zum sogenannten „Dirichlet-Prinzip", einer eleganten Lösung der Potentialgleichung mit Randbedingungen. Der Minimierer des „Dirichlet-Integrals" unter allen zulässigen Funktionen mit vorgegebenen Randwerten löst die Potentialgleichung, da diese die Euler-Lagrange-Gleichung ist. Abgesehen von der nicht ganz einfachen

Regularität ist die entscheidende Frage die der Existenz eines Minimierers, deren positive Antwort Dirichlet „evident" erschien. Weierstraß legte mit seinem Beispiel, das wir in 1.5 diskutiert haben, den Finger in die Wunde, indem er zeigte, dass auch konvexe und nach unten beschränkte Funktionale nicht notwendig zulässige Minimierer besitzen. Und damit sind wir bei der zentralen Frage, deren Antwort mit den „Direkten Methoden der Variationsrechnung" gesucht wird:

Unter welchen allgemeinen Bedingungen besitzen Funktionale Minimierer?

Wir wollen die Methode an einem abstrakten Funktional

$$J : D \subset X \to \mathbb{R} \cup \{+\infty\} \tag{3.1.1}$$

diskutieren, wobei X ein normierter linearer Raum über $\mathbb{R}$ ist. Da es vornehmlich um globale Minimierer geht, ist eine notwendige Bedingung die, dass das Funktional J auf D nach unten beschränkt ist:

(H1) $\qquad\qquad J(y) \geq c \in \mathbb{R} \quad$ für alle $\quad y \in D.$

Offensichtlich existiert dann das Infimum und ist endlich, wenn J auf D endliche Werte annimmt:

$$\inf\{J(y)|y \in D\} = m > -\infty. \tag{3.1.2}$$

Gemäß der Definition des Infimums gibt es dann eine sogenannte „Minimalfolge" $(y_n)_{n \in \mathbb{N}} \subset D$ mit

$$\lim_{n \to \infty} J(y_n) = m \quad \text{in} \quad \mathbb{R}. \tag{3.1.3}$$

Wir treffen weitere Annahmen:

(H2) $\quad$ Die Minimalfolge $(y_n)_{n \in \mathbb{N}}$ enthält eine Teilfolge $(y_{n_k})_{k \in \mathbb{N}}$, die bezüglich eines geeigneten Konvergenzbegriffs gegen ein Element $y_0 \in D$ konvergiert:

$$\lim_{k \to \infty} y_{n_k} = y_0 \in D. \tag{3.1.4}$$

(H3) $\quad$ Das Funktional J ist bezüglich dieses Konvergenzbegriffs (3.1.4) unterhalb folgenstetig, d.h.

$$\lim_{n \to \infty} \tilde{y}_n = \tilde{y}_0 \quad \Rightarrow \quad \liminf_{n \to \infty} J(\tilde{y}_n) \geq J(\tilde{y}_0). \tag{3.1.5}$$

Dann gilt:

Satz 3.1.1 *Sind die Annahmen (H1), (H2), (H3) erfüllt, besitzt das Funktional J einen globalen Minimierer $y_0 \in D$.*

Der **Beweis** ist trivial: Für die Teilfolge der Minimalfolge gilt

$$\lim_{k \to \infty} J(y_{n_k}) = m = \liminf_{k \to \infty} J(y_{n_k}) \geq J(y_0) \geq m \quad \text{oder}$$

$$J(y_0) = m = \inf\{J(y)|y \in D\}. \tag{3.1.6}$$

Die Annahmen (H2) und (H3) stehen in Konkurrenz zueinander: Je allgemeiner der Konvergenzbegriff in (H2) ist, je mehr Folgen konvergieren, um so restriktiver ist (H3) für das Funktional. Es ist also ein Ausgleich zu finden, dass unter natürlichen Voraussetzungen (Minimal-)Folgen konvergente Teilfolgen enthalten, bezüglich deren Konvergenz eine hinreichend große Klasse von Funktionalen unterhalb stetig ist. Wir geben zunächst die Definition dieser Konvergenz und zeigen dann in diesem und im nächsten Paragraphen, dass die Klasse der Funktionale, die (H3) erfüllen, in gewisser Weise natürlich ist.

In der Funktionalanalysis lernt man, dass es in einem normierten Raum X neben der in Definition 1.1.4 eingeführten Konvergenz bezüglich der Norm eine weitere sogenannte „schwache Konvergenz" gibt, die wie folgt definiert ist:

$X' = \{\ell : X \to \mathbb{R}|\ell \text{ ist linear und stetig}\}$ ist der zu X duale Raum.

Dann konvergiert eine Folge $(y_n)_{n \in \mathbb{N}} \subset X$ schwach gegen y_0,

falls $\lim_{n \to \infty} \ell(y_n) = \ell(y_0)$ für alle $\ell \in X'$ gilt. $\tag{3.1.7}$

Wir bezeichnen die schwache Konvergenz als $w\text{-}\lim_{n \to \infty} y_n = y_0$ (w = weak = schwach).

Bemerkung *Ist $X = \mathbb{R}^n$ mit der Euklidischen Norm versehen, bedeutet die schwache Konvergenz die komponentenweise Konvergenz, die wiederum die übliche Konvergenz nach sich zieht. Umgekehrt impliziert die Konvergenz in der Norm und die Stetigkeit von ℓ die Konvergenz gemäß Definition (3.1.7). Für endlich-dimensionale normierte lineare Räume ist die schwache Konvergenz die gleiche wie die übliche Konvergenz bezüglich der Norm, die auch „starke Konvergenz" genannt wird.*
In unendlich-dimensionalen linearen Räumen impliziert die starke die schwache Konvergenz, aber die umgekehrte Implikation gilt nicht. Um dies an einem Beispiel zu sehen, zitieren wir einen Satz aus der Funktionalanalysis, der die schwache Konvergenz in einem

Hilbertraum charakterisiert. Dazu definieren wir:

Auf einem (reellen) Hilbertraum X ist die Norm $\|\ \ \|$

durch ein Skalarprodukt $(\ \ ,\ \ )$ definiert: $\|y\| = \sqrt{(y,y)}$.

Außerdem ist ein Hilbertraum vollständig in dem Sinne,

als jede Cauchy-Folge bezüglich der Norm eine (stark) konvergente Folge ist.
$$(3.1.8)$$

Dass die durch das Skalarprodukt definierte Norm die Axiome aus Definition 1.1.3 erfüllt, folgt aus den Eigenschaften des Skalarprodukts wie in jedem endlich-dimensionalen Euklidischen Raum.

Der Darstellungssatz von F. Riesz (1880-1956) in einem reellen Hilbertraum, den wir in Satz 3.1.3 beweisen, lautet:

Zu jedem $\ell \in X'$ gibt es genau ein $z \in X$,

so dass $\ell(y) = (y,z)$ für alle $y \in X$ gilt.
$$(3.1.9)$$

Damit kann die schwache Konvergenz in einem Hilbertraum wie folgt definiert werden:

$$w\text{-}\lim_{n\to\infty} y_n = y_0 \quad \Leftrightarrow \quad \lim_{n\to\infty} (y_n, z) = (y_0, z) \quad \text{für alle} \quad z \in X. \qquad (3.1.10)$$

Bemerkung *Wie schon Hilbert feststellte, ist der „Prototyp" eines Hilbertraums der „Folgenraum" ℓ^2, der sich aus der Fourier-Analyse mithilfe eines vollständigen (abzählbaren) Orthonormalsystems ergibt:*

$$\ell^2 = \{y = (\eta_k)_{k\in\mathbb{N}} | \sum_{k=1}^{\infty} \eta_k^2 < \infty\} \quad \textit{mit Skalarprodukt}$$

$$(y,z) = \sum_{k=1}^{\infty} \eta_k \zeta_k \quad \textit{und Norm} \quad \|y\| = \sqrt{\sum_{k=1}^{\infty} \eta_k^2}. \qquad (3.1.11)$$

Damit können wir leicht ein Beispiel einer schwach konvergenten Folge angeben, die nicht stark konvergiert:

$$e_n = (\delta_{kn})_{k\in\mathbb{N}} = (0,0,\ldots,1,\ldots) \quad \textit{mit der „1" an der n-ten Stelle,}$$

$$(e_n, z) = \zeta_n, \lim_{n\to\infty} \zeta_n = 0, \quad \textit{da} \quad \sum_{k=1}^{\infty} \zeta_k^2 < \infty,$$

$$\|e_n - e_m\| = \sqrt{2} \quad \textit{für alle } n, m \in \mathbb{N} \textit{ und } n \neq m. \qquad (3.1.12)$$

Also gilt $\quad w\text{-}\lim_{n\to\infty} e_n = 0 \quad$ *aber* $\quad \lim_{n\to\infty} e_n \quad$ *existiert nicht.*

Außerdem ist die Folge $(e_n)_{n\in\mathbb{N}} \subset \ell^2$ beschränkt, denn $\|e_n\| = 1$. Das zeigt auch, dass, im Gegensatz zu $X = \mathbb{R}^n$, wo der Satz von Bolzano–Weierstraß gilt, beschränkte Folgen in unendlich-dimensionalen normierten linearen Räumen X nicht notwendig eine (stark) konvergente Teilfolge besitzen.

Wir zitieren wiederum aus der Funktionalanalysis den für die „Direkten Methoden der Variationsrechnung" zentralen Satz, der auf Hilbert zurückgeht:

Ist X „reflexiv", ist X z.B. ein Hilbertraum,

enthält jede beschränkte Folge eine schwach konvergente Teilfolge. $\qquad$ (3.1.13)

Bemerkung *Die Definition eines reflexiven normierten linearen Raumes X sprengt den Rahmen dieser Einführung. Sämtliche funktionalanalytischen Grundbegriffe und die speziellen Hilberträume dieses und des nächsten Paragraphen findet man in einführenden Lehrbüchern über Funktionalanalysis wie z.B. [20]. Es sei noch bemerkt, dass sowohl der Darstellungssatz von Riesz (3.1.9) als auch der Auswahlsatz (3.1.13) im Hilbertraum elementare Beweise haben, die mit Grundkenntnissen der Linearen Algebra und der Analysis verständlich sind. Den Auswahlsatz im Hilbertraum beweisen wir im Anhang.*

Der Exkurs in die Funktionalanalysis gibt uns die Möglichkeit, die Annahme (H2) präziser zu fassen und vernünftige Voraussetzungen anzugeben, unter denen sie erfüllt ist.

(H2)' $\quad$ X ist „reflexiv", z.B. ein Hilbertraum, und die Minimalfolge $(y_n)_{n\in\mathbb{N}}$ ist beschränkt, d.h. $\|y_n\| \leq C$ für alle $n \in \mathbb{N}$.
Dann enthält $(y_n)_{n\in\mathbb{N}}$ eine Teilfolge $(y_{n_k})_{k\in\mathbb{N}}$, die schwach gegen ein $y_0 \in X$ konvergiert:

$$w\text{-}\lim_{k\to\infty} y_{n_k} = y_0 \in X. \qquad (3.1.14)$$

Ist $D \subset X$ abgeschlossen und konvex, ist z.B. $D = z_0 + X_0$ ein „affiner" Raum mit einem abgeschlossenem Unterraum $X_0 \subset X$, liegt der schwache Grenzwert y_0 der Folge $(y_{n_k})_{k\in\mathbb{N}} \subset D$ ebenfalls in D.

Die Beschränktheit einer Minimalfolge sollte durch Voraussetzungen an das Funktional J gewährleistet werden. Die übliche Voraussetzung dafür ist die „Koerzivität", die wir in ihrer allgemeinen Form angeben:

(H2)'' $\quad$ Für alle unbeschränkten Folgen $(\tilde{y}_n)_{n\in\mathbb{N}} \subset D \subset X$ ist die Folge $(J(\tilde{y}_n))_{n\in\mathbb{N}}$

(nach oben) unbeschränkt. Dies ist der Fall, wenn

$$J(y) \geq f(\|y\|) \quad \text{für alle} \quad y \in D \subset X$$
$$\text{mit} \quad \lim_{r \to \infty} f(r) = \infty \tag{3.1.15}$$

gilt.

Bleibt die Annahme (H3) bezüglich der schwachen Konvergenz zu erfüllen. Unter den Voraussetzungen (H2)$'$, (H2)$''$ bedeutet dies:

(H3)$'$ Das Funktional J ist schwach unterhalb folgenstetig, d.h.

$$w\text{-}\lim_{n \to \infty} \tilde{y}_n = \tilde{y}_0 \quad \Rightarrow \quad \liminf_{n \to \infty} J(\tilde{y}_n) \geq J(\tilde{y}_0). \tag{3.1.16}$$

Welche Voraussetzungen an J haben (H3)$'$ zur Folge?

Interessanterweise ist dafür hinreichend, dass J „partiell konvex” ist, d.h. im konkreten Fall (1.1.1), dass die Lagrange-Funktion F bezüglich der Variablen y' konvex ist, s. Satz 3.2.15. In Aufgabe 1.4.2 wird eine lokale partielle Konvexität als notwendige Bedingung von Legendre an einen lokalen Minimierer nachgewiesen. Insofern ist die Klasse der zulässigen Funktionale, für die wir (H3)$'$ nachweisen, natürlich.

Bemerkung *Ist die Lagrange-Funktion F nicht konvex bezüglich der Variablen y', besitzt das zugehörige Funktional J nicht notwendig einen globalen Minimierer, auch wenn J nach unten beschränkt ist und Minimalfolgen beschränkt sind. Ein typisches Beispiel ist $J(y) = \int_a^b y^2 + ((y')^2 - 1)^2 dx$, dessen Infimum Null kein Minimum ist: Die Bedingungen $y = 0$ und $y' = \pm 1$ schließen sich offensichtlich aus. Wegen der Bedeutung von Energiefunktionalen mit W-Potentialen dieses Typs in den Materialwissenschaften, die wir in Paragraph 2.4 angesprochen haben, hat man folgenden Ausweg gefunden: Die Ableitungen einer beschränkten Minimalfolge erzeugen mittels eines geeigneten Konvergenzbegriffs eine Abbildung in einen signierten Maßraum, deren Wert in jedem Punkt ein Wahrscheinlichkeitsmaß ist und „Youngsches Maß” genannt wird. Es gibt in jedem Punkte die Wahrscheinlichkeitsverteilung möglicher Werte der Ableitung im Grenzwert an. Für das obige Beispiel sind das in jedem Punkt jeweils mit Wahrscheinlichkeit $1/2$ die Werte ± 1. Diese Information liefert Einsicht in die Struktur von Minimalfolgen und damit in die Struktur des Materials, s. dazu z.B. [21].*

Nach den Ausführungen für ein allgemeines Funktional $J : X \to \mathbb{R} \cup \{+\infty\}$ wenden wir uns quadratischen Funktionalen auf einem Hilbertraum zu. Eine gesonderte Untersuchung ist aus zwei Gründen von Interesse: Die Direkte Methode liefert für diese gute Ergebnisse und die Euler-Lagrange-Gleichungen sind linear.

Definition 3.1.2 *Es sei X ein (reeller) Hilbertraum. Eine Bilinearform $B : X \times X \to \mathbb{R}$ heißt zu dem Skalarprodukt $(\,,\,)$ auf X äquivalent, wenn für alle $y, z \in X$ gilt:*

$$B(y,z) = B(z,y), \quad d.h. \; B \; ist \; symmetrisch,$$
$$|B(y,z)| \le C_1 \|y\| \|z\| \quad mit \; C_1 > 0, \; d.h. \; B \; ist \; stetig, \tag{3.1.17}$$
$$B(y,y) \ge C_2 \|y\|^2 \quad mit \; C_2 > 0, \; d.h. \; B \; ist \; positiv \; definit.$$

Erfüllt eine Bilinearform B die Bedingungen (3.1.17), ist sie ein Skalarprodukt auf X, welches wegen $C_2 \|y\|^2 \le B(y,y) \le C_1 \|y\|^2$ eine zu $\sqrt{(y,y)}$ äquivalente Norm $\sqrt{B(y,y)}$ definiert, s. (3.1.8). Folgender Satz enthält im Spezialfall des Skalarprodukts $(\,,\,)$ den Rieszschen Darstellungssatz (3.1.9).

Satz 3.1.3 *Für eine Bilinearform $B : X \times X \to \mathbb{R}$, die die Voraussetzungen (3.1.17) auf einem Hilbertraum X erfüllt, gelten folgende Aussagen:*

$$Zu \; jedem \; \ell \in X' \; gibt \; es \; genau \; ein \; y_0 \in X,$$
$$so \; dass \quad B(y_0, h) = \ell(h) \quad für \; alle \; h \in X \; gilt. \tag{3.1.18}$$

Dieses Element $y_0 \in X$ ist der globale Minimierer für das Funktional

$$J(y) = \tfrac{1}{2} B(y,y) - \ell(y), \quad d.h.$$
$$J(y_0) = \inf\{J(y) \mid y \in X\} = m. \tag{3.1.19}$$

Jede Minimalfolge $(y_n)_{n \in \mathbb{N}}$ für das Funktional $(3.1.19)_1$ konvergiert (stark) in X gegen den globalen Minimierer y_0:

$$\lim_{n \to \infty} J(y_n) = m = J(y_0) \quad und$$
$$\lim_{n \to \infty} y_n = y_0 \quad in \quad X. \tag{3.1.20}$$

Beweis: Wegen der Stetigkeit von $\ell : X \to \mathbb{R}$, ausgedrückt durch $|\ell(y)| \le C_3 \|y\|$ für alle $y \in X$, und der positiven Definitheit von B, ist J nach unten beschränkt und koerziv:

$$J(y) \ge \tfrac{1}{2} C_2 \|y\|^2 - C_3 \|y\| \ge c \quad für \; alle \; y \in X. \tag{3.1.21}$$

Mit der Symmetrie und der positiven Definitheit von B folgt für eine Minimalfolge

$(y_n)_{n\in\mathbb{N}} \subset X$:

$$
\begin{aligned}
C_2\|y_n - y_m\|^2 &\le B(y_n - y_m, y_n - y_m)\\
&= 2B(y_n, y_n) + 2B(y_m, y_m) - B(y_n + y_m, y_n + y_m)\\
&= 4\left(\tfrac{1}{2}B(y_n, y_n) - \ell(y_n) + \tfrac{1}{2}B(y_m, y_m) - \ell(y_m)\right.\\
&\quad - B(\tfrac{1}{2}(y_n + y_m), \tfrac{1}{2}(y_n + y_m)) + 2\ell(\tfrac{1}{2}(y_n + y_m)))\\
&= 4\left(J(y_n) + J(y_m) - 2J(\tfrac{1}{2}(y_n + y_m))\right)\\
&= 4\left(J(y_n) - m + J(y_m) - m - 2(J(\tfrac{1}{2}(y_n + y_m)) - m)\right)\\
&\le 4(\varepsilon + \varepsilon) \quad \text{für} \quad n, m \ge n_o(\varepsilon),
\end{aligned}
$$
(3.1.22)

da $J(\tfrac{1}{2}(y_n + y_m)) - m \ge 0$ ist. Die Minimalfolge $(y_n)_{n\in\mathbb{N}}$ ist eine Cauchy-Folge in X, die wegen der Vollständigkeit des Hilbertraumes einen Grenzwert $y_0 \in X$ besitzt. Wegen $J(y) - J(\tilde{y}) = \tfrac{1}{2}B(y - \tilde{y}, y + \tilde{y}) - \ell(y - \tilde{y})$ ist $J : X \to \mathbb{R}$ stetig, was (3.1.20) beweist.

Offensichtlich gilt

$$
\begin{aligned}
J(y_0 + th) &= \tfrac{1}{2}B(y_0 + th, y_0 + th) - \ell(y_0 + th)\\
&= J(y_0) + t(B(y_0, h) - \ell(h)) + \tfrac{1}{2}t^2 B(h, h)\\
&\ge J(y_0) \quad \text{für alle } h \in X \text{ und alle } t \in \mathbb{R}.
\end{aligned}
$$
(3.1.23)

Deshalb ist

$$
\frac{d}{dt}J(y_0 + th)\big|_{t=0} = \delta J(y_0)h = B(y_0, h) - \ell(h) = 0 \quad \text{für alle } h \in X,
$$
(3.1.24)

was (3.1.18) beweist.

Die Eindeutigkeit ist klar: Angenommen

$$
\begin{aligned}
B(y_0, h) &= \ell(h) = B(\tilde{y}_0, h) \quad \text{oder}\\
B(y_0 - \tilde{y}_0, h) &= 0 \quad \text{für alle } h \in X, \text{ insbesondere}\\
B(y_0 - \tilde{y}_0, y_0 - \tilde{y}_0) &= 0,
\end{aligned}
$$
(3.1.25)

was wegen der positiven Definitheit $y_0 = \tilde{y}_0$ impliziert. $\qquad\square$

Bemerkung *Der Darstellungssatz (3.1.18) gilt auch für Bilinearformen B, die (3.1.17) ohne die Symmetrie (3.1.17)$_1$ erfüllen. In diesem Fall wird (3.1.18)* **Satz von Lax-Milgram** *genannt, der zwar nicht mit Variationsmethoden wie in (3.1.19), (3.1.20), aber mit dem Rieszschen Darstellungsssatz relativ einfach zu beweisen ist: Zu jedem $u \in X$ gibt es jeweils genau ein v und v^* in X, so dass mit dem Skalarprodukt*

$$
\begin{aligned}
B(u, y) &= (v, y) \quad \text{und}\\
B(y, u) &= (y, v^*) \quad \text{für alle} \quad y \in X
\end{aligned}
$$

gilt, denn $B(u,\cdot), B(\cdot,u) \in X'$. *Setzt man* $v = Lu$ *und* $v^* = L^*u$, *erhält man lineare Opera-toren* $L, L^* : X \to X$, *die*

$$(Ly, u) = (y, L^*u) \quad \text{für alle } y, u \in X$$

erfüllen. Sowohl L *als auch* L^* *sind stetig:*

$$\|Lu\|^2 = (Lu, Lu) = B(u, Lu) \leq C_1 \|u\| \|Lu\| \quad oder$$
$$\|Lu\| \leq C_1 \|u\| \quad und \ analog \quad \|L^*u\| \leq C_1 \|u\|$$

für alle $u \in X$. *Mit der positiven Definitheit von* B *folgt:*

$$C_2 \|u\|^2 \leq B(u, u) = (Lu, u) \leq \|Lu\| \|u\| \quad oder$$
$$C_2 \|u\| \leq \|Lu\| \quad und \ analog \quad C_2 \|u\| \leq \|L^*u\|$$

für alle $u \in X$. *Damit ist die symmetrische und stetige Bilinearform*

$$S(u, w) = (L^*u, L^*w) \quad positiv \ definit, \ d.h.$$
$$C_2^2 \|u\|^2 \leq \|L^*u\|^2 = S(u, u)$$

für alle $u \in X$, *weshalb der Rieszsche Darstellungssatz anwendbar ist: Zu jedem* $\ell \in X'$ *gibt es genau ein* $y^* \in X$, *so dass*

$$\ell(h) = S(y^*, h) = (LL^*y^*, h) = B(L^*y^*, h)$$
$$\text{für alle} \quad h \in X$$

und der Satz von Lax-Milgram mit $y_0 = L^*y^*$ *gilt.*

Im Folgenden präsentieren wir, wie die Direkten Methoden der Variationsrechnung zur Behandlung von Eigenwertproblemen eingesetzt werden. Wir folgen hier im wesentlichen dem Klassiker „Methoden der mathematischen Physik I, II" von Courant-Hilbert, erwähnen aber auch die Vorbereiter Baron von Rayleigh (1842-1919), W. Ritz (1878-1909), E. Fischer (1875-1954), H. Weyl (1885-1955) und natürlich R. Courant (1888-1972).

Ist $K : X \times X \to \mathbb{R}$ eine symmetrische und stetige Bilinearform, so erfüllt ein (globaler) Minimierer $y \in X$ für

$$B(y) = B(y, y) \quad \text{unter der Nebenbedingung}$$
$$K(y) = K(y, y) = 1 \tag{3.1.26}$$

in Anbetracht der Multiplikatorenregel von Lagrange –zunächst formal–

$$B(y, h) = \lambda K(y, h) \quad \text{für alle } h \in X \tag{3.1.27}$$

mit einem $\lambda \in \mathbb{R}$, da $\delta B(y)h = 2B(y,h)$ und $\delta K(y)h = 2K(y,h)$ ist. Die Euler-Lagrange-Gleichung (3.1.27) ist die schwache Formulierung eines linearen Eigenwertproblems, wie wir in Paragraph 3.3 explizit ausführen. Die Existenz eines Minimierers für (3.1.26) wird in folgendem Satz bewiesen; dabei verabreden wir die Abkürzungen $B(y,y) = B(y)$ und $K(y,y) = K(y)$.

Satz 3.1.4   *Es sei X ein (reeller) Hilbertraum, $B : X \times X \to \mathbb{R}$ sei eine Bilinearform, die (3.1.17) erfüllt, und $K : X \times X \to \mathbb{R}$ sei eine Bilinearform mit folgenden Eigenschaften:*

$$K(y,z) = K(z,y) \quad \text{für alle } y,z \in X, \quad \text{d.h. } K \text{ ist symmetrisch,}$$

$$w\text{-}\lim_{n \to \infty} y_n = y_0 \quad \Rightarrow \quad \lim_{n \to \infty} K(y_n) = K(y_0), \tag{3.1.28}$$

d.h. K ist schwach folgenstetig,

$$K(y) = K(y,y) > 0 \quad \text{für alle } y \neq 0.$$

Dann existiert ein globaler Minimierer $u_1 \in X$ für

$$B(y) = B(y,y) \quad \text{unter der Nebenbedingung}$$
$$K(y) = K(y,y) = 1, \quad \text{d.h.} \tag{3.1.29}$$
$$B(u_1) = \inf\{B(y) | y \in X, \ K(y) = 1\} = \lambda_1 > 0.$$

Der Minimierer erfüllt das schwache Eigenwertproblem

$$B(u_1, h) = \lambda_1 K(u_1, h) \quad \text{für alle } h \in X. \tag{3.1.30}$$

Jede Minimalfolge $(y_n)_{n \in \mathbb{N}} \subset X \cap \{K(y) = 1\}$ enthält eine Teilfolge $(y_{n_k})_{k \in \mathbb{N}}$, die (stark) in X gegen den globalen Minimierer u_1 konvergiert:

$$\lim_{k \to \infty} B(y_{n_k}) = \lambda_1 = B(u_1) \quad \text{und}$$

$$\lim_{k \to \infty} y_{n_k} = u_1 \quad \text{in } X. \tag{3.1.31}$$

Beweis: Wegen der positiven Definitheit von B ist das Infimum $\lambda_1 \geq 0$ in $(3.1.29)_3$ und jede Minimalfolge $(y_n)_{n \in \mathbb{N}} \subset X \cap \{K(y) = 1\}$ ist in X beschränkt. Deshalb existiert nach dem Auswahlsatz (3.1.13) eine Teilfolge $(y_{n_k})_{k \in \mathbb{N}}$ mit $w\text{-}\lim_{k \to \infty} y_{n_k} = u_1 \in X$. Es gilt

$$B(y_{n_k}) = B(y_{n_k}, y_{n_k}) = B(y_{n_k} - u_1, y_{n_k} - u_1) + 2B(y_{n_k}, u_1) - B(u_1, u_1)$$
$$\geq 2B(y_{n_k}, u_1) - B(u_1, u_1) \quad \text{und deshalb} \tag{3.1.32}$$
$$\liminf_{k \to \infty} B(y_{n_k}) \geq \lim_{k \to \infty} 2B(y_{n_k}, u_1) - B(u_1, u_1) = B(u_1),$$

da $B(\cdot, u_1) \in X'$ ist, s. die Definition (3.1.7) der schwachen Konvergenz. Das Funktional B ist also schwach unterhalb folgenstetig. Nach Voraussetzung über K gilt $1 = \lim_{n \to \infty} K(y_{n_k}) = K(u_1)$, also folgt

$$
\begin{aligned}
&\lambda_1 = \lim_{k \to \infty} B(y_{n_k}) \geq B(u_1) \geq \lambda_1 \quad \text{oder} \\
&\lim_{k \to \infty} B(y_{n_k}) = B(u_1) = \lambda_1 = \inf\{B(y) | y \in X, K(y) = 1\}.
\end{aligned}
\tag{3.1.33}
$$

Es ist $\lambda_1 > 0$, da $B(u_1) = B(u_1, u_1) = \lambda_1 = 0$ wegen der positiven Definitheit $u_1 = 0$ impliziert, im Widerspruch zu $K(u_1) = 1$. Schließlich folgt

$$
\begin{aligned}
&\lim_{k \to \infty} B(y_{n_k} - u_1, y_{n_k} - u_1) \\
&= \lim_{k \to \infty} B(y_{n_k}, y_{n_k}) - 2 \lim_{k \to \infty} B(y_{n_k}, u_1) + B(u_1, u_1) \\
&= B(u_1) - 2B(u_1) + B(u_1) = 0,
\end{aligned}
\tag{3.1.34}
$$

was wegen der positiven Definitheit von B die (starke) Konvergenz von $(y_{n_k})_{k \in \mathbb{N}}$ in X gegen u_1 beweist.

Für beliebiges $y \in X$, $y \neq 0$, ist $K(y) > 0$ und $K(y/\sqrt{K(y)}) = 1$. Deswegen ist

$$
\begin{aligned}
&B(y/\sqrt{K(y)}) = B(y, y)/K(y, y) \geq \lambda_1 \quad \text{oder} \\
&B(y, y) - \lambda_1 K(y, y) \geq 0 \quad \text{für alle} \quad y \in X.
\end{aligned}
\tag{3.1.35}
$$

Anders ausgedrückt bedeutet das für alle $h \in X$ und $t \in \mathbb{R}$

$$
\begin{aligned}
&B(u_1 + th) - \lambda_1 K(u_1 + th) \\
&= B(u_1) - \lambda_1 K(u_1) + 2t(B(u_1, h) - \lambda_1 K(u_1, h)) + t^2 (B(h) - \lambda_1 K(h)) \\
&\geq 0 = B(u_1) - \lambda_1 = B(u_1) - \lambda_1 K(u_1).
\end{aligned}
\tag{3.1.36}
$$

Deshalb verschwindet die Ableitung nach t für $t = 0$, d.h.

$$
\begin{aligned}
&2B(u_1, h) - \lambda_1 2K(u_1, h) = \delta B(u_1)h - \lambda_1 \delta K(u_1)h = 0 \\
&\text{für alle} \quad h \in X.
\end{aligned}
\tag{3.1.37}
$$

Wir finden also auf direktem Weg die Multiplikatorenregel von Lagrange wieder. $\square$

Mit einem Induktionsschluss weisen wir unendlich viele linear unabhängige schwache Eigenvektoren nach; dabei gelten die Voraussetzungen von Satz 3.1.4.

Satz 3.1.5 *Das schwache Eigenwertproblem*

$$B(u,h) = \lambda K(u,h) \quad \text{für alle } h \in X \tag{3.1.38}$$

wird von unendlich vielen linear unabhängigen Eigenvektoren $u_n \in X$ zu Eigenwerten $\lambda_n, n \in \mathbb{N}$, gelöst, für die gilt:

$$K(u_n, u_m) = \delta_{nm} = \begin{cases} 1 & \text{für} \quad n = m, \\ 0 & \text{für} \quad n \neq m, \end{cases}$$

$$0 < \lambda_1 \leq \lambda_2 \leq \cdots \leq \lambda_n \leq \cdots \tag{3.1.39}$$

$$\text{und} \quad \lim_{n \to \infty} \lambda_n = +\infty.$$

Beweis: Wir nehmen Satz 3.1.4 als Induktionsanfang und zur Formulierung der Induktionsannahme treffen wir folgende Feststellungen: Je k „K-orthonormale" Elemente $u_1, \ldots, u_k$ in X, die $(3.1.39)_1$ erfüllen, sind linear unabhängig und mit

$$U_k = span[u_1, \ldots, u_k], \quad \dim U_k = k,$$
$$W_k = \{y \in X \,|\, K(y, u_i) = 0 \text{ für } i = 1, \ldots, k\} \text{ gilt} \tag{3.1.40}$$
$$X = U_k \oplus W_k.$$

Denn für beliebiges $y \in X$ ist

$$y = \sum_{i=1}^{k} K(y, u_i) u_i + y - \sum_{i=1}^{k} K(y, u_i) u_i \quad \text{und}$$

$$y - \sum_{i=1}^{k} K(y, u_i) u_i \in W_k. \tag{3.1.41}$$

Wegen der unendlichen Dimension von X ist $\dim W_k = \infty$ für jedes $k \in \mathbb{N}$ und für jedes System K-orthonormaler Vektoren erhalten wir mit der Definition $(3.1.40)_2$

$$X = W_0 \supset W_1 \supset W_2 \supset \cdots \supset W_k \supset W_{k+1} \supset \cdots \tag{3.1.42}$$

und in dieser absteigenden Kette ist jeder Raum unendlich-dimensional und abgeschlossen, also ein Hilbertraum. Damit können wir die Induktionsannahme formulieren:

Für $k = 1, \ldots, n$ existieren schwache Eigenvektoren $u_k \in W_{k-1}$,

die K-orthonormal wie in $(3.1.39)_1$ sind,

für die $0 < \lambda_1 \leq \lambda_2 \leq \cdots \leq \lambda_n$ und $\tag{3.1.43}$

$B(u_k) = \inf\{B(y) \,|\, y \in W_{k-1}, K(y) = 1\} = \lambda_k$ gilt.

Mit den Argumenten des Beweises von (3.1.33) existiert ein $u_{n+1} \in W_n$ mit

$$B(u_{n+1}) = \inf\{B(y)|y \in W_n, K(y) = 1\} = \lambda_{n+1}, \qquad (3.1.44)$$

denn für eine Minimalfolge in $W_n \cap \{K(y) = 1\}$ ist der schwache Grenzwert u_{n+1} einer Teilfolge sowohl in W_n als auch in $\{K(y) = 1\}$. Ersteres folgt aus der Definition von W_n, der Tatsache, dass $K(\cdot, u_i) \in X'$ ist, und der Definition der schwachen Konvergenz, letzteres folgt nach Voraussetzung über K. Wegen $W_{n-1} \supset W_n$ ist

$$\lambda_n \leq \lambda_{n+1} \qquad (3.1.45)$$

uns es gilt mit (3.1.34), dass die Teilfolge der Minimalfolge auch stark in X gegen u_{n+1} konvergiert.

Nach Induktionsannahme $(3.1.43)_4$ und aus (3.1.44) folgt mit den Argumenten (3.1.35)–(3.1.37)

$$\begin{aligned}
B(u_k, h) &= \lambda_k K(u_k, h) \quad \text{für alle } h \in W_{k-1}, k = 1, \ldots, n, \\
B(u_{n+1}, h) &= \lambda_{n+1} K(u_{n+1}, h) \quad \text{für alle } h \in W_n.
\end{aligned} \qquad (3.1.46)$$

Nach Definition von $W_n \subset W_{k-1}$ für $k = 1, \ldots, n$ impliziert $(3.1.46)_1$

$$B(u_k, u_{n+1}) = B(u_{n+1}, u_k) = 0 \quad \text{für } k = 1, \ldots, n \qquad (3.1.47)$$

und für beliebiges $h \in X$ folgt wegen $(3.1.41)_2$, $(3.1.46)_2$

$$\begin{aligned}
B(u_{n+1}, h) &= B\left(u_{n+1}, h - \sum_{i=1}^{n} K(h, u_i)u_i\right) \\
&= \lambda_{n+1} K\left(u_{n+1}, h - \sum_{i=1}^{n} K(h, u_i)u_i\right) = \lambda_{n+1} K(u_{n+1}, h),
\end{aligned} \qquad (3.1.48)$$

d.h. u_{n+1} ist ein schwacher Eigenvektor zum Eigenwert λ_{n+1}. Nach Konstruktion gilt die K-Orthonormalität der Eigenvektoren $u_1, \ldots, u_n, u_{n+1}$ und der Induktionsschritt ist abgeschlossen.

Angenommen, die Folge der Eigenwerte ist beschränkt, d.h.

$$0 < B(u_n, u_n) = B(u_n) = \lambda_n \leq C \quad \text{für alle } n \in \mathbb{N}. \qquad (3.1.49)$$

Wegen der positiven Definitheit von B impliziert diese Annahme, dass die Folge $(u_n)_{n \in \mathbb{N}}$ in X beschränkt ist. Deshalb enthält sie eine Teilfolge $(u_{n_k})_{k \in \mathbb{N}}$ mit $w\text{-}\lim_{k \to \infty} u_{n_k} = u_0 \in X$.

Nach Voraussetzung (3.1.28) über K und (3.1.39)$_1$ folgt:

$$1 = \lim_{k \to \infty} K(u_{n_k}) = K(u_0) = 1,$$

$$\lim_{k \to \infty} K(u_{n_k} - u_0) = \lim_{k \to \infty} (K(u_{n_k}) - 2K(u_{n_k}, u_0) + K(u_0)) = 0,$$

$$K(u_{n_k} - u_{n_l}) = K(u_{n_k}) - 2K(u_{n_k}, u_{n_l}) + K(u_{n_l}) = 2,$$

$$\lim_{l \to \infty} K(u_{n_k} - u_{n_l}) = K(u_{n_k} - u_0) = 2,$$

$$(3.1.50)$$

was ein Widerspruch ist. Deshalb gilt (3.1.39)$_3$. $\qquad\square$

Korollar 3.1.6 *Die geometrische Vielfachheit jedes Eigenwertes λ_n ist endlich, d.h. die Dimension des von den Eigenvektoren zu λ_n aufgespannten Unterraumes ist endlich.*

Beweis: Die linear unabhängigen Eigenvektoren zum Eigenwert λ_n können bezüglich der Bilinearform K orthonormiert werden und die Annahme, dies wären unendlich viele, führt wie in (3.1.49), (3.1.50) zum Widerspruch. $\qquad\square$

Satz 3.1.7 *Das System $\{u_n\}_{n \in \mathbb{N}}$ der rekursiv konstruierten schwachen Eigenvektoren, welches gemäß (3.1.39)$_1$ K-orthonormal ist, ist vollständig oder eine Schauder-Basis in X: Jedes $y \in X$ kann in eine „Fourier-Reihe"*

$$y = \sum_{n=1}^{\infty} c_n u_n \quad mit \quad c_n = K(y, u_n)$$

$$(3.1.51)$$

und Konvergenz in X

entwickelt werden.

Beweis: Für beliebiges $y \in X$ sei $y_N = \sum_{n=1}^{N} c_n u_n$ mit Koeffizienten c_n wie in (3.1.51). Zu zeigen ist $\lim_{N \to \infty} y_N = y$ in X. Wegen der K-Orthonormalität ist

$$K(y - y_N, u_n) = 0 \quad \text{für } n = 1, \dots, N \text{ oder}$$

$$y - y_N \in W_N,$$

$$(3.1.52)$$

s. (3.1.40)$_2$. Für einen Vektor $\tilde{y} \in W_N, \tilde{y} \neq 0$, ist $K(\tilde{y}/\sqrt{K(\tilde{y})}) = K(\tilde{y})/K(\tilde{y}) = 1$ und deshalb gilt nach Konstruktion (3.1.43)$_4$ oder (3.1.44)

$$B(\tilde{y}/\sqrt{K(\tilde{y})}) = B(\tilde{y})/K(\tilde{y}) \geq \lambda_{N+1} \quad \text{oder}$$

$$B(\tilde{y}) \geq \lambda_{N+1} K(\tilde{y}) \quad \text{für alle} \quad \tilde{y} \in W_N.$$

$$(3.1.53)$$

Das bedeutet insbesondere

$$B(y - y_N) \geq \lambda_{N+1} K(y - y_N). \tag{3.1.54}$$

Eine einfache Rechnung unter Verwendung von

$$B(u_n, u_m) = \lambda_n K(u_n, u_m) = \lambda_n \delta_{nm} \tag{3.1.55}$$

ergibt

$$K(y - y_N) = K(y) - \sum_{n=1}^{N} c_n^2 = K(y) - K(y_N),$$

$$\tag{3.1.56}$$

$$B(y - y_N) = B(y) - \sum_{n=1}^{N} \lambda_n c_n^2 = B(y) - B(y_N).$$

Zusammen mit (3.1.54) erhält man wegen $\lambda_{N+1} > 0$ und $B(y_N) \geq 0$

$$0 \leq K(y - y_N) \leq \frac{1}{\lambda_{N+1}} B(y - y_N) \leq \frac{1}{\lambda_{N+1}} B(y) \quad \text{und}$$

$$\lim_{N \to \infty} K(y - y_N) = 0 \tag{3.1.57}$$

wegen $(3.1.39)_3$. Letzteres bedeutet mit $(3.1.56)_1$

$$K(y) = \lim_{N \to \infty} \sum_{n=1}^{N} c_n^2 = \sum_{n=1}^{\infty} c_n^2 < \infty. \tag{3.1.58}$$

Aus $(3.1.56)_2$ folgt

$$0 \leq B(y - y_N) = B(y) - \sum_{n=1}^{N} \lambda_n c_n^2 \quad \text{oder}$$

$$\tag{3.1.59}$$

$$\lim_{N \to \infty} \sum_{n=1}^{N} \lambda_n c_n^2 = \sum_{n=1}^{\infty} \lambda_n c_n^2 \leq B(y),$$

da $\lambda_n > 0$ für alle $n \in \mathbb{N}$. Da letzte Reihe konvergiert, ist die Folge der Partialsummen eine Cauchy-Folge:

$$B(y_N - y_M) = \sum_{n=M}^{N} \lambda_n c_n^2 < \varepsilon \quad \text{sofern} \quad N > M \geq N_0(\varepsilon). \tag{3.1.60}$$

Wegen der positiven Definitheit von B gilt dann

$$C_2 \|y_N - y_M\|^2 \leq B(y_N - y_M) < \varepsilon \quad \text{sofern} \quad N > M \geq N_0(\varepsilon), \tag{3.1.61}$$

und da im vollständigen Raum X jede Cauchy-Folge eine konvergente Folge ist, existiert ein $\tilde{y} \in X$ mit

$$\lim_{N \to \infty} y_N = \tilde{y} \quad \text{in} \quad X. \tag{3.1.62}$$

Wegen der Stetigkeit von K auf X gilt dann zusammen mit $(3.1.57)_2$

$$0 = \lim_{N \to \infty} K(y - y_N) = K(y - \tilde{y}) \quad \text{oder} \quad \tilde{y} = y \tag{3.1.63}$$

nach Voraussetzung $(3.1.28)_4$ für K. $\qquad\qquad\qquad\qquad\qquad\qquad$ □

Satz 3.1.8 *Das in Satz 3.1.5 beschriebene rekursive Verfahren liefert (bis auf skalare Vielfache und bis auf Linearkombinationen im Falle geometrischer Vielfachheiten, die grö-ßer als eins sind) alle schwachen Eigenvektoren und Eigenwerte des Eigenwertproblems (3.1.38).*

Den Beweis stellen wir als Aufgabe 3.1.1.

Die positive Definitheit $(3.1.17)_3$ von B kann durch eine „K-Koerzivität" ersetzt werden:

$$B(y,y) \geq C_2 \|y\|^2 - c_2 K(y,y) \quad \text{für alle} \quad y \in X. \tag{3.1.64}$$

Denn dann ist die symmetrische und stetige Bilinearform

$$\tilde{B}(y,z) = B(y,z) + c_2 K(y,z) \quad \text{für} \quad y,z \in X \tag{3.1.65}$$

positiv definit und die schwachen Eigenvektoren u_n zu $\tilde{\lambda}_n$

$$\tilde{B}(u_n,h) = \tilde{\lambda}_n K(u_n,h) \quad \text{erfüllen}$$
$$B(u_n,h) = (\tilde{\lambda}_n - c_2) K(u_n,h) \quad \text{für alle} \quad h \in X, n \in \mathbb{N}. \tag{3.1.66}$$

Das „Spektrum" wird um den konstanten Wert c_2 verschoben, was zur Folge haben kann, dass nicht alle Eigenwerte $\lambda_n = \tilde{\lambda}_n - c_2$ positiv sind. Da die Eigenvektoren u_n für B und $\tilde{B}$ die gleichen sind, gilt die Aussage von Satz 3.1.7 unverändert, auch wenn nichtpositive Eigenwerte auftreten.

Wie in (3.1.43), (3.1.44) oder (3.1.53) festgestellt, lässt sich der n-te Eigenwert des Eigenwertproblems (3.1.38) wie folgt charakterisieren:

$$\lambda_n = \min \left\{ \frac{B(y)}{K(y)} \, \middle| \, y \in W_{n-1}, y \neq 0 \right\} \quad \text{oder}$$
$$\lambda_n = \min \left\{ \frac{B(y)}{K(y)} \, \middle| \, y \in X, y \neq 0, \, K(y,u_i) = 0, i = 1, \ldots, n-1 \right\}, \tag{3.1.67}$$

wobei $u_1, \ldots, u_{n-1}$ die ersten $n-1$ Eigenvektoren sind.

Das Minimum wird in einem n-ten Eigenvektor u_n angenommen. Der Quotient $B(y)/K(y)$ heißt **Rayleigh-Quotient**.

Die Charakterisierung (3.1.67) des n-ten Eigenwerts λ_n verwendet die ersten $n - 1$ Eigenvektoren $u_1, \ldots, u_{n-1}$. Das sogenannte „**Minimax-Prinzip**" von Courant, Fischer und Weyl charakterisiert den n-ten Eigenwert λ_n unabhängig von den ersten $n - 1$ Eigenvektoren. Abgesehen von der mathematischen Eleganz hat dieses Prinzip viele bedeutsame Anwendungen, wie wir im Paragraph 3.3 sehen.

Satz 3.1.9 *Für $n \geq 2$ seien $v_1, \ldots, v_{n-1}$ beliebige Vektoren in X, die einen abgeschlossenen Unterraum von X definieren:*

$$V(v_1, \ldots, v_{n-1}) = \{ y \in X \mid K(y, v_i) = 0 \quad \text{für } i = 1, \ldots, n-1 \}. \tag{3.1.68}$$

In $V(v_1, \ldots, v_{n-1})$ nimmt der Rayleigh-Quotient das Minimum an:

$$d(v_1, \ldots, v_{n-1}) = \min \left\{ \frac{B(y)}{K(y)} \, \Big| \, y \in V(v_1, \ldots, v_{n-1}), \, y \neq 0 \right\} \tag{3.1.69}$$

Dann gilt für den n-ten Eigenwert λ_n des schwachen Eigenwertproblems (3.1.38)

$$\lambda_n = \max_{v_1, \ldots, v_{n-1} \in X} \{ d(v_1, \ldots, v_{n-1}) \}. \tag{3.1.70}$$

Die Argumente für (3.1.44) beweisen, dass der Rayleigh-Quotient in $V(v_1, \ldots, v_{n-1})$ das Minimum annimmt.

Beweis: Wir bestimmen $y = \alpha_1 u_1 + \cdots + \alpha_n u_n \in X$ mit den ersten n Eigenvektoren so, dass $y \in V(v_1, \ldots, v_{n-1})$ ist, d.h. dass

$$K(y, v_i) = \sum_{k=1}^{n} \alpha_k K(u_k, v_i) = 0 \quad \text{für } i = 1, \ldots, n-1 \text{ und}$$

$$\sum_{k=1}^{n} \alpha_k^2 = 1 \tag{3.1.71}$$

gilt. Das ist möglich, da das homogene lineare Gleichungssystem $(3.1.71)_1$ mit $n - 1$ Gleichungen für n Variable nichttriviale Lösungen $(\alpha_1, \ldots, \alpha_n) \in \mathbb{R}^n$ besitzt. Damit gilt wegen der K-Orthonormalität der Eigenvektoren $(3.1.39)_1$ und (3.1.55)

$$K(y) = \sum_{k=1}^{n} \alpha_k^2 = 1 \quad \text{und}$$

$$B(y) = \sum_{k=1}^{n} \lambda_k \alpha_k^2 \leq \lambda_n \sum_{k=1}^{n} \alpha_k^2 = \lambda_n, \tag{3.1.72}$$

wobei wir auch $(3.1.39)_2$ verwenden. Deshalb ist das Minimum $d(v_1, \ldots, v_{n-1}) \leq \lambda_n$ für jede Wahl der Vektoren $v_1, \ldots, v_{n-1} \in X$. Wegen (3.1.67) ist $d(u_1, \ldots, u_{n-1}) = \lambda_n$, was (3.1.70) beweist. $\qquad\square$

So weit unsere Ausführungen über die Direkte Methode der Variationsrechnung für allgemeine und speziell quadratische Funktionale auf einem reflexiven normierten Raum und speziell einem Hilbertraum X. Hat man für ein Funktional die Annahmen (H1), (H2), (H3) verifiziert und gemäß Satz 3.1.1 die Existenz eines Minimierers nachgewiesen oder hat man für quadratische Funktionale die Voraussetzungen der Sätze 3.1.3 bis 3.1.5 bestätigt und Lösungen linearer Gleichungen oder Eigenwertprobleme in schwacher Form gefunden, sind die Probleme noch nicht in befriedigender Weise gelöst:

Zulässige Funktionen für die Funktionale in konkreter Form sind Elemente von $C^1[a,b]$ oder $C^{1,stw}[a,b]$ und die Euler-Lagrange-Gleichungen in starker Form verlangen, dass die Lösungen in $C^2[a,b]$ liegen. Diese Funktionenräume sind aber nicht reflexiv, geschweige denn Hilberträume. Die konkreten Funktionale müssen für die Direkten Methoden dieses Paragraphen auf einen reflexiven Raum erweitert werden, wie wir das in den nächsten Paragraphen für den Spezialfall des Hilbertraumes ausführen. Im Paragraph 3.3 wenden wir die Ergebnisse für allgemeine und quadratische Funktionale an und zeigen für diese Fälle, dass die Minimierer die erforderlichen Stetigkeits- und Differenzierbarkeitseigenschaften besitzen, die die für das Variationsproblem und die Euler-Lagrange-Gleichung zulässigen Funktionen haben müssen. Dieser letzte Schritt zur befriedigenden Lösung eines Variationsproblems wird als „Regularitätstheorie" bezeichnet. Auch für die Regularitätstheorie ist wiederum die partielle Konvexität der Lagrange-Funktion, diesmal in einer strikten Form, die man „Elliptizität" nennt, eine hinreichende Bedingung. Dass ein Minimierer mehr Regularität besitzt als zunächst gefordert, haben wir in vielen Beispielen von Kapitel 1 und 2 festgestellt und z.B. in Satz 1.11.4 formuliert.

Aufgabe

3.1.1 Man beweise Satz 3.1.8.

Hinweis: Für einen beliebigen Eigenvektor u von (3.1.38) zum Eigenwert λ zeige man zuerst, dass $\lambda = \lambda_{n_0}$ für ein $n_0 \in \mathbb{N}$ gilt, und dann, dass u eine Linearkombination der linear unabhängigen Eigenvektoren zum Eigenwert λ_{n_0} ist.

3.2 Eine Ausführung der Direkten Methode im Hilbertraum

Zwar hat Hilbert um die vorletzte Jahrhundertwende mit der Direkten Methode das Dirichlet-Prinzip gerechtfertigt, eine Anwendung auf Variationsprobleme allgemeinerer Art geht aber auf L. Tonelli (1885-1946) zurück, der in den Jahren 1910-1930 die Grundlagen der „Direkten Methode" systematisch entwickelte. Wir beschränken uns hier auf den Spezialfall, dass der reflexive Raum ein Hilbertraum ist.

Wir gehen davon aus, dass der lineare Raum

$$L^2(a,b) = \{y | y : (a,b) \to \mathbb{R} \text{ ist messbar}, \int_a^b y^2 dx < \infty\} \tag{3.2.1}$$

aus der Analysis bekannt ist. Mit dem Skalarprodukt und der Norm

$$(y,z)_{0,2} = \int_a^b yz\,dx, \ \|y\|_{0,2} = \sqrt{(y,y)_{0,2}}, \tag{3.2.2}$$

ist $L^2(a,b)$ ein Hilbertraum (Satz von Fischer–Riesz), wenn vereinbart wird, dass $y = 0$ bedeutet, dass $y(x) = 0$ für fast alle $x \in (a,b)$ ist. Das Integral ist das Lebesgue-Integral und das Maß ist das Lebesgue-Maß (H. Lebesgue, 1875-1941) und die Aussage „für fast alle" bezieht sich auf dieses Maß.

Da im Funktional J in (1.1.1) die Ableitung von y auftritt, muss diese für Funktionen in dem zugrundeliegenden Hilbertraum definiert sein. Da mit der klassischen Ableitung keine Vollständigkeit des Raumes bezüglich einer Integralnorm gilt, definiert man die „schwache oder Distributionsableitung" über das Fundamental-Lemma 1.3.5 wie folgt:

Definition 3.2.1   *Gilt für* $y, z \in L^2(a,b)$

$$\int_a^b zh + yh' dx = 0 \quad \textit{für alle} \quad h \in C_0^\infty(a,b), \tag{3.2.3}$$

so heißt y *„schwach differenzierbar" mit der Ableitung* $y' = z$.

Wegen Lemma 3.2.3 ist die schwache Ableitung $y' = z \in L^2(a,b)$ von $y \in L^2(a,b)$ eindeutig (als Funktion in $L^2(a,b)$) und die Formel der partiellen Integration (1.3.5) zeigt, dass die klassische Ableitung, sofern sie (stückweise) existiert, mit der schwachen Ableitung (fast überall) übereinstimmt.

Damit definieren wir den Hilbertraum:

Definition 3.2.2 $W^{1,2}(a,b) = \{y | y \in L^2(a,b) \text{ und } y' \in L^2(a,b) \text{ existiert gemäß (3.2.3)}\}$
wird mit dem Skalarprodukt und der Norm

$$(y,\tilde{y})_{1,2} = (y,\tilde{y})_{0,2} + (y',\tilde{y}')_{0,2}, \quad \|y\|_{1,2} = \sqrt{(y,y)_{1,2}} \qquad (3.2.4)$$

versehen.

Die Vollständigkeit von $W^{1,2}(a,b)$ folgt leicht aus der von $L^2(a,b)$ (s. Aufgabe 3.2.1) und $W^{1,2}(a,b)$ heißt „Sobolevraum", benannt nach S. L. Sobolev (1908-1989). Weitere Einzelheiten über Sobolevräume findet man in [5], [6], [20] und vielen anderen Büchern über Funktionalanalysis, Variationsrechnung oder Partielle Differentialgleichungen. Wir beschränken uns hier auf wenige Details, die für unsere Ausführung der Direkten Methode von Bedeutung sind. Offensichtlich gilt $C^{1,stw}[a,b] \subset W^{1,2}(a,b)$.

Lemma 1.3.2 hat folgende Verallgemeinerung:

Lemma 3.2.3 *Ist* $y \in L^2(a,b)$ *und gilt*

$$\int_a^b yh\,dx = 0 \quad \text{für alle} \quad h \in C_0^\infty(a,b), \qquad (3.2.5)$$

so folgt $y(x) = 0$ *für fast alle* $x \in (a,b)$.

Beweis: Wir verwenden, dass der Raum der Testfunktionen $C_0^\infty(a,b)$ „dicht" in $L^2(a,b)$ liegt, d.h. dass es zu $y \in L^2(a,b)$ und jedem $\varepsilon > 0$ ein $h \in C_0^\infty(a,b)$ gibt, so dass $\|y - h\|_{0,2} < \varepsilon$ gilt. Damit folgt mit der Cauchy–Schwarzschen Ungleichung und (3.2.5)

$$\|y\|_{0,2}^2 = (y,y)_{0,2} = (y-h,y)_{0,2} \leq \|y-h\|_{0,2}\|y\|_{0,2} \quad \text{oder}$$
$$\|y\|_{0,2} < \varepsilon, \qquad (3.2.6)$$

woraus $\|y\|_{0,2} = 0$ und deshalb die Behauptung folgt. $\qquad \square$

Bemerkung *Die Bausteine der Lebesgue-integrierbaren Funktionen sind die „einfachen" oder „Treppenfunktionen". Es ist geometrisch offensichtlich, dass eine Treppenfunktion so durch eine Testfunktion approximiert werden kann, dass sich deren Integrale beliebig wenig unterscheiden.*

Auch Lemma 1.3.3 kann verallgemeinert werden:

Lemma 3.2.4 *Ist $y \in L^2(a,b)$ und gilt*

$$\int_a^b yh'dx = 0 \quad \text{für alle} \quad h \in C_0^\infty(a,b),$$ (3.2.7)

so folgt $y(x) = c$ für fast alle $x \in (a,b)$.

Beweis: 1) Wir beweisen zuerst: Gilt

$$\int_a^b yhdx = 0 \quad \text{für alle} \quad h \in C_0^\infty(a,b) \text{ mit } \int_a^b hdx = 0,$$ (3.2.8)

so folgt $y(x) = c$ für fast alle $x \in (a,b)$.
Dazu sei $g \in C_0^\infty(a,b)$ beliebig und $f \in C_0^\infty(a,b)$ fest gewählt, so dass $\int_a^b fdx = 1$ gilt. Dann ist

$$h = g - \int_a^b gdxf \in C_0^\infty(a,b) \quad \text{mit} \quad \int_a^b hdx = 0$$ (3.2.9)

und deshalb folgt mit (3.2.8)

$$0 = \int_a^b yhdx = \int_a^b ygdx - \int_a^b gdx \int_a^b yfdx$$
$$= \int_a^b (y - \int_a^b yfdx)gdx \quad \text{für alle} \quad g \in C_0^\infty(a,b),$$ (3.2.10)

woraus mit Lemma 3.2.3 $y(x) = \int_a^b yfdx = c$ für fast alle $x \in (a,b)$ folgt.

2) Sei $h \in C_0^\infty(a,b)$ beliebig. Dann ist $h' \in C_0^\infty(a,b)$ mit $\int_a^b h'dx = 0$. Ist umgekehrt $h \in C_0^\infty(a,b)$ beliebig mit $\int_a^b hdx = 0$. Dann liegt g, definiert durch $g(x) = \int_a^x hds$, in $C_0^\infty(a,b)$ und $g' = h$. Damit folgt die Behauptung von Lemma 3.2.2 aus der Behauptung von Teil 1). $\square$

Mit der schwachen Ableitung in $L^2(a,b)$ und dem Lebesgueschen Integral gilt der Hauptsatz der Differential- und Integralrechnung:

Lemma 3.2.5 *Ist $y \in W^{1,2}(a,b)$, so folgt*

$$y(x_2) - y(x_1) = \int_{x_1}^{x_2} y'dx \quad \text{für alle} \quad a \leq x_1 < x_2 \leq b.$$ (3.2.11)

Beweis: Mit

$$z(x) = \int_a^x y' ds \quad \text{für} \quad x \in [a,b] \tag{3.2.12}$$

folgt für ein beliebiges $h \in C_0^\infty(a,b)$ mit dem Satz von Fubini:

$$\int_a^b z h' dx = \int_a^b \int_a^x y' h' ds dx = \int_a^b \int_s^b y' h' dx ds$$

$$= \int_a^b y'(-h) ds \quad \text{oder} \quad \int_a^b y' h + z h' dx = 0. \tag{3.2.13}$$

Da $y \in W^{1,2}(a,b)$ vorausgesetzt ist, gilt auch

$$\int_a^b y' h + y h' dx = 0 \quad \text{für alle} \quad h \in C_0^\infty(a,b), \tag{3.2.14}$$

was zusammen mit $(3.2.13)_2$

$$\int_a^b (z-y) h' dx = 0 \quad \text{für alle} \quad h \in C_0^\infty(a,b) \text{ oder}$$

$$z(x) - y(x) = c \quad \text{für fast alle } x \in (a,b) \tag{3.2.15}$$

ergibt, s. Lemma 3.2.4. Wegen $z(a) = 0$ ist $c = -y(a)$ und $z(x) = y(x) - y(a)$. Schließlich folgt

$$\int_{x_1}^{x_2} y' dx = \int_a^{x_2} y' dx - \int_a^{x_1} y' dx = z(x_2) - z(x_1) = y(x_2) - y(x_1). \tag{3.2.16}$$

Nach Definition 3.2.2 von $W^{1,2}(a,b)$ kann die Funktion $y \in W^{1,2}(a,b) \subset L^2(a,b)$ in ihrer „Äquivalenzklasse" auf einer Menge vom Maß Null abgeändert werden. Insofern erscheint die punktweise Gleichheit in (3.2.11) nicht sinnvoll. Die Funktion z in (3.2.12) ist punktweise definiert und, wie in Lemma 3.2.6 gezeigt wird, stetig. Die Behauptung (3.2.11) ist so zu verstehen, dass sie für den stetigen Repräsentanten von $y \in W^{1,2}(a,b)$ gilt. $\qquad \square$

Für den stetigen Repräsentanten von $y \in W^{1,2}(a,b)$ gilt weiter:

Lemma 3.2.6 *Ist $y \in W^{1,2}(a,b)$, so ist y gleichmäßig hölderstetig mit Exponent $1/2$, und es gelten die Abschätzungen*

$$|y(x_2) - y(x_1)| \le |x_2 - x_1|^{1/2} \|y'\|_{0,2} \quad \text{für alle} \quad a \le x_1 < x_2 \le b,$$

$$\|y\|_0 = \max_{x \in [a,b]} |y(x)| \le \frac{1}{(b-a)^{1/2}} \|y\|_{0,2} + (b-a)^{1/2} \|y'\|_{0,2}. \tag{3.2.17}$$

Beweis: Die Abschätzung $(3.2.17)_1$ folgt aus $(3.2.11)$ mit der Cauchy–Schwarzschen Ungleichung:

$$|y(x_2) - y(x_1)| \leq \left(\int_{x_1}^{x_2} 1 dx \right)^{1/2} \left(\int_{x_1}^{x_2} (y')^2 dx \right)^{1/2} \leq |x_2 - x_1|^{1/2} \|y'\|_{0,2}. \quad (3.2.18)$$

Für stetiges $y \in C[a,b]$ gilt nach dem Mittelwertsatz der Integralrechnung

$$\int_a^b y dx = y(\xi)(b-a) \quad \text{für ein} \quad \xi \in (a,b). \quad (3.2.19)$$

Damit folgt mit Lemma 3.2.5 für jedes $x \in [a,b]$ (mit der Vereinbarung $\int_\xi^x y' ds = - \int_x^\xi y' ds$ sofern $x < \xi$ ist):

$$y(x) = y(\xi) + \int_\xi^x y' ds = \frac{1}{b-a} \int_a^b y dx + \int_\xi^x y' ds,$$

$$|y(x)| \leq \frac{(b-a)^{1/2}}{b-a} \left(\int_a^b y^2 dx \right)^{1/2} + (b-a)^{1/2} \left(\int_a^b (y')^2 dx \right)^{1/2}, \quad (3.2.20)$$

wobei wie in $(3.2.18)$ mit der Cauchy–Schwarzschen Ungleichung abgeschätzt wird. Da $x \in [a,b]$ beliebig ist, folgt die Behauptung. $\qquad \square$

Die gleichmäßig hölderstetigen Funktionen bilden einen Unterraum von $C[a,b]$ (benannt nach O. Hölder (1859-1937)):

Definition 3.2.7 $C^{1/2}[a,b] = \{y | y : [a,b] \to \mathbb{R} \text{ ist gleichmäßig hölderstetig mit Exponent } 1/2\}$ *mit der Norm*

$$\|y\|_{1/2} = \|y\|_0 + \sup_{a \leq x_1 < x_2 \leq b} \frac{|y(x_2) - y(x_1)|}{|x_2 - x_1|^{1/2}}. \quad (3.2.21)$$

Mit den Abschätzungen aus Lemma 3.2.6 und der Definition der Norm $\| \ \|_{1/2}$ in $(3.2.21)$ können wir zusammenfassen:

Satz 3.2.8 *Der Sobolevraum $W^{1,2}(a,b)$ ist stetig in $C^{1/2}[a,b]$ eingebettet, d.h.*

$$W^{1,2}(a,b) \subset C^{1/2}[a,b] \quad und$$

$$\|y\|_{1/2} \leq c_0 \|y\|_{1,2} \quad \text{für alle } y \in W^{1,2}(a,b) \quad (3.2.22)$$

mit einer Konstanten $c_0 > 0$.

Für die „Direkten Methoden" ist folgender Satz von zentraler Bedeutung, der auf C. Arzela (1847-1912) und G. Ascoli (1843-1896) zurückgeht.

Satz 3.2.9 *Eine Folge $(y_n)_{n \in \mathbb{N}} \subset C[a,b]$ sei beschränkt und gleichgradig stetig, d.h.*

$$\|y_n\|_0 = \max_{x \in [a,b]} |y_n(x)| \leq C,$$

zu jedem $\varepsilon > 0$ existiert ein $\delta(\varepsilon) > 0$, so dass   (3.2.23)

$$|y_n(x_2) - y_n(x_1)| < \varepsilon \text{ ist, sofern } |x_2 - x_1| < \delta(\varepsilon)$$

für alle $x_1, x_2 \in [a,b]$ und für alle $n \in \mathbb{N}$ gilt.

Dann enthält $(y_n)_{n \in \mathbb{N}}$ eine Teilfolge $(y_{n_k})_{k \in \mathbb{N}}$, die gleichmäßig gegen eine stetige Funktion $y_0 \in [a,b]$ konvergiert:

$$\lim_{k \to \infty} y_{n_k} = y_0 \quad \text{in } C[a,b] \text{ oder}$$

$$\lim_{k \to \infty} \|y_{n_k} - y_0\|_0 = 0. \quad\quad\quad (3.2.24)$$

Einen Beweis findet man im Anhang.

Mit der Definition (3.2.21) der Höldernorm und der Einbettung (3.2.22) können die Voraussetzungen (3.2.23) des Satzes von Arzela–Ascoli wie folgt formuliert werden:

Satz 3.2.10 *Eine Folge $(y_n)_{n \in \mathbb{N}} \subset W^{1,2}(a,b)$ sei beschränkt, d.h.*

$$\|y_n\|_{1,2} \leq C \quad \text{für alle } n \in \mathbb{N}. \quad\quad\quad (3.2.25)$$

Dann enthält $(y_n)_{n \in \mathbb{N}}$ eine Teilfolge $(y_{n_k})_{k \in \mathbb{N}}$, die gleichmäßig gegen eine stetige Funktion $y_0 \in C[a,b]$ konvergiert, s. (3.2.24).

Die Beschränktheit der Folge $(y_n)_{n \in \mathbb{N}} \subset W^{1,2}(a,b)$ bedeutet nach Definition (3.2.4) der Norm $\| \quad \|_{1,2}$, dass die Folge der schwachen Ableitungen $(y_n')_{n \in \mathbb{N}}$ in $L^2(a,b)$ beschränkt ist. Da $L^2(a,b)$ ein Hilbertraum ist, können wir den Auswahlsatz (3.1.13) anwenden und erhalten:

Satz 3.2.11 *Eine Folge* $(y_n)_{n\in\mathbb{N}} \subset W^{1,2}(a,b)$ *sei beschränkt, s. (3.2.25). Dann enthält* $(y_n)_{n\in\mathbb{N}}$ *eine Teilfolge* $(y_{n_k})_{k\in\mathbb{N}}$ *mit folgenden Eigenschaften:*

$$\lim_{k\to\infty} y_{n_k} = y_0 \quad \text{in } C[a,b] \text{ und}$$

$$w\text{-}\lim_{k\to\infty} y'_{n_k} = z_0 \quad \text{in } L^2(a,b). \tag{3.2.26}$$

Es ist $y_0 \in W^{1,2}(a,b)$ *und* $y'_0 = z_0$ *ist die schwache Ableitung.* `

Beweis: Es sei o.B.d.A. $(y_{n_k})_{k\in\mathbb{N}}$ die Teilfolge, für die Satz 3.2.10 und der Auswahlsatz (3.1.14) in $L^2(a,b)$ anwendbar ist. Damit erhalten wir (3.2.26)$_1$. Nach Definition (3.1.11) der schwachen Konvergenz im Hilbertraum folgt

$$\lim_{k\to\infty} \int_a^b y'_{n_k} h \, dx = \int_a^b z_0 h \, dx \quad \text{für alle } h \in C_0^\infty(a,b). \tag{3.2.27}$$

Da y'_{n_k} die schwache Ableitung von y_{n_k} ist, gilt

$$\lim_{k\to\infty} \int_a^b y'_{n_k} h \, dx = -\lim_{k\to\infty} \int_a^b y_{n_k} h' \, dx = -\int_a^b y_0 h' \, dx \tag{3.2.28}$$

wegen (3.2.26)$_1$. Da die Grenzwerte in (3.2.27) und (3.2.28) gleich sind, folgt die Behauptung. $\qquad\square$

Bemerkung *Eine beschränkte Folge* $(y_n)_{n\in\mathbb{N}}$ *im Hilbertraum* $W^{1,2}(a,b)$ *enthält nach dem Auswahlsatz (3.1.13) eine in* $W^{1,2}(a,b)$ *schwach konvergente Teilfolge* $(y_{n_k})_{k\in\mathbb{N}}$, *d.h.* $\lim_{k\to\infty}((y_{n_k},z)_{0,2} + (y'_{n_k},z')_{0,2}) = (y_0,z)_{0,2} + (y'_0,z')_{0,2}$ *für alle* $z \in W^{1,2}(a,b)$. *Offensichtlich liefert (3.2.26) mehr Informationen.*

Wegen der Einbettungen $W^{1,2}(a,b) \subset C^{1/2}[a,b] \subset C[a,b]$ können für Funktionen $y \in W^{1,2}(a,b)$ Randbedingungen $y(a) = A$ und $y(b) = B$ vorgegeben werden. Für $A = B = 0$ definieren wir

Definition 3.2.12 $W_0^{1,2}(a,b) = \{y \mid y \in W^{1,2}(a,b) \text{ mit } y(a) = 0, y(b) = 0\}$.

Es gilt folgende Poincaré-Ungleichung:

Lemma 3.2.13 *Für alle* $y \in W_0^{1,2}(a,b)$ *gilt*

$$\|y\|_{0,2} \leq (b-a)\|y'\|_{0,2}. \tag{3.2.29}$$

Beweis: Mit Lemma 3.2.5 und $y(a) = 0$ erhält man

$$y(x) = \int_a^x y' ds \quad \text{und damit}$$
$$|y(x)| \leq (b-a)^{1/2} \left(\int_a^b (y')^2 dx \right)^{1/2}, \tag{3.2.30}$$

woraus nach Quadrierung, Integration und Wurzelziehen die Behauptung folgt. $\square$

Bemerkung *Die Konstante* $(b-a)$ *in (3.2.29) ist nicht optimal: Aus Aufgabe 2.1.2 erhalten wir als Konstante für* $(a,b) = (0,1)$ *anstatt* $b-a = 1$ *die Konstante* $1/\pi$. *Allerdings fehlt uns dafür die Existenz des globalen Minimierers, die wir erst in Paragraph 3.3 beweisen.*

Auch mit nichthomogenen Randbedingungen können wir $\|y\|_{1,2}$ durch $\|y'\|_{0,2}$ abschätzen:

Lemma 3.2.14 *Es sei* $D = W^{1,2}(a,b) \cap \{y(a) = A, y(b) = B\}$. *Dann gilt für alle* $y \in D$

$$\|y\|_{1,2} \leq C_1 \|y'\|_{0,2} + C_2 \tag{3.2.31}$$

mit von y *unabhängigen Konstanten* $C_1, C_2 > 0$.

Beweis: Es sei $z_0 \in D$ fest gewählt, z.B. die Gerade von (a,A) nach (b,B). Dann ist für jedes $y \in D$ die Funktion $y - z_0 = h \in W_0^{1,2}(a,b)$ und für $y = z_0 + h$ folgt nach (3.2.29)

$$\begin{aligned}
\|y\|_{0,2} &\leq \|z_0\|_{0,2} + (b-a)\|h'\|_{0,2} \\
&\leq \|z_0\|_{0,2} + (b-a)\|z_0'\|_{0,2} + (b-a)\|y'\|_{0,2} \\
&= \tilde{C}_1 \|y'\|_{0,2} + \tilde{C}_2.
\end{aligned} \tag{3.2.32}$$

Damit gilt (3.2.31) mit $C_1 = \sqrt{2\tilde{C}_1^2 + 1}$ und $C_2 = \sqrt{2\tilde{C}_2^2}$. $\square$

Wir führen jetzt die Direkte Methode für ein Funktional

$$J(y) = \int_a^b F(x, y, y')dx \qquad (3.2.33)$$

durch, dessen zulässige Funktionen Randbedingungen $y(a) = A$ und $y(b) = B$ erfüllen. Dazu müssen wir J von dem in den ersten beiden Kapiteln dieses Buches üblichen Definitionsbereich $C^{1,stw}[a,b] \cap \{y(a) = A,\ y(b) = B\}$ auf $D = W^{1,2}(a,b) \cap \{y(a) = A,\ y(b) = B\}$ erweitern.

Ist $y \in D$, ist zwar nach Satz 3.2.8 die Funktion y stetig auf $[a,b]$, aber y' ist nur in $L^2(a,b)$. Ist die Lagrange-Funktion $F: [a,b] \times \mathbb{R} \times \mathbb{R}$ stetig, folgt nach einem Satz der Maßtheorie, dass $F(\cdot, y, y')$ messbar ist, das Integral (3.2.33) ist aber nicht in jedem Fall für alle $y \in D$ endlich. Da wir nur an Minimierern interessiert sind, müssen wir nur garantieren, dass das Funktional nach unten beschränkt ist. Nach oben kann es unbeschränkt sein, ja es kann sogar den Wert $+\infty$ annehmen. Da $J(y)$ für $y \in C^{1,stw}[a,b]$ endlich ist, ist das Infimum endlich. Im folgenden Satz werden hinreichende Bedingungen dafür angegeben, dass das Infimum angenommen wird, dass also ein globaler Minimierer existiert. Der Satz ist nicht der allgemeinste, zumal wir uns auf eine Hilbertraumtheorie beschränken. Für bessere Resultate verweisen wir auf die Literatur, insbesondere auf [5].

Satz 3.2.15 *Die Lagrange-Funktion $F : [a,b] \times \mathbb{R} \times \mathbb{R}$ des Funktionals (3.2.33) sei stetig und bezüglich der dritten Variablen stetig partiell differenzierbar. Wir setzen für alle $x \in [a,b]$ und für alle $y, y', \tilde{y}' \in \mathbb{R}$ voraus:*

$$F(x, y, y') \geq c_1(y')^2 - c_2 \quad \text{mit} \quad c_1 > 0 \quad \text{(Koerzivität)},$$
$$F(x, y, \tilde{y}') \geq F(x, y, y') + F_{y'}(x, y, y')(\tilde{y}' - y') \qquad (3.2.34)$$

(partielle Konvexität bezüglich der Variablen y').

Dann besitzt das Funktional (3.2.33) einen globalen Minimierer $y_0 \in D = W^{1,2}(a,b) \cap \{y(a) = A,\ y(b) = B\}$.

Beweis: Wir verifizieren die Annahmen (H1), (H2) und (H3) aus 3.1.

(H1) Wegen $F(x, y, y') \geq -c_2$ für alle $(x, y, y') \in [a,b] \times \mathbb{R} \times \mathbb{R}$ ist J nach unten beschränkt.

Dann existiert $m = \inf\{J(y) | y \in D\} \in \mathbb{R}$ und $(y_n)_{n \in \mathbb{N}} \subset D$ sei eine Minimalfolge.

(H2) Wegen der Koerzivität folgt für $n \geq n_0$

$$c_1 \|y_n'\|_{0,2}^2 - c_2(b - a) \leq J(y_n) \leq m + 1. \qquad (3.2.35)$$

Mit der Abschätzung (3.2.31) hat (3.2.35) zur Folge, dass $(y_n)_{n \in \mathbb{N}}$ in $W^{1,2}(a,b)$ beschränkt ist. Satz 3.2.11 garantiert dann die Existenz einer Teilfolge $(y_{n_k})_{k \in \mathbb{N}}$ und einer Grenzfunktion $y_0 \in W^{1,2}(a,b)$ mit

$$\lim_{k \to \infty} y_{n_k} = y_0 \quad \text{in } C[a,b] \text{ und}$$
$$w\text{-}\lim_{k \to \infty} y'_{n_k} = y'_0 \quad \text{in } L^2(a,b). \tag{3.2.36}$$

Wegen der gleichmäßigen Konvergenz $(3.2.36)_1$ erfüllt auch y_0 die gleichen Randbedingungen wie y_{n_k}, also ist $y_0 \in D$.

(H3) Es sei $(\tilde{y}_n)_{n \in \mathbb{N}} \subset W^{1,2}(a,b)$ eine Folge, die im Sinne von (3.2.36) gegen eine Funktion $\tilde{y}_0 \in W^{1,2}(a,b)$ konvergiert. Wir definieren

$$M_N = \{x \in [a,b] \mid (\tilde{y}'_0(x))^2 > N^2\} \quad \text{und}$$
$$K_N = [a,b] \setminus M_N. \tag{3.2.37}$$

Dann ist mit dem Lebesgue-Maß μ

$$\mu(M_N)N^2 < \int_{M_N} (\tilde{y}'_0)^2 dx \leq \|\tilde{y}'_0\|^2_{0,2},$$
$$\mu(M_N) < \frac{1}{N^2}\|\tilde{y}'_0\|^2_{0,2}, \quad (\tilde{y}'_0(x))^2 \leq N^2 \quad \text{für } x \in K_N. \tag{3.2.38}$$

Wegen $(3.2.34)_1$ ist $\tilde{F}(x,y,y') = F(x,y,y') + c_2 \geq 0$ für alle $(x,y,y') \in [a,b] \times \mathbb{R} \times \mathbb{R}$ und

$$\tilde{J}(y) = \int_a^b \tilde{F}(x,y,y')dx = J(y) + c_2(b-a). \tag{3.2.39}$$

Dann gilt:

$$\int_a^b \tilde{F}(x,\tilde{y}_n,\tilde{y}'_n)dx \geq \int_{K_N} \tilde{F}(x,\tilde{y}_n,\tilde{y}'_n)dx$$
$$= \int_{K_N} \tilde{F}(x,\tilde{y}_n,\tilde{y}'_n) - \tilde{F}(x,\tilde{y}_n,\tilde{y}'_0)dx + \int_{K_N} \tilde{F}(x,\tilde{y}_n,\tilde{y}'_0)dx$$
$$\geq \int_{K_N} F_{y'}(x,\tilde{y}_n,\tilde{y}'_0)(\tilde{y}'_n - \tilde{y}'_0)dx + \int_{K_N} \tilde{F}(x,\tilde{y}_n,\tilde{y}'_0)dx \tag{3.2.40}$$
$$= \int_{K_N} (F_{y'}(x,\tilde{y}_n,\tilde{y}'_0) - F_{y'}(x,\tilde{y}_0,\tilde{y}'_0))(\tilde{y}'_n - \tilde{y}'_0)dx$$
$$+ \int_{K_N} F_{y'}(x,\tilde{y}_0,\tilde{y}'_0)(\tilde{y}'_n - \tilde{y}'_0)dx + \int_{K_N} \tilde{F}(x,\tilde{y}_n,\tilde{y}'_0)dx.$$

Wir diskutieren die drei letzten Terme $(3.2.40)_{4,5}$ getrennt.

$$|1.\text{Term}| \leq \left(\int_{K_N} (F_{y'}(x,\tilde{y}_n,\tilde{y}'_0) - F_{y'}(x,\tilde{y}_0,\tilde{y}'_0))^2 dx \right)^{1/2} \|\tilde{y}'_n - \tilde{y}'_0\|_{0,2}. \tag{3.2.41}$$

Für $x \in K_N$ gilt

$$|\tilde{y}_n(x)|, |\tilde{y}_0(x)| \le c, \quad \text{da } \lim_{n \to \infty} \tilde{y}_n = \tilde{y}_0 \text{ in } C[a,b],$$

$$|\tilde{y}_0'(x)| \le N \quad \text{wegen } (3.2.38)_2. \tag{3.2.42}$$

Nach Voraussetzung ist $F_{y'} : [a,b] \times [-c,c] \times [-N,N] \to \mathbb{R}$ gleichmäßig stetig, weshalb die gleichmäßige Konvergenz $\lim_{n \to \infty} \tilde{y}_n = \tilde{y}_0$ die gleichmäßige Konvergenz $\lim_{n \to \infty} F_{y'}(\cdot, \tilde{y}_n, \tilde{y}_0') = F_{y'}(\cdot, \tilde{y}_0, \tilde{y}_0')$ auf K_N nach sich zieht. Damit konvergiert der erste Faktor in (3.2.41) mit $n \to \infty$ gegen Null. Der zweite Faktor ist beschränkt, da $w\text{-}\lim_{n \to \infty} \tilde{y}_n' = \tilde{y}_0'$ in $L^2(a,b)$ gilt und schwach konvergente Folgen beschränkt sind. (Diese Tatsache aus der Funktionalanalysis müssen wir nicht verwenden, da die Minimalfolge in $W^{1,2}(a,b)$ und deshalb die Folge ihrer schwachen Ableitungen in $L^2(a,b)$ ohnehin beschränkt ist.) Also erhalten wir

$$\lim_{n \to \infty} \int_{K_N} (F_{y'}(x, \tilde{y}_n, \tilde{y}_0') - F_{y'}(x, \tilde{y}_0, \tilde{y}_0'))(\tilde{y}_n' - \tilde{y}_0')dx = 0. \tag{3.2.43}$$

Wegen (3.2.42) und der Stetigkeit von $F_{y'}$ folgt

$$|F_{y'}(x, \tilde{y}_0(x), \tilde{y}_0'(x))| \le C_N \quad \text{oder}$$

$$F_{y'}(\cdot, \tilde{y}_0, \tilde{y}_0') \in L^2(K_N). \tag{3.2.44}$$

Da $w\text{-}\lim_{n \to \infty} \tilde{y}_n' = \tilde{y}_0'$ in $L^2(a,b)$ gilt, ist $\tilde{y}_0'$ auch der schwache Grenzwert der Folge $(\tilde{y}_n')$ in $L^2(K_N)$ und nach Definition des schwachen Grenzwerts gilt:

$$\lim_{n \to \infty} \int_{K_N} F_{y'}(x, \tilde{y}_0, \tilde{y}_0')(\tilde{y}_n' - \tilde{y}_0')dx = 0. \tag{3.2.45}$$

Wiederum wegen (3.2.42) und der gleichmäßigen Stetigkeit von $\tilde{F} : [a,b] \times [-c,c] \times [-N,N] \to \mathbb{R}$ folgt die gleichmäßige Konvergenz $\lim_{n \to \infty} \tilde{F}(\cdot, \tilde{y}_n, \tilde{y}_0') = \tilde{F}(\cdot, \tilde{y}_0, \tilde{y}_0')$ auf K_N und deshalb gilt:

$$\lim_{n \to \infty} \int_{K_N} \tilde{F}(x, \tilde{y}_n, \tilde{y}_0')dx = \int_{K_N} \tilde{F}(x, \tilde{y}_0, \tilde{y}_0')dx. \tag{3.2.46}$$

Damit erhalten wir aus (3.2.40)

$$\liminf_{n \to \infty} \tilde{J}(\tilde{y}_n) \ge \int_{K_N} \tilde{F}(x, \tilde{y}_0, \tilde{y}_0')dx. \tag{3.2.47}$$

Da (3.2.47) für alle $N \in \mathbb{N}$ gilt, können wir mit dem Lemma von Fatou den Grenzübergang $N \to \infty$ vornehmen: Dazu sei χ_{K_N} die charakteristische Funktion von K_N, die wegen (3.2.37), (3.2.38) auf $[a,b]$ punktweise fast überall gegen 1 konvergiert. Dann gilt

$$\liminf_{N \to \infty} \int_a^b \chi_{K_N} \tilde{F}(x, \tilde{y}_0, \tilde{y}_0')dx \ge \int_a^b \liminf_{N \to \infty} \chi_{K_N} \tilde{F}(x, \tilde{y}_0, \tilde{y}_0')dx$$

$$= \int_a^b \tilde{F}(x, \tilde{y}_0, \tilde{y}_0')dx = \tilde{J}(\tilde{y}_0). \tag{3.2.48}$$

Zusammen mit (3.2.47) folgt aus (3.2.48)

$$\liminf_{n\to\infty} \tilde{J}(\tilde{y}_n) \geq \tilde{J}(\tilde{y}_0) \quad \text{und mit (3.2.39)}$$

$$\liminf_{n\to\infty} J(\tilde{y}_n) \geq J(\tilde{y}_0). \tag{3.2.49}$$

Nach Satz 3.1.1 besitzt das Funktional J einen globalen Minimierer $y_0 \in D$, wenn die drei Annahmen (H1), (H2), (H3) erfüllt sind. $\square$

In Aufgabe 3.2.2 wird die Koerzivität $(3.2.34)_1$ zu

$$F(x,y,y') \geq c_1 (y')^2 - c_2 |y|^q - c_3 \quad \text{mit } c_1 > 0, \ 1 \leq q < 2 \tag{3.2.50}$$

abgeschwächt.

Es ist noch offen, ob der globale Minimierer $y_0 \in D \subset W^{1,2}(a,b)$ die Euler-Lagrange-Gleichung löst, da unter den Voraussetzungen von Satz 3.2.15 nicht gewährleistet ist, dass für das Funktional J die erste Variation $\delta J(y_0)h$ in alle Richtungen $h \in W_0^{1,2}(a,b)$ existiert.

Satz 3.2.16 *Die Lagrange-Funktion $F : [a,b] \times \mathbb{R} \times \mathbb{R} \to \mathbb{R}$ des Funktionals (3.2.33) sei stetig und bezüglich der beiden letzten Variablen stetig partiell differenzierbar. Wir setzen für alle $(x,y,y') \in [a,b] \times \mathbb{R} \times \mathbb{R}$ voraus:*

$$|F_y(x,y,y')| \leq f_1(x,y)(y')^2 + f_2(x,y),$$
$$|F_{y'}(x,y,y')| \leq g_1(x,y)|y'| + g_2(x,y), \quad \text{wobei} \tag{3.2.51}$$
$$f_i, g_i : [a,b] \times \mathbb{R} \to \mathbb{R} \quad \text{für } i = 1,2 \text{ stetig sind.}$$

Dann ist $J : W^{1,2}(a,b) \to \mathbb{R}$ stetig und es existiert die erste Variation

$$\delta J(y)h = \int_a^b F_y(x,y,y')h + F_{y'}(x,y,y')h' dx \tag{3.2.52}$$

für alle $y \in W^{1,2}(a,b)$ und in alle Richtungen $h \in W^{1,2}(a,b)$.

Beweis: Aus der Darstellung

$$F(x,y,y') - F(x,\tilde{y},\tilde{y}')$$
$$= \int_0^1 \frac{d}{dt} F(x,\tilde{y}+t(y-\tilde{y}),\tilde{y}'+t(y'-\tilde{y}'))dt$$
$$= \int_0^1 F_y(x,\tilde{y}+t(y-\tilde{y}),\tilde{y}'+t(y'-\tilde{y}'))(y-\tilde{y})dt \tag{3.2.53}$$
$$+ \int_0^1 F_{y'}(x,\tilde{y}+t(y-\tilde{y}),\tilde{y}'+t(y'-\tilde{y}'))(y'-\tilde{y}')dt$$

erhält man mit (3.2.51) für $(x,y,y') \in [a,b] \times [-c,c] \times \mathbb{R}$ und für $(x,\tilde{y},\tilde{y}') \in [a,b] \times [-\tilde{c},\tilde{c}] \times \mathbb{R}$ die Abschätzung

$$|F(x,y,y') - F(x,\tilde{y},\tilde{y}')|$$
$$\leq c_1(|y'|^2 + |\tilde{y}'|^2)|y-\tilde{y}| + c_2(|y'| + |\tilde{y}'|)|y'-\tilde{y}'| \tag{3.2.54}$$

mit von c und $\tilde{c}$ abhängigen Konstanten c_1 und c_2. Da nach Satz 3.2.8 jedes $y,\tilde{y} \in W^{1,2}(a,b)$ auch in $C[a,b]$ liegt und $\|y\|_0 \leq c_0\|y\|_{1,2} = c$, $\|\tilde{y}\|_0 \leq c_0\|\tilde{y}\|_{1,2} = \tilde{c}$ gilt, folgt mit (3.2.54)

$$|J(y) - J(\tilde{y})|$$
$$\leq c_1(\|y\|_{1,2}^2 + \|\tilde{y}\|_{1,2}^2)\|y-\tilde{y}\|_0 + c_2(\|y\|_{1,2} + \|\tilde{y}\|_{1,2})\|y-\tilde{y}\|_{1,2}, \tag{3.2.55}$$

wobei wir den zweiten Summanden mit der Cauchy–Schwarzschen Ungleichung abgeschätzt haben. Eine weitere Anwendung von Satz 3.2.8 beweist die lokale Lipschitzstetigkeit von $J : W^{1,2}(a,b) \to \mathbb{R}$.

Für die Behauptung (3.2.52) ist zu zeigen, dass

$$\frac{d}{dt} J(y+th)|_{t=0} = \delta J(y)h \tag{3.2.56}$$

existiert und die Darstellung (3.2.52) besitzt. Im Beweis von Satz 1.2.3 haben wir gezeigt, dass die Differentiation nach t mit der Integration vertauscht werden kann, da der Differenzenquotient gleichmäßig auf $[a,b]$ gegen die Ableitung konvergiert. Hier sichert uns Lebesgues Satz von der dominierten Konvergenz die Vertauschbarkeit des Grenzübergangs $t \to 0$ mit der Integration.

Dazu schätzen wir in der Darstellung (1.2.9) des Differenzenquotienten die letzten beiden Terme mit (3.2.51) ab, wobei wir für fest gewählte $y,h \in W^{1,2}(a,b)$ die Stetigkeit von

$y, h \in C[a,b]$ und $\|y\|_0, \|h\|_0 \leq c$ verwenden. Außerdem sei $|t| \leq 1$.

$$
\left| \frac{1}{t} \int_0^t F_y(x, y(x) + sh(x), y'(x) + sh'(x)) - F_y(x, y(x), y'(x)) \, ds \, h(x) \right|
$$
$$
\leq c_3 + c_4(|y'(x)|^2 + |h'(x)|^2),
$$
$$
\left| \frac{1}{t} \int_0^t F_{y'}(x, y(x) + sh(x), y'(x) + sh'(x)) - F_{y'}(x, y(x), y'(x)) \, ds \, h'(x) \right|
$$
$$
\leq (c_5 + c_6(|y'(x)| + |h'(x)|))|h'(x)|.
$$

(3.2.57)

Mit $y', h' \in L^2(a,b)$ erhalten wir für beide Terme integrierbare und von $|t| \leq 1$ unabhängige Majoranten, die den Grenzübergang $t \to 0$ des Differenzenquotienten (1.2.9) unter dem Integral erlauben. Da wegen der Stetigkeit von F_y und von $F_{y'}$ die letzten beiden Summanden von (1.2.9) punktweise für jedes $x \in [a,b]$ gegen Null konvergieren, erhalten wir die Darstellung (3.2.52). □

Für den nächsten Satz verschärfen wir die Wachstumsbedingung $(3.2.51)_1$ an $F_y(x, y, y')$, bemerken aber, dass dies nur durch die Hilbertraumtheorie bedingt ist.

Satz 3.2.17 *Die Lagrange-Funktion $F : [a,b] \times \mathbb{R} \times \mathbb{R}$ des Funktionals*

$$
J(y) = \int_a^b F(x, y, y') \, dx \tag{3.2.58}
$$

sei stetig und bezüglich der beiden letzten Variablen stetig partiell differenzierbar. Weiterhin sei F koerziv und bezüglich der Variablen y' partiell konvex im Sinne von (3.2.34) bzw. (3.2.50). Für alle $(x, y, y') \in [a,b] \times \mathbb{R} \times \mathbb{R}$ setzen wir voraus:

$$
|F_y(x, y, y')| \leq f_1(x, y)|y'| + f_2(x, y),
$$
$$
|F_{y'}(x, y, y')| \leq g_1(x, y)|y'| + g_2(x, y), \quad \text{wobei} \tag{3.2.59}
$$
$$
f_i, g_i : [a,b] \times \mathbb{R} \to \mathbb{R} \quad \text{für } i = 1, 2 \text{ stetig sind.}
$$

Dann besitzt das Funktional (3.2.58) einen globalen Minimierer $y_0 \in D = W^{1,2}(a,b) \cap \{y(a) = A, y(b) = B\}$, der die Euler-Lagrange-Gleichung in der schwachen Form

$$
\int_a^b F_y(x, y_0, y_0')h + F_{y'}(x, y_0, y_0')h' \, dx = 0 \tag{3.2.60}
$$

für alle $h \in W_0^{1,2}(a,b)$

oder in der starken Form

$$
F_{y'}(\cdot, y_0, y_0') \in W^{1,2}(a,b) \quad \text{und}
$$
$$
\frac{d}{dx} F_{y'}(\cdot, y_0, y_0') = F_y(\cdot, y_0, y_0') \quad \text{auf } (a,b) \tag{3.2.61}
$$

erfüllt. Dabei ist $\frac{d}{dx}F_y(\cdot,y_0,y_0')$ die schwache Ableitung von $F_{y'}(\cdot,y_0,y_0')$ im Sinne von Definition 3.2.1.

Beweis: Mit y_0 ist für alle $h \in W_0^{1,2}(a,b)$ und für alle $t \in \mathbb{R}$ auch $y_0 + th \in D$, s. Definition 3.2.12. Da $y_0 \in D$ ein globaler Minimierer für J ist und da nach Satz 3.2.16 die erste Variation existiert, muss gelten:

$$\frac{d}{dt}J(y_0+th)|_{t=0} = \delta J(y_0)h = 0 \quad \text{für alle} \quad h \in W_0^{1,2}(a,b). \tag{3.2.62}$$

Offensichtlich ist $C_0^\infty(a,b) \subset W_0^{1,2}(a,b)$, so dass mit der Darstellung (3.2.52) und den Definitionen 3.2.1 und 3.2.2 die Behauptung (3.2.61) folgt, sofern $F_y(\cdot,y_0,y_0')$ und $F_{y'}(\cdot,y_0,y_0') \in L^2(a,b)$ gilt. Dies ist mit den Wachstumsbedingungen (3.2.59) mit $y_0 \in W^{1,2}(a,b) \subset C[a,b]$ der Fall. $\qquad \square$

Der Minimierer $y_0 \in W^{1,2}(a,b)$ erfüllt die Euler-Lagrange-Gleichung (3.2.61) nur mit schwachen Ableitungen. Ziel ist es, für y_0 so viel Regularität zu beweisen, dass die Euler-Lagrange-Gleichung im klassischen Sinn erfüllt ist. Nach Satz 1.4.2 genügt dazu, dass $y_0 \in C^1[a,b]$ ist, und mit Aufgabe 1.5.1 impliziert $F_{y'y'}(x,y_0(x),y_0'(x)) \neq 0$ für alle $x \in [a,b]$ sogar $y_0 \in C^2[a,b]$. Der Schritt von $y_0 \in W^{1,2}(a,b) \subset C^{1/2}[a,b]$ (s. Satz 3.2.8) zu $y_0 \in C^1[a,b]$ ist aber im Allgemeinen nicht ganz einfach, weshalb wir auf die Literatur verweisen (s. z.B. [5]). Im nächsten Paragraphen behandeln wir Funktionale, für die der Regularitätsbeweis einfach ist. Wie für allgemeine ist auch für lineare Euler-Lagrange-Gleichungen die Elliptizität $F_{y'y'}(x,y(x),y'(x)) \neq 0$ eine entscheidende Voraussetzung.

Neben der Existenz und der Regularität eines Minimierers ist für den Anwender die Berechnung desselben von Interesse. Dazu gibt die Theorie eine entscheidende Hilfestellung: Globale Minimierer werden durch Minimalfolgen approximiert. Insofern ist die Konstruktion einer Minimalfolge, die gut berechenbar ist, von Bedeutung.

Definition 3.2.18 *Ein Hilbertraum X besitzt eine Schauder-Basis $S = \{e_n\}_{n \in \mathbb{N}}$ (J. Schauder, 1899-1943), falls sich jedes Element $y \in X$ eindeutig als eine in X konvergente Reihe*

$$y = \sum_{n=1}^{\infty} c_n e_n = \lim_{N \to \infty} \sum_{n=1}^{N} c_n e_n, \ c_n \in \mathbb{R}, \tag{3.2.63}$$

schreiben lässt.

In jedem separablen Hilbertraum existiert eine Schauder-Basis, die sogar orthonormiert werden kann. In (3.1.12) ist ein Orthonormalsystem in $X = \ell^2$ angegeben, welches eine Schauder-Basis ist, in Satz 3.1.7 wird eine Schauder-Basis im Hilbertraum X angegeben, die aus Eigenfunktionen eines schwachen Eigenwertproblems besteht.

Es sei $S = \{e_n\}_{n \in \mathbb{N}}$ eine Schauder-Basis im Hilbertraum $W_0^{1,2}(a,b)$ und

$$U_N = span[e_1, \ldots, e_N] \subset W_0^{1,2}(a,b) \tag{3.2.64}$$

der N-dimensionale Unterraum, der natürlich für jedes $N \in \mathbb{N}$ ein Hilbertraum ist. Mit einem $z_0 \in D = W^{1,2}(a,b) \cap \{y(a) = A, \ y(b) = B\}$ ist $D = z_0 + W_0^{1,2}(a,b)$ und unter den Voraussetzungen von Satz 3.2.17 existiert ein globaler Minimierer $y_0 \in D$ für $J : D \to \mathbb{R}$ und mit den gleichen (oder einfacheren) Argumenten existiert für $J : z_0 + U_N \to \mathbb{R}$ ein globaler Minimierer $y_N \in z_0 + U_N$. Wegen $U_N \subset U_{N+1} \subset W_0^{1,2}(a,b)$ gilt

$$J(y_N) \geq J(y_{N+1}) \geq J(y_0) \quad \text{für alle} \quad N \in \mathbb{N}. \tag{3.2.65}$$

Satz 3.2.19 *Unter den Voraussetzungen von Satz 3.2.17 ist die Folge* $(y_N)_{N \in \mathbb{N}}$ *globaler Minimierer des Funktionals (3.2.58) auf* $z_0 + U_N$ *eine Minimalfolge für das Funktional* $J : z_0 + W_0^{1,2}(a,b) \to \mathbb{R}$. *Die Koeffizienten* $(c_1^N, \ldots, c_N^N) \in \mathbb{R}^N$ *von* $y_N = z_0 + \sum_{n=1}^{N} c_n^N e_n$ *erfüllen das N-dimensionale Gleichungssystem*

$$\int_a^b \tilde{F}_y(x, c_1^N, \ldots, c_N^N) e_k + \tilde{F}_{y'}(x, c_1^N, \ldots, c_N^N) e_k' \, dx = 0, \quad k = 1, \ldots, N,$$

$$\tilde{F}_y(x, c_1^N, \ldots, c_N^N) = F_y(x, z_0 + \sum_{n=1}^{N} c_n^N e_n, z_0' + \sum_{n=1}^{N} c_n^N e_n'), \tag{3.2.66}$$

$$\tilde{F}_{y'}(x, c_1^N, \ldots, c_N^N) = F_{y'}(x, z_0 + \sum_{n=1}^{N} c_n^N e_n, z_0' + \sum_{n=1}^{N} c_n^N e_n').$$

Beweis: Wegen der Stetigkeit von $J : W^{1,2}(a,b) \to \mathbb{R}$ (s. Satz 3.2.16) gibt es zu jedem $\varepsilon > 0$ ein $\delta > 0$ so, dass $|J(y) - J(y_0)| < \varepsilon$ ist, sofern $\|y - y_0\|_{1,2} < \delta$ gilt. Aufgrund von (3.2.63) gibt es zu $\delta > 0$ ein $N_0 \in \mathbb{N}$ und ein $v_{N_0} \in U_{N_0}$ so, dass $\|y_0 - z_0 - v_{N_0}\|_{1,2} < \delta$ gilt. Wegen (3.2.65) folgt

$$0 \leq J(y_N) - J(y_0) \leq J(z_0 + v_{N_0}) - J(y_0) < \varepsilon$$

$$\text{für alle} \quad N \geq N_0, \tag{3.2.67}$$

was $\lim_{N \to \infty} J(y_N) = J(y_0)$ beweist. Nach Satz 3.2.17 erfüllt der globale Minimierer $y_N \in z_0 + U_N$ die Euler-Lagrange-Gleichung in der schwachen Form (3.2.60) für alle $h \in U_N$, was (3.2.66) bedeutet. $\qquad \square$

Nach (3.2.36) enthält die Minimalfolge $(y_N)_{N \in \mathbb{N}}$ eine Teilfolge $(y_{N_k})_{k \in \mathbb{N}}$, für die gilt:

$$\lim_{k \to \infty} y_{N_k} = y_0 \quad \text{in } C[a,b] \text{ und}$$

$$w\text{-}\lim_{k \to \infty} y'_{N_k} = y'_0 \quad \text{in } L^2(a,b). \tag{3.2.68}$$

Unter geeigneten Annahmen kann diese Konvergenz verbessert werden. Dies ist der Fall für quadratische Funktionale, die wir explizit und konkret im nächsten Paragraphen studieren. Da für diese die Euler-Lagrange-Gleichung eine lineare Differentialgleichung ist, ist, wie schon bemerkt, der Regularitätsbeweis einfach. Das Gleichungssystem (3.2.66) ist linear mit einer symmetrischen Koeffizientenmatrix, und bei geeigneter Wahl der Schauder-Basis $\{e_n\}_{n \in \mathbb{N}}$ kann diese dünn besetzt, ja sogar diagonalisiert sein.

Aufgaben

3.2.1 Man beweise mit der Vollständigkeit von $L^2(a,b)$, dass der Sobolevraum $W^{1,2}(a,b)$ aus Definition 3.2.2 vollständig ist: Jede Cauchy-Folge in $W^{1,2}(a,b)$ ist eine konvergente Folge.

3.2.2 Man zeige, dass der Satz 3.2.15 auch mit der Koerzivität (3.2.50) zu beweisen ist. Man gebe nur an, wo und wie der Beweis zu modifizieren ist.

3.2.3 Welche Voraussetzung von Satz 3.2.15 verletzt das Gegenbeispiel von Weierstraß (Beispiel 3 aus 1.5)?

Man zeige, dass die in 1.5 angegebene Minimalfolge in $W^{1,2}(-1,1)$ nicht beschränkt ist.

3.3 Anwendung der Direkten Methode

In diesem Paragraphen beweisen wir mit der Direkten Methode der Variationsrechnung die Existenz klassischer Lösungen von Randwertproblemen, insbesondere von sogenannten Sturm–Liouvilleschen Randwertproblemen, und studieren das Sturm–Liouvillesche Eigenwertproblem, benannt nach C.-F. Sturm (1803-1855) und J. Liouville (1809-1882). Die Vorgehensweise im Geiste des Dirichlet-Prinzips war und ist besonders erfolgreich für lineare und nichtlineare elliptische Rand- und Eigenwertprobleme in allen Raumdimensionen. Da die Lösung gleichzeitig der Minimierer eines Funktionals ist, der durch

Minimalfolgen approximiert wird, ist diese Approximation, auch Ritzsches Verfahren oder Galerkin-Methode genannt, die Grundlage der Numerik, insbesondere der Finite-Elemente-Methode, für elliptische Rand- und Eigenwertprobleme (W. Ritz, 1878-1909, B. G. Galerkin, 1871-1945).

1. **Ein nichtlineares Randwertproblem** lautet

$$y'' + f(\cdot, y) = 0 \quad \text{auf} \quad [a, b],$$

$$y(a) = A, \; y(b) = B, \quad \text{wobei}$$

$$f : [a, b] \times \mathbb{R} \to \mathbb{R} \quad \text{stetig ist und} \tag{3.3.1}$$

$$|f(x, y)| \leq c_2 |y|^q + c_3 \quad \text{für alle } (x, y) \in [a, b] \times \mathbb{R}$$

$$\text{mit } 0 \leq q < 1 \text{ und (nichtnegativen) Konstanten } c_2, c_3$$

erfüllt.

Satz 3.3.1 *Das Randwertproblem (3.3.1) besitzt eine Lösung $y_0 \in C^2[a, b]$.*

Beweis: Mit einer partiellen Stammfunktion $g : [a, b] \times \mathbb{R} \to \mathbb{R}$, die $g_y(x, y) = f(x, y)$ für $(x, y) \in [a, b] \times \mathbb{R}$ erfüllt, sei $F(x, y, y') = \frac{1}{2}(y')^2 - g(x, y)$ die Lagrange-Funktion eines Funktionals $J(y) = \int_a^b F(x, y, y') dx$. Diese Lagrange-Funktion erfüllt die Voraussetzungen (3.2.34)$_2$, (3.2.50) von Satz 3.2.15 und die Wachstumsbedingungen (3.2.59) von Satz 3.2.17. Folglich existiert ein globaler Minimierer $y_0 \in D = W^{1,2}(a, b) \cap \{y(a) = A, \; y(b) = B\}$, der die Euler-Lagrange-Gleichung in der schwachen Form (3.2.60) oder in der starken Form (3.2.61) erfüllt.

Es ist $y_0 \in D \subset C[a, b]$ und $F_{y'}(\cdot, y_0, y_0') = y_0' \in W^{1,2}(a, b) \subset C[a, b]$. Mit der Definitionsgleichung (3.2.3) der schwachen Ableitung, der Aussage (1.3.10) und der Eindeutigkeit der schwachen Ableitung folgt, dass y_0' die klassische Ableitung ist und $y_0 \in C^1[a, b]$ gilt. Aus der Euler-Lagrange-Gleichung

$$\int_a^b y_0' h' - f(x, y_0) h \, dx \quad \text{für alle} \quad h \in C_0^1[a, b] \tag{3.3.2}$$

$$\text{mit} \quad y_0', f(\cdot, y_0) \in C[a, b]$$

folgt nach (1.3.10)

$$y_0' \in C^1[a, b] \quad \text{oder } y_0 \in C^2[a, b] \quad \text{und} \tag{3.3.3}$$

$$y_0'' + f(\cdot, y_0) = 0 \quad \text{auf} \quad [a, b].$$

Die Randbedingungen sind erfüllt, da $y_0 \in D$ ist. $\qquad\square$

Das Beispiel (3.3.8) wird zeigen, dass in dieser Allgemeinheit das Wachstum $(3.3.1)_4$ mit dem Exponenten $q = 1$ nicht zugelassen werden kann. Ein Funktional, dessen Lagrange-Funktion sowohl in y' als auch in y quadratisch wächst, ist auf D weder nach oben noch nach unten beschränkt, wenn das Wachstum entgegengesetztes Vorzeichen hat und eine Poincaré-Ungleichung nicht greift, s. (3.2.29), (3.2.31), (3.3.34).

Hat man die Regularität $y_0 \in C^2[a,b]$ nachgewiesen und erfüllt y_0 die Differentialgleichung $(3.3.1)_1$ im klassischen Sinne, kann durch ein sogenanntes „bootstrapping" die Regularität von y_0 beliebig hochgetrieben werden, sofern die Funktion f bezüglich ihrer Variablen k mal stetig differenzierbar ist: In diesem Fall ist $y_0 \in C^{k+2}[a,b]$.

Bemerkung *Die Differentialgleichung (3.3.1)$_1$ ist ein Spezialfall der allgemeinen Euler-Lagrange-Gleichung (1.4.5), die eine quasilineare gewöhnliche Differentialgleichung zweiter Ordnung ist. Wir nehmen an, dass die Lagrange-Funktion F und damit das Funktional J von einem reellen Parameter λ abhängt, der z.B. eine variable physikalische Größe modelliert. Wir schreiben dann die Euler-Lagrange-Gleichung (1.4.5) abkürzend in der Form*

$$a(\cdot, y, y', \lambda)y'' + b(\cdot, y, y', \lambda) = 0 \quad auf \quad [a, b].$$

Unter der Annahme, dass $b(\cdot, 0, 0, \lambda) = 0$ ist, besitzt das zugehörige Randwertproblem mit homogenen Randwerten $y(a) = 0, y(b) = 0$ für alle Parameterwerte λ die „triviale Lösung" $y = 0$. „Nichttriviale Lösungen" treten z.B. auf, wenn das Funktional $J(y, \lambda)$ in Abhängigkeit von λ stetig seine Konvexität verliert, wie wir in Abbildung 3.3.1 skizzieren: Für $\lambda < \lambda_0$, einem „kritischen" Parameterwert, ist $y = 0$ der einzige globale „stabile" Minimierer, für $\lambda > \lambda_0$ wird dieser „instabil" und es entstehen zwei neue „nichttriviale" stabile Minimierer.

Da Minimierer und Maximierer die Euler-Lagrange-Gleichung lösen, können wir deren Lösungen in einem (y, λ)-Diagramm wie in Abbildung 3.3.2 darstellen.

Die y-Achse symbolisiert den unendlich-dimensionalen Raum zulässiger Funktionen und jeder Punkt (y, λ) stellt eine Funktion y zum Parameterwert λ dar.

Die Abbildung 3.3.2 suggeriert die Bezeichnung „Verzweigung" oder „Bifurkation" von Lösungen. In diesem Szenario geht bei Variation eines Parameters in einer (Euler-Lagrange-)Gleichung bei einem kritischen Wert eine eindeutige in mehrere Lösungen über. Dies ist mit einem Stabilitätsverlust der zunächst eindeutigen Lösung zu erklären, denn die natürliche Vorstellung von Stabilität ist doch die, dass eine kleine Änderung der Parameter in einem System keinen entscheidenden Einfluss auf die stabile Lösung hat und dass diese in einer möglicherweise leicht veränderten Form in eindeutiger Weise erhalten bleibt. Diese intuitive Vorstellung von Stabilität wird mathematisch durch das

Theorem über implizite Funktionen bestätigt. Eine Lösungsverzweigung widerspricht aber offensichtlich diesem Theorem, was bedeutet, dass es im Verzweigungspunkt nicht anwendbar ist.

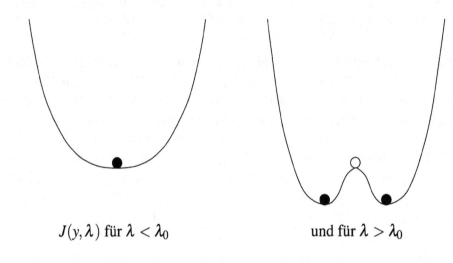

$J(y,\lambda)$ für $\lambda < \lambda_0$ und für $\lambda > \lambda_0$

Abbildung 3.3.1

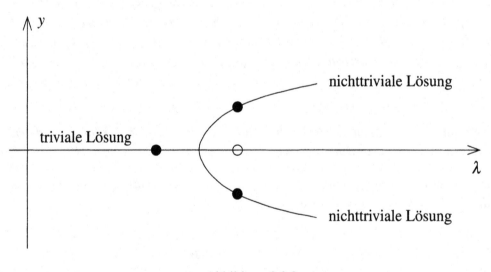

Abbildung 3.3.2

Unter welchen mathematischen Bedingungen eine Verzweigung auftritt, sagt die „Verzweigungstheorie", wie sie z.B. in [16] beschrieben wird. Die Theorie wird hier u.a. auf nichtlineare „elliptische Randwertprobleme" angewandt. Für eine unabhängige

Variable bedeutet „elliptisch", dass der Koeffizient der zweiten Ableitung von y, d.h.
$a(\cdot,y,y',\lambda) = F_{y'y'}(\cdot,y,y',\lambda)$, *nicht verschwindet.*

2. Das Sturm–Liouvillesche Randwertproblem lautet

$$-(py')' + qy = f \quad \text{auf} \quad [a,b],$$

$$y(a) = 0, \ y(b) = 0, \quad \text{wobei}$$

$$p \in C^1[a,b], \quad q, f \in C[a,b] \quad \text{und} \tag{3.3.4}$$

$$p(x) \ge d > 0, \quad q(x) \ge 0 \quad \text{für alle } x \in [a,b] \text{ gilt.}$$

Mit dem Rieszschen Darstellungssatz aus Satz 3.1.3 folgt:

Satz 3.3.2 *Das Randwertproblem (3.3.4) besitzt für alle $f \in C[a,b]$ genau eine klassische Lösung $y_0 \in C^2[a,b]$.*

Beweis: Wir definieren auf dem Hilbertraum $W_0^{1,2}(a,b)$

$$B(y,z) = \int_a^b p(x)y'z' + q(x)yz\,dx \quad \text{und}$$

$$\ell(y) = \int_a^b f(x)y\,dx. \tag{3.3.5}$$

Dann erfüllt B die Voraussetzungen (3.1.17) von Satz 3.1.3: Die Symmetrie ist klar, die Stetigkeit folgt mit der Cauchy–Schwarzschen Ungleichung und wegen (3.3.4)$_4$ ist $B(y,y) \ge d\|y'\|_{0,2}^2$, woraus mit der Poincaré-Ungleichung (3.2.29) die positive Definitheit folgt. Das lineare Funktional ℓ ist ebenfalls wegen der Cauchy–Schwarzschen Ungleichung stetig auf $W_0^{1,2}(a,b)$, ja schon stetig auf $L^2(a,b)$. Nach dem Darstellungssatz 3.1.3 gibt es genau ein $y_0 \in W_0^{1,2}(a,b)$, so dass

$$\int_a^b p(x)y_0'h' + (q(x)y_0 - f(x))h\,dx = 0 \tag{3.3.6}$$

$$\text{für alle} \quad h \in W_0^{1,2}(a,b)$$

gilt. Für diese Euler-Lagrange-Gleichung in der schwachen Form können wir die Regularität von y_0 wie im Beweis von Satz 3.3.1 begründen: Nach Definition der schwachen Ableitung ist

$$\frac{d}{dx}(py_0') = qy_0 - f \in C[a,b] \subset L^2(a,b),$$

$$py_0' \in W^{1,2}(a,b) \subset C[a,b], \quad \text{also} \quad y_0' = py_0'/p \in C[a,b], \tag{3.3.7}$$

$$y_0 \in C^1[a,b], \quad \text{und mit (1.3.10)}$$

$$py_0' \in C^1[a,b], \quad \text{also} \quad y_0' = py_0'/p \in C^1[a,b],$$

da $p \in C^1[a,b]$ gilt. Also erfüllt $y_0 \in C^2[a,b]$ die Gleichung $(3.3.7)_1$ im klassischen Sinn und die Randbedingungen, da $y_0 \in W_0^{1,2}(a,b)$ ist. $\square$

Lassen es die Koeffizienten p,q und die rechte Seite f zu, kann durch ein „bootstrapping" mehr Regularität der Lösung y_0 nachgewiesen werden.

Die Bedingungen $(3.3.4)_4$ an die Koeffizienten können nicht wesentlich gelockert werden, ohne die Direkte Methode zur Lösung von (3.3.4) zu gefährden:

Das quadratische Funktional (3.1.19) kann nur einen Minimierer besitzen, wenn die notwendige Bedingung von Legendre aus Aufgabe 1.4.3 erfüllt ist. Das bedeutet $p(x) \geq 0$ für alle $x \in [a,b]$.

Ist $p(x) \geq d > 0$, so ist $q(x) \geq 0$ hinreichend für die Koerzivität (3.1.21). Folgendes Beispiel zeigt, dass man diese Bedingung an q nicht ohne weitere Einschränkung aufgeben kann:

$$-y'' - \pi^2 y = f \quad \text{auf} \quad [0,1],$$
$$y(0) = 0, \, y(1) = 0, \tag{3.3.8}$$

besitzt nicht für alle $f \in C[a,b]$ eine Lösung, und wenn sie existiert, ist sie nicht eindeutig. Angenommen für $f(x) = \sin \pi x$ existiere eine Lösung $y \in C^2[a,b]$ von (3.3.8). Dann folgt mit zweimaliger partieller Integration

$$-\int_0^1 y'' f + \pi^2 y f \, dx = -\int_0^1 y(f'' + \pi^2 f) \, dx = 0 = \int_0^1 f^2 \, dx > 0, \tag{3.3.9}$$

was ein Widerspruch ist. Die Funktion $y(x) = \sin \pi x$ löst (3.3.8) mit $f = 0$, was der Eindeutigkeit widerspricht.

Die Voraussetzung $q(x) \geq 0$ ist allerdings zu stark: Man muss für $p(x) \geq d > 0$ und $q(x)$ nur voraussetzen, dass das homogene Randwertproblem (3.3.4) mit $f = 0$ nur die triviale Lösung $y = 0$ besitzt (oder dass $\lambda = 0$ kein Eigenwert von (3.3.12) ist). Dann gilt die Behauptung von Satz 3.3.2. Zum Beweis benötigt man die Riesz–Schauder-Theorie aus der Funktionalanalysis und die zitierte Anwendung auf lineare Randwertprobleme nennt man „Fredholmsche Alternative".

Bemerkung *Die linke Seite der Gleichung $(3.3.4)_1$ stellt nicht die allgemeine Form einer linearen gewöhnlichen Differentialgleichung zweiter Ordnung dar. Als Euler-Lagrange-Gleichung eines quadratischen Funktionals muss sie allerdings diese sogenannte selbstadjungierte Form haben. Die allgemeine Form $-(py')' + ry' + qy$ mit beliebigem $r \in C[a,b]$ kann durch Multiplikation mit e^R, wobei $R' = -r/p$ ist, in die selbstadjungierte Form überführt werden:*

$$e^R[-(py')' + ry' + qy] = -(e^R py')' + e^R qy.$$

Zur Berechnung der eindeutigen Lösung $y_0 \in C^2[a,b]$ von (3.3.4) stellen wir das **Ritzsche Verfahren** vor, das wir schon in einer allgemeinen Version in Satz 3.2.19 beschrieben haben.

Mit einer Schauder-Basis $S = \{e_n\}_{n\in\mathbb{N}}$ im Hilbertraum $W_0^{1,2}(a,b)$ sei $U_N = span[e_1,\dots,e_N]$ für $N \in \mathbb{N}$ ein N-dimensionaler Unterraum und

$$J(y_N) = \inf\{J(y)|y \in U_N\} \tag{3.3.10}$$

definiert laut Satz 3.2.19 eine Minimalfolge $(y_N)_{N\in\mathbb{N}} \subset W_0^{1,2}(a,b)$ für das Funktional (3.1.19), die nach Satz 3.1.3 (stark) gegen den globalen Minimierer $y_0 \in W_0^{1,2}(a,b)$ von J konvergiert. Dieser Minimierer ist die klassische Lösung $y_0 \in C^2[a,b]$ von (3.3.4), s. Satz 3.1.3, und wird durch die Folge $(y_N)_{N\in\mathbb{N}}$ in der Norm $W_0^{1,2}(a,b)$ approximiert. Insbesondere gilt wegen Satz 3.2.8 $\lim_{N\to\infty} y_N = y_0$ in $C[a,b]$, was gleichmäßige Konvergenz bedeutet.

Die Koeffizienten von $y_N = \sum_{n=1}^{N} c_n^N e_n$ berechnen sich aus dem linearen Gleichungssystem

$$\sum_{n=1}^{N} \alpha_{kn} c_n^N = \beta_k \quad , \quad k = 1,\dots,N, \quad \text{mit}$$

$$\alpha_{kn} = B(e_k, e_n), \quad \beta_k = \ell(e_k) = (f, e_k)_{0,2}, \tag{3.3.11}$$

s. Satz 3.2.19. Bei geeigneter Wahl der Schauder-Basis ist die sogenannte „Steifigkeitsmatrix" $(\alpha_{kn}) \in \mathbb{R}^{N\times N}$ dünn besetzt. Für das System der Eigenfunktionen des Sturm–Liouvilleschen Eigenwertproblems (3.3.12), welches laut Satz 3.3.3 eine Schauder-Basis ist, ist die Matrix (α_{kn}) sogar eine Diagonalmatrix. Um diese Diagonalisierung zu erreichen, muss allerdings das Eigenwertproblem gelöst werden, ein Preis, der unter Umständen zu hoch erscheint.

3. Das Sturm–Liouvillesche Eigenwertproblem lautet

$$-(py')' + qy = \lambda\rho y \quad \text{auf} \quad [a,b],$$

$$y(a) = 0, \, y(b) = 0. \tag{3.3.12}$$

Dabei erfüllen die Koeffizienten p,q und die „Gewichtsfunktion" ρ folgende Voraussetzungen:

$$p \in C^1[a,b], \quad q,\rho \in C[a,b]$$

$$p(x) \geq d > 0 \quad \text{und} \quad q(x) \geq -c_2\rho(x) \quad \text{für alle } x \in [a,b], \tag{3.3.13}$$

$$\rho(x) > 0 \quad \text{für alle } x \in (a,b).$$

Für $\rho \equiv 1$ ist (3.3.12) ein Eigenwertproblem in üblicher Form und $\lambda \in \mathbb{R}$ heißt ein Eigenwert, wenn (3.3.12) eine nichttriviale Lösung $y \in C^2[a,b]$ besitzt, welche Eigenfunktion zum Eigenwert λ heißt.

Ist $\rho(x) \geq \delta > 0$ für alle $x \in [a,b]$, kann wegen der Stetigkeit von q auf $[a,b]$ die Bedingung $(3.3.13)_2$ für jedes $q \in C[a,b]$ erfüllt werden.

Für (3.3.12) können wir die Theorie für das schwache Eigenwertproblem (3.1.38) anwenden, die wir in den Sätzen 3.1.4 bis 3.1.9 bereitgestellt haben.

Satz 3.3.3 *Das Sturm–Liouvillesche Eigenwertproblem (3.3.12) besitzt unter den Voraussetzungen (3.3.13) unendlich viele linear unabhängige Eigenfunktionen $u_n \in C^2[a,b]$ zu Eigenwerten $\lambda_n \in \mathbb{R}$, für die gilt:*

$$\int_a^b \rho u_n u_m dx = \delta_{nm},$$

$$\lambda_1 < \lambda_2 < \cdots < \lambda_n < \cdots, \quad \lim_{n \to \infty} \lambda_n = +\infty. \tag{3.3.14}$$

Das System $\{u_n\}_{n \in \mathbb{N}}$ der Eigenfunktionen bildet eine Schauder-Basis in $W_0^{1,2}(a,b)$, d.h. jedes $y \in W_0^{1,2}(a,b)$ kann in die Reihe

$$y = \sum_{n=1}^\infty c_n u_n \quad mit \quad c_n = \int_a^b \rho y u_n dx \tag{3.3.15}$$

entwickelt werden, wobei die Konvergenz in $W_0^{1,2}(a,b)$ gilt.

Beweis: Wir definieren auf dem Hilbertraum $W_0^{1,2}(a,b)$ die Bilinearformen

$$B(y,z) = \int_a^b p(x)y'z' + q(x)yz dx,$$

$$K(y,z) = \int_a^b \rho(x)yz dx \tag{3.3.16}$$

und stellen fest, dass B symmetrisch, stetig und K-koerziv gemäß (3.1.64) ist (s. dazu die Argumente nach (3.3.5)).

Die Bilinearform K ist symmetrisch, stetig und erfüllt $K(y) = K(y,y) > 0$ für $y \neq 0$. Um die Voraussetzung (3.1.28) zu komplettieren, muss die schwache Folgenstetigkeit erfüllt sein. Es ist zwar richtig, dass K schwach folgenstetig im Sinne von $(3.1.28)_2$ ist, der Beweis dafür ist aber etwas aufwändig. Wir zeigen nur die Eigenschaft von K, die wir in den Beweisen der Sätze von Paragraph 3.1 verwenden.

Dazu sei $(y_n)_{n \in \mathbb{N}}$ eine in $W_0^{1,2}(a,b)$ beschränkte Minimalfolge. Nach dem Auswahlsatz (3.1.13) und Satz 3.2.11 enthält diese eine Teilfolge $(y_{n_k})_{k \in \mathbb{N}}$, die sowohl schwach in $W_0^{1,2}(a,b)$ als auch gemäß (3.2.26) gegen eine Funktion $y_0 \in W_0^{1,2}(a,b)$ konvergiert. Mit der gleichmäßigen Konvergenz (3.2.26)$_1$ gilt dann $\lim_{k \to \infty} K(y_{n_k}) = K(y_0)$.

Damit können alle Aussagen von Paragraph 3.1 über das schwache Eigenwertproblem

$$B(u,h) = \lambda K(u,h) \quad \text{für alle} \quad h \in W_0^{1,2}(a,b) \tag{3.3.17}$$

bewiesen werden. Explizit bedeutet (3.3.17) für $u \in W_0^{1,2}(a,b)$

$$\int_a^b p(x)u'h' + (q(x) - \lambda \rho(x))uh \, dx = 0 \tag{3.3.18}$$
$$\text{für alle} \quad h \in W_0^{1,2}(a,b),$$

so dass der Regularitätsbeweis (3.3.7) in analoger Weise auch hier gilt: Jede schwache Eigenfunktion $u \in W_0^{1,2}(a,b)$ liegt in $C^2[a,b]$ und erfüllt (3.3.12) im klassischen Sinne. Sind die Koeffizienten p,q und die Gewichtsfunktion ρ „glatt", kann durch ein „bootstrapping" so viel Regularität der Eigenfunktion nachgewiesen werden, wie p,q und ρ zulassen.

Bleibt $\lambda_n < \lambda_{n+1}$ für alle $n \in \mathbb{N}$ nachzuweisen, was bedeutet, dass alle Eigenwerte geometrisch einfach sind. Angenommen $\lambda_n = \lambda_{n+1}$. Wegen der homogenen Randbedingung bei $x = a$ gibt es offensichtlich $(\alpha, \beta) \neq (0,0) \in \mathbb{R}^2$, so dass

$$\alpha u_n(a) + \beta u_{n+1}(a) = 0 \quad \text{und}$$
$$\alpha u_n'(a) + \beta u_{n+1}'(a) = 0 \tag{3.3.19}$$

gilt. Für die lineare Differentialgleichung zweiter Ordnung

$$y'' + \frac{p'}{p}y' + \frac{\lambda_n \rho - q}{p}y = 0 \tag{3.3.20}$$

bestimmen die Anfangswerte $y(a)$ und $y'(a)$ eindeutig die Lösung, die mit den Werten Null in (3.3.19) die triviale Lösung $\alpha u_n + \beta u_{n+1} = 0$ ist. Also ist $\alpha K(u_n, u_n) + \beta K(u_{n+1}, u_n) = \alpha = 0$ und $\alpha K(u_n, u_{n+1}) + \beta K(u_{n+1}, u_{n+1}) = \beta = 0$, was ein Widerspruch zur Wahl von $(\alpha, \beta) \neq (0,0)$ ist. $\qquad \square$

Bemerkung *Die Eigenwerte λ_n sind nicht nur geometrisch sondern wegen der Symmetrie auch algebraisch einfach. Angenommen*

$$-(pu')' + qu - \lambda_n \rho u = u_n \tag{3.3.21}$$

habe eine Lösung $u \in C^2[a,b] \cap \{u(a) = 0, u(b) = 0\}$. Dann folgt

$$B(u,u_n) + \lambda_n K(u,u_n) = \|u_n\|_{0,2}^2,$$
$$B(u_n,u) + \lambda_n K(u_n,u) = 0, \tag{3.3.22}$$

was $u_n = 0$ wegen der Symmetrie von B und K impliziert, was ein Widerspruch ist. Also gibt es keine verallgemeinerte Eigenfunktion, was algebraische Einfachheit bedeutet.

Die Eigenwerte können gemäß (3.1.67) wie folgt charakterisiert werden:

$$\lambda_n = \min\left\{\frac{B(y)}{K(y)} \,\middle|\, y \in W_0^{1,2}(a,b), y \neq 0, K(y,u_i) = 0, \ i = 1,\ldots,n-1\right\} \tag{3.3.23}$$

wobei $u_1, \ldots, u_{n-1}$ die ersten $n-1$ Eigenfunktionen sind.

Der Quotient $B(y)/K(y)$ heißt **Rayleigh-Quotient**.

Für $n = 1$ folgt aus (3.3.23) eine **Poincaré-Ungleichung**:

$$\lambda_1 \int_a^b \rho y^2 dx \leq \int_a^b p(y')^2 + q y^2 dx \quad \text{für alle} \quad y \in W_0^{1,2}(a,b). \tag{3.3.24}$$

Die Eigenwerte können auch über das **Minimax-Prinzip** charakteristiert werden, wobei hier im konkreten Fall der Satz 3.1.9 etwas verallgemeinert werden kann:

Satz 3.3.4   *Definieren für $n \geq 2$ die Funktionen $v_1, \ldots, v_{n-1} \in L^2(a,b)$ den abgeschlossenen Unterraum von $W_0^{1,2}(a,b)$*

$$V(v_1, \ldots, v_{n-1}) = \{y \in W_0^{1,2}(a,b) | K(y,v_i) = 0 \ \ \text{für} \ \ i = 1, \ldots, n-1\} \tag{3.3.25}$$

und ist

$$d(v_1, \ldots, v_{n-1}) = \min\left\{\frac{B(y)}{K(y)} \,\middle|\, y \in V(v_1, \ldots, v_{n-1}), y \neq 0\right\} \tag{3.3.26}$$

dann gilt

$$\lambda_n = \max_{v_1, \ldots, v_{n-1} \in L^2(a,b)} \{d(v_1, \ldots, v_{n-1})\}. \tag{3.3.27}$$

Der **Beweis** ist der gleiche wie für Satz 3.1.9.

Als eine erste Anwendung des Minimax-Prinzips beweisen wir die Monotonie der Eigenwerte des Sturm–Liouvilleschen Eigenwertproblems in Abhängigkeit von der Gewichtsfunktion ρ und von der Länge des Intervalls (a,b).

Satz 3.3.5 *In (3.3.13)$_2$ sei $q(x) \geq 0$ für alle $x \in [a,b]$. Für zwei stetige Gewichtsfunktionen ρ_1, ρ_2 des Sturm–Liouvilleschen Eigenwertproblems (3.3.12) gelte*

$$0 < \delta \leq \rho_1(x) \leq \rho_2(x) \quad \text{für alle} \quad x \in [a,b]. \tag{3.3.28}$$

Dann folgt für den n-ten Eigenwert $\lambda_n = \lambda_n(\rho)$ von (3.3.12)

$$\lambda_n(\rho_1) \geq \lambda_n(\rho_2) \quad \text{für alle} \quad n \in \mathbb{N}. \tag{3.3.29}$$

Beweis: Es sei $K_i(y,z) = \int_a^b \rho_i yz\, dx$, $K_i(y) = K_i(y,y)$ und für beliebige Funktionen $v_1, \ldots, v_{n-1} \in L^2(a,b)$ sei $d_i(v_1, \ldots, v_{n-1})$ das Minimum (3.3.26) des Rayleigh-Quotienten $B(y)/K_i(y)$, $i = 1,2$, in $V(v_1, \ldots, v_{n-1})$. Wegen

$$K_1(y,v_k) = K_2(y, \frac{\rho_1}{\rho_2} v_k), \quad k = 1, \ldots, n-1,$$

$$\frac{B(y)}{K_1(y)} \geq \frac{B(y)}{K_2(y)} \quad \text{für} \quad y \in W_0^{1,2}(a,b), y \neq 0, \tag{3.3.30}$$

folgt aus (3.3.27) und (3.3.23) mit den ersten $n-1$ Eigenfunktionen $u_1^2, \ldots, u_{n-1}^2$ mit der Gewichtsfunktion ρ_2

$$\lambda_n(\rho_1) \geq d_1\left(\frac{\rho_2}{\rho_1}u_1^2, \ldots, \frac{\rho_2}{\rho_1}u_{n-1}^2\right) \geq d_2(u_1^2, \ldots, u_{n-1}^2) = \lambda_n(\rho_2), \tag{3.3.31}$$

was die Behauptung ist. In (3.3.30)$_2$ verwenden wir die Voraussetzung an q, die $B(y) > 0$ für $y \neq 0$ impliziert. □

Sind in Satz 3.3.5 die Gewichtsfunktionen nicht gleich, d.h. gilt $\rho_1(x_0) < \rho_2(x_0)$ für mindestens ein $x_0 \in (a,b)$, so folgt für den ersten Eigenwert $\lambda_1(\rho_1) > \lambda_1(\rho_2) > 0$, s. Aufgabe 3.3.4.

Satz 3.3.6 *Für zwei Intervalle des Sturm–Liouvilleschen Eigenwertproblems (3.3.12) gelte*

$$(a_1, b_1) \subsetneq (a_2, b_2). \tag{3.3.32}$$

Dann folgt für den n-ten Eigenwert $\lambda_n = \lambda_n(a,b)$ von (3.3.12)

$$\lambda_n(a_1, b_1) > \lambda_n(a_2, b_2) \quad \text{für alle} \quad n \in \mathbb{N}. \tag{3.3.33}$$

Beweis: Wir verwenden, dass $W_0^{1,2}(a_1, b_1) \subset W_0^{1,2}(a_2, b_2)$ gilt, wobei $y \in W_0^{1,2}(a_1, b_1)$ außerhalb von (a_1, b_1) durch Null fortgesetzt wird, s. Aufgabe 3.3.3. Wir bezeichnen die Bilinearformen (3.3.16) über dem Intervall (a_i, b_i) als B_i und $K_i, i = 1, 2$.

Mit den ersten $n - 1$ Eigenfunktionen $u_1^2, \ldots, u_{n-1}^2$ über (a_2, b_2) folgt mit (3.3.23) und (3.3.27)

$$
\begin{aligned}
&\lambda_n(a_2, b_2) \\
&= \min\left\{ \frac{B_2(y)}{K_2(y)} \,\middle|\, 0 \neq y \in W_0^{1,2}(a_2, b_2), K_2(y, u_k^2) = 0, k = 1, \ldots, n - 1 \right\} \\
&\leq \min\left\{ \frac{B_1(y)}{K_1(y)} \,\middle|\, 0 \neq y \in W_0^{1,2}(a_1, b_1), K_1(y, u_k^2) = 0, k = 1, \ldots, n - 1 \right\} \\
&\leq \lambda_n(a_1, b_1),
\end{aligned}
\tag{3.3.34}
$$

da in $(3.3.34)_3$ nach Fortsetzung durch Null B_1 durch B_2 und K_1 durch K_2 ersetzt werden kann.

Angenommen $\lambda_n(a_2, b_2) = \lambda_n(a_1, b_1)$. Dann gibt es eine Funktion $y_n \in W_0^{1,2}(a_1, b_1)$, welche nach Fortsetzung durch Null folgendes erfüllt: $0 \neq y_n \in W_0^{1,2}(a_2, b_2)$, $K_2(y_n, u_k^2) = 0$ für $k = 1, \ldots, n - 1$ und der Rayleigh-Quotient $B_2(y_n)/K_2(y_n) = \lambda_n(a_2, b_2)$ ist minimal in W_{n-1} über (a_2, b_2), s. Definition $(3.1.40)_2$.

Wie im Beweis von Satz 3.1.5 ausgeführt, ist dann y_n eine schwache Eigenfunktion und nach Satz 3.3.3 ist $y_n \in C^2[a_2, b_2]$ eine Eigenfunktion von (3.3.12) zum Eigenwert $\lambda_n(a_2, b_2)$. Da das Intervall (a_1, b_1) echt in (a_2, b_2) enthalten ist, bedeutet die Fortsetzung durch Null von $y_n \in W_0^{1,2}(a_1, b_1)$ außerhalb von (a_1, b_1), dass y_n auf einem nichtleeren Intervall gleich Null ist und dort $y_n(x_0) = y_n'(x_0) = 0$ für ein $x_0 \in (a_2, b_2)$ erfüllt. Wie im Beweis von Satz 3.3.3, (3.3.19), (3.3.20), folgt daraus, dass $y_n(x) = 0$ für alle $x \in [a_2, b_2]$ ist, was im Widerspruch zu $y_n \neq 0$ steht. Das beweist $\lambda_n(a_1, b_1) > \lambda_n(a_2, b_2)$. $\qquad\square$

Wir demonstrieren Satz 3.3.6 an einem Beispiel:

$$
\begin{aligned}
-y'' &= \lambda y \quad \text{auf} \quad [a, b] \\
y(a) &= 0, \quad y(b) = 0,
\end{aligned}
\tag{3.3.35}
$$

hat die Eigenfunktionen

$$
u_n(x) = \sin n\pi \frac{x - a}{b - a} \quad \text{zu} \quad \lambda_n = \left(\frac{n\pi}{b - a} \right)^2, \quad n \in \mathbb{N}.
\tag{3.3.36}
$$

An diesem Beispiel sieht man auch, dass u_n genau $n - 1$ einfache Nullstellen in (a, b) hat. Die Nullstellen sind einfach, weil $y(x_0) = y_0'(x_0) = 0$ für ein $x_0 \in (a, b)$, wie im Beweis von Satz 3.3.3 ausgeführt, nur von der trivialen Lösung $y = 0$ erfüllt wird. Diese Nullstelleneigenschaft haben alle Eigenfunktionen eines Sturm–Liouvilleschen Eigenwertproblems. Wir zeigen zuerst:

Satz 3.3.7 *Die n-te Eigenfunktion u_n des Sturm–Liouvilleschen Eigenwertproblems (3.3.12) hat höchstens $n-1$ Nullstellen in (a,b), die alle einfach sind.*

Beweis: Die Eigenfunktion $u_n \in C^2[a,b] \cap \{y(a) = 0, y(b) = 0\}$ habe m (einfache) Nullstellen in x_i, $i = 1,\ldots,m$, mit $a = x_0 < x_1 < \cdots < x_m < x_{m+1} = b$ und wir nehmen an, dass $m \geq n$ gilt.

Wir definieren für $i = 1,\ldots,n$

$$w_i(x) = \begin{cases} c_i u_n(x) & \text{für} \quad x \in [x_{i-1}, x_i], \\ 0 & \text{für} \quad x \notin [x_{i-1}, x_i], \end{cases} \tag{3.3.37}$$

und wegen Aufgabe 3.3.3 ist $w_i \in W_0^{1,2}(x_{i-1}, x_i) \subset W_0^{1,2}(a, x_n)$. Die Konstanten $c_i \neq 0$ seien so gewählt, dass $K(w_i) = 1$ gilt, was nach Definition der Funktionen w_i

$$B(w_i, w_j) = \lambda_n K(w_i, w_j) = \lambda_n \delta_{ij}, \quad i,j = 1,\ldots,n,$$

$$\text{mit dem } n\text{-ten Eigenwert} \quad \lambda_n = \lambda_n(a,b) \tag{3.3.38}$$

zur Folge hat. Für beliebige $v_1,\ldots,v_{n-1} \in L^2(a,x_n)$ können wir $y = \alpha_1 w_1 + \cdots + \alpha_n w_n \in W_0^{1,2}(a,x_n)$ so bestimmen, dass

$$\int_a^{x_n} \rho y v_k dx = \sum_{i=1}^{n} \alpha_i K(w_i, v_k) = 0 \quad \text{für} \quad k = 1,\ldots,n-1 \text{ und}$$

$$\sum_{i=1}^{n} \alpha_i^2 = 1 \tag{3.3.39}$$

gilt. Dann ist $K(y) = 1, B(y) = \lambda_n$ und mit dem Minimax-Prinzip von Satz 3.3.4 gilt

$$\lambda_n(a, x_n) \leq \lambda_n = \lambda_n(a,b). \tag{3.3.40}$$

Da nach Annahme $(a, x_n) \subsetneq (a,b)$ gilt, widerspricht (3.3.40) der Monotonie (3.3.33) von Satz 3.3.6. $\qquad \square$

Satz 3.3.7 besagt, dass die erste Eigenfunktion u_1 keine Nullstelle in (a,b) hat oder auf (a,b) ein Vorzeichen besitzt. Üblicherweise wählt man u_1 positiv auf (a,b). Für die übrigen Eigenfunktionen gilt:

Satz 3.3.8 *Die n-te Eigenfunktion u_n des Sturm–Liouvilleschen Eigenwertproblems (3.3.12) hat genau $n-1$ einfache Nullstellen in (a,b). Zwischen zwei aufeinanderfolgenden Nullstellen von u_n liegt genau eine Nullstelle von u_{n+1}, wobei die Nullstellen $u_n(a) = 0$ und $u_n(b) = 0$ berücksichtigt werden.*

Beweis: Angenommen, zwischen zwei aufeinanderfolgenden Nullstellen $x_i < x_{i+1}$ von u_n liegt keine Nullstelle von u_{n+1}. Dann gilt für zwei Nullstellen $\tilde{x}_j < \tilde{x}_{j+1}$ von u_{n+1} die Inklusion $(x_i, x_{i+1}) \subset (\tilde{x}_j, \tilde{x}_{j+1}) \subset (a,b)$ und sowohl u_n als auch u_{n+1} haben in (x_i, x_{i+1}) bzw. $(\tilde{x}_j, \tilde{x}_{j+1})$ jeweils nur ein Vorzeichen. Dann sind λ_n und λ_{n+1} jeweils die ersten Eigenwerte des Eigenwertproblems über $[x_i, x_{i+1}]$ bzw. $[\tilde{x}_j, \tilde{x}_{j+1}]$, denn wegen der K-Orthogonalität müssen alle Eigenfunktionen zu höheren Eigenwerten mindestens einmal im zugrundeliegenden Intervall das Vorzeichen wechseln. Nach Satz 3.3.6 muss deswegen $\lambda_n \geq \lambda_{n+1}$ sein, im Widerspruch zu $\lambda_n < \lambda_{n+1}$, s. Satz 3.3.3, (3.3.14)$_2$.

Also liegt zwischen $x_i < x_{i+1}$ eine Nullstelle von u_{n+1}. Besitzt u_n die Nullstellen $a = x_0 < x_1 < \cdots < x_m < x_{m+1} = b$, so besitzt u_{n+1} mindestens $m+1$ Nullstellen in (a,b).

Für $n = 1$ ist $m = 0$, d.h. u_2 besitzt mindestens eine Nullstelle in (a,b). Die Induktionsannahme, dass u_n mindestens $n-1$ Nullstellen in (a,b) besitzt, impliziert, dass u_{n+1} mindestens n Nullstellen in (a,b) besitzt. Zusammen mit Satz 3.3.7 erhält man induktiv die Behauptung von Satz 3.3.8. $\square$

Wir bemerken noch, dass Satz 3.3.8 ausschließt, dass u_n und u_{n+1} eine gemeinsame innere Nullstelle in (a,b) haben.

Weitere Anwendungen der Direkten Methode sind in den Lehrbüchern des Literaturverzeichnisses zu finden.

Aufgaben

3.3.1 Nach (3.3.23) ist die n-te Eigenfunktion $u_n \in C^2[a,b]$ der globale Minimierer für B auf $C_0^1[a,b]$ unter den n isoperimetrischen Nebenbedingungen

$$K(y) = 1,$$
$$K(y, u_k) = 0 \quad \text{für} \quad k = 1, \ldots, n-1.$$

Unter Annahme der Regularität $u_k \in C^2[a,b]$ aller Eigenfunktionen erfüllt u_n nach Satz

2.1.5 die Euler-Lagrange-Gleichung

$$\frac{d}{dx}(2pu_n') = 2qu_n + 2\tilde{\lambda}_n\rho u_n + \sum_{k=1}^{n-1} \tilde{\lambda}_k\rho u_k \quad \text{auf } [a,b]$$

mit Lagrange-Multiplikatoren $\tilde{\lambda}_n, \tilde{\lambda}_1, \ldots, \tilde{\lambda}_{n-1}$, sofern die n Nebenbedingungen nicht kritisch für u_n sind. Man zeige:

a)   Die n isoperimetrischen Nebenbedingungen sind nicht kritisch für u_n.

b) $\tilde{\lambda}_k = 0$ für $k = 1, \ldots, n-1$,

c) $\tilde{\lambda}_n = -B(u_n)$.

3.3.2 Man zeige, dass das System $\{u_n\}_{n\in\mathbb{N}}$ der Eigenfunktionen von (3.3.12) auch in $L^2(a,b)$ vollständig ist.

Hinweis: $\{u_n\}_{n\in\mathbb{N}}$ ist vollständig in $L^2(a,b) \Leftrightarrow$

   der Abschluss von $\text{span}[u_n | n \in \mathbb{N}]$ in $L^2(a,b)$ ist $L^2(a,b)$, s. dazu [20], V.4.

3.3.3 Es sei $y \in W_0^{1,2}(a,b) = W^{1,2}(a,b) \cap \{y(a) = 0, y(b) = 0\}$. Man zeige, dass die Fortsetzung durch Null

$$\tilde{y}(x) = \begin{cases} y(x) & \text{für} \quad x \in [a,b], \\ 0 & \text{für} \quad x \notin [a,b], \end{cases}$$

eine Funktion $\tilde{y} \in W_0^{1,2}(c,d)$ für alle $c \leq a < b \leq d$ ist.

3.3.4 Man zeige unter den Voraussetzungen von Satz 3.3.5, dass $\rho_1 \neq \rho_2$ für den ersten Eigenwert $\lambda_1(\rho_1) > \lambda_1(\rho_2)$ impliziert.

Anhang

Wir beweisen zunächst einige Tatsachen über Mannigfaltigkeiten, die oft auch schon in den Anfänger-Vorlesungen bereitgestellt werden. Der Vorteil einer Wiederholung in diesem Buch liegt vor allem darin, dass wir hier die Terminologie einführen, die wir dann bei der Anwendung auf Variationsprobleme übernehmen. Die Multiplikatorenregel von Lagrange folgt dann ohne Schwierigkeiten. Wir beweisen anschließend den Satz von Liouville und zum Schluss den Auswahlsatz im Hilbertraum und den Satz von Arzela–Ascoli.

Für eine stetig total differenzierbare Abbildung

$$\Psi : \mathbb{R}^n \to \mathbb{R}^m \quad \text{mit} \quad m < n \tag{A.1}$$

charakterisieren wir zunächst die als nicht leer angenommene Nullstellenmenge

$$M = \{x \in \mathbb{R}^n | \Psi(x) = 0\} \subset \mathbb{R}^n \tag{A.2}$$

unter der Voraussetzung, dass die Jacobi-Matrix

$$D\Psi(x) = \left(\frac{\partial \Psi_i}{\partial x_j}(x) \right)_{\substack{i=1,\dots,m \\ j=1,\dots,n}} \in \mathbb{R}^{m \times n} \tag{A.3}$$

für alle $x \in M$ maximalen Rang m hat. Identifizieren wir nach Einführung der kanonischen Basen in $\mathbb{R}^n$ und $\mathbb{R}^m$ die Matrix mit einer linearen Abbildung $D\Psi(x) \in L(\mathbb{R}^n, \mathbb{R}^m)$, haben wir die folgenden äquivalenten Aussagen:

$$\begin{aligned} &\text{Bild} D\Psi(x) = \mathbb{R}^m \quad \text{oder} \quad D\Psi(x) \text{ ist surjektiv,} \\ &\dim \text{Kern} D\Psi(x) = n - m > 0 \quad \text{für alle} \quad x \in M. \end{aligned} \tag{A.4}$$

Der Begriff der transponierten Matrix führt in natürlicher Weise zur dualen oder adjungierten Abbildung, die mithilfe des Euklidischen Skalarprodukts in $\mathbb{R}^m$ bzw. $\mathbb{R}^n$ wie folgt charakterisiert wird.

$$(D\Psi(x)y, z)_{\mathbb{R}^m} = (y, D\Psi(x)^* z)_{\mathbb{R}^n} \quad \text{für alle} \quad y \in \mathbb{R}^n, \quad z \in \mathbb{R}^m. \tag{A.5}$$

Die transponierte Matrix $D\Psi(x)^*$ hat den gleichen Rang m wie die Matrix $D\Psi(x)$ und $D\Psi(x)^* \in L(\mathbb{R}^m, \mathbb{R}^n)$ ist injektiv, was auch aus (A.5) folgt: $\mathrm{Bild}D\Psi(x) = \mathbb{R}^m$ impliziert $\mathrm{Kern}D\Psi(x)^* = \{0\}$.

Wir führen für einen Unterraum $U \subset \mathbb{R}^n$ das orthogonale Komplement durch $U^\perp = \{y \in \mathbb{R}^n | (y, u) = 0$ für alle $u \in U\}$ ein und zitieren aus der Linearen Algebra, dass dann $\mathbb{R}^n$ in die direkte Summe $\mathbb{R}^n = U \oplus U^\perp$ zerlegt ist, s. (A.45)–(A.48). Speziell erhalten wir

$$
\begin{aligned}
(\mathrm{Bild}D\Psi(x)^*)^\perp &= \{y \in \mathbb{R}^n | (y, D\Psi(x)^* z)_{\mathbb{R}^n} = 0 \text{ für alle } z \in \mathbb{R}^m\} \\
&= \{y \in \mathbb{R}^n | (D\Psi(x)y, z)_{\mathbb{R}^m} = 0 \text{ für alle } z \in \mathbb{R}^m\} \\
&= \{y \in \mathbb{R}^n | D\Psi(x)y = 0\} = \mathrm{Kern}D\Psi(x), \\
\mathbb{R}^n &= \mathrm{Kern}D\Psi(x) \oplus \mathrm{Bild}D\Psi(x)^*,
\end{aligned}
\tag{A.6}
$$

wobei die direkte Summe orthogonal ist. Wir definieren für $x \in \overset{\cdot}{M}$

$$
\begin{aligned}
T_x M &= \mathrm{Kern}D\Psi(x), \quad \dim T_x M = n - m, \\
N_x M &= \mathrm{Bild}D\Psi(x)^*, \quad \dim N_x M = m
\end{aligned}
\tag{A.7}
$$

und erhalten in dieser Terminologie $\mathbb{R}^n = T_x M \oplus N_x M$.

Im folgenden sei $x_0 \in M$ fixiert und $x \in \mathbb{R}^n$. Dann gilt in eindeutiger Weise $x - x_0 = y + z$ mit $y \in T_{x_0} M$ und $z \in N_{x_0} M$. Die Definition

$$
\begin{aligned}
F(y, z) &= \Psi(x_0 + y + z) \quad \text{ergibt eine Abbildung} \\
F &: T_{x_0} M \times N_{x_0} M \to \mathbb{R}^m \quad \text{mit} \\
F(0, 0) &= 0.
\end{aligned}
\tag{A.8}
$$

Die Abbildung F ist nach den Variablen y und z stetig total differenzierbar und insbesondere ist

$$
D_z F(0, 0) = D\Psi(x_0)|_{N_{x_0} M} : N_{x_0} M \to \mathbb{R}^m \quad \text{bijektiv.}
\tag{A.9}
$$

Dabei ist nur zu beachten, dass $N_{x_0} M$ das orthogonale Komplement von $T_{x_0} M = \mathrm{Kern}D\Psi(x_0)$ ist. Wegen (A.9) kann das Theorem über implizite Funktionen angewandt werden, was Folgendes aussagt: Es gibt eine Umgebung $B_r(0) = \{y \in T_{x_0} M | \|y\| < r\}$ und eine stetig total differenzierbare Abbildung

$$
\begin{aligned}
\varphi &: B_r(0) \subset T_{x_0} M \to N_{x_0} M \quad \text{mit} \quad \varphi(0) = 0 \quad \text{und} \\
F(y, \varphi(y)) &= 0 \quad \text{für alle } y \in B_r(0).
\end{aligned}
\tag{A.10}
$$

Außerdem sind alle Nullstellen von F in einer Umgebung von $(0, 0) \in T_{x_0} M \times N_{x_0} M = \mathbb{R}^n$ von der Form $(y, \varphi(y))$. Nach Definition (A.8) heißt dies, dass der Graph von φ verschoben um den Vektor x_0 in einer Umgebung $U(x_0)$ von x_0 in $\mathbb{R}^n$ gleich der Menge M ist:

$$\{x_0 + y + \varphi(y) | y \in B_r(0) \subset T_{x_0}M\} = M \cap U(x_0). \tag{A.11}$$

Schließlich liegt der affine Unterraum $x_0 + T_{x_0}M$ tangential an M in x_0: Wegen $F(y, \varphi(y)) = 0$ für alle $y \in B_r(0)$ folgt nach Differentiation mittels der Kettenregel in $(0,0)$

$$D_yF(0,0) + D_zF(0,0)D\varphi(0) = 0 \quad \text{in } L(T_{x_0}M, \mathbb{R}^m). \tag{A.12}$$

Nun ist nach Definition (A.8) von F

$$\begin{aligned}
D_yF(0,0) &= D\Psi(x_0)|_{T_{x_0}M} = 0 \quad \text{wegen } T_{x_0}M = \text{Kern}D\Psi(x_0), \\
D_zF(0,0) &= D\Psi(x_0)|_{N_{x_0}M} : N_{x_0}M \to \mathbb{R}^m \quad \text{bijektiv, weshalb} \\
D\varphi(0) &= 0 \quad \text{in } L(T_{x_0}M, N_{x_0}M) \quad \text{gilt.}
\end{aligned} \tag{A.13}$$

Die Ableitungen von φ in alle Richtungen des Unterraums $T_{x_0}M$ verschwinden in $y = 0$, was die Bezeichnung „**Tangentialraum an M in x_0**" rechtfertigt. Der Orthogonalraum $N_{x_0}M$ heißt „**Normalenraum auf M in x_0**".

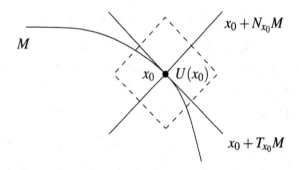

Abbildung A.1

Auf der Umgebung $U(x_0) = \{x = x_0 + y + z | y \in T_{x_0}M, \|y\| < r, z \in N_{x_0}M, \|z\| < r\}$, mit der Euklidischen Norm $\|\quad\|$, definieren wir $H(x) = H(x_0 + y + z) = x + \varphi(y)$ und erhalten wegen (A.11) $H((x_0 + T_{x_0}M) \cap U(x_0)) = M \cap U(x_0)$, was als „lokales Geradebiegen von M" bezeichnet wird. Wegen $DH(x_0) = E + D\varphi(0) = E$ (mit der Einheitsmatrix E) ist $H : U(x_0) \to H(U(x_0))$ ein Diffeomorphismus.

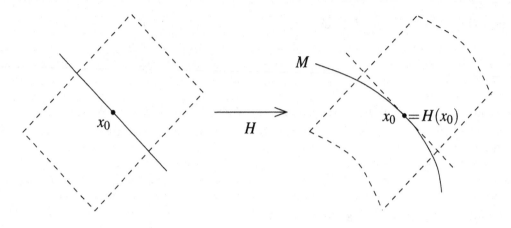

Abbildung A.2

Die Menge (A.2) ist bei einer Jacobi-Matrix (A.3) mit maximalem Rang eine „**stetig differenzierbare Mannigfaltigkeit der Dimension** $n - m$".

Zu jeder direkten und orthogonalen Zerlegung $\mathbb{R}^n = U \oplus V$ gehören Orthogonal-Projektoren, deren Eigenschaften wir zusammenstellen:

> Die eindeutige Zerlegung $x = y + z$ für $x \in \mathbb{R}^n$, $y \in U$, $z \in V$
> definiert durch $Px = y$ und $Qx = z$
> lineare Abbildungen $\quad P, Q \in L(\mathbb{R}^n, \mathbb{R}^n)$, für die gilt:
> $$P = I - Q, \quad Q = I - P, \quad P^2 = P, \quad Q^2 = Q, \qquad (\text{A.14})$$
> $$\text{Bild}\,P = U, \quad \text{Kern}\,P = V, \quad \text{Bild}\,Q = V, \quad \text{Kern}\,Q = U,$$
> $$(Px, \tilde{x}) = (x, P\tilde{x}) = (Px, P\tilde{x}),$$
> $$(Qx, \tilde{x}) = (x, Q\tilde{x}) = (Qx, Q\tilde{x}) \quad \text{für } x, \tilde{x} \in \mathbb{R}^n.$$

Die letzten Symmetrien folgen aus der Orthogonalität der Unterräume:
$(Px, \tilde{x}) = (Px, P\tilde{x} + Q\tilde{x}) = (Px, P\tilde{x}) = (Px + Qx, P\tilde{x}) = (x, P\tilde{x})$ mit analogen Gleichungen
für $(Qx, \tilde{x})$.

Man bezeichnet P als **Orthogonal-Projektor** auf U längs V und Q als Orthogonal-Projektor auf V längs U.

Für die direkte und orthogonale Zerlegung $\mathbb{R}^n = T_x M \oplus N_x M$ für $x \in M$ bezeichnen wir die Projektoren als $P(x)$ und $Q(x)$, wobei $P(x)$ auf $T_x M$ längs $N_x M$ und $Q(x)$ auf $N_x M$ längs $T_x M$ projeziert. Wir untersuchen jetzt die Differenzierbarkeitseigenschaften dieser Projektoren. Dazu sei

$$\Psi \in C^k(\mathbb{R}^n, \mathbb{R}^m) \quad \text{für} \quad k \geq 1, \qquad (\text{A.15})$$

d.h. Ψ ist k-mal stetig partiell differenzierbar. Dann hängen die Komponenten der Jacobi-Matrix $D\Psi(x)$ und der transponierten Matrix $D\Psi(x)^*$ $(k-1)$-mal stetig differenzierbar von $x \in \mathbb{R}^n$ ab, und da für $x \in M$ nach Voraussetzung $D\Psi(x)^* \in L(\mathbb{R}^m, \mathbb{R}^n)$ injektiv ist, ist das Bild der kanonischen Basis in $\mathbb{R}^m$ unter $D\Psi(x)^*$ eine Basis in $N_x M$, die $(k-1)$-mal stetig differenzierbar von x abhängt. Diese Basis orthonormieren wir nach dem Verfahren von E. Schmidt (1876-1959) und erhalten

> eine orthonormale Basis $\{b_1(x), \dots, b_m(x)\} \subset N_x M$,
>
> die $(k-1)$-mal stetig nach $x \in M$ differenzierbar ist, und
>
> $Q(x) : \mathbb{R}^n \to N_x M$,   definiert durch
>
> $$Q(x)\tilde{x} = \sum_{i=1}^{m} (\tilde{x}, b_i(x)) b_i(x) \quad \text{für} \quad \tilde{x} \in \mathbb{R}^n,$$
>
> ist der Orthogonal-Projektor auf $N_x M$ längs $T_x M$.

(A.16)

Letzteres bedeutet, dass

> $$P(x) = I - Q(x) : \mathbb{R}^n \to T_x M$$
>
> der Orthogonal-Projektor auf $T_x M$ längs $N_x M$ ist.

(A.17)

Da das Orthonormierungsverfahren die Differenzierbarkeit der Basis erhält, sind sowohl Q als auch P Projektoren, die $(k-1)$-mal stetig differenzierbar von $x \in M$ abhängen. (Da die maximale Rangbedingung für jedes $x \in M$ auch noch in einer Umgebung von x im $\mathbb{R}^n$ gilt, können wir die orthonormale Basis in $N_x M$ auch noch in einer Umgebung von $x \in M$ definieren und die Differenzierbarkeit gilt in einer offenen Umgebung von $x \in M$ im $\mathbb{R}^n$. Das gleiche gilt für die Projektoren Q und P.)

Lokal gilt (mit der Euklidischen Norm $\| \ \|$)

> $$T_x M = P(x) T_{x_0} M, \quad N_x M = Q(x) N_{x_0} M$$
>
> für $\|x - x_0\| < \delta$, sofern $0 < \delta$ hinreichend klein ist.

(A.18)

Wir zeigen, dass $P(x) : T_{x_0} M \to T_x M$ injektiv und damit auch surjektiv ist. Ist $P(x)y = 0$ für $y \in T_{x_0} M$, so gilt $P(x_0)y = y$ und $\|y\| = \|P(x_0)y - P(x)y\| \leq \|P(x_0) - P(x)\| \|y\| < \varepsilon \|y\|$ wegen der Stetigkeit des Projektors, was für $\varepsilon < 1$ nur für $y = 0$ gelten kann. Für $Q(x) : N_{x_0} M \to N_x M$ argumentieren wir genau so.

Ist $\{a_1, \dots, a_{n-m}\}$ eine orthonormale Basis in $T_{x_0} M$, so ist wegen (A.18) $\{P(x)a_1, \dots, P(x)a_{n-m}\}$ für $\|x - x_0\| < \delta$ eine Basis in $T_x M$, die wir orthonormieren.

Damit erhalten wir

eine orthonormale Basis $\{a_1(x), \ldots, a_{n-m}(x)\} \subset T_xM$,

die $(k-1)$-mal stetig nach $x \in M$ differenzierbar ist, und

$$P(x)\tilde{x} = \sum_{i=1}^{n-m} (\tilde{x}, a_i(x))a_i(x) \quad \text{für} \quad \tilde{x} \in \mathbb{R}^n \tag{A.19}$$

ist die Darstellung von $\quad P(x) : \mathbb{R}^n \to T_xM$.

Die Mengen $\{T_xM | x \in M\}$ und $\{N_xM | x \in M\}$ heißen Tangenten- bzw. Normalenbündel und können mit der Struktur einer Mannigfaltigkeit versehen werden.

Als Nächstes beweisen wir die **Multiplikatorenregel von Lagrange**. Dazu sei

$$f : \mathbb{R}^n \to \mathbb{R} \quad \text{stetig total differenzierbar} \tag{A.20}$$

und f habe in $x_0 \in M$ ein lokales Minimum unter der Nebenbedingung $\Psi(x) = 0$, d.h.

$$f(x_0) \le f(x) \quad \text{für alle } x \in M \text{ mit} \quad \|x - x_0\| < d \tag{A.21}$$

mit einer Konstanten $d > 0$. Dann ist für jedes $a \in T_{x_0}M$ die Kurve $\{x(t) = x_0 + at + \varphi(at) | t \in (-\varepsilon, \varepsilon)\} \subset M$ (s. (A.11)) und wegen (A.21) ist $g(t) = f(x_0 + at + \varphi(at))$ eine Abbildung $g : (-\varepsilon, \varepsilon) \to \mathbb{R}$, die bei $t = 0$ lokal minimal ist. Das bedeutet (mit dem Euklidischen Skalarprodukt $(\ ,\ )$)

$$\begin{aligned} g'(0) &= (\nabla f(x_0), \dot{x}(0)) = (\nabla f(x_0), a + D\varphi(0)a) \\ &= (\nabla f(x_0), a) = 0 \quad \text{wegen (A.13)}_3. \end{aligned} \tag{A.22}$$

Da $a \in T_{x_0}M$ beliebig ist, ist $\nabla f(x_0) \in (T_{x_0}M)^\perp = N_{x_0}M = \text{Bild} D\Psi(x_0)^*$, s. (A.7). Nach Konvention sind die Spalten von $D\Psi(x_0)^* \in \mathbb{R}^{n \times m}$ die Gradienten von Ψ_i, $i = 1, \ldots, m$, (s. A.3)), d.h.

$$\begin{aligned} D\Psi(x_0)^* &= (\nabla\Psi_1(x_0) \cdots \nabla\Psi_m(x_0)) \quad \text{und} \\ \nabla f(x_0) &\in \text{Bild} D\Psi(x_0)^* = N_{x_0}M \quad \text{ist äquivalent zu} \\ \nabla f(x_0) &+ \sum_{i=1}^m \lambda_i \nabla\Psi_i(x_0) = 0 \quad \text{für} \quad \lambda = (\lambda_1, \ldots, \lambda_m) \in \mathbb{R}^m. \end{aligned} \tag{A.23}$$

Die Konstanten $\lambda_1, \ldots, \lambda_m$ heißen **Lagrange-Multiplikatoren**.

Da $D\Psi(x_0)^* \in L(\mathbb{R}^m, \mathbb{R}^n)$ maximalen Rang m hat und $\dim\text{Bild} D\Psi(x_0)^* = \dim N_{x_0}M = m$ ist, ist

$$D\Psi(x_0)^* : \mathbb{R}^m \to N_{x_0}M \quad \text{ein Isomorphismus.} \tag{A.24}$$

Das bedeutet, dass die Lagrange-Multiplikatoren $\lambda_1, \ldots, \lambda_m$ eindeutig durch $\nabla f(x_0)$ bestimmt sind.

Wir beweisen jetzt den **Satz von Liouville**, s. (2.5.61). Es sei $\varphi(t,z)$ der Fluss des Systems

$$\dot{x} = f(x), \quad f : \mathbb{R}^n \to \mathbb{R}^n, \tag{A.25}$$

mit einem stetig total differenzierbaren Vektorfeld f, d.h.

$$\frac{\partial}{\partial t} \varphi(t,z) = f(\varphi(t,z)), \quad \varphi(0,z) = z \in \mathbb{R}^n. \tag{A.26}$$

Differentiation von (A.26) nach z (was wegen der stetig differenzierbaren Abhängigkeit vom Anfangswert erlaubt ist) ergibt:

$$\frac{\partial}{\partial t} D\varphi(t,z) = Df(\varphi(t,z))D\varphi(t,z) \quad \text{mit}$$
$$D\varphi(0,z) = E \quad (= \text{Einheitsmatrix}). \tag{A.27}$$

Es bezeichne

$$D\varphi(t,z) = (\varphi_{z_1}(t,z) \cdots \varphi_{z_n}(t,z)) \tag{A.28}$$

die Spalten der Jacobi-Matrix, und da die Determinante linear bezüglich jeder Spalte ist, können wir spaltenweise differenzieren und erhalten

$$\begin{aligned}
\frac{\partial}{\partial t} \det D\varphi(t,z) &= \sum_{i=1}^{n} \det(\varphi_{z_1}(t,z) \cdots \frac{\partial}{\partial t}\varphi_{z_i}(t,z) \cdots \varphi_{z_n}(t,z)) \\
&= \sum_{i=1}^{n} \det(\varphi_{z_1}(t,z) \cdots Df(\varphi(t,z))\varphi_{z_i}(t,z) \cdots \varphi_{z_n}(t,z)) \\
&= \operatorname{Spur} Df(\varphi(t,z)) \det(\varphi_{z_1}(t,z) \cdots \varphi_{z_i}(t,z) \cdots \varphi_{z_n}(t,z)) \\
&= \operatorname{div} f(\varphi(t,z)) \det D\varphi(t,z)
\end{aligned} \tag{A.29}$$

mit einem Satz der Linearen Algebra über die Spur einer Matrix. Die Differentialgleichung (A.29) für $\det D\varphi(t,z)$ wird gelöst durch

$$\begin{aligned}
\det D\varphi(t,z) &= \det D\varphi(0,z) \exp \int_0^t \operatorname{div} f(\varphi(s,z))ds \\
&= 1 \exp 0 = 1,
\end{aligned} \tag{A.30}$$

wobei wir $(A.27)_2$ und $\operatorname{div} f(x) = 0$ für alle $x \in \mathbb{R}^n$ verwenden. Nach der Substitutionsregel für Integrale über messbaren Mengen im $\mathbb{R}^n$ folgt schließlich für messbares $\Omega \subset \mathbb{R}^n$

$$\mu(\varphi(t,\Omega)) = \int_{\varphi(t,\Omega)} 1\,dz = \int_\Omega |\det D\varphi(t,z)|\,dz = \int_\Omega 1\,dz = \mu(\Omega), \tag{A.31}$$

was den Satz von Liouville (2.5.61) beweist. Für nichtverschwindende Divergenz kann man mit den Formeln (A.30) und (A.31) die Volumenänderung berechnen.

Als Nächstes beweisen wir den **Auswahlsatz im Hilbertraum**, s. (3.1.13).

Es sei $(y_n)_{n\in\mathbb{N}}$ eine beschränkte Folge im Hilbertraum X, d.h. $\|y_n\| \leq C$ für alle $n \in \mathbb{N}$. Dann ist die doppelt indizierte Folge

$$\alpha_{nm} = (y_n, y_m) \in \mathbb{R}, \quad n, m \in \mathbb{N}, \tag{A.32}$$

beschränkt in $\mathbb{R}: |\alpha_{nm}| \leq C^2$ für alle $n, m \in \mathbb{N}$. Nach dem Satz von Bolzano-Weierstraß kann man nacheinander Teilfolgen der jeweils vorherigen Folge auswählen, so dass gilt:

$$\begin{aligned}
(\alpha_{n_k^1, m})_{k\in\mathbb{N}} &\quad \text{konvergiert für} \quad m = 1, \\
(\alpha_{n_k^2, m})_{k\in\mathbb{N}} &\quad \text{konvergiert für} \quad m = 1, 2, \text{ u.s.w.} \\
(\alpha_{n_k^i, m})_{k\in\mathbb{N}} &\quad \text{konvergiert für} \quad m = 1, \ldots, i.
\end{aligned} \tag{A.33}$$

Dann konvergiert die Diagonalfolge für alle $m \in \mathbb{N}$:

$$(\alpha_{n_k^k, m})_{k\in\mathbb{N}} \quad \text{konvergiert für alle } m \in \mathbb{N}. \tag{A.34}$$

Wir bezeichnen jetzt zur Vereinfachung $\alpha_{n_k^k, m} = \alpha_{km}$ und erhalten eine Folge, für die gilt:

$$\lim_{k\to\infty} \alpha_{km} = \lim_{k\to\infty}(y_k, y_m) \quad \text{existiert in } \mathbb{R} \text{ für jedes } m \in \mathbb{N}. \tag{A.35}$$

Dabei ist $(y_k)_{k\in\mathbb{N}}$ eine Teilfolge von $(y_n)_{n\in\mathbb{N}}$.

Es sei $U = \mathrm{cl}_X(\mathrm{span}[y_n, n \in \mathbb{N}])$ der Abschluss des von den Vektoren $\{y_1, y_2, \ldots\}$ aufgespannten Unterraums von X.

Zu jedem $u \in U$ und $\varepsilon > 0$ gibt es ein $N \in \mathbb{N}$ und ein $\tilde{y} \in \mathrm{span}[y_1, \ldots, y_N] = U_N$, so dass

$$\|u - \tilde{y}\| < \frac{\varepsilon}{4C} \tag{A.36}$$

mit der Konstanten $\|y_n\| \leq C$ gilt. Damit folgt

$$\begin{aligned}
|(y_k, u) - (y_l, u)| &= |(y_k - y_l, u)| \\
&\leq |(y_k - y_l, \tilde{y})| + |(y_k, u - \tilde{y})| + |(y_l, u - \tilde{y})| \\
&\leq |(y_k - y_l, \tilde{y})| + 2C\frac{\varepsilon}{4C}.
\end{aligned} \tag{A.37}$$

Wegen (A.35) ist auch $((y_k, \tilde{y}))_{k\in\mathbb{N}}$ eine konvergente Folge, weshalb

$$|(y_k - y_l, \tilde{y})| < \frac{\varepsilon}{2} \quad \text{für} \quad k, \ell \geq k_0(\varepsilon, \tilde{y}) \tag{A.38}$$

gilt. (Die Abhängigkeit von k_0 von $\tilde{y}$ und damit von $u \in U$ ist nicht problematisch.) Insgesamt ist also

$$((y_k, u))_{k \in \mathbb{N}} \quad \text{für jedes } u \in U \text{ eine Cauchy-Folge,} \tag{A.39}$$

also eine in $\mathbb{R}$ konvergente Folge.

Der Hilbertraum X kann direkt zerlegt werden in U und sein orthogonales Komplement,

$$X = U \oplus U^\perp, \tag{A.40}$$

(s. dazu (A.45)–(A.48)), und offensichtlich gilt für jedes $y \in X$ mit $y = u + w$, $u \in U$, $w \in U^\perp$,

$$(y_k, y) = (y_k, u) \quad \text{für alle} \quad k \in \mathbb{N}, \tag{A.41}$$

da $y_k \in U$ und damit $(y_k, w) = 0$ ist. Also existiert

$$\lim_{k \to \infty} (y_k, y) = \ell(y) \in \mathbb{R} \quad \text{für jedes} \quad y \in X. \tag{A.42}$$

Die Abbildung $\ell : X \to \mathbb{R}$ ist linear und wegen $|(y_k, y)| \leq C\|y\|$ für alle $k \in \mathbb{N}$ gilt auch

$$|\ell(y)| \leq C\|y\|, \tag{A.43}$$

d.h. ℓ ist stetig oder $\ell \in X'$. Nach dem Darstellungssatz von Riesz (3.1.9) gibt es genau ein $z \in X$ mit $\ell(y) = (y, z) = (z, y)$ für alle $y \in X$. Mit (A.42) folgt

$$\lim_{k \to \infty} (y_k, y) = (z, y) \quad \text{für alle } y \in X \quad \text{oder}$$
$$w\text{-}\lim_{k \to \infty} y_k = z. \tag{A.44}$$

Die beschränkte Folge $(y_n)_{n \in \mathbb{N}}$ enthält eine schwach konvergente Teilfolge.

Die Zerlegung (A.40) folgt aus dem Rieszschen Darstellungssatz: Zunächst ist das orthogonale Komplement

$$U^\perp = \{w \in X \,|\, (w, u) = 0 \text{ für alle } u \in U\} \tag{A.45}$$

ein abgeschlossener Unterraum von X mit $U \cap U^\perp = \{0\}$. Auf $U \subset X$ sei für ein beliebiges $y \in X$

$$\ell : U \to \mathbb{R} \quad \text{definiert durch } \ell(u) = (u, y). \tag{A.46}$$

Offensichtlich ist $\ell \in U'$, und da der abgeschlossene Unterraum $U \subset X$ ein Hilbertraum ist, existiert ein $z \in U$ mit

$$\ell(u) = (u, z) \quad \text{oder}$$
$$(u, y) = (u, z) \quad \text{für alle} \quad u \in U. \tag{A.47}$$

Damit folgt für die Zerlegung

$$y = z + y - z \quad \text{mit diesem } z \in U$$

$$(y - z, u) = 0 \quad \text{für alle } u \in U, \quad \text{also} \tag{A.48}$$

$$y - z \in U^{\perp}.$$

Zuletzt beweisen wir den **Satz von Arzela-Ascoli**, s. Satz 3.2.9.

Für eine abzählbare und dichte Teilmenge $S = \{x_m | m \in \mathbb{N}\} \subset [a,b]$ (z.B. gegeben durch die rationalen Zahlen) ist die doppelt indizierte Folge

$$\alpha_{nm} = y_n(x_m) \in \mathbb{R}, \quad n,m \in \mathbb{N}, \tag{A.49}$$

beschränkt in $\mathbb{R}$, d.h. $|\alpha_{nm}| \leq C$ für alle $n,m \in \mathbb{N}$. Wie in (A.32)–(A.35) können wir eine Teilfolge $(y_k)_{k \in \mathbb{N}}$ von der Folge $(y_n)_{n \in \mathbb{N}}$ auswählen, so dass

$$\lim_{k \to \infty} y_k(x_m) \quad \text{für jedes } m \in \mathbb{N} \text{ in } \mathbb{R} \text{ existiert.} \tag{A.50}$$

Zu jedem $x \in [a,b]$ und $\varepsilon > 0$ gibt es ein $x_m \in S$ mit

$$|x - x_m| < \delta\left(\frac{\varepsilon}{3}\right) \tag{A.51}$$

mit dem δ aus der gleichgradigen Stetigkeit (3.2.23). Damit gelten die Abschätzungen

$$|y_k(x) - y_l(x)|$$
$$\leq |y_k(x) - y_k(x_m)| + |y_k(x_m) - y_l(x_m)| + |y_l(x_m) - y_l(x)| \tag{A.52}$$
$$< \frac{\varepsilon}{3} + |y_k(x_m) - y_l(x_m)| + \frac{\varepsilon}{3} < \varepsilon \quad \text{für} \quad k,l \geq k_0(\varepsilon, m),$$

wobei wir die Konvergenz (A.50) verwenden. (Die Abhängigkeit von k_0 von x_m, und damit von x, ist nicht problematisch.) Die Folge $(y_k(x))_{k \in \mathbb{N}}$ ist für jedes $x \in [a,b]$ eine Cauchy-Folge und besitzt deshalb einen Grenzwert

$$\lim_{k \to \infty} y_k(x) = y_0(x) \quad \text{für jedes} \quad x \in [a,b]. \tag{A.53}$$

Die Grenzfunktion y_0 ist auf $[a,b]$ gleichmäßig stetig:

$$|y_0(x) - y_0(\tilde{x})|$$
$$\leq |y_0(x) - y_k(x)| + |y_k(x) - y_k(\tilde{x})| + |y_k(\tilde{x}) - y_0(\tilde{x})| \tag{A.54}$$
$$< \frac{\varepsilon}{3} + \frac{\varepsilon}{3} + \frac{\varepsilon}{3} = \varepsilon \quad \text{für} \quad k \geq k_1(\varepsilon, x, \tilde{x}) \text{ und } |x - \tilde{x}| < \delta\left(\frac{\varepsilon}{3}\right),$$

wobei wir die gleichgradige Stetigkeit (3.2.23) und die Konvergenz (A.53) verwenden. (Die Abhängigkeit von k_1 von x und $\tilde{x}$ spielt keine Rolle.)

Zuletzt zeigen wir die gleichmäßige Konvergenz (3.2.24): Zu $\varepsilon > 0$ existieren endlich viele Punkte $\tilde{x}_1, \ldots, \tilde{x}_N$ in $[a,b]$, so dass zu jedem $x \in [a,b]$ ein $\tilde{x}_m$ existiert mit

$$|x - \tilde{x}_m| < \delta\left(\frac{\varepsilon}{3}\right). \tag{A.55}$$

Dann folgt

$$
\begin{aligned}
&|y_k(x) - y_0(x)| \\
&\leq |y_k(x) - y_k(\tilde{x}_m)| + |y_k(\tilde{x}_m) - y_0(\tilde{x}_m)| + |y_0(\tilde{x}_m) - y_0(x)| \\
&\leq \frac{\varepsilon}{3} + |y_k(\tilde{x}_m) - y_0(\tilde{x}_m)| + \frac{\varepsilon}{3} < \varepsilon \quad \text{für} \quad k \geq k_2(\varepsilon),
\end{aligned}
\tag{A.56}
$$

wobei wir (3.2.23), (A.54) und die Konvergenz (A.53) verwenden. Für die endlich vielen $\tilde{x}_1, \ldots, \tilde{x}_N$ hängt k_2 nur von ε ab.

Lösungen der Aufgaben

1. $\|B-A\| = \|x(t_b) - x(t_a)\| = \|\int_{t_a}^{t_b} \dot{x}(t)dt\| \leq \int_{t_a}^{t_b} \|\dot{x}(t)\|dt.$

2. Man wähle die Koordinaten: $A = (0, y_1)$ (o.B.d.A.), $P = (x, 0), B = (x_2, y_2)$. Dann sind die Längen der Strecken $AP = (x^2 + y_1^2)^{1/2}$, $PB = ((x_2 - x)^2 + y_2^2)^{1/2}$ und für die benötigten Zeiten gilt

$$T_1 + T_2 = \frac{1}{v_1}(x^2 + y_1^2)^{1/2} + \frac{1}{v_2}((x_2 - x)^2 + y_2^2)^{1/2}.$$

Differentiation nach x ergibt:

$$\frac{x}{v_1(x^2 + y_1^2)^{1/2}} - \frac{x_2 - x}{v_2((x_2 - x)^2 + y_2^2)^{1/2}} = 0 \quad \text{oder} \quad \frac{\sin\alpha_1}{v_1} = \frac{\sin\alpha_2}{v_2}.$$

1.1.1 Die Funktion y ist stetig auf $[0, 1]$, hat aber in allen Punkten $\frac{1}{n}$ eine Knickstelle, so dass es keine endliche Unterteilung von $[0, 1]$, gibt, für die y die Definition 1.1.1 erfüllt.

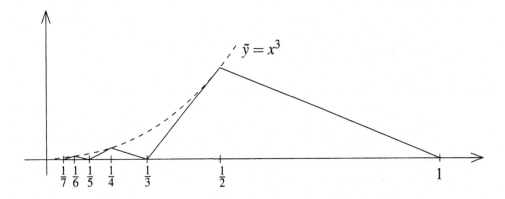

Für $n > m$ ist

$$y_m(x) - y_n(x) = \begin{cases} y(x) & \text{für} \quad x \in [\frac{1}{2n+1}, \frac{1}{2m+1}], \\ 0 & \text{für} \quad x \in [0,1] \setminus [\frac{1}{2n+1}, \frac{1}{2m+1}], \end{cases}$$

und deshalb gilt $\|y_m - y_n\|_{1,stw,[0,1]} \leq \frac{1}{(2m+2)^3} + \frac{2m+3}{(2m+2)^2} < \varepsilon$ für $n > m \geq n_0(\varepsilon)$. Gäbe es ein $y_0 \in C^{1,stw}[0,1]$, müsste nach Definition 1.1.2 auch $\lim_{n\to\infty} \|y_n - y_0\|_{0,[0,1]} = 0$ gelten. Wegen $(y_n - y)(x) = -y(x)$ für $x \in [0, \frac{1}{2n+1}]$ und $(y_n - y)(x) = 0$ für $x \in [\frac{1}{2n+1}, 1]$ gilt $\|y_n - y\|_{0,[0,1]} = \frac{1}{(2n)^3}$, also $\lim_{n\to\infty} y_n = y$ in $C[0,1]$. Wegen der Eindeutigkeit des Grenzwerts würde $y_0 = y \notin C^{1,stw}[0,1]$ folgen, was ein Widerspruch ist.

1.1.2   Wir zeigen die Stetigkeit in $y_0 \in C^{1,stw}[a,b]$. Nach Definition 1.1.1 ist der Wertebereich von y_0 und y_0' auf $[a,b]$ bzw. den Intervallen $[x_{i-1}, x_i], i = 1, \ldots, m$, in $\mathbb{R}$ beschränkt, liegt also jeweils in einem Kompaktum $[-c,c]$ bzw. $[-c',c']$ in $\mathbb{R}$. Die stetige Funktion F ist auf dem Kompaktum $[a,b] \times [-c,c] \times [-c',c']$ gleichmäßig stetig, woraus für $y \in C^{1,stw}[a,b]$ folgt:

$$|F(x,y(x),y'(x)) - F(x,y_0(x),y_0'(x))| < \varepsilon \quad \text{für alle} \quad x \in [a,b],$$
$$\text{sofern } \|y - y_0\|_{1,stw,[a,b]} < \delta(\varepsilon) \text{ gilt.}$$

Nach Definition (1.1.3) erhält man

$$|J(y) - J(y_0)| < \varepsilon(b-a) \quad \text{falls } \|y - y_0\|_{1,stw} < \delta(\varepsilon) \text{ ist.}$$

Man beachte, dass mit $(x,y_0(x),y_0'(x)) \in [a,b] \times [-c,c] \times [-c',c']$ auch $(x,y(x),y'(x)) \in [a,b] \times [-c,c] \times [-c',c']$ ist, falls c,c' groß und $\delta = \delta(\varepsilon)$ klein genug ist.

1.2.1   Offensichtlich folgt die Stetigkeit aus der Abschätzung (1.2.17). Es seien y,h stückweise stetig differenzierbar mit den gleichen Unterteilungspunkten. Für $x \in [x_{i-1}, x_i]$ ist $(x,y(x),y'(x)) \in [x_{i-1}, x_i] \times [-c,c] \times [-c',c']$, woraus wegen der Stetigkeit von F_y und $F_{y'}$ folgt:

$$\begin{aligned} |F_y(x,y(x),y'(x))| &\leq \tilde{C} \\ |F_{y'}(x,y(x),y'(x))| &\leq \tilde{C}' \end{aligned} \quad \text{für alle} \quad x \in [x_{i-1},x_i], \; i = 1,\ldots,m,$$

mit $\tilde{C} = \tilde{C}(y)$ und $\tilde{C}' = \tilde{C}'(y)$. Wir erhalten damit

$$\begin{aligned} |\delta J(y)h| &= \left| \sum_{i=1}^{m} \int_{x_{i-1}}^{x_i} F_y(x,y(x),y'(x))h(x) + F_{y'}(x,y(x),y'(x))h'(x)dx \right| \\ &\leq \sum_{i=1}^{m} \int_{x_{i-1}}^{x_i} |F_y(x,y(x),y'(x))||h(x)| + |F_{y'}(x,y(x),y'(x))||h'(x)|dx \\ &\leq \sum_{i=1}^{m} (x_i - x_{i-1})(\tilde{C}\|h\|_{0,[a,b]} + \tilde{C}'\|h'\|_{0,[x_{i-1},x_i]}) \\ &\leq (b-a)\max\{\tilde{C},\tilde{C}'\}\|h\|_{1,stw} = C(y)\|h\|_{1,stw}. \end{aligned}$$

1.2.2 Man zeigt wie im Beweis von Satz 1.2.3, dass die zweite Ableitung nach t mit der Integration vertauscht werden kann, woraus die Darstellung der zweiten Variation durch zweimalige Differentiation von $F(x, y+th, y'+th')$ nach t in $t = 0$ folgt.

1.2.3 Der Beweis ist im Wesentlichen der gleiche wie für Satz 1.2.4, s. dazu Aufgabe 1.2.1.

1.4.1 Für $n \geq n_0$ sei $[x_0 - \frac{1}{n}, x_0 + \frac{1}{n}] \subset I$. Man wähle für h_n den Sägezahn der Höhe 1:

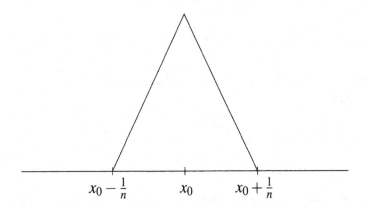

$$x_0 - \frac{1}{n} \qquad x_0 \qquad x_0 + \frac{1}{n}$$

Dann gelten die Eigenschaften a), b), c).

1.4.2 Nach Lemma 1.3.4 kann man in der zweiten Variation partiell integrieren:

$$\delta^2 J(y)(h,h) = \int_a^b F_{yy}h^2 + 2F_{yy'}hh' + F_{y'y'}(h')^2 dx$$

$$= \int_a^b F_{yy}h^2 - \frac{d}{dx}(F_{yy'}h)h + F_{yy'}hh' + F_{y'y'}(h')^2 dx$$

$$= \int_a^b (F_{yy} - \frac{d}{dx}F_{yy'})h^2 + F_{y'y'}(h')^2 dx.$$

1.4.3 Angenommen $F_{y'y'}(x_0, y(x_0), y'(x_0)) < 0$ für ein $x_0 \in [x_{i-1}, x_i] \subset [a,b]$. Wegen der Stetigkeit von $F_{y'y'}(\cdot, y, y')$ auf $[x_{i-1}, x_i]$ gibt es ein kompaktes Intervall $I \subset [x_{i-1}, x_i] \cap (a,b)$, so dass $F_{y'y'}(x, y(x), y'(x)) \leq -c_1 < 0$ für alle $x \in I$ gilt, und wegen der Stetigkeit von P aus Aufgabe 1.4.2 auf I (o.B.d.A.) gilt $P(x, y(x), y'(x)) \leq c_2$ für alle $x \in I$. Dann folgt mit einer Folge $(h_n)_{n \in \mathbb{N}}$ aus Aufgabe 1.4.1

$$0 \leq \int_a^b Ph_n^2 + Q(h_n')^2 dx \leq c_2 \int_I h_n^2 + \int_I F_{y'y'}(h_n')^2 dx$$

$$\leq c_2 \int_a^b h_n^2 dx - c_1 \int_a^b (h_n')^2 dx < 0 \quad \text{für} \quad n \geq n_1 \geq n_0,$$

da der erste Summand gegen 0 und der zweite gegen $-\infty$ konvergiert. Der Widerspruch beweist die Behauptung.

1.4.4   Mit $h \in C_0^{1,stw}[a,b]$ sei $g(t) = J(y+th)$, wobei $y+th \in D$ für alle $t \in \mathbb{R}$ gilt. Nach Definition in Aufgabe 1.2.2 gilt $g''(t) = \delta^2 J(y+th)(h,h) \geq 0$ für alle $t \in \mathbb{R}$ nach Voraussetzung. Nach der leicht zu verifizierenden Formel im Hinweis ist

$$J(y+h) = J(y) + \delta J(y)h + \int_0^1 (1-t)\delta^2 J(y+th)(h,h)dt$$

$$\geq J(y) \quad \text{für alle} \quad h \in C_0^{1,stw}[a,b].$$

Ist $\tilde{y} \in D$ beliebig, so schreiben wir $\tilde{y} = y + \tilde{y} - y = y + h$ und $h = \tilde{y} - y \in C_0^{1,stw}[a,b]$.

1.4.5   Wir setzen $\tilde{h} = h/\|h\|$, wobei $\|h\| = \|h\|_{1,stw}$ ist, und $g(t) = J(y+t\tilde{h})$. Dann gilt die Taylor-Formel

$$g(t) = g(0) + g'(0)t + \frac{1}{2}g''(0)t^2 + r(t) \quad \text{oder}$$

$$J(y+t\tilde{h}) = J(y) + \delta J(y)t\tilde{h} + \frac{1}{2}\delta^2 J(y)(t\tilde{h}, t\tilde{h}) + \tilde{R}(y,\tilde{h};t).$$

Wegen der Abschätzungen (1.2.17) und der in Aufgabe 1.2.3 sowie der Stetigkeit von F folgt, wie im Beweis von Satz 1.2.4, unter Ausnutzung der gleichmäßigen Stetigkeit auf Kompakta

$$\lim_{t\to 0}\tilde{R}(y,\tilde{h};t) = 0 \quad \text{gleichmäßig für} \quad \|\tilde{h}\| = 1.$$

Die Funktion y ist fest gewählt. Weiter gelten

$$\frac{d}{dt}\tilde{R}(y,\tilde{h};t) = \delta J(y+t\tilde{h})\tilde{h} - \delta J(y)\tilde{h} - t\delta^2 J(y)(\tilde{h},\tilde{h}),$$

$$\frac{d^2}{dt^2}\tilde{R}(y,\tilde{h};t) = \delta^2 J(y+t\tilde{h})(\tilde{h},\tilde{h}) - \delta^2 J(y)(\tilde{h},\tilde{h}).$$

Unter Verwendung der Abschätzungen für $\delta J(y+t\tilde{h})$ und $\delta^2 J(y+t\tilde{h})$ sowie der Stetigkeit von $F_y, F_{y'}, F_{yy}, F_{yy'}, F_{y'y'}$ folgt wie oben

$$\lim_{t\to 0}\frac{d}{dt}\tilde{R}(y,\tilde{h};t) = 0 \quad \text{gleichmäßig für} \quad \|\tilde{h}\| = 1,$$

$$\lim_{t\to 0}\frac{d^2}{dt^2}\tilde{R}(y,\tilde{h};t) = 0 \quad \text{gleichmäßig für} \quad \|\tilde{h}\| = 1.$$

Anwendung des Mittelwertsatzes ergibt

$$\tilde{R}(y,\tilde{h};t)/t^2 = \frac{1}{t}\frac{d}{dt}\tilde{R}(y,\tilde{h};\tau) = \frac{\tau}{t}\frac{d}{dt}\tilde{R}(y,\tilde{h};\tau)/\tau = \frac{\tau}{t}\frac{d^2}{dt^2}\tilde{R}(y,\tilde{h};\sigma)$$

mit $0 < |\sigma| < |\tau| < |t|$.

Zusammen mit der Aussage zuvor bedeutet das

$$\lim_{t \to 0} \tilde{R}(y, \tilde{h}; t)/t^2 = 0 \quad \text{gleichmäßig für} \quad \|\tilde{h}\| = 1.$$

Mit $t = \|h\|$ folgt $t\tilde{h} = h$, $R(y, h) = \tilde{R}(y, \tilde{h}; \|h\|)$ und

$$\lim_{\|h\| \to 0} R(y, h)/\|h\|^2 = \lim_{\|h\| \to 0} \tilde{R}(y, h/\|h\|; \|h\|)/\|h\|^2 = 0.$$

1.4.6 Für beliebiges $\tilde{y} \in D$ ist $\tilde{y} = y + \tilde{y} - y = y + h$ mit $h \in C_0^{1, stw}[a, b]$, und nach Aufgabe 1.4.5 gilt

$$J(\tilde{y}) = J(y) + \delta J(y)h + \frac{1}{2}\delta^2 J(y)(h, h) + R(y, h) \quad \text{oder}$$

$$J(\tilde{y}) - J(y) \geq \frac{1}{2}C\|h\|_{1, stw}^2 - |R(y, h)|$$

$$= (\frac{1}{2}C - |R(y, h)|/\|h\|_{1, stw}^2)\|h\|_{1, stw}^2 > 0,$$

sofern $|R(y, h)|/\|h\|_{1, stw}^2 < \frac{1}{2}C$ ist, was wegen Aufgabe 1.4.5 für $\|h\|_{1, stw} < d$ der Fall ist. Nach Definition 1.4.1 ist y ein lokaler Minimierer für J.

1.4.7

a) $J(0) = 0$ und $J(y) = \int_0^1 (y')^2(1 + y')dx \geq 0$ sofern $\|y\|_{1, stw} < 1$.

b)

$$J(y_{n,b}) = \frac{1}{bn^2}\left(1 + \frac{1}{bn}\right) + \frac{1}{n^2(1-b)}\left(1 - \frac{1}{n(1-b)}\right)$$

$$= \frac{1}{n^2}\left(\frac{1}{b(1-b)} + \frac{1}{b^2 n} - \frac{1}{n(1-b)^2}\right) = \frac{1}{n^2 b(1-b)}\left(1 + \frac{1-2b}{b(1-b)n}\right) < 0$$

$$\text{falls} \quad \frac{b(1-b)}{2b-1} < \frac{1}{n} \quad \text{für} \quad \frac{1}{2} < b < 1 \quad \text{gilt.}$$

Ist $b = b_n$ nahe genug bei 1, ist dies zu erfüllen. Schließlich gilt $\|y_{n,b}\|_0 = \frac{1}{n} < d$, sofern $n \geq n_0$ ist.

1.4.8 Wie schon in (1.4.7) und (1.4.8) ausgeführt, sind alle Lösungen der Euler-Lagrange-Gleichung stückweise Geraden mit Steigungen $y' = \pm\sqrt{c_1}$, $c_1 \geq 0$. Die notwendige Bedingung (1.4.11) ist wegen $\delta^2 J(y)(h, h) = 6\int_0^1 y'(h')^2 dx$ (s. Aufgabe 1.2.2) nur für $y' \geq 0$ auf ganz $[0,1]$ erfüllt, was wegen den Randbedingungen nur $y' = 0$ bzw. $y \equiv 0$ zulässt. Damit sind alle Lösungen außer möglicherweise $y \equiv 0$ keine lokalen Minimierer für J. (Analoges Argument für $-J$.) Es sei

$$y_0(x) = \begin{cases} 3x & \text{für } x \in [0, \frac{1}{3}], \\ 1 - \frac{3}{2}(x - \frac{1}{3}) & \text{für } x \in [\frac{1}{3}, 1]. \end{cases}$$

Dann ist $y_0 \in D$, also zulässig, und $J(y_0) = 27/4$. Da $J(\alpha y_0) = \alpha^3 J(y_0)$ ist, nimmt J auf D jeden Wert in $\mathbb{R}$ an, ist also weder nach oben oder unten beschränkt. Da $\|\alpha y_0\|_{1,stw,[0,1]} = |\alpha| \|y_0\|_{1,stw} = 4|\alpha| < d$ für $|\alpha| < d/4$ ist, ist J in jeder Umgebung von $y \equiv 0$ sowohl negativ als auch positiv, so dass wegen $J(y) = J(0) = 0$ auch $y \equiv 0$ kein lokaler Minimierer für J und für $-J$ ist.

1.5.1 Gemäß Voraussetzung ist $F_{y'}(\cdot, y, y') = f$ auf $[x_{i-1}, x_i]$ stetig differenzierbar. Wir setzen $G(x, z) = F_{y'}(x, y(x), z) - f(x)$, und da $y \in C^1[x_{i-1}, x_i]$ ist, folgt nach Voraussetzung über F, dass $G : [x_{i-1}, x_i] \times \mathbb{R} \to \mathbb{R}$ nach beiden Variablen stetig differenzierbar ist. Es gilt $G(x_0, y'(x_0)) = 0$ und $G_z(x_0, y'(x_0)) = F_{y'y'}(x_0, y(x_0), y'(x_0)) \neq 0$ nach Voraussetzung. Nach dem Theorem über implizite Funktionen gibt es genau eine Funktion $z(x)$, die in einer Umgebung von x_0 die Gleichungen $G(x, z(x)) = 0$, $z(x_0) = y'(x_0)$ erfüllt und stetig differenzierbar ist. Wegen der Eindeutigkeit ist $z(x) = y'(x)$, denn auch $G(x, y'(x)) = 0$. Die stetige Differenzierbarkeit von y' bedeutet zweimalige stetige Differenzierbarkeit von y.

1.5.2

a) $J(y) = \int_0^1 y' dx = y(1) - y(0) = 1$ für alle zulässigen y. Das Funktional ist konstant. Jedes zulässige y erfüllt die Euler-Lagrange-Gleichung.

b) $J(y) = \frac{1}{2} \int_0^1 \frac{d}{dx}(y^2) dx = \frac{1}{2}((y(1))^2 - (y(0))^2) = \frac{1}{2}$ für alle zulässigen y.

c) $J(y) = \frac{1}{2} \int_0^1 x \frac{d}{dx}(y^2) dx = -\frac{1}{2} \int_0^1 y^2 dx + \frac{1}{2}$ für alle zulässigen y. Mit den zulässigen $y_n(x) = x^n$ ist $\int_0^1 y_n^2 dx = \frac{1}{2n+1}$, weshalb das Supremum von J gleich $\frac{1}{2}$ ist. Das Supremum ist kein Maximum, es gibt keinen Minimierer und kein zulässiges y erfüllt die Euler-Lagrange-Gleichung.

1.5.3

a) $2\frac{d}{dx} y' = 2$ oder $y'' = 1$. Mit den Randbedingungen ergibt das $y(x) = \frac{1}{2}(x^2 + x)$. $\delta^2 J(\tilde{y})(h, h) = 2 \int_0^1 (h')^2 dx \geq 0$ für alle zulässigen $\tilde{y}$, weshalb die Lösung ein globaler Minimierer ist (s. Aufgabe 1.4.4).

b) $2\frac{d}{dx}(y'+y) = 2y'$ oder $y'' = 0$. Mit den Randbedingungen ergibt das
$y(x) = -\frac{1}{3}x + \frac{2}{3}$.
$\delta^2 J(\tilde{y})(h,h) = 2\int_{-1}^{2}(h')^2 + 2hh'dx = 2\int_{-1}^{2}(h')^2 + \frac{d}{dx}(h^2)dx = 2\int_{-1}^{2}(h')^2dx \geq 0$ für
alle zulässigen $\tilde{y}$ und für alle $h \in C_0^2[-1,2]$. Deshalb ist die Lösung ein globaler
Minimierer.

c) $2\frac{d}{dx}(y'+x) = 0$ oder $y'' = -1$. Mit den Randbedingungen ergibt das
$y(x) = \frac{1}{2}(x - x^2)$.
$\delta^2 J(\tilde{y})(h,h) = 2\int_0^1(h')^2dx \geq 0$ für alle zulässigen $\tilde{y}$, weshalb die Lösung ein globaler Minimierer ist.

d) $2\frac{d}{dx}(y'+y) = 2(y'+y)$ oder $y'' = y$. Mit den Randbedingungen ergibt das
$y(x) = \sinh x / \sinh 2$.
$\delta^2 J(\tilde{y})(h,h) = \int_0^2 2(h')^2 + 4hh' + 2h^2dx = 2\int_0^2(h'+h)^2dx \geq 0$ für alle zulässigen
y, weshalb die Lösung ein globaler Minimierer ist.

1.8.1 Mehrfache Anwendung der Regel von L'Hospital ergibt $f(0) = 0, f'(0) = \frac{1}{3}$ und
$\lim_{\tau \to 2\pi} f(\tau) = +\infty$ ist klar.

Wir zeigen $f'(\tau) > 0$ für $\tau \in (0, 2\pi)$ in verschiedenen Abschnitten. Es gilt

$$f'(\tau) = \frac{2(1-\cos\tau) - \tau\sin\tau}{(1-\cos\tau)^2} = \frac{g(\tau) - h(\tau)}{(1-\cos\tau)^2},$$

Es ist $g'(\tau) - h'(\tau) = \sin\tau - \tau\cos\tau = \cos\tau(\tan\tau - \tau) > 0$ für $\tau \in (0, \frac{\pi}{2})$. Mit $g(0) = h(0) = 0$ folgt $g(\tau) - h(\tau) > 0$ und $f'(\tau) > 0$ für $\tau \in (0, \frac{\pi}{2})$. Offensichtlich ist auch $g'(\tau) - h'(\tau) > 0$ für $\tau \in [\frac{\pi}{2}, \pi]$, was $g(\tau) - h(\tau) > 0$ und $f'(\tau) > 0$ für $\tau \in [\frac{\pi}{2}, \pi]$ impliziert. Da $g(\tau) > 0$ und $h(\tau) < 0$ für $\tau \in (\pi, 2\pi)$ gilt, ist schließlich $g(\tau) - h(\tau) > 0$ und $f'(\tau) > 0$ für $\tau \in (\pi, 2\pi)$.

1.8.2 Das Zeitfunktional für die Gerade $\tilde{y}(x) = \frac{2}{\pi}x$ ist nach (1.8.4) durch

$$T = \frac{1}{\sqrt{2g}}\int_0^b \sqrt{\frac{1 + (\frac{2}{\pi})^2}{\frac{2}{\pi}x}}dx = \sqrt{\frac{b\pi}{g}\left(1 + \frac{4}{\pi^2}\right)}$$

gegeben. Nach (1.8.19) ist die Laufzeit längs der Zykloiden mit $\tau_b = \pi$ gleich $\sqrt{\frac{b\pi}{g}}$, da
$r = \frac{B}{2} = \frac{b}{\pi}$ gilt. Mithin ist das Verhältnis der Laufzeiten $T : T_{min} = \sqrt{1 + \frac{4}{\pi^2}}$.

1.9.1

a)   Die Euler-Lagrange-Gleichung lautet $\frac{d}{dx}2y' = 1$ stückweise auf $[0,1]$.
     Da $2y' \in C^{1,stw}[0,1] \subset C[0,1]$ gilt, s. $(1.4.3)_1$, ist $2y'(x) = x + c_1$ für alle $x \in [0,1]$
     und damit ist $y(x) = \frac{1}{4}x^2 + \frac{1}{2}c_1x + c_2$, da auch $y \in C[0,1]$ sein muss.

b)   Die natürlichen Randbedingungen sind $y'(0) = 0$ und $y'(1) = 0$, die aber von keiner
     Lösung erfüllt werden, da $y'(1) = \frac{1}{2}$ ist, sofern $y'(0) = 0$ gilt.

c)   Es ist die Lösung $y(x) = \frac{1}{4}x^2 + \frac{3}{4}x$.

d)   Ohne Randbedingungen ist keine Lösung lokal extremal, da die notwendige Bedin-
     gung $y'(1) = 0$ nicht erfüllt wird. Mit Randbedingungen kann Satz 1.4.5 angewandt
     werden, da die Lagrange-Funktion konvex ist.
     Die zweite Variation ist $\delta^2 J(\tilde{y})(h,h) = \int_0^1 (h')^2 dx \geq 0$ für alle $\tilde{y} \in D = C^{1,stw}[0,1] \cap$
     $\{y(0) = 0, y(1) = 1\}$, so dass auch nach Aufgabe 1.4.4 jede Lösung der Euler-
     Lagrange-Gleichung in D ein globaler Minimierer für J ist.

1.9.2   Die Euler-Lagrange-Gleichung lautet

$$\frac{d}{dx}2y' = \frac{1}{1+y^2} \quad \text{stückweise auf} \quad [a,b].$$

Die Regularität $(1.4.3)_1$ sagt $y' \in C[a,b]$, also $y \in C^1[a,b]$, und wegen $F_{y'y'}(y,y') = 2$ für
$F(y,y') = (y')^2 + \arctan y$ folgt aus Aufgabe 1.5.1, dass $y \in C^2(a,b)$ gilt. Also gilt

$$2y'' = \frac{1}{1+y^2} > 0 \quad \text{auf ganz} \quad (a,b).$$

Die natürlichen Randbedingungen für lokale (oder globale) Minimierer sind $y'(a) = 0$ und
$y'(b) = 0$. Nach dem Satz von Rolle gibt es dann ein $x \in (a,b)$ mit $y''(x) = 0$, was aber
durch die Euler-Lagrange-Gleichung ausgeschlossen ist. Also gibt es keinen lokalen (oder
globalen) Minimierer, obwohl das Funktional durch $-\frac{\pi}{2}(b-a)$ nach unten beschränkt ist.

1.10.1   Wegen $\dot{x}(t) > 0$ ist x auf $[t_{i-1}, t_i]$ streng monoton und bildet $[t_{i-1}, t_i]$ bijektiv auf
ein Intervall $[x_{i-1}, x_i]$ ab. Da $x(t_a) = a = x(t_0)$ und $x(t_b) = b = x(t_m)$ ist, erhalten wir so
eine Unterteilung $a = x_0 < x_1 < \cdots < x_m = b$. Es sei $\psi_i : [x_{i-1}, x_i] \to [t_{i-1}, t_i]$ die stetig
differenzierbare Umkehrfunktion von x, d.h. $\psi_i(x) = t$ wenn $x(t) = x$. Mit $\tilde{y}(x) = y(\psi_i(x))$
gilt $\tilde{y}(x) = y(t)$ und $\tilde{y} \in C^1[x_{i-1}, x_i]$. Da $y(\psi_i(x_i)) = y(t_i) = y(\psi_{i+1}(x_i))$ für $i = 1, \ldots, m-1$
gilt, ist $\tilde{y} \in C[a,b]$ und insgesamt $\tilde{y} \in C^{1,stw}[a,b]$.

1.10.2

a)   Für $h \in (C_0^{1,stw}[t_a,t_b])^n$ gilt

$$\delta J(x)h = \int_{t_a}^{t_b} (DF(x)h,\dot{x}) + (F(x),\dot{h})dt$$

$$= \int_{t_a}^{t_b} (h, DF(x)^*\dot{x}) - (\frac{d}{dt}F(x),h)dt$$

$$= \int_{t_a}^{t_b} ((DF(x)^* - DF(x))\dot{x},h)dt,$$

wobei $DF(x)$ die Jacobi-Matrix von F in x und $DF(x)^*$ die dazu transponierte (adjungierte) Matrix ist.

b)   Das System der Euler-Lagrange-Gleichungen lautet

$$(DF(x) - DF(x)^*)\dot{x} = 0 \quad \text{für alle} \quad t \in [t_a,t_b]$$

oder $\dot{x} \in \text{Kern}(DF(x) - DF(x)^*)$. Offensichtlich besitzt das System nicht in jedem Fall Lösungen in D, insbesondere, wenn der Kern nur aus $\{0\}$ besteht.

c)   In diesem Fall ist $DF(x) = DF(x)^*$, $\delta J(x) = 0$ und jedes $x \in D$ löst die Euler-Lagrange-Gleichungen stückweise. Die Symmetrie der Jacobi-Matrix hat zur Folge, dass das Vektorfeld ein Potential $f : \mathbb{R}^n \to \mathbb{R}$ besitzt, d.h. $F(x) = \nabla f(x)$. Dann gilt für alle $x \in D$ (s. Lemma 1.3.4 mit $h \equiv 1$)

$$J(x) = \int_{t_a}^{t_b} (\nabla f(x),\dot{x})dt = \int_{t_a}^{t_b} \frac{d}{dt}f(x)dt = f(x(t_b)) - f(x(t_a)) = f(B) - f(A),$$

was als Wegunabhängigkeit des Kurvenintegrals bezeichnet wird.

1.10.3   Die Euler-Lagrange-Gleichungen für den lokalen Minimierer lauten

$$\frac{d}{dt}\Phi_{\dot{x}}(x,\dot{x}) = \Phi_x(x,\dot{x}) \quad \text{auf} \quad [t_a,t_b].$$

Wegen der vorausgesetzten Regularität von x kann man differenzieren:

$$\frac{d}{dt}(\Phi(x,\dot{x}) - (\dot{x},\Phi_{\dot{x}}(x,\dot{x})))$$

$$= (\Phi_x(x,\dot{x}),\dot{x}) + (\Phi_{\dot{x}}(x,\dot{x}),\ddot{x}) - (\ddot{x},\Phi_{\dot{x}}(x,\dot{x})) - (\dot{x},\frac{d}{dt}(\Phi_{\dot{x}}(x,\dot{x}))$$

$$= (\Phi_x(x,\dot{x}) - \frac{d}{dt}\Phi_{\dot{x}}(x,\dot{x}),\dot{x}) = 0,$$

woraus die Behauptung folgt.

1.10.4   Da wegen $(1.10.22)_1$ $L_{\dot{x}}(x,\dot{x}) = m\dot{x} \in (C^1[t_a,t_b])^3$ gilt, folgt $x \in (C^2[t_a,t_b])^3$. Weiter ist laut Kettenregel

$$\frac{d}{dt}E(x,\dot{x}) = m(\ddot{x},\dot{x}) + (\text{grad}V(x),\dot{x}) = 0 \quad \text{für} \quad t \in [t_a,t_b]$$

wegen (1.10.27), was die Konstanz der Energie beweist.

1.10.5   Man zeigt wie im Beweis von Satz 1.2.3, dass auch die zweite Ableitung nach s mit der Integration vertauscht werden kann:

$$\frac{d}{ds}J(x+sh) = \int_{t_a}^{t_b}(\Phi_x(t,x+sh,\dot{x}+s\dot{h}),h) + (\Phi_{\dot{x}}(t,x+sh,\dot{x}+s\dot{h}),\dot{h})dt,$$

$$\frac{d^2}{ds^2}J(x+sh)\Big|_{s=0}$$

$$= \int_{t_a}^{t_b}(D_x^2\Phi(t,x,\dot{x})h,h) + 2(D_xD_{\dot{x}}\Phi(t,x,\dot{x})\dot{h},h) + (D_{\dot{x}}^2\Phi(t,x,\dot{x})\dot{h},\dot{h})dt$$

mit den Matrizen

$$D_x^2\Phi(t,x,\dot{x}) = \left(\frac{\partial^2}{\partial x_i \partial x_j}\Phi(t,x,\dot{x})\right)_{\substack{i=1,\dots,n \\ j=1,\dots,n}},$$

$$D_xD_{\dot{x}}\Phi(t,x,\dot{x}) = \left(\frac{\partial^2}{\partial x_i \partial \dot{x}_j}\Phi(t,x,\dot{x})\right)_{\substack{i=1,\dots,n \\ j=1,\dots,n}},$$

$$D_{\dot{x}}^2\Phi(t,x,\dot{x}) = \left(\frac{\partial^2}{\partial \dot{x}_i \partial \dot{x}_j}\Phi(t,x,\dot{x})\right)_{\substack{i=1,\dots,n \\ j=1,\dots,n}}, \quad i = \text{Zeilenindex}, \quad j = \text{Spaltenindex}.$$

1.10.6

a)   Für das Wirkungsintegral lautet die zweite Variation:

$$\delta^2 J(x)(h,h) = \int_{t_a}^{t_b}m\|\dot{h}\|^2 - (D^2V(x)h,h)dt.$$

b)   Mit der Voraussetzung $(D^2V(x)h,h) \leq 0$ gilt

$$\delta^2 J(\hat{x})(h,h) \geq 0 \quad \text{für alle} \quad \hat{x} \in (C^1[t_a,t_b])^3, \quad h \in (C_0^1[t_a,t_b])^3.$$

Erfüllt die Bahn $x \in (C^2[t_a,t_b])^3$ das System (1.10.27), erfüllt x die Euler-Lagrange-Gleichung oder

$$\delta J(x)h = 0 \quad \text{für alle} \quad h \in (C_0^1[t_a,t_b])^3.$$

Es sei nun $\hat{x} \in (C^1[t_a, t_b])^3$ mit den gleichen Randbedingungen wie x, d.h. $\hat{x} - x = h \in (C_0^1[t_a, t_b])^3$. Mit

$$g(s) = J(x + sh) \quad \text{gilt}$$

$$J(\hat{x}) = g(1) = g(0) + g'(0) + \int_0^1 (1-s)g''(s)ds$$

$$= J(x) + \delta J(x)h + \int_0^1 (1-s)\delta^2 J(x+sh)(h,h)ds$$

$$\geq J(x), \quad \text{da } \delta J(x)h = 0 \text{ und } \delta^2 J(x+sh)(h,h) \geq 0 \text{ für } s \in [0,1] \text{ ist.}$$

1.11.1 Formuliert man das Funktional parametrisch, erfüllt die Kurve $\{(x, y(x))|x \in [a,b]\}$ die Euler-Lagrange-Gleichungen (1.10.9) mit der Lagrange-Funktion (1.11.5) in allen Parametrisierungen, d.h. auch in der Parametrisierung nach x. D.h.

$$\frac{d}{dx}(F(y, y') - y'F_{y'}(y, y')) = F_x(y, y') = 0$$

stückweise auf $[a, b]$, woraus mit der zweiten Weierstraß-Erdmannschen Eckenbedingung die Behauptung folgt.

1.11.2 Eine Kurvendiskussion zeigt, dass W zwei lokale Minima bei $z = -1$ und $z = \frac{1}{2}$ besitzt, wobei $W(-1) = -\frac{1}{3}$ und $W(\frac{1}{2}) = -\frac{5}{96}$ ist. Bei $z = 0$ hat W ein lokales Maximum. Da $W(-1)$ ein globales Minimum für W ist, ist ein globaler Minimierer durch $y = -x$ mit $y' = -1$ gegeben. Offensichtlich sind auch alle parallelen Geraden $y = -x + c$ globale Minimierer.

1.11.3 Die Minimierer aus Aufgabe 1.11.2 erfüllen nicht die Randbedingungen, die Gerade $y = 0$ ist kein Minimierer, weshalb globale Minimierer Ecken haben müssen. Die möglichen Steigungen sind in Abbildung 1.11.3 als $c_1^1 = \alpha$ und $c_1^2 = \beta$ skizziert. Wir betrachten einen „Prototypen" y mit nur einer Ecke:

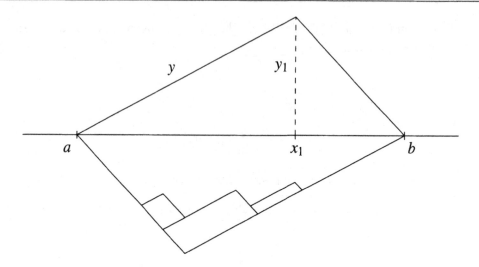

Für die negative Steigung gilt $c_1^1 = \frac{y_1}{x_1 - b}$, die positive Steigung ist $c_1^2 = \frac{y_1}{x_1 - a}$. Die in Abbildung 1.11.3 eingezeichnete Tangente an den Graphen von W hat die Eigenschaft, dass

$$W(z) \geq W(c_1^1) + \frac{W(c_1^2) - W(c_1^1)}{c_1^2 - c_1^1}(z - c_1^1) \quad \text{für alle} \quad z \in \mathbb{R}$$

gilt. Für $\hat{y} \in C^{1,stw}[a,b] \cap \{y(a) = 0, y(b) = 0\}$ folgt $\int_a^b \hat{y}' dx = 0$ und deshalb

$$J(\hat{y}) = \int_a^b W(\hat{y}') dx \geq \left(W(c_1^1) - \frac{W(c_1^2) - W(c_1^1)}{c_1^2 - c_1^1} c_1^1 \right) (b - a)$$

$$= \left(W(c_1^1) \frac{c_1^2}{c_1^2 - c_1^1} - W(c_1^2) \frac{c_1^1}{c_1^2 - c_1^1} \right) (b - a).$$

Für den „Prototypen" y erhalten wir

$$J(y) = \int_a^b W(y') dx = W(c_1^2)(x_1 - a) + W(c_1^1)(b - x_1)$$

$$= \left(W(c_1^1) \frac{b - x_1}{b - a} - W(c_1^2) \frac{a - x_1}{b - a} \right) (b - a)$$

$$= \left(W(c_1^1) \frac{c_1^2}{c_1^2 - c_1^1} - W(c_1^2) \frac{c_1^1}{c_1^2 - c_1^1} \right) (b - a),$$

was $\int_a^b W(\hat{y}') dx \geq \int_a^b W(y') dx$ für alle $\hat{y} \in C^{1,stw}[a,b] \cap \{y(a) = 0, y(b) = 0\}$ beweist. Alle Sägezahn-Funktionen mit den Steigungen c_1^1 und c_1^2, die die Randbedingungen $y(a) = 0$ und $y(b) = 0$ erfüllen, ergeben in das Funktional J eingesetzt den gleichen Wert und sind deshalb globale Minimierer.

2.1.1

$$\sum_{i=1}^{m} \lambda_i \delta K_i(y)h = 0 \quad \text{für alle } h \in D_0 \Leftrightarrow$$

$(\lambda, \delta K(y)h) = 0 \quad \text{für alle } h \in D_0 \text{ mit}$

$\lambda = (\lambda_1, \ldots, \lambda_m), \quad \delta K(y)h = (\delta K_1(y)h, \ldots, \delta K_m(y)h)$

und dem Skalarprodukt $(\quad , \quad)$ in $\mathbb{R}^m$

Ist $\delta K(y)$ surjektiv, ist $\lambda = 0$, ist umgekehrt das Skalarprodukt nur für $\lambda = 0$ gleich Null, so ist $\delta K(y)$ surjektiv.

2.1.2 Es gelte (i). $\delta K(y)h = 2\int_0^1 yhdx$ und $\delta K(y)$ ist nicht die Nullabbildung, denn z.B. mit $h = y$ und $K(y) = 1$ folgt $\delta K(y)y = 2$. Also ist Satz 2.1.2 anwendbar und wegen (2.1.5) folgt (bis auf den Faktor 2)

$$y'' = \lambda y \quad \text{stückweise auf} \quad [0,1].$$

Nun ist y stetig auf $[0,1]$, weshalb $y \in C^2[0,1]$ und die Euler-Lagrange-Gleichung auf ganz $[0,1]$ gilt. Zur Bestimmung von λ multiplizieren wir die Euler-Lagrange-Gleichung mit y und integrieren

$$\int_0^1 y''ydx = -\int_0^1 (y')^2dx = \lambda \int_0^1 y^2dx = \lambda,$$

d.h. $-\lambda = \min\{J(y)\}$ unter der Nebenbedingung $K(y) = 1$. Deshalb gilt für alle $h \in D = C_0^{1,stw}[0,1]$ und $\alpha^2 = \int_0^1 h^2dx > 0$ die Nebenbedingung $K(h/\alpha) = 1$ und deswegen $J(h/\alpha) \geq -\lambda$. Das ergibt die Poincaré-Ungleichung.

Es gelte (ii). Sei $\tilde{y} \in D$ und $K(\tilde{y}) = 1$. Dann ist $\tilde{y} - y = h \in C_0^{1,stw}[0,1], \tilde{y} = y + h$ und es gilt

$$J(\tilde{y}) = J(y) + 2\int_0^1 y'h'dx + \int_0^1 (h')^2dx$$

$$= J(y) - 2\int_0^1 y''hdx + \int_0^1 (h')^2dx$$

$$= J(y) - 2\lambda \int_0^1 yhdx + \int_0^1 (h')^2dx,$$

$$1 = K(y) + 2\int_0^1 yhdx + \int_0^1 h^2dx \quad \text{oder}$$

$$-2\int_0^1 yhdx = \int_0^1 h^2dx, \quad \text{da } K(y) = 1.$$

Deshalb folgt mit der Poincaré-Ungleichung

$$J(\tilde{y}) = J(y) + \lambda \int_0^1 h^2dx + \int_0^1 (h')^2dx \geq J(y)$$

und y erfüllt (i).

Explizit sind $y(x) = \sqrt{2}\sin \pi x$ und $\lambda = -\pi^2$. Die anderen möglichen Kandidaten $y_n(x) = \sqrt{2}\sin n\pi x$ und $\lambda = -n^2\pi^2$ entfallen für $n \geq 2$, da $y = y_1 \in C_0^{1,stw}[0,1]$ die Poincaré-Ungleichung mit λ_n für $n \geq 2$ nicht erfüllt.

2.1.3 Für $m = \pm 1$ erfüllen die Konstanten $y = \pm 1$ die Nebenbedingungen und $J(y) = 0$, weshalb sie globale Minimierer sind.
Es sei nun $m \neq \pm 1$. Nach Aufgabe 2.1.1 ist $y \in C^{1,stw}[0,1]$ nicht kritisch für $K = (K_1, K_2)$, falls

$$2\lambda_1 y + \lambda_2 = 0 \quad \text{auf} \quad [0,1]$$

nur für $(\lambda_1, \lambda_2) = (0,0)$ erfüllt ist. Das bedeutet, dass nur konstante Funktionen y kritisch sein können, für die aber wegen $m \neq \pm 1$ nicht beide Nebenbedingungen gleichzeitig zu erfüllen sind. Deshalb gilt für einen (lokalen) Minimierer unter den Nebenbedingungen die Euler-Lagrange-Gleichung

$$2y'' = 2\lambda_1 y + \lambda_2 \quad \text{stückweise auf} \quad [0,1]$$

mit den natürlichen Randbedingungen

$$y'(0) = 0 \quad \text{und} \quad y'(1) = 0.$$

Da wegen $(2.1.5)_1$ die Funktion $y' \in C[0,1]$ erfüllt, gilt $y \in C^2[0,1]$ und die Euler-Lagrange-Gleichung gilt auf ganz $[0,1]$. Wir erhalten

$$2\int_0^1 y''dx = 0 = 2\lambda_1 \int_0^1 ydx + \lambda_2 = 2\lambda_1 m + \lambda_2 \quad \text{oder} \quad \lambda_2 = -2\lambda_1 m.$$

Damit hat die Euler-Lagrange-Gleichung mit den natürlichen Randbedingungen die (nichtkonstanten) Lösungen

$$y_n(x) = a\cos n\pi x + m, \quad \lambda_1 = -n^2\pi^2, \quad n \in \mathbb{N},$$

die für $\frac{1}{2}a^2 + m^2 = 1$ die Nebenbedingungen erfüllen. Das ist nur für $m^2 < 1$ möglich. In diesem Fall ist $J(y_n) = n^2\pi^2(1 - m^2)$ minimal für $n = 1$. Existiert also ein globaler Minimierer für $m^2 < 1$, so ist er durch

$$y_1(x) = \sqrt{2(1 - m^2)}\cos \pi x + m \quad \text{mit } J(y_1) = \pi^2(1 - m^2) \text{ gegeben.}$$

Für $m = 0$ erhält man für beliebiges $h \in C^{1,stw}[0,1] \cap \{\int_0^1 hdx = 0\}$ und $\alpha^2 = \int_0^1 h^2dx > 0$

$$K_1(h/\alpha) = 1, \quad K_2(h/\alpha) = 0, \quad J(h/\alpha) \geq \pi^2,$$

was eine Poincaré-Ungleichung

$$\pi^2 \int_0^1 h^2 dx \le \int_0^1 (h')^2 dx \quad \text{für alle} \quad h \in C^{1,stw}[0,1] \cap \{ \int_0^1 h dx = 0 \}$$

ergibt, sofern der globale Minimierer unter den Nebenbedingungen mit $m = 0$ existiert. Auch ohne die Euler-Lagrange-Gleichung zu lösen, sieht man mit der Cauchy–Schwarzschen Ungleichung, dass die Nebenbedinungen nur für $m^2 \le 1$ kompatibel sind:

$$|m| = |\int_0^1 y dx| \le \left(\int_0^1 1 dx \right)^{1/2} \left(\int_0^1 y^2 dx \right)^{1/2} = 1.$$

2.2.1 Es sei $(x,y) \in (C^1[t_a,t_b])^2$ mit $(x(t_a),y(t_a)) = (0,A)$ und $(x(t_b),y(t_b)) = (b,0)$, wobei b zu bestimmen ist. Die isoperimetrische Nebenbedingung ist wegen (2.2.5)

$$K(x,y) = \frac{1}{2} \int_{t_a}^{t_b} y\dot{x} - x\dot{y} dt = S,$$

wobei die Orientierung der Kurve von $(0,A)$ nach $(b,0)$ zu beachten ist. (Die Kurvenstücke auf den Achsen liefern keinen Anteil.) Die zu minimierende Rotationsfläche ist

$$J(x,y) = 2\pi \int_{t_a}^{t_b} y\sqrt{\dot{x}^2 + \dot{y}^2} dt,$$

s. dazu (1.6.1) und (1.11.5). Wir lassen den Faktor 2π weg und wenden Satz 2.1.8 an. Wegen

$$\delta K(x,y)(h_1,h_2) = -\int_{t_a}^{t_b} \dot{y}h_1 - \dot{x}h_2 dt$$

(nach partieller Integration mit $(h_1,h_2) \in (C_0^1[t_a,t_b])^2$) sind alle nichtkonstanten Kurven $(x,y) \in (C^1[t_a,t_b])^2$ nicht kritisch für die Nebenbedingung. Die Euler-Lagrange-Gleichungen lauten dann

$$\frac{d}{dt} \left(\frac{y\dot{x}}{\sqrt{\dot{x}^2 + \dot{y}^2}} + \frac{1}{2}\lambda y \right) = -\frac{1}{2}\lambda \dot{y},$$

$$\frac{d}{dt} \left(\frac{y\dot{y}}{\sqrt{\dot{x}^2 + \dot{y}^2}} - \frac{1}{2}\lambda x \right) = \sqrt{\dot{x}^2 + \dot{y}^2} + \frac{1}{2}\lambda \dot{x}.$$

Wegen der Invarianz (2.1.37) sind die Euler-Lagrange-Gleichungen invariant gegenüber zulässigen Umparametrisierungen. Wir wählen die Parametrisierung nach der Bogenlänge, für die $\dot{x}^2 + \dot{y}^2 = 1$ und $[t_a,t_b] = [0,L]$ ist, s. (2.6.6). Damit erhalten wir

$$(1) \quad y(\dot{x} + \lambda) = c_1,$$

$$(2) \quad y\dot{y} - \lambda x = t + c_2,$$

für $t \in [0,L]$. Wegen $y(L) = 0$ ist $c_1 = 0$ und die natürliche Randbedingung
$y(L)(\dot{x}(L) + \frac{1}{2}\lambda) = 0$ ist stets erfüllt. Da $y(t) > 0$ für $t \in [0,L]$ gelten soll, folgt aus (1)
$\dot{x} + \lambda = 0$ und mit $x(0) = 0$

$$x(t) = -\lambda t.$$

Die Bedingung $\dot{x}^2 + \dot{y}^2 = 1$ lässt nur $\dot{y}^2 = 1 - \lambda^2$ zu, was mit $y(0) = A$ und $y(L) = 0$ zu

$$y(t) = -\sqrt{1 - \lambda^2}\,t + A \quad \text{und} \quad \sqrt{1 - \lambda^2}\,L = A$$

führt. Dann ist auch (2) mit $c_2 = -A\sqrt{1 - \lambda^2}$ erfüllt und aus der Nebenbedingung folgt

$$\frac{1}{2}\int_0^L y\dot{x} - x\dot{y}\,dt = -\frac{1}{2}\lambda AL = S.$$

Die Kurve ist eine Gerade, die die x-Achse bei

$$b = x(L) = -\lambda L = \frac{2S}{A}$$

trifft. Wenn das Variationsproblem eine Lösung besitzt, ist es diese Gerade, die als einzige
die notwendigen Bedingungen für einen Minimierer erfüllt.

2.4.1 In der parametrisierten Formulierung erfüllt die Kurve $\{(x, y(x))\,|\,x \in [a,b]\}$ in
jeder zulässigen Parametrisierung die Euler-Lagrange-Gleichung (2.1.35). Da F und G
nicht explizit von x abhängen, ist $\Phi_{\bar{x}} = \Psi_{\bar{x}} = 0$ und aus der ersten Gleichung von $(2.1.35)_2$
folgt nach Parametertransformation zurück zum Parameter x

$$\frac{d}{dx}\left(F(y, y') + \lambda G(y, y') - y'(F_{y'}(y, y') + \lambda G_{y'}(y, y'))\right) = 0$$

stückweise auf $[a,b]$, woraus wegen der Stetigkeit $(2.4.5)_2$ die Behauptung folgt.

2.5.1 Die Bahn erfüllt das System (2.5.32). Multiplikation der drei Gleichungen mit
$\dot{x}_k, \dot{y}_k, \dot{z}_k$ ergibt nach Summation

$$\frac{d}{dt}\sum_{k=1}^N \frac{1}{2}m_k(\dot{x}_k^2 + \dot{y}_k^2 + \dot{z}_k^2) + \frac{d}{dt}V(x) = \sum_{i=1}^m \lambda_i \frac{d}{dt}\Psi_i(x) = 0,$$

$$\text{da} \quad \Psi_i(x(t)) = 0, \quad i = 1, \ldots, m, \quad \text{auf} \quad [t_a, t_b].$$

Damit ist die Behauptung bewiesen.

2.5.2 Mit $T = \frac{1}{2}m(\dot{x}_1^2 + \dot{x}_2^2 + \dot{x}_3^2), V = mgx_3$ und $\Psi(x_1, x_2, x_3) = x_1 + x_3 - 1 = 0$ ergibt
(2.5.32) das System

$$m\ddot{x}_1 = \lambda,$$

$$m\ddot{x}_2 = 0,$$

$$m\ddot{x}_3 = -mg + \lambda.$$

Zuerst eliminiert man λ durch Subtraktion der dritten von der ersten Gleichung, erhält durch zweimalige Integration $(x_1 - x_3)(t)$, woraus mit $x_1 + x_3 = 1$ und den Anfangsbedingungen $x_1(0) = 0$, $\dot{x}_1(0) = 0$, $x_3(0) = 1$, $\dot{x}_3(0) = 0$ die Lösungen $x_1(t)$ und $x_3(t)$ eindeutig bestimmt sind. Die zweite Gleichung ergibt mit $x_2(0) = 0$ und $\dot{x}_2(0) = v_2$ die eindeutige Lösung $x_2(t)$. Man erhält auf diese Weise

$$x_1(t) = \frac{1}{4}gt^2, \quad x_2(t) = v_2 t, \quad x_3(t) = -\frac{1}{4}gt^2 + 1.$$

Für $t = t_1 = \frac{2}{\sqrt{g}}$ hat die Masse m die Ebene $x_3 = 0$ erreicht. Die Laufzeit hängt nicht von v_2 ab. Die Zeit des freien Falls $x_3(t) = -\frac{1}{2}gt^2 + 1$ von 1 bis 0 beträgt $t_2 = \sqrt{\frac{2}{g}}$.

2.5.3 Für das sphärische Pendel ist $T = \frac{1}{2}m(\dot{x}_1^2 + \dot{x}_2^2 + \dot{x}_3^2)$, $V = mgx_3$ und $\Psi(x_1, x_2, x_3) = x_1^2 + x_2^2 + x_3^2 - \ell^2 = 0$. Man erhält mit (2.5.32) das System

$$m\ddot{x}_1 = 2\lambda x_1,$$
$$m\ddot{x}_2 = 2\lambda x_2,$$
$$m\ddot{x}_3 = -mg + 2\lambda x_3.$$

In den Kugelkoordinaten ist für $r = \ell$

$$\dot{x}_1 = \ell \cos\theta \cos\varphi \dot{\theta} - \ell \sin\theta \sin\varphi \dot{\varphi},$$
$$\dot{x}_2 = \ell \cos\theta \sin\varphi \dot{\theta} + \ell \sin\theta \cos\varphi \dot{\varphi},$$
$$\dot{x}_3 = -\ell \sin\theta \dot{\theta},$$

was folgendes ergibt:

$$T = \frac{1}{2}m\ell^2(\dot{\theta}^2 + \sin^2\theta \dot{\varphi}^2), \quad V = mg\ell \cos\theta$$

und die Euler-Lagrange-Gleichungen für $L(\theta, \varphi, \dot{\theta}, \dot{\varphi}) = T(\dot{\theta}, \dot{\varphi}) - V(\theta)$ lauten

$$\ddot{\theta} = \sin\theta \cos\theta \dot{\varphi}^2 + \frac{g}{l}\sin\theta,$$
$$\frac{d}{dt}\sin^2\theta \dot{\varphi} = 0 \quad \text{oder} \quad \sin^2\theta \dot{\varphi} = c.$$

Die zweite Gleichung ist der Erhaltungssatz aus Aufgabe 2.5.4.

2.5.4 Aus dem System für das sphärische Pendel, welches in Aufgabe 2.5.3 erstellt wird, erhält man

$$m(\ddot{x}_1 x_2 - \ddot{x}_2 x_1) = 0 \quad \text{oder} \quad \frac{d}{dt}(\dot{x}_1 x_2 - \dot{x}_2 x_1) = 0.$$

Nach Formel (2.2.5) ist

$$\int_{t_a}^{t} x_1\dot{x}_2 - \dot{x}_1 x_2 \, dt = 2F(t),$$

wobei $F(t)$ die Fläche in der folgenden Abbildung ist:

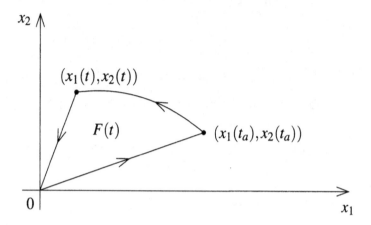

Parametrisiert man die Strecken von 0 bis $(x_1(t_a), x_2(t_a))$ und von $(x_1(t), x_2(t))$ bis 0, liefert das Randintegral in der Greenschen Formel längs dieser Strecken keinen Beitrag, da der Ortsvektor (x_1, x_2) senkrecht auf dem äußeren Normalenvektor steht. Ist $x_1\dot{x}_2 - \dot{x}_1 x_2 = c$, folgt durch Differentiation

$$\frac{d}{dt}F(t) = \frac{c}{2},$$

was als Konstanz der Flächengeschwindigkeit interpretiert wird.

2.6.1   Parametrisiert man die Geodätische $x = x(s)$ nach der Bogenlänge, erfüllt sie folgendes System

$$\ddot{x}_1 = 2\lambda x_1, \qquad x_1^2 + x_2^2 = 1,$$
$$\ddot{x}_2 = 2\lambda x_2, \qquad \dot{x}_1^2 + \dot{x}_2^2 + \dot{x}_3^2 = 1,$$
$$\ddot{x}_3 = 0.$$

Zweimalige Differentiation von $x_1^2 + x_2^2 = 1$ ergibt

$$\dot{x}_1^2 + \dot{x}_2^2 + x_1\ddot{x}_1 + x_2\ddot{x}_2 = \dot{x}_1^2 + \dot{x}_2^2 + 2\lambda(x_1^2 + x_2^2) = 0 \quad \text{oder}$$
$$2\lambda = -\dot{x}_1^2 - \dot{x}_2^2 = \dot{x}_3^2 - 1.$$

Es ist $x_3(s) = c_1 s + c_0$ und wegen $x_3(0) = 0$ ist $c_0 = 0$. Mit der Länge L ist $x_3(L) = c_1 L = 1$ oder $c_1 = L^{-1}$. Geometrische Einsicht zeigt, dass $L > 1$ oder $c_1 < 1$ ist, die Differentialgleichungen

$$\ddot{x}_1 = (c_1^2 - 1)x_1, \quad \ddot{x}_2 = (c_1^2 - 1)x_2$$

sind unter der Nebenbedingung $x_1^2 + x_2^2 = 1$ auch nur für $c_1^2 - 1 < 0$ zu lösen. Man erhält die allgemeine Lösung

$$x_1(s) = a_1 \cos \sqrt{1 - c_1^2} s + b_1 \sin \sqrt{1 - c_1^2} s,$$

$$x_2(s) = a_2 \cos \sqrt{1 - c_1^2} s + b_2 \sin \sqrt{1 - c_1^2} s,$$

mit den Randbedingungen $x_1(0) = a_1 = 1$, $x_2(0) = a_2 = 0$, $x_1(L) = \cos \sqrt{1 - c_1^2} L + b_1 \sin \sqrt{1 - c_1^2} L = -1$ und $x_2(L) = b_2 \sin \sqrt{1 - c_1^2} L = 0$. Aus der Bedingung $x_1^2 + x_2^2 = 1$ folgt $x_1 \dot{x}_1 + x_2 \dot{x}_2 = 0$, was für $s = 0$ zu $b_1 = 0$ führt. Da $\dot{x}_1^2 + \dot{x}_2^2 = 1 - c_1^2$ für $s = 0$ den Koeffizienten $b_2 = \pm 1$ bestimmt, folgt aus $x_2(L) = \pm \sin \sqrt{1 - c_1^2} L = 0$, dass $\sqrt{1 - c_1^2} L = \pi$ ist, und da $c_1 = L^{-1}$ gilt, ergibt sich schließlich $L = \sqrt{1 + \pi^2}$. Wir bekommen zwei Geodätische von $A = (1, 0, 0)$ bis $B = (-1, 0, 1)$:

$$\left\{ x(s) = \left(\cos \frac{\pi}{\sqrt{1 + \pi^2}} s, \ \pm \sin \frac{\pi}{\sqrt{1 + \pi^2}} s, \ \frac{1}{\sqrt{1 + \pi^2}} s \right) \ \middle| \ s \in [0, \sqrt{1 + \pi^2}] \right\}.$$

2.6.2   Die Euler-Lagrange-Gleichungen für Geodätische parametrisiert nach der Bogenlänge lauten in kartesischen Koordinaten

$$\begin{aligned} \ddot{x}_1 &= 2\lambda x_1, & x_1^2 + x_2^2 &= x_3^2, \quad x_3 \geq 0, \\ \ddot{x}_2 &= 2\lambda x_2, & \dot{x}_1^2 + \dot{x}_2^2 + \dot{x}_3^2 &= 1, \\ \ddot{x}_3 &= -2\lambda x_3. \end{aligned}$$

Das ergibt nach zweimaliger Differentiation von $\|x(s)\|^2$:

$$\frac{d}{ds} \|x\|^2 = 2(x, \dot{x}), \quad \frac{d^2}{ds^2} \|x\|^2 = 2\|\dot{x}\|^2 + 2(x, \ddot{x}) = 2 + 2\lambda (x_1^2 + x_2^2 - x_3^2) = 2.$$

In den generalisierten Koordinaten folgt aus $(2.6.19)_1$ für $f(r) = r$, $f'(r) = 1$, $f''(r) = 0$ in der Parametrisierung nach der Bogenlänge

$$2\ddot{r} = r\dot{\varphi}^2 \quad \text{und} \quad 2\dot{r}^2 + r^2 \dot{\varphi}^2 = 1.$$

Das ergibt für $r(s)^2$:

$$\frac{d}{ds} r^2 = 2r\dot{r}, \quad \frac{d^2}{ds^2} r^2 = 2\dot{r}^2 + 2r\ddot{r} = 1 - r^2 \dot{\varphi}^2 + r^2 \dot{\varphi}^2 = 1.$$

Da $\|x\|^2 = 2r^2$ ist, stimmen beide Differentialgleichungen überein.

Jede Geodätische, die kein Meridian ist, erfüllt das Clairautsche Gesetz (2.6.26), woraus $r \geq c_1 > 0$ folgt. Die Differentialgleichung für r^2 wird durch

$$r(s)^2 = \frac{1}{2}s^2 + r_1 s + r_0^2 \quad \text{mit} \quad r(0)^2 = r_0^2 > 0, \; \frac{d}{ds}r(s)^2|_{s=0} = r_1$$

gelöst. Aus $r^2 \geq c_1^2$ folgt $\frac{1}{2}r_1^2 + c_1^2 \leq r_0^2$. In jedem Fall gilt

$$\lim_{s \to \pm\infty} r(s)^2 = \infty.$$

2.7.1   Es sei $x \in (C^1[t_a, t_b])^n$ mit $\|\dot{x}\|^2 - 1 = 0$ eine Lösung von (2.7.23), d.h.

$$2\frac{d}{dt}(\lambda\dot{x}) = 0 \quad \text{oder} \quad \lambda\dot{x} = c.$$

Weiterhin gilt

$$\lambda^2 = \lambda^2\|\dot{x}\|^2 = \|c\|^2.$$

Ist $\lambda = \pm\|c\| \neq 0$, folgt $\ddot{x} = 0$ und x ist eine Gerade. Umgekehrt: Ist x keine Gerade, so ist $\lambda = 0$ und x ist nach Definition 2.7.4 normal.

2.7.2   Es sei $x \in (C^1[t_a, t_b])^n$ mit $x(t_a) = A$ eine Lösung von $\tilde{\Psi}(x,\dot{x}) = D\Psi(x)\dot{x} = 0$ und erfülle (2.7.23), d.h.

$$\frac{d}{dt}\sum_{i=1}^{m}\lambda_i\nabla\Psi_i(x) = \nabla\left(\sum_{i=1}^{m}\lambda_i(\nabla\Psi_i(x),\dot{x})\right) = \nabla\left(\sum_{i=1}^{m}\lambda_i\frac{d}{dt}\Psi_i(x)\right)$$

$$= \sum_{i=1}^{m}\lambda_i\frac{d}{dt}\nabla\Psi_i(x) \quad \text{oder} \quad \sum_{i=1}^{m}\dot{\lambda}_i\nabla\Psi_i(x) = 0.$$

Da $D\Psi(x)$ für $x \in M = \{x \in \mathbb{R}^n | D\Psi(x)\dot{x} = \frac{d}{dt}\Psi(x) = 0\} = \{x \in \mathbb{R}^n | \Psi(x) = \Psi(x(t_a)) = \Psi(A)\}$ maximalen Rang m hat, folgt $\dot{\lambda}_i = 0$ oder $\lambda_i = c_i$ für $i = 1,\ldots,m$. Da diese Konstanten c_i nicht notwendig gleich Null sind, ist x nach Definition 2.7.4 nicht normal.

2.7.3   Man verwende folgende Identitäten für $\tilde{\Psi}(x,\dot{x}) = D\Psi(x)\dot{x} = \frac{d}{dt}\Psi(x)$:
$\nabla\Psi_i(x) = \tilde{\Psi}_{i,\dot{x}}(x,\dot{x}) = (\frac{d}{dt}\Psi_i(x))_{\dot{x}}, \quad \tilde{\Psi}_{i,x}(x,\dot{x}) = \frac{d}{dt}\nabla\Psi_i(x)$. Damit folgt

$$\frac{d}{dt}(\Phi + \sum_{i=1}^{m}\tilde{\lambda}_i\tilde{\Psi}_i)_{\dot{x}} = (\Phi + \sum_{i=1}^{m}\tilde{\lambda}_i\tilde{\Psi}_i)_x \Leftrightarrow$$

$$\frac{d}{dt}\Phi_{\dot{x}} + \frac{d}{dt}\sum_{i=1}^{m}\tilde{\lambda}_i\nabla\Psi_i = \Phi_x + \sum_{i=1}^{m}\tilde{\lambda}_i\frac{d}{dt}\nabla\Psi_i \Leftrightarrow$$

$$\frac{d}{dt}\Phi_{\dot{x}} = \Phi_x - \sum_{i=1}^{m}\dot{\tilde{\lambda}}_i\nabla\Psi_i.$$

Es gilt die Äquivalenz der Systeme mit $\lambda_i = -\tilde{\lambda}_i$.

Bemerkung: Man kann $\tilde{\lambda}_i$ durch $\tilde{\lambda}_i + c_i$ mit Konstanten c_i ersetzen, ohne dass sich das System (2.7.21) ändert:

$$\frac{d}{dt}\sum_{i=1}^{m} c_i \tilde{\Psi}_{i,\dot{x}} = \frac{d}{dt}\sum_{i=1}^{m} c_i \nabla \Psi_i = \sum_{i=1}^{m} c_i \frac{d}{dt}\nabla \Psi_i = \sum_{i=1}^{m} c_i \tilde{\Psi}_{i,x}.$$

2.7.4

a) Die Funktion $(y,z) \in (C^1[a,b])^{n+m}$ erfülle die nichtholonome Nebenbedingung und (2.7.23) auf $[a,b]$, d.h.

$$-\frac{d}{dx}\left(\sum_{i=1}^{m} \lambda_i G_i\right)_{y'} = -\left(\sum_{i=1}^{m} \lambda_i G_i\right)_y,$$

$$\frac{d}{dx}\lambda_i = 0, \quad i = 1,\ldots,m.$$

Deshalb sind die λ_i konstant auf $[a,b]$ und das erste System der Dimension n lautet:

$$\sum_{i=1}^{m} \lambda_i \left(G_{i,y} - \frac{d}{dx}G_{i,y'}\right) = 0 \quad \text{auf} \quad [a,b] \Leftrightarrow$$

$$\sum_{i=1}^{m} \lambda_i \int_a^b (G_{i,y},h) + (G_{i,y'},h')dx = 0$$

$$\text{oder} \sum_{i=1}^{m} \lambda_i \delta K_i(y)h = 0 \quad \text{für alle} \quad h \in (C_0^{1,stw}[a,b])^n,$$

s. dazu Satz 1.4.3. Die Funktion (y,z) ist genau dann normal, wenn $\lambda_1 = \cdots = \lambda_m = 0$ folgt. Das ist genau die Bedingung, dass y nicht kritisch für die isoperimetrischen Nebenbedingungen ist, s. Aufgabe 2.1.1.

b) Da die Lagrange-Funktion F gar nicht von z und z' abhängt, sind die letzten m Gleichungen von (2.7.21) identisch mit den letzten m Gleichungen von (2.7.23), aus denen die Konstanz der λ_i folgt. Ist der lokale Minimierer (y,z) normal, kann gemäß Korollar 2.7.5 $\lambda_0 = 1$ gewählt werden. Damit geht (2.7.21) in (2.1.20) über.

2.7.5

a) Mit $G(x,y,z,y',z') = y' - z$ folgt

$$D_p G(x,y,z,p_1,p_2) = (1,0)$$

und $D_p G$ hat den Rang $m = 1$.

b)   Das Randwertproblem (2.7.10) lautet

$$y' - z = 0, \quad y(a) = A_1, \quad z(a) = A_2, \quad y(b) = \tilde{B}_1, \quad z(b) = \tilde{B}_2.$$

Da $z \in C^1[a,b]$ nur durch $z(a)$ und $z(b)$ eingeschränkt ist, kann

$$y(b) = \int_a^b z(\xi)d\xi + A_1 = \tilde{B}_1$$

für jedes $\tilde{B}_1$ gelöst werden.

c)   Es sei $y' - z = 0$ und es gelte (2.7.23), d.h.

$$\frac{d}{dx}\lambda = 0 \quad \text{und} \quad 0 = -\lambda.$$

Damit ist jede Lösung von $y' - z = 0$ normal.

d)   Das System (2.7.21) lautet mit $\lambda_0 = 1$ (s. Korollar 2.7.5):

$$\frac{d}{dx}(F_{y'} + \lambda) = F_y, \quad \frac{d}{dx}F_{z'} = -\lambda \quad \text{oder}$$

$$\frac{d^2}{dx^2}F_{y''} - \frac{d}{dx}F_{y'} = -F_y \quad \text{auf} \quad [a,b].$$

Dabei sind $F_{y''} = F_{y''}(\cdot,y,y',y'')$, $F_{y'} = F_{y'}(\cdot,y,y',y'')$ und $F_y = F_y(\cdot,y,y',y'')$.

2.7.6 $G(y,y') = 0$ bedeutet geometrisch, dass der Vektor y' senkrecht auf dem Vektorfeld $g(y)$ steht. Das wiederum heißt

$$y' = \alpha g^\perp(y) \quad \text{mit} \quad g^\perp(y) = (-g_2(y), g_1(y))$$

und einer skalaren Funktion $\alpha = \alpha(y,y')$, die stetig ist.

a)   Das System (2.7.23) lautet mit dem Spaltenvektor g

$$\frac{d}{dx}(\lambda g) = \lambda(\nabla g_1 y_1' + \nabla g_2 y_2') = \lambda Dg^* y',$$

wobei $Dg^* = Dg(y)^*$ die transponierte Jacobi-Matrix des Vektorfeldes g und y' ein Spaltenvektor ist. Weiter gilt

$$\lambda' g + \lambda Dg y' = \lambda Dg^* y' \quad \text{oder} \quad \lambda' g = \lambda(Dg^* - Dg)y'$$

und mit $y' = \alpha g^\perp(y)$ als Spaltenvektor

$$\lambda' g = \lambda(Dg^* - Dg)\alpha g^\perp = \lambda(g_{2,y_1} - g_{1,y_2})\alpha g = \lambda(\text{rot}g)\alpha g \quad \text{oder}$$
$$\lambda' = \alpha(\text{rot}g)\lambda,$$

da $g(y) \neq 0$ ist. Diese lineare Differentialgleichung für λ besitzt für jede stetige skalare Funktion $\alpha(\text{rot}g)$ von x eine nichttriviale Lösung $\lambda = \lambda(x)$. Deshalb ist jede Lösung y von $G(y,y') = 0$ nicht normal.

b) Es sei $y \in (C^2[a,b])^2$ eine Lösung von $G(y,y') = 0$ mit $y(a) = A$ und $y(b) = \tilde{B}$. Dann gilt

$$y' = \alpha g^\perp(y) \quad \text{mit} \quad \alpha = \alpha(y,y') = \frac{y_2'}{g_1(y_1,y_2)} = -\frac{y_1'}{g_2(y_1,y_2)},$$

wobei mindestens ein Ausdruck für α definiert ist, da $g(y) \neq 0$ ist. Nach Voraussetzung über y ist $\alpha \in C^1[a,b]$. Deshalb ist die Lösung des Anfangswertproblems

$$w' = \alpha g^\perp(w), \quad w(a) = A$$

eindeutig, d.h. $w = y$ auf $[a,b]$. Es sei

$$\beta(x) = \int_a^x \alpha(y(s),y'(s))ds$$

und z die eindeutige Lösung des Anfangswertproblems

$$z' = g^\perp(z), \quad z(0) = A.$$

Dann löst $w(x) = z(\beta(x))$

$$w'(x) = z'(\beta(x))\alpha(y(x),y'(x)) = g^\perp(z(\beta(x)))\alpha \quad \text{oder}$$
$$w' = \alpha g^\perp(w), \quad w(a) = z(0) = A,$$

also ist $w = y$ oder $y(x) = z(\beta(x))$. Insbesondere ist

$$y(b) = z(\beta(b)) \in \{z \in \mathbb{R}^2 | z = z(x),\ x \in \mathbb{R}\},$$

was eine eindimensionale Kurve beschreibt, und nicht jedes $\tilde{B}$ einer vollen Umgebung von B in $\mathbb{R}^2$ kann auf dieser Kurve liegen.

2.8.1 Zuerst wählen wir $h_1,\ldots,h_m \in (C_0^{1,stw}[t_a,t_b])^n$ wie in (2.1.21) und definieren für beliebiges $h \in (C_0^{1,stw}[t_a,t_b])^n$ die Funktionen (2.1.22). Damit erhalten wir mit (2.1.26),

(2.1.27) die Unabhängigkeit der Lagrange-Multiplikatoren von h und die Euler-Lagrange-Gleichung (2.1.35).

Als nächstes definieren wir (2.1.22) mit der zulässigen Störung $h(s,\cdot)$ aus (2.8.7), (2.8.8) und den $h_1,\ldots,h_m \in (C_0^{1,stw}[t_a,t_b])^n$ aus (2.1.21) und erhalten (2.1.26) mit den gleichen Lagrange-Multiplikatoren (2.1.27). In (2.1.26)$_1$ ist allerdings die Funktion h durch $\frac{\partial}{\partial s}h(0,\cdot)=\eta y$ zu ersetzen. Das bedeutet (s. (2.1.28))

$$\int_{t_a}^{t_b}((\Phi+\sum_{i=1}^m \lambda_i\Psi_i)_x,\eta y)+((\Phi+\sum_{i=1}^m \lambda_i\Psi_i)_{\dot{x}},\dot{\eta}y)dt$$

$$=\int_{t_a}^{t_b}((\Phi+\sum_{i=1}^m \lambda_i\Psi_i)_x-\frac{d}{dt}(\Phi+\sum_{i=1}^m \lambda_i\Psi_i)_{\dot{x}},\eta y)dt+(\Phi+\sum_{i=1}^m \lambda_i\Psi_i)_{\dot{x}},\eta y)|_{t_a}^{t_b}=0.$$

Da das Integral wegen der Euler-Lagrange-Gleichung (2.1.35) verschwindet, folgt mit $\eta(t_a)=1$, $\eta(t_b)=0$, $y\in T_{x(t_a)}M_a$, $\|y\|\leq 1$ die Transversalität

$$(\Phi+\sum_{i=1}^m \lambda_i\Psi_i)_{\dot{x}}(x(t_a),\dot{x}(t_a))\in N_{x(t_a)}M_a$$

mit den gleichen Lagrange-Multiplikatoren wie in der Euler-Lagrange-Gleichung.

2.8.2 Mit $\tilde{\Psi}=(\Psi,\Psi_a):\mathbb{R}^n\to\mathbb{R}^{m+m_a}$ ist M_a durch $\tilde{\Psi}(x)=0$ gegeben, was wegen der maximalen Rangbedingungen eine $(n-(m+m_a))$-dimensionale Mannigfaltigkeit M_a beschreibt, die in M enthalten ist, s. dazu den Anhang.

Wie in (2.8.5) sei $x(t_a)+sy+\varphi(sy)\in M_a$ mit $y\in T_{x(t_a)}M_a$, $\varphi(sy)\in N_{x(t_a)}M_a$, $\|y\|\leq 1$ und $s\in(-r,r)$. Wir wählen $h\in(C^2[t_a,t_b])^n$ mit

$$h(t_a)=y\in T_{x(t_a)}M_a,\quad h(t_b)=0$$

und erhalten wie in (2.5.10)

$$a(t)=P(x(t))h(t)\in T_{x(t)}M\quad\text{für}\quad t\in[t_a,t_b],$$
$$a(t_a)=y,\quad\text{da}\quad T_{x(t_a)}M_a\subset T_{x(t_a)}M,\quad a(t_b)=0.$$

Mit diesem a definieren wir H wie in (2.5.12) und erhalten mit dem Theorem über implizite Funktionen, wie in (2.5.12)–(2.5.21) ausgeführt, die Störung $h:(-\varepsilon_0,\varepsilon_0)\times[t_a,t_b]\to\mathbb{R}^n$ mit

$$x(t)+h(s,t)\in M\quad\text{für}\quad (s,t)\in(-\varepsilon_0,\varepsilon_0)\times[t_a,t_b],$$
$$h(s,t)=sa(t)+b(s,t),\quad a(t)\in T_{x(t)}M,\quad b(s,t)\in N_{x(t)}M.$$

Für $t=t_a$ gilt $x(t_a)+sy+\varphi(sy)\in M_a\subset M$, also

$$\Psi(x(t_a)+sa(t_a)+\varphi(sy))=0\quad\text{und auch}$$
$$\Psi(x(t_a)+sa(t_a)+b(s,t_a))=0.$$

Da $b(s,t_a) \in N_{x(t_a)}M \subset N_{x(t_a)}M_a$ und $\varphi(sy) \in N_{x(t_a)}M_a$ lokal eindeutig bestimmt ist, folgt

$$b(s,t_a) = \varphi(sy) = \varphi(sa(t_a)) \quad \text{und}$$
$$h(s,t_a) \in M_a \quad \text{für alle} \quad s \in (-\varepsilon_0, \varepsilon_0), 0 < \varepsilon_0 \le r.$$

Also ist $h(s,\cdot)$ eine sowohl für die holonome Nebenbedingung als auch für die Randbedingung zulässige Störung und $J(x+h(s,\cdot))$ ist bei $s=0$ lokal minimal ($h(0,\cdot)=0$). Deshalb folgt wie in (2.5.23)

$$\frac{d}{ds}J(x+h(s,\cdot))|_{s=0} = 0$$
$$= \int_{t_a}^{t_b} (\Phi_x(x,\dot{x}),a) + (\Phi_{\dot{x}}(x,\dot{x}),\dot{a})dt$$
$$= \int_{t_a}^{t_b} (\Phi_x(x,\dot{x}) - \frac{d}{dt}\Phi_{\dot{x}}(x,\dot{x}),a)dt + (\Phi_{\dot{x}}(x,\dot{x}),a)|_{t_a}^{t_b}$$
$$= -(\Phi_{\dot{x}}(x(t_a),\dot{x}(t_a)),y) \quad \text{mit} \quad y = a(t_a) \in T_{x(t_a)}M_a.$$

Dazu ist nur zu beachten, dass wegen der Euler-Lagrange-Gleichung (2.5.8) das Integral verschwindet, denn $\sum_{i=1}^{m} \lambda_i(t)\nabla\Psi_i(x(t)) \in N_{x(t)}M$ ist für alle t orthogonal zu $a(t) \in T_{x(t)}M$. Da $y \in T_{x(t_a)}M_a$ bis auf $\|y\| \le 1$ beliebig ist, folgt die Transversalität

$$\Phi_{\dot{x}}(x(t_a),\dot{x}(t_a)) \in N_{x(t_a)}M_a,$$

die weniger restriktiv als die natürliche Randbedingung (2.5.67) ist.

2.8.3 Die Euler-Lagrange-Gleichung lautet $\frac{d}{dx}2x^3y' = 0$ oder $y(x) = \frac{c_1}{x^2} + c_2$. Wegen $y(1) = 0$ ist $c_1 + c_2 = 0$. Die Transversalitätsbedingung ist

$$\frac{4c_1^2}{x^3} + \left(\frac{4}{x^3} - \frac{2c_1}{x^3}\right)4c_1 = 0 \quad \text{oder} \quad c_1 = 4.$$

Damit erhält man $y(x) = 4\left(\frac{1}{x^2} - 1\right)$ und $(x_b, y(x_b)) = (\sqrt{2}, -2)$.

2.8.4 Die Euler-Lagrange-Gleichung $y'' = y$ hat die allgemeine Lösung $y(x) = c_1e^x + c_2e^{-x}$ und wegen $y(0) = 1$ folgt $c_1 + c_2 = 1$. Die Transversalität für $\psi(x) = 2$ oder $\psi'(x) = 0$ lautet $y^2 - (y')^2 = 0$, was $c_1c_2 = 0$ ergibt. Es bleibt nur die Lösung $y(x) = e^x$, da $y(x) = e^{-x}$ für $x_b > 0$ nicht $y(x_b) = 2$ erfüllen kann. Damit wird $x_b = \ln 2$.

2.8.5 Die Euler-Lagrange-Gleichung lautet

$$\frac{d}{dx}(y'+y+1) = y'+1.$$

Da sowohl $y' + y + 1 \in C^{1,stw}[0,1]$ als auch $y + 1 \in C^{1,stw}[0,1]$ gilt, folgt $y' \in C^{1,stw}[0,1]$ und man erhält

$$y'' + y' = y' + 1 \quad \text{oder} \quad y'' = 1 \text{ stückweise auf } [0,1].$$

Die allgemeine Lösung $y \in C^{1,stw}[0,1] \subset C[0,1]$ mit $y' \in C^{1,stw}[0,1] \subset C[0,1]$ ist

$$y(x) = \frac{1}{2}x^2 + c_1 x + c_2.$$

Die Transversalitätsbedingungen sind in diesem Fall genau die natürlichen Randbedingungen, also

$$y'(0) + y(0) + 1 = 0 \quad \text{und} \quad y'(1) + y(1) + 1 = 0.$$

Das ergibt $y(x) = \frac{1}{2}x^2 - \frac{3}{2}x + \frac{1}{2}$.

2.8.6 (i) Die Lösung $y(x) = 4\left(\frac{1}{x^2} - 1\right)$ von Aufgabe 2.8.3 ist ein globaler Minimierer: Zulässig sind stetig differenzierbare Störungen $y + h$ mit $h(1) = 0$, so dass $y(x_0) + h(x_0) = \frac{2}{x_0^2} - 3$ oder $\frac{2}{x_0^2} + h(x_0) = 1$ für $x_0 > 1$ lösbar ist. Damit wird

$$J(y+h) = \int_1^{x_0} x^3 \left(-\frac{8}{x^3} + h'(x)\right)^2 dx$$

$$= \int_1^{\sqrt{2}} x^3 \frac{64}{x^6} dx + \int_{\sqrt{2}}^{x_0} x^3 \frac{64}{x^6} dx - 16h(x_0) + \int_1^{x_0} x^3 (h'(x))^2 dx$$

$$= J(y) + 16\left(1 - \frac{2}{x_0^2} - h(x_0)\right) + \int_1^{x_0} x^3 (h'(x))^2 dx$$

$$> J(y) \quad \text{da} \quad 1 - \frac{2}{x_0^2} - h(x_0) = 0 \text{ und} \quad x_0 > 1 \text{ gilt.}$$

(ii) Die Lösung $y(x) = e^x$ von Aufgabe 2.8.4 ist ein globaler Minimierer: Zulässig sind stetig differenzierbare Störungen $y + h$ mit $h(0) = 0$, so dass $y(x_0) + h(x_0) = 2$ oder $e^{x_0} + h(x_0) = 2$ für $x_0 > 0$ lösbar ist. Damit wird

$$J(y+h) = \int_0^{x_0} (y+h)^2 + (y'+h')^2 dx$$

$$= \int_0^{\ln 2} y^2 + (y')^2 dx + \int_{\ln 2}^{x_0} y^2 + (y')^2 dx + 2\int_0^{x_0} (y - y'')h\, dx + 2y'(x_0)h(x_0)$$

$$+ \int_0^{x_0} h^2 + (h')^2 dx = J(y) + e^{2x_0} - 4 + 2e^{x_0}h(x_0) + \int_0^{x_0} h^2 + (h')^2 dx$$

$$= J(y) - (h(x_0))^2 + \int_0^{x_0} h^2 + (h')^2 dx,$$

wobei wir $e^{x_0} = 2 - h(x_0)$ benutzt haben. Nach Beispiel 5 in 1.5 gilt

$$\int_0^{x_0} h^2 + (h')^2 dx \geq \text{Min}\{\int_0^{x_0} \tilde{h}^2 + (\tilde{h}')^2 dx | \tilde{h}(0) = 0, \tilde{h}(x_0) = h(x_0)\}$$

$$= \int_0^{x_0} c_1^2(e^x - e^{-x})^2 + c_1^2(e^x + e^{-x})^2 dx$$

$$= c_1^2(e^{2x_0} - e^{-2x_0}) = h(x_0)c_1(e^{x_0} + e^{-x_0}) \quad (c_1(e^{x_0} - e^{-x_0}) = h(x_0))$$

$$= (h(x_0))^2 \coth x_0 > (h(x_0))^2 \quad \text{für} \quad x_0 > 0.$$

Deshalb ist $J(y+h) \geq J(y)$ für alle zulässigen Störungen h.

Bemerkung *Sowohl für (i) als auch für (ii) müssen die zulässigen Störungen h einge-schränkt werden, damit y + h die Mannigfaltigkeit $M = M_b$ für $x_0 > 1$ bzw. für $x_0 > 0$ überhaupt trifft. Deshalb kann man auch y in beiden Fällen als globalen Minimierer bezeichnen, da für weitere Störungen h die Funktionale in den Aufgaben 2.8.3 bzw. 2.8.4 nicht definiert sind.*

(iii) Die Lösung $y(x) = \frac{1}{2}x^2 - \frac{3}{2}x + \frac{1}{2}$ von Aufgabe 2.8.5 kann durch beliebiges $h \in C^{1,stw}[0,1]$ gestört werden:

$$J(y+h) = \int_0^1 \frac{1}{2}(y'+h')^2 + (y+h)(y'+h') + y' + h' + y + h\, dx$$

$$= J(y) + \int_0^1 (-y'' - y' + y + 1)h\, dx + (y' + y + 1)h|_0^1 + \int_0^1 \frac{1}{2}(h')^2 + hh'\, dx$$

$$= J(y) + \frac{1}{2}((h(1))^2 - (h(0))^2 + \int_0^1 (h')^2 dx),$$

da wegen der Euler-Lagrange-Gleichung und den natürlichen Randbedingungen die übrigen Terme verschwinden.
Wir wählen zuerst $h_1(x) = \varepsilon(x + \frac{1}{2})$ und erhalten

$$J(y+h_1) = J(y) + \frac{3}{2}\varepsilon^2 > J(y);$$

für $h_2(x) = \varepsilon(-x + \frac{3}{2})$ erhalten wir

$$J(y+h_2) = J(y) - \frac{1}{2}\varepsilon^2 < J(y).$$

Die Lösung y von Aufgabe 2.8.5 ist kein lokaler Minimierer.

2.9.1   Nach Satz 2.5.2 ist x eine Lösung von

$$\frac{d}{dt}\Phi_{\dot{x}}(x,\dot{x}) = \Phi_x(x,\dot{x}) + \sum_{i=1}^m \lambda_i \nabla \Psi_i(x) \quad \text{auf} \quad [t_a, t_b].$$

Wegen der Invarianz von Φ gilt nach Differentiation nach x bzw. nach s

$$\nabla\Psi_i(h^s(x))Dh^s(x) = \nabla\Psi_i(x), \quad \nabla\Psi_i(h^s(x))\frac{\partial}{\partial s}h^s(x) = 0,$$

wobei hier und im folgenden $\nabla\Psi_i$ Zeilenvektoren sind und das Produkt von $\nabla\Psi_i$ und $\frac{\partial}{\partial s}h^s$ das Euklidische Skalarprodukt im $\mathbb{R}^n$ ist. Aus der Rechnung (2.9.11) folgt

$$\frac{d}{dt}\Phi_{\dot{x}}(x,\dot{x}) - \Phi_x(x,\dot{x}) - \sum_{i=1}^{m}\lambda_i\nabla\Psi_i(x) = 0$$

$$= \left(\frac{d}{dt}\Phi_{\dot{x}}(h^s(x),\frac{d}{dt}h^s(x)) - \Phi_x(h^s(x),\frac{d}{dt}h^s(x)) - \sum_{i=1}^{m}\lambda_i\nabla\Psi_i(h^s(x))\right)Dh^s(x),$$

weshalb auch $h^s(x)$ für alle $s \in (-\delta,\delta)$ die Euler-Lagrange-Gleichung mit den gleichen Lagrange-Multiplikatoren λ_i löst. Weiter folgt wie in (2.9.17) unter Verwendung von (2.9.16)

$$\frac{d}{dt}(\Phi_{\dot{x}}(h^s(x),Dh^s(x)\dot{x})\frac{\partial}{\partial s}h^s(x))$$

$$= \frac{d}{dt}\Phi_{\dot{x}}(h^s(x),\frac{d}{dt}h^s(x))\frac{\partial}{\partial s}h^s(x) + \Phi_{\dot{x}}(h^s(x),Dh^s(x)\dot{x})\frac{d}{dt}\frac{\partial}{\partial s}h^s(x)$$

$$= \left(\Phi_x(h^s(x),\frac{d}{dt}h^s(x)) + \sum_{i=1}^{m}\lambda_i\nabla\Psi_i(h^s(x))\right)\frac{\partial}{\partial s}h^s(x)$$

$$+ \Phi_{\dot{x}}(h^s(x),Dh^s(x)\dot{x})\frac{\partial}{\partial s}Dh^s(x)\dot{x} = 0 \quad \text{wegen (2.9.15)},$$

da die zusätzliche Summe wegen der Invarianz von Ψ verschwindet.

Bemerkung *Die Kurve x muss kein lokaler Minimierer des Funktionals unter der holonomen Nebenbedingung sein. Es genügt, dass x die Euler-Lagrange-Gleichung (2.5.8) löst.*

2.10.1 Mit $\beta = 0$ folgt aus (2.10.17), dass m_1 im Abstand R von m_2 die Geschwindigkeit Null hat, wenn $E = -k/R$ ist. Für den freien Fall ist $\dot{r} < 0$, also ist in (2.10.17) die negative Wurzel zu nehmen. Es sei $G(r)$ eine Stammfunktion von $-1/F(r)$. Dann gilt

$$\frac{d}{dt}G(r) = G'(r)\dot{r} = (-1/F(r))F(r) = -1 \quad \text{oder} \quad G(r) = c - t.$$

Für $t = 0$ ist $G(R) = c$, für $t = T$ ist $G(0) = G(R) - T$, also

$$T = G(R) - G(0) = \int_0^R G'(r)dr = \sqrt{\frac{m}{2k}} \int_0^R \frac{1}{\sqrt{\frac{1}{r} - \frac{1}{R}}} dr$$

$$= \sqrt{\frac{m}{2k}} \int_0^R \sqrt{\frac{r}{1 - \frac{r}{R}}} dr = \sqrt{\frac{m}{2k}} \sqrt{R} \int_0^R \sqrt{\frac{\frac{r}{R}}{1 - \frac{r}{R}}} dr$$

$$= \sqrt{\frac{m}{2k}} R^{3/2} \int_0^1 \sqrt{\frac{s}{1 - s}} dx < 2\sqrt{\frac{m}{2k}} R^{3/2}.$$

2.10.2 Man nehme in (2.10.17) $\beta = 0$, $E = 0$ und die negative Wurzel. Dann wird für $r = R$ die Geschwindigkeit

$$\dot{r} = -\sqrt{\frac{2k}{m}} \frac{1}{\sqrt{R}}$$

und mit der gleichen Rechnung wie für Aufgabe 2.10.1 folgt für die Fallzeit

$$T = \sqrt{\frac{m}{2k}} \int_0^R \sqrt{r} dr = \frac{2}{3} \sqrt{\frac{m}{2k}} R^{3/2}.$$

Bemerkung *Beim sogenannten „freien Fall aus großer Höhe" auf die Erde kann $r(T)$ nicht gleich 0, sondern muss gleich dem Erdradius gesetzt werden.*

3.1.1 Sei $u \in X$ ein Eigenvektor zu einem Eigenwert λ. Dann gilt

$$B(u, u_n) = \lambda K(u, u_n) \quad \text{und}$$
$$B(u_n, u) = \lambda_n K(u_n, u) \quad \text{für alle } n \in \mathbb{N}, \text{ d.h.}$$
$$(\lambda - \lambda_n) K(u, u_n) = 0$$

wegen der Symmetrie von B und K. Ist $\lambda \neq \lambda_n$ für alle $n \in \mathbb{N}$, folgt $c_n = K(u, u_n) = 0$ für alle $n \in \mathbb{N}$, also nach Satz 3.1.7 $u = 0$, was kein Eigenvektor ist. Also gilt $\lambda = \lambda_{n_0}$ für ein $n_0 \in \mathbb{N}$. Obiges Argument zeigt dann, dass $K(u, u_n) = 0$ für alle $n \neq n_0$ ist, also folgt nach Satz 3.1.7 und Korollar 3.1.6, dass u eine Linearkombination der Eigenvektoren zum Eigenwert λ_{n_0} ist.

3.2.1 Nach Definition 3.2.2 der Norm in $W^{1,2}(a,b)$ ist $(y_n)_{n \in \mathbb{N}}$ eine Cauchy-Folge in $W^{1,2}(a,b)$, wenn $(y_n)_{n \in \mathbb{N}}$ und $(y'_n)_{n \in \mathbb{N}}$ Cauchy-Folgen in $L^2(a,b)$ sind. Beide Folgen haben eine Grenzfunktion y_0 bzw. z_0 in $L^2(a,b)$. Nach Definition 3.2.1 gilt für alle $n \in \mathbb{N}$

$$(y'_n, h)_{0,2} = -(y_n, h')_{0,2} \quad \text{für alle} \quad h \in C_0^\infty(a,b)$$

und wegen der Stetigkeit des Skalarprodukts (Cauchy–Schwarzsche Ungleichung) im Grenzwert

$$(z_0, h)_{0,2} = -(y_0, h') \quad \text{für alle} \quad h \in C_0^\infty(a, b),$$

also $z_0 = y_0'$ im schwachen Sinne. Damit folgt nach Definition 3.2.2, dass $y_0 \in W^{1,2}(a, b)$ und $\lim_{n \to \infty} \|y_n - y_0\|_{1,2} = 0$ gilt.

3.2.2 Mit (3.2.50) gilt

$$J(y) \geq c_1 \|y'\|_{0,2}^2 - c_2 \int_a^b |y|^q dx - c_3(b - a)$$

$$\geq c_1 \|y'\|_{0,2}^2 - c_2(b - a)^{1-(q/2)} \left(\int_a^b y^2 dx \right)^{q/2} - c_3(b - a)$$

wegen der Hölderschen Ungleichung

$$\geq \frac{c_1}{2C_1^2} \|y\|_{0,2}^2 - c_2(b - a)^{1-(q/2)} \|y\|_{0,2}^q - \frac{c_1 C_2^2}{C_1^2} - c_3(b - a) \quad \text{wegen (3.2.31)}$$

$$\geq -c_4 \quad \text{da } c_1 > 0 \text{ und } q < 2 \text{ ist.}$$

Für die Minimalfolge gilt

$$c_1 \|y_n'\|_{0,2}^2 - c_2 \int_a^b |y_n|^q dx - c_3(b - a) \leq m + 1 \quad \text{oder}$$

$$m + 1 + c_3(b - a) \geq c_1 \|y_n'\|_{0,2}^2 - c_2(b - a)^{1-(q/2)} \|y_n\|_{0,2}^q$$

$$\geq \frac{c_1}{2C_1^2} \|y_n\|_{1,2}^2 - c_2(b - a)^{1-(q/2)} \|y_n\|_{1,2}^q - \frac{c_1 C_2^2}{C_1^2} \quad \text{wegen (3.2.31)},$$

woraus wegen $c_1 > 0$ und $q < 2$ die Beschränktheit $\|y_n\|_{1,2} \leq C_3$ für alle $n \in \mathbb{N}$ folgt. Schließlich erhält man mit (3.2.50)

$$\tilde{J}(y) = J(y) + c_2 \int_a^b |y|^q dx + c_3(b - a) \geq 0 \quad \text{für alle} \quad y \in D,$$

und da $\lim_{n \to \infty} \tilde{y}_n = \tilde{y}_0$ in $C[a, b]$, also gleichmäßig auf $[a, b]$, folgt

$$\lim_{n \to \infty} c_2 \int_a^b |\tilde{y}_n|^q dx + c_3(b - a) = c_2 \int_a^b |\tilde{y}_0|^q dx + c_3(b - a),$$

so dass $(3.2.49)_1$ für nichtnegatives $\tilde{F}$,

$$\liminf_{n \to \infty} \tilde{J}(\tilde{y}_n) \geq \tilde{J}(\tilde{y}_0),$$

die Unterhalbstetigkeit für J impliziert:

$$\liminf_{n \to \infty} J(\tilde{y}_n) = \liminf_{n \to \infty} \tilde{J}(\tilde{y}_n) - \lim_{n \to \infty} c_2 \int_a^b |\tilde{y}_n|^q dx - c_3(b-a)$$

$$\geq \tilde{J}(\tilde{y}_0) - c_2 \int_a^b |\tilde{y}_0|^q dx - c_3(b-a) = J(\tilde{y}_0).$$

3.2.3 Die Lagrange-Funktion $F(x,y,y') = x^2(y')^2$ erfüllt für $x \in [-1,1]$ nicht die Koerzivität $(3.2.34)_1$. Für die Minimalfolge $y_n(x) = \arctan nx / \arctan n$ gilt:

$$\|y_n\|_{1,2}^2 \geq \frac{1}{(\arctan n)^2} \int_{-1}^1 \left(\frac{n}{1+n^2x^2}\right)^2 dx > \frac{4}{\pi^2} n^2 \int_{-\frac{1}{n}}^{\frac{1}{n}} \frac{1}{(1+n^2x^2)^2} dx$$

$$> \frac{4}{\pi^2} n^2 \frac{2}{n} \frac{1}{4} = \frac{2n}{\pi^2},$$

d.h. die Minimalfolge ist in $W^{1,2}(-1,1)$ nicht beschränkt.

3.3.1

a) Für die erste Nebenbedingung gilt $\delta K(u_n)u_n = 2K(u_n,u_n) = 2$ und $\delta K(u_n)u_i = 2K(u_n,u_i) = 0$ für $i = 1, \dots, n-1$. Wegen der Linearität der letzten $n-1$ Nebenbedingungen ist die erste Variation gleich den Funktionalen selbst und es gilt $K(u_n,u_k) = 0$ für $k = 1, \dots, n-1$ und $K(u_i,u_k) = \delta_{ik}$ für $i, k = 1, \dots, n-1$. Deswegen sind die n isoperimetrischen Nebenbedingungen nicht kritisch für u_n.

b) Skalare Multiplikation der Euler-Lagrange-Gleichung mit u_k in $L^2(a,b)$ ergibt wegen der K-Orthonormalität der Eigenfunktionen

$$\int_a^b ((pu_n')' - qu_n)u_k dx = \frac{1}{2}\tilde{\lambda}_k$$

und nach zweimaliger partieller Integration unter Berücksichtigung der homogenen Randbedingungen für u_n und u_k

$$\int_a^b u_n((pu_k')' - qu_k)dx = -\int_a^b u_n\lambda_k\rho u_k dx = 0.$$

Also ist $\lambda_k = 0$ für $k = 1, \dots, n-1$.

c) Aus $(pu_n')' - qu_n = \tilde{\lambda}_n\rho u_n$ folgt nach skalarer Multiplikation mit u_n und partieller Integration

$$-\int_a^b p(u_n')^2 + qu_n^2 dx = \tilde{\lambda}_n \int_a^b \rho u_n^2 dx = \tilde{\lambda}_n \quad \text{oder} \quad -B(u_n) = \tilde{\lambda}_n.$$

3.3.2   Wir kürzen ab: $S = \text{span}[u_n | n \in \mathbb{N}]$ und $\text{cl}_X S$ ist der Abschluss von S in X. Wegen Satz 3.3.3 ist $\text{cl}_{W_0^{1,2}(a,b)} S = W_0^{1,2}(a,b)$. Da die Konvergenz in $W_0^{1,2}(a,b)$ die Konvergenz in $L^2(a,b)$ impliziert, ist

$$W_0^{1,2}(a,b) = \text{cl}_{W_0^{1,2}(a,b)} S \subset \text{cl}_{L^2(a,b)} S \subset L^2(a,b).$$

Schließen wir alle Räume in $L^2(a,b)$ ab, erhalten wir

$$L^2(a,b) = \text{cl}_{L^2(a,b)} W_0^{1,2}(a,b) \subset \text{cl}_{L^2(a,b)} S \subset L^2(a,b),$$

woraus überall Gleichheit und die Vollständigkeit des Systems $\{u_n\}_{n \in \mathbb{N}}$ folgt.

3.3.3   Wir definieren

$$\tilde{y}'(x) = \begin{cases} y'(x) & \text{für} \quad x \in [a,b], \\ 0 & \text{für} \quad x \notin [a,b], \end{cases}$$

wobei y' die schwache Ableitung von y ist. Es ist $\tilde{y}, \tilde{y}' \in L^2(c,d)$ und mit $h \in C_0^\infty(c,d)$ gilt

$$\int_c^d \tilde{y}'h + \tilde{y}h' dx = \int_a^b y'h + yh' dx.$$

Ist $h \notin C_0^\infty(a,b)$, kann man darauf nicht Definition 3.2.1 anwenden und obiges Integral gleich Null setzen. Dass es dennoch gleich Null und $\tilde{y}'$ die schwache Ableitung von $\tilde{y}$ ist, sieht man wie folgt: Für $\tilde{h} \in C_0^\infty(a,b)$ ist $h\tilde{h} \in C_0^\infty(a,b)$ und da $y \in W^{1,2}(a,b)$ ist, folgt nach Definition 3.2.2

$$\int_a^b y'h\tilde{h} + y(h\tilde{h})' dx = 0 = \int_a^b (y'h + yh')\tilde{h} + (yh)\tilde{h}' dx = 0 \quad \text{oder}$$

$y'h + yh' \in L^2(a,b)$ ist die schwache Ableitung von $yh \in L^2(a,b)$,

d.h. $yh \in W^{1,2}(a,b).$

Für $yh \in W^{1,2}(a,b)$ gilt nach Lemma 3.2.5

$$\int_a^b y'h + yh' dx = \int_a^b \frac{d}{dx}(yh) dx = y(b)h(b) - y(a)h(a) = 0,$$

da $y(a) = 0$ und $y(b) = 0$ ist. Also ist $\tilde{y} \in W_0^{1,2}(c,d)$, da auch $\tilde{y}(c) = 0$ und $\tilde{y}(d) = 0$ gilt.

3.3.4   Mit den ersten positiven Eigenfunktionen u_1^i mit den Gewichtsfunktionen ρ_i gilt

$$B(u_1^1, u_1^2) = \lambda_1(\rho_1) K_1(u_1^1, u_1^2),$$
$$B(u_1^2, u_1^1) = \lambda_1(\rho_2) K_2(u_1^2, u_1^1).$$

Da wegen der Symmetrie von B die linken Seiten gleich sind, erhält man unter der Annahme $\lambda_1(\rho_1) = \lambda_1(\rho_2)$ nach Subtraktion der Gleichungen

$$\lambda_1(\rho_1) \int_a^b (\rho_2 - \rho_1) u_1^1 u_1^2 dx = 0.$$

Wegen $\lambda_1(\rho_1) > 0$ $(B(y) > 0$ für $y \neq 0)$ und der Positivität von u_1^1 und u_1^2 auf (a,b) (s. Satz 3.3.8) kann dies unter der Voraussetzung (3.3.28) nur für $\rho_2 - \rho_1 = 0$ gelten. Mit Satz 3.3.5 folgt für $\rho_1 \neq \rho_2$ also $\lambda_1(\rho_1) > \lambda_1(\rho_2)$.

Index

Ableitung
  Distributionsableitung, 195
  schwache, 195
Auswahlsatz, 181, 234

Banachraum, 14
Bewegungsgleichungen, 67
Bifurkation, 213
Bilinearform, 183
bootstrapping, 213, 216, 219
Brachystochrone, 7, 46

Cauchy–Schwarzsche Ungleichung, 196
Clairautsches Gesetz, 133

Darstellungssatz
  von Lax-Milgram, 184
  von Riesz, 180, 183
Direkte Methode der Variationsrechnung, 178
Dirichlet-Integral, 177
Dirichlet-Prinzip, 177

Eigenvektor, 188
  schwacher, 188
Eigenwert, 188
Eigenwertproblem
  schwaches, 186
Elliptizität, 39, 77, 194
Energie
  effektive potentielle, 170
  freie, 66
  kinetische, 66, 111

potentielle, 66, 111
  totale, 66
Erhaltungssatz, 117, 162, 166
Euler-Lagrange-Gleichung, 24

Fermatsches Prinzip, 4, 51
Flächenfunktional, 40, 44, 91
Flächengeschwindigkeit, 170
Fourier-Reihe, 190
Fréchet-Ableitung, 29
Fredholmsche Alternative, 216
frei, 137
Freiheitsgrad, 112, 116
Fundamental-Lemma der Variationsrechnung, 22
Funktion
  stückweise stetig, 20
  stückweise stetig differenzierbar, 11
  stetig, 11
  stetig differenzierbar, 11
Funktional
  nichtparametrisches, 69
  parametrisches, 70

Gâteaux
  Differential, 15
  differenzierbar, 15
Galerkin-Methode, 212
gebrochene Extremale, 14
gebunden, 137
generalisierte Koordinaten, 105, 112, 116
Geodätische, 127

Gewichtsfunktion, 217
Goldschmidt-Lösung, 42

Höldernorm, 200
hölderstetig, 198
Hamilton-Funktion, 117
Hamiltonsches Prinzip, 116
Hamiltonsches System, 117
Hilbertraum, 180

invariant, 59, 66, 88, 161
Invarianz
    der Euler-Lagrange-Gleichungen, 62

K-Koerzivität, 192
K-orthonormal, 188
Keplersche Gesetze, 173
Kettenlinie, 41, 95
koerziv, 183
Koerzivität, 181, 203
konservatives System, 67
Konvergenz, 13
    schwache, 179
    starke, 179
konvex, 25
    partiell konvex, 182
kritische Nebenbedingung, 81, 85, 88

Lagrange-Funktion, 11
Lagrange-Multiplikator, 86, 106, 140, 232
Lebesgue-Integral, 195
Lebesgue-Maß, 195
Legendre
    notwendige Bedingung von Legendre, 28
    Transformation, 117

Mannigfaltigkeit, 106, 230
Massenpunkt, 66
Maximierer, 23
Minimalfläche vom Rotationstyp, 40
Minimalfolge, 178
Minimax-Prinzip, 193, 220
Minimierer
    globaler, 25
    lokaler, 23

starker lokaler, 23
Multiplikatorenregel von Lagrange, 80, 232

N-Körperproblem, 166
natürliche Randbedingungen, 55, 64, 66, 67,
    83, 87, 120, 125, 147, 154
Nebenbedingungen
    holonome, 105
    isoperimetrische, 79, 84, 87
    nichtholonome, 135
nichtkonvexes Variationsproblem, 14
Norm, 13
normal, 140
Normalenraum, 229
Null-Lagrangian, 68

Orthogonal-Projektor, 107, 230
Orthonormalsystem, 210

parametrische Form, 49, 58, 65
Pendel
    mathematisches, 112
    sphärisches, 126
    Zykloiden-, 114
Poincaré-Ungleichung, 90, 202, 220
Poisson-Klammer, 118
positiv definit, 183
Potentialgleichung, 177
Prinzip der kleinsten Wirkung, 66
Problem der Dido, 5, 43

quasilinear, 25

Rayleigh-Quotient, 192, 220
Regularität, 39
Regularitätstheorie, 194
Riesz–Schauder-Theorie, 216
Ritzsches Verfahren, 212, 217
Rotationsfläche, 40

Sägezahn-Funktion, 33
Satz von Arzela-Ascoli, 200, 236
Satz von Liouville, 118, 233
Schauder-Basis, 190, 209
schwach differenzierbar, 195

schwache Version
    der Euler-Lagrange-Gleichung, 25
selbstadjungierte Form, 216
Snelliussches Brechungsgesetz, 4, 52
Sobolevraum, 196
Spektrum, 192
stückweise stetig differenzierbar, 11
starke Version
    der Euler-Lagrange-Gleichung, 25
Steifigkeitsmatrix, 217
stetig, 13
    folgenstetig, 13
    schwach folgenstetig, 186
    schwach unterhalb folgenstetig, 182
Sturm–Liouvillesches Eigenwertproblem, 217
Sturm–Liouvillesches Randwertproblem, 215
symmetrisch, 183

Tangentialraum, 229
Testfunktion, 20, 196
Träger einer Funktion, 20
Transversalität, 148
    freie, 158
    modifizierte, 149

Umparametrisierung, 59

Variation
    erste, 16
    zweite, 19
Verzweigung, 213
Verzweigungstheorie, 214
Vielfachheit
    algebraische Vielfachheit eines Eigenwerts,
    219
    geometrische Vielfachheit eines Eigenwerts,
    190
vollständig
    vollständiger normierter Raum, 14

W-Potential, 14
Weierstraß
    Gegenbeispiel von Weierstraß, 31, 178
Weierstraß–Erdmannsche Eckenbedingungen,
    74, 95
Wirkungsintegral, 66, 111

Youngsches Maß, 182

Zeitfunktional, 47
Zwangskraft, 112
Zweikörperproblem, 167
Zykloide, 50

Literaturverzeichnis

Lehrbücher

[1] P. BLANCHARD, E. BRÜNING: *Direkte Methoden der Variationsrechnung.* Springer-Verlag, Wien, New York (1982)

[2] G.A. BLISS: *Variationsrechnung.* Herausgegeben von F. Schwank. Teubner, Leipzig, Berlin (1932)

[3] J. BOLZA: *Vorlesungen über Variationsrechnung.* Chelsea Publ. Comp., New York, Second Edition (1962)

[4] B. V. BRUNT: *The Calculus of Variations.* Universitext, Springer-Verlag, New York, Berlin, Heidelberg (2004)

[5] G. BUTTAZZO, M. GIAQUINTA, S. HILDEBRANDT: *One-dimensional Variational Problems.* Clarendon Press, Oxford (1998)

[6] B. DACOROGNA: *Introduction to the Calculus of Variations.* Imperial College Press, London (2004)

[7] B. DACOROGNA: *Direct Methods in the Calculus of Variations.* Second Edition, Springer-Verlag, Berlin, Heidelberg, New York (2008)

[8] L.E. ELSGOLC: *Variationsrechnung.* BI, Mannheim (1970)

[9] G.M. EWING: *Calculus of Variations with Applications.* Courier Dover Publications (1985)

[10] P. FUNK: *Variationsrechnung und ihre Anwendung in Physik und Technik. Zweite Auflage.* Springer-Verlag, Berlin, Heidelberg, New York (1970)

[11] I. M. GELFAND, S. V. FOMIN: *Calculus of Variations.* Prentice-Hall, Englewood Cliffs, N.J.(1963)

[12] M. GIAQUINTA, S. HILDEBRANDT: *Calculus of Variations I.* Springer-Verlag, Berlin, Heidelberg, New York (1996)

[13] M. GIAQUINTA, S. HILDEBRANDT: *Calculus of Variations II.* Springer-Verlag, Berlin, Heidelberg, New York (1996)

[14] E. GIUSTI: *Direct Methods in the Calculus of Variations.* World Scientific, Singapore (2003)

[15] J. JOST, X. LI-JOST: *Calculus of Variations.* Cambridge University Press (1998)

[16] H. KIELHÖFER: *Bifurcation Theory. An Introduction with Applications to PDEs.* Springer-Verlag, New York, Berlin, Heidelberg (2004)

[17] E. R. PINCH: *Optimal Control and the Calculus of Variations.* Oxford University Press, New York (1993)

[18] H. SAGAN: *Introduction to the Calculus of Variations.* McGraw-Hill, New York (1969)

[19] R. WEINSTOCK: *Calculus of Variations. With Applications to Physics and Engineering.* McGraw-Hill, New York (1952)

[20] D. WERNER: *Funktionalanalysis.* Springer-Verlag, Berlin, Heidelberg (2007)

Originalarbeiten

[21] J.M. BALL: *A version of the fundamental theorem for Young measures. In „Partial Differential Equations and Continuum Models of Phase Transitions",* Lecture Notes in Physics 359, 207-215, Springer-Verlag, Berlin, Heidelberg (1989)

[22] J. CARR, M.E. GURTIN, M. SLEMROD: *Structured Phase Transitions on a Finite Interval.* Arch. Rat. Mech. Anal. **86**, 317-351 (1984)

[23] H. KIELHÖFER: *Minimizing Sequences Selected via Singular Perturbations, and their Pattern Formation.* Arch. Rat. Mech. Anal. **155**, 261-276 (2000)

[24] R.V. KOHN, S. MÜLLER: *Surface Energy and Microstructure in Coherent Phase Transitions.* Comm. Pure Appl. Math. Vol. XLVII, 405-435 (1994)

[25] L. MODICA: *The Gradient Theory of Phase Transitions and the Minimal Interface Criterion.* Arch. Rat. Mech. Anal. **98**, 123-142 (1987)

[26] S. MÜLLER: *Singular perturbations as a selection criterion for periodic minimizing sequences.* Calc. Var. **1**, 169-204 (1993)

Das Wesentliche der Funktionentheorie

Wolfgang Fischer | Ingo Lieb
Einführung in die Komplexe Analysis
Elemente der Funktionentheorie
2010. X, 214 S. (Bachelorkurs Mathematik) Br. EUR 24,90
ISBN 978-3-8348-0663-5

Analysis in der komplexen Ebene - Die Fundamentalsätze der komplexen Analysis
- Funktionen in der Ebene und auf der Sphäre - Ausbau der Theorie - Lösungen und
Hinweise zu einigen Aufgaben

In den Bachelor-Studiengängen der Mathematik steht für die Komplexe Analysis
(Funktionentheorie) oft nur eine einsemestrige 2-stündige Vorlesung zur
Verfügung. Dieses Buch eignet sich als Grundlage für eine solche Vorlesung im
2. Studienjahr. Mit einer guten thematischen Auswahl, vielen Beispielen und
ausführlichen Erläuterungen gibt dieses Buch eine Darstellung der Komplexen
Analysis, die genau die Grundlagen und den wesentlichen Kernbestand dieses
Gebietes enthält. Das Buch bietet über diese Grundausbildung hinaus weiteres
Lehrmaterial als Ergänzung, sodass es auch für eine 3- oder 4-stündige Vorlesung
geeignet ist. Je nach Hörerkreis kann der Stoff unterschiedlich erweitert werden.
So wurden für den „Bachelor Lehramt" die geometrischen Aspekte der Komplexen
Analysis besonders herausgearbeitet.

**VIEWEG+
TEUBNER**

Abraham-Lincoln-Straße 46
65189 Wiesbaden
Fax 0611.7878-400
www.viewegteubner.de

Stand Januar 2010.
Änderungen vorbehalten.
Erhältlich im Buchhandel oder im Verlag.